文化伟人代表作图释书系

An Illustrated Series of Masterpieces of the Great Minds

非凡的阅读

从影响每一代学人的知识名著开始

知识分子阅读，不仅是指其特有的阅读姿态和思考方式，更重要的还包括读物的选择。在众多当代出版物中，哪些读物的知识价值最具引领性，许多人都很难确切判定。

“文化伟人代表作图释书系”所选择的，正是对人类知识体系的构建有着重大影响的伟大人物的代表著作，这些著述不仅从各自不同的角度深刻影响着人类文明的发展进程，而且自面世之日起，便不断改变着我们对世界和自然的认知，不仅给了我们思考的勇气和力量，更让我们实现了对自身的一次次突破。

这些著述大都篇幅宏大，难以适应当代阅读的特有习惯。为此，对其中的一部分著述，我们在凝练编译的基础上，以插图的方式对书中的知识精要进行了必要补述，既突出了原著的伟大之处，又消除了更多人可能存在的阅读障碍。

我们相信，一切尖端的知识都能轻松理解，一切深奥的思想都可以真切领悟。

文化伟人代表作图释书系

Evolution and Ethics

天演论（全新修订版）

及其母本《进化论与伦理学》全译

〔英〕托马斯·赫胥黎/著　严　复　刘　帅/译

重庆出版集团　重庆出版社

图书在版编目（CIP）数据

天演论：及其母本《进化论与伦理学》全译 /（英）托马斯·赫胥黎著；严复，刘帅译. — 重庆：重庆出版社，2017.12（2024.12重印）

ISBN 978-7-229-13029-9

Ⅰ.①天… Ⅱ.①托…②严… Ⅲ.①进化论 Ⅳ.①Q111

中国版本图书馆CIP数据核字（2018）第023487号

天演论

——及其母本《进化论与伦理学》全译

TIANYANLUN：JIQI MUBEN *JINHUALUN YU LUNLIXUE* QUANYI

〔英〕托马斯·赫胥黎 著 严 复 刘 帅 译

策 划 人：刘太亨

责任编辑：刘 喆 赵仲夏

责任校对：杨 婧

版式设计：梅羽雁

封面设计：日日新

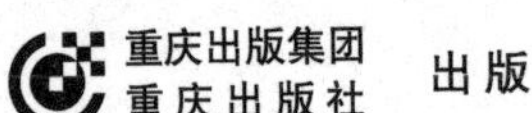

出版

重庆市南岸区南滨路162号1幢 邮编：400061 http://www.cqph.com

重庆市国丰印务有限责任公司印刷

重庆出版集团图书发行有限公司发行

全国新华书店经销

开本：720mm×1000mm 1/16 印张：30 字数：491千

2007年10月第1版 2018年5月第2版 2024年12月第9次印刷

ISBN 978-7-229-13029-9

定价：68.00元

如有印装质量问题，请向本集团图书发行有限公司调换：023-61520678

EDITORS' PREFACE | 编译者语

严复是中国近代著名的启蒙思想家、维新派的重要理论家、著名的翻译家。1897年，严复将赫胥黎的《进化论与伦理学》意译成《天演论》，此书在《国闻汇编》刊出后，产生了连作者本人也始料不及的巨大社会反响。康有为阅完此书后，称严复"译《天演论》为中国西学第一者也"，并发出"眼中未见有此等人"的赞叹。胡汉民也在《述侯官严氏最近政见》中称："自严氏书出，而物竞天择之理，厘然当于人心，而中国民气为之一变。"严复这一振聋发聩的译著，一百余年来整整影响了几代人，使他在无意中扮演了一个中国思想启蒙进程中的重要角色。

清朝末年，英国正处于维多利亚时代，其政治、经济稳定，社会繁荣、思想活跃、学术风盛，自由主义思想得到进一步发展；达尔文、赫胥黎、斯宾塞等的学说风行于世。甲午战争及《马关条约》的签订，使严复从日本，乃至西方列强的坚船利炮中，看到了他们在社会治理、政治及经济方面的先进。而与之相对的是，泱泱中华帝国在自大和封闭中掩藏的腐败和羸弱暴露无遗。值此即示，以严复为代表，中国一大批最早接受西方思想的知识分子开始译介西书，传播西学，介绍西方的政治体制和经济制度；一时间，"师夷之长技"成为朝野共识。

《天演论》并非《进化论与伦理学》的全译，严复在翻译中进行了选择性"意译"，并针对中国的当时现状进行了评述，借机阐发了自己的观点。因此，译稿一经他手，就变成了一份宏大而精彩的政论文。甚至鲁迅也赞言，《天演论》不是译出来的，而是"做"出来的。

《天演论》问世至今已一百多年，严复在书中反复阐发的"物竞天择，适者生存”的观点，为救亡图存的中华有识之士敲响了警钟；字里行间那种渴望民族自强、中华复兴的精神令人钦佩，这正是我国早期留洋知识分子为我们留下的重要精神财富之一。

《天演论》的核心思想是生存竞争学说，以及团结民众的“合群”思想对社会加以有序、有效管理的探索和憧憬。“天演之事，将使能群者生存，不群者灭；善群者存，不善群者灭！”这句铿锵有力的话，至今仍然回响在我们的耳边。今天，我国的国力与晚清时代相比，自然不可同日而语，但强国强种的目标及世界范围内的各种竞争依然存在；当然，这是在社会的另一个历史阶段和另一种形势下的竞争，这种竞争依然考验着一个国家、一个民族的团结、智慧和不息的进取精神。

或许，这正是《天演论》面世一百多年来仍具有奕奕风采的原因所在，也是我们今天注译《天演论》意义所在。同时，为了读者能全面了解赫胥黎《进化论与伦理学》原作的基本观点，我们更组织译者对《进化论与伦理学》进行了完整翻译，并将其附录书中，以利读者对严复进行意译时所面对的赫胥黎的原著有全面了解。

导读

INTRODUCTION

《天演论》一书，是近代著名思想家、翻译家严复根据英国著名自然科学家赫胥黎的《进化论与伦理学》（*Evolution and Ethics*）撰写的一篇超长论文。赫胥黎是坚定的达尔文主义者，被称为“达尔文斗犬”。在他的《进化论与伦理学》中，他从“物竞天择，适者生存”的角度，揭示了自然界万物生长、优胜劣汰的原因及其规律；提出了唯心先验论观点，即“人类社会的伦理关系，不同于自然法则和生命过程，人类具有高于动物的先天‘本性’，能够相亲相爱，互助互敬，不同于上述自然竞争，正是由于这种天性，人类才不同于动物，社会才不同于自然，伦理学才不同于进化论”。这是赫胥黎《进化论与伦理学》一书的基本观点。然而，生逢末世，体味过世态炎凉的严复却在《天演论》中驳斥了赫氏的唯心观。他对原文扬长避短，有选择地节译并加以发挥，用其深刻的论证，使《天演论》在中国掀起一股蔚为壮观的思想革新风潮。

甲午战败以后，中国面临着西方列强的经济掠夺与领土侵略，社会危机不断扩大加深。许多有识之士与一部分爱国知识分子，都深为祖国前途和命运担忧。但是，处于黑暗之中的他们，苦于没有正确的方法论，而被套牢在旧学的锁链里。这时，严复的《天演论》恰到好处地为他们送来了一线崭新的希望。在书中，严复发扬了达尔文的“物竞天择，适者生存”的进化观，并把这种进化观引入到人类社会的发展中来。这是与赫胥黎不同的地方，也是他本着救亡图存的爱国思想所阐述的最精彩的部分。他在《天演论》中指出，人类有“善相感通”的同情心，“天良”而互助，团结以“保群”，这些都是“天演”（进化）的结果，而不是原因，是“末”而不是“本”。人就其本质来讲，与禽兽万物一样，之所以“由散入群”，形成社会，完全是由于彼此为了自己的安全利益，并不是由于一开始人就有与动物完全不同的同情心、“天良”和“善相感通”。因此，生物竞争，优胜劣汰，适者生存的自然进化规律，也同样适用于人类社会。严复认为，在国家与国家之间，种族与种族之间，也是一个大竞争的格局。谁最强横有力，谁就是优胜者，谁就能立于不败之地，求得生存，求得发展，否则，就要亡国灭种。根据这一观点，他提出，欧洲国家之所以能侵略中国，就在于他们能不断自强，不断提高自己的“德、智、力”以争胜。因此，中国人别再妄自尊大，谈什么空洞的“夷夏之辨”了，要老老实实地承认：侵略中国的正是“优者”，而被侵略的中国则正是“劣者”；在国际生存竞争中，中国正处在亡国灭种的严重关头！

《天演论》以物种生灭的自然进化规律，警告了国人亡国灭种的危险，激发他们发奋自强的决心。由此，它获得了巨大成功。当时《民报》的撰稿人胡汉民也指出：“自严氏之书出，而物竞天择之理，厘然当于人心，而中国民气为之一变。”

赫胥黎的《进化论与伦理学》全书共分导言和正文两个部分，在译述《天演论》时，严复不是纯粹直译，而是有选择、有评论、有发挥地来完成了这样一本奇书。他重点选择原书中有关万物进化的部分进行翻译，至于社会伦理的部分，则基本上不予翻译。这样，就成为纯粹的进化论了。而“天演论”这一书名，也只是赫胥黎原书名的一半。本着救亡图存的宗旨，严复以进化论为武器，向国人敲响了自强保种的警钟。在整个《天演论》中，严复将导论分为18篇、正文分为17篇，分别冠以篇名，并对其中28篇加了按语。按语是严复自己的点评发挥，有些篇幅竟然超过了正文。对此，中国著名哲学家冯友兰先生评论道：“严复翻译《天演论》，其实并不是翻译，而是根据原书的意思重写一过。文字的详略轻重之间大有不同，而且严复还有他自己的按语，发挥他自己的看法。所以严复的《天演论》，并不就是赫胥黎的《进化论和伦理学》。”这个评论是中肯的。

作为引进西学之第一人，严复在《天演论》的《译例言》里，写出了他对翻译的标准，“译事三难：信、达、雅”。信，主要是指忠实于原作的内容；达，主要是指语言通顺易懂、符合规范；而“雅”，就是要使译文流畅，有文采。这三个翻译标准对后世译界影响重大，因为在他以前，翻译西书的人都没有讨论到这个问题。而严复提出这一问题，使后来译书的人总难免受他这三个标准支配。在《天演论》中，严复对“雅”字的要求，极为苛刻。他认为“精理微言，用汉以前字法句法，则为达易，用近世利俗文字，则求达难”。在严复看来，要说清楚的道理，即使是古代人闻所未闻，直到近代才被人们发现的精深道理，也非使用“汉以前字法句法”不可。如果用现代口语，则根本无法说清。他一生极喜桐城古文，所以，在翻译时，他并不是采用直译的方式，而是用先秦古文的文体来翻译的。这比今人用白话直译的方式而言，难度要大许多。众所周知，严复的中西文功底十分深厚，然而，即便如此，严复在译书之时，也时常“为一名之立，而旬月踌躕”；“步步如上水船，用尽气力，不离旧处；遇理解奥衍之处，非三易稿，殆不可读”。

严复的好友吴汝纶在《天演论》的序中评论：“自吾国之译西书，未有能及严子者也”；“文如几道，可与言译书矣”。他认为，严复的译文“骎骎与晚周诸子相上下”，文笔古雅耐读，自是十分可喜。同时，他也表示出这种古文与现代普通人群之间的差距，会影响到《天演论》本身与读者之间的沟通。他说，“凡为书必与其时之学者相入，而后其效明，今学者方以时文、公牍、说部为学，而严子乃欲进以可久之词，与晚周诸子相上下之书，吾惧其舛驰而不相入也”。

另一位最早读到《天演论》译稿的知名人士梁启超，在大赞《天演论》之后，也指出了这种秦汉古文文体在普遍推广上的局限性，由此，在他与严复之间还展开了一场激烈的“文风之辩”。梁启超说“著译之业，将以播文明思想于国民也，非为藏山不朽之名誉也”。而对于这一点，严复早已在其译著《天演论》的《译例言》中有具体说明；他对自己的译文，“求其尔雅。此不仅期以行远已耳，实则精理微言，用汉以前字法句法，则为达易，用近世利俗文字，则求达难”。这种文风的复古态度，是既明确又坚定的。他自己认为他翻译的是“学理邃赜之书”，“非以饷学童而望其受益”，而是“待中国多读古书之人”。可见严复翻译西方资产阶级著作，只是为了先唤醒少数“多读古书之人”。正是由于全新的内容以及谨严的古文格调，严复首次翻译的是《天演论》，“可谓是旧瓶装新酒”，在当时的知识界是独一无二的，引起了大多数学士精英的思想震动，从而获得了普遍的赞誉。自他的《天演论》之后，中国整个民风、思想才从知识分子阶层开始逐渐普及到一般民众中来。后来，晚清名士吴汝纶把《天演论》删节后，在学校作为教科读本使用，由此才形成了普及全国的进化论风潮。

《天演论》在中国近代所起到的影响，可谓是惊人的。因为它影响到了改变中国命运的许多关键人物。近代一大批有识之士，由《天演论》而获得了崭新的世界观与人生观，因他们的改变从而影响了旧中国命运的方向。“适者生存”“优胜劣汰”的口号，不仅直接影响了康有为和梁启超等人，推进了维新变革思想与实践；也一直流传到后世，无论是资产阶级革命家，还是无产阶级革命家，如陈天华、邹容、秋瑾、孙中山、鲁迅、吴玉章、朱德、董必武、毛泽东等人，都自称受到过《天演论》的影响。

当严复《天演论》译作的初稿完成之时，首先就给梁启超、桐城派的吴汝纶以及谭嗣同、吕增祥、熊季廉、孙宝瑄等好友阅览指正。诸友读后，无不拍案叫绝。先从最早的康有为说起。他向来以才高八斗而自居，目空一切，在看过《天演论》后，感慨谓“眼中未见有此等人”，认为严复所译的“《天演论》为中国西学第一者也”。最早接触到严复译稿的梁启超，在该书尚未出版时就加以宣传并据此写文章、发议论，宣传“物竞天择”的理论，并称誉严复“于西学中学，皆为我国一流人物”。谭嗣同在看过《天演论》之后，即向友人推荐说：“好极，好极。”在维新变法时代，虽然严复与康、梁等人采取了不一样的救国方针（他强调治本，以教育民众为基础，而康梁则提倡直接更改国制），但是，他们的思想出发点是一样的，都是为了救亡图存的伟大宏愿。因此，同样是变法维新，严复与康、梁等人相比较，有着明显的不同。他的文章意新而语古，在当时独树一帜。由于所受教育经历不同，康、梁二人皆是以中国旧学为武器，从儒家的“托古改制”立场，来论述维新的重要性，故不时有牵强附会之处，这一点连梁启超自己也是承认的；而严复所用的则是近代西方的资产阶级政治理论学说，这些学说无疑是全新的，且是更具战斗力的思想武器。

再说说文化巨匠鲁迅。在他的《琐记》中，曾有过这样的叙述：“看新书的风气便流行起来，我也知道了中国有一部书叫《天演论》。星期日跑到城南去买了来，白纸石印的一厚本，价五百文正。翻开一看，是写得很好的字，开首便道：‘赫胥黎独处一室之中，在英伦之南，背山而面野，槛外诸境，历历如在几下。乃悬想二千年前，当罗马大将恺撒未到时，此间有何景物？计惟有天造草昧……’哦，原来世界上竟还有一个赫胥黎坐在书房里那么想，而且想得那么新鲜？一口气读下去，‘物竞’‘天择’也出来了，苏格拉底、柏拉图也出来了，斯多葛也出来了。”……当他因看《天演论》而受到长辈呵斥的时候，他“仍然自己不觉得有什么‘不对’，一有闲空，就照例地吃侉饼、花生米、辣椒，看《天演论》”（摘自《朝花夕拾·琐记》）。可见，当《天演论》影响到鲁迅之时，他还只是一个黄毛少年。它在鲁迅心中建立起了早期的进化论思想，使他认识到现实世界充满了激烈的竞争。一个人，一个民族，要想生存，要想发展，就要有自立、自主、自强的精神。虽说鲁迅也曾不客气地批评严复的译书译来费力，看来吃力，但他评价他译得最好的《天演论》，“桐城气息十足，连字的平仄也都留心。摇头晃脑的读起来，真是音调铿锵，使人不自觉其头晕”。并评价严复“毕竟是做过《天演论》的”，“严复是一个十九世纪末年中国感觉敏锐的人”。

除鲁迅外，大文豪胡适也是一个明显受到《天演论》风潮影响的重量级人物。1905 年春，胡适进入澄衷学堂。一天，国文老师杨千里先生竟然用吴汝纶删节的译本《天演论》拿来做了国文课的教材用。胡适后来回忆道："这是我第一次读《天演论》，高兴得很。他（老师）出的作文题目也很特别，有一次的题目是'物竞天择，适者生存，试申其义'。……这种题目自然不是我们十几岁小孩子能发挥的，但读《天演论》，做'物竞天择'的文章，都可以代表那个时代的风气。"胡适原名胡洪，在受到"物竞天存，适者生存"的口号感染下，他将名字改为"适之"。在他后来考试留美官费时，正式使用了"胡适"的名字。除他之外，在《天演论》的浪潮下，许多人改了自己的名字。一时间，"竞存""天择"的类似名字就多了起来。胡适的名字就是《天演论》留给他的永久性纪念，是时代赋予的具有保种自强、救亡图存特色的名字。

从1896年起，严复开始翻译《天演论》，直到1898年正式出版，历时3年。这正是民族危机空前深重、维新运动持续高涨的时代。《天演论》本只是一本科普读物，但由于渗入了译者严复的政治理想，它竟演变成为一本以"物竞天择"为代表口号的政论性书稿。恰逢乱世，它让中国人用一种另外的眼光和方法，重新认清了自己，并引起了中国近代思想界的强烈震动。无论是维新派的康有为、梁启超、谭嗣同，或桐城派的吴汝纶、吕增祥、熊季廉、孙宝瑄及味经书院"诸生"等等，皆读过《天演论》早期的稿本或抄本。其后，《天演论》借助出版，开始在社会上广为流传，它版本众多，达30余种，最有代表性的为1897年《国闻汇编》刊载的《天演论悬疏》。印刷版次最多的是商务版《天演论》，影响也最巨大。当时的仁人志士，孙中山、鲁迅、胡适等人，无一不受其影响。《天演论》以其独特的内容与深邃的思想感染着那个时代的每一个读书人。在中国屡次战败之后，在庚子辛丑大耻辱之后，这个"优胜劣败、适者生存"的公式确是一种当头棒喝，使无数国人觉醒。晚清学士王国维在1904年撰就的《论近年之学术界》中称："近七八年前，侯官严氏所译之赫胥黎《天演论》出，一新世人之耳目……是以后，达尔文、斯宾塞之名腾于众人之口，'物竞天择'之语见于通俗之文。"它成为中国第一本系统介绍进化论，并产生巨大社会影响的译著。自《天演论》问世后，进化论在中国知识界蔚然成为一股具有影响力的思潮，许多人步严复的后尘，译介有关进化论的著作，可以说《天演论》是进化论在中国传播过程中的里程碑，标志着近代自然科学的重要方法论进入了中国。

晚清名士吴汝纶看《天演论》初稿之后，大叹“得吾公雄笔，合为大海东西奇绝之文，爱不释手”。

老一辈无产阶级革命家吴玉章在晚年回忆说：“《天演论》所宣扬的‘物竞天择，优胜劣败’等思想，深刻地刺激了我们当时不少的知识分子，它好似替我们敲起了警钟，使人们惊怵亡国的危险，不得不奋起图存。”

著名教育家蔡元培说：“五十年介绍西洋哲学的，要推侯官严复第一。”

毛泽东称严复是“中国共产党诞生前向西方寻求真理的先进中国人”。

从以上历史名人的评价中，我们可以看到严复和他的《天演论》在近代中国思想史上的深远影响。自《天演论》之后，国人纷纷开始用进化及竞争的目光，为近代社会寻找出路。《天演论》的传播，无论是从方法论，还是就思维方式来说，在国人的思想启蒙历程中都扮演了重要角色。直到五四运动之后，马克思主义开始进入中国，《天演论》的影响才逐渐退出了它的历史舞台。但，它的历史功绩无疑是值得后人肯定和怀念的。

目 录 CONTENTS

编译者语 / 1

导　读 / 1

天演论

吴汝纶序 / 1

译《天演论》自序 / 4

译例言 / 9

上卷　物竞天择 / 1

察变第一 ………… 2

广义第二 ………… 10

趋异第三 ………… 17

人为第四 ………… 24

互争第五 ………… 31

人择第六 ………… 36

善败第七 ………… 41

乌托邦第八 ………… 46

汰蕃第九 ………… 53

择难第十 ………… 58

蜂群第十一 ………… 63

人群第十二 ………… 68

制私第十三 ………… 73

恕败第十四 ………… 79

最旨第十五 ………… 83

进微第十六 ………… 92

善群第十七 ………… 100

新反第十八 ………… 106

下卷 与天争胜 / 113

能实第一 …… 114
忧患第二 …… 121
教源第三 …… 127
严意第四 …… 137
天刑第五 …… 143
佛释第六 …… 149
种业第七 …… 153
冥往第八 …… 159
真幻第九 …… 163
佛法第十 …… 173
学派第十一 …… 182
天难第十二 …… 196
论性第十三 …… 202
矫性第十四 …… 207
演恶第十五 …… 213
群治第十六 …… 220
进化第十七 …… 226

严复传略 / 233

幼贫失怙 …… 234
少年求学 …… 237
留学英伦 …… 240
官场沉浮 …… 243
救国斗士 …… 247
末世巨匠 …… 250
老年彷徨 …… 252
叶落归根 …… 255
严复先生生平年表 …… 259
严复著译要目 …… 263

译者师友来函 / 267

吴汝纶致严复书 …… 267
梁启超致严复书 …… 274
黄遵宪致严复书 …… 278
夏曾佑致严复书 …… 280
与张百熙书二封 …… 283
与肃亲王书 …… 286
与王子翔书 …… 287
与端方书二封 …… 288
与伍光建书四封 …… 290
与高凤谦书四封 …… 292
代甥女何纫兰复旌德吕碧城女士书 …… 294
与沈曾植书 …… 295
与严修书 …… 296
与学部书 …… 297
与胡礼垣书 …… 299
与毓朗书 …… 300

进化论与伦理学及其他论文

前言 / 303

第一章　进化论与伦理学 / 308

绪论（1894年） …… 308
罗马尼斯讲座的演讲（1893年） …… 329

第二章　科学与道德（1886年） / 352

第三章 资本——劳动之母（1890年）/ 367

经济问题的哲学探讨 …… 367

第四章 社会问题与糟糕措施 （1891年）/ 385

序言 …… 385
人类社会的生存之争（1888年） …… 388
致《泰晤士报》的信——关于“最黑暗的英格兰”计划 …… 407
布斯先生的信托契约声明（1878年） …… 440
关于布斯“总司令”条令的法律意见书 …… 444
格林伍德博士的《布斯“总司令”及其批评者》 …… 446
救世军作战条例（凡加入者必须签署该条例） …… 447

天演论

Evolution and Ethics

〔英〕托马斯·赫胥黎 / 著
严　复 / 译
杨和强　胡天寿 / 白话注译

吴汝纶序

严子几道既译英人赫胥黎所著《天演论》，以示汝纶曰："为我序之。"天演者，西国格物家[1]言也。其学以天择、物竞二义，综万汇[2]之本原，考动植之蕃耗。言治者取焉。因物变递嬗[3]，深研乎质力[4]聚散之义，推极乎古今万国盛衰兴坏之由，而大归以任天为治[5]。赫胥黎氏起而尽变故说，以为天下不可独任，要贵以人持天[6]。以人持天，必究极乎天赋之能，使人治日即乎新，而后其国永存，而种族赖以不坠，是之谓与天争胜。而人之争天而胜天者，又皆天事之所苞[7]。是故天行人治，同归天演。其为书奥赜[8]纵横，博涉乎希腊、竺乾、斯多葛、婆罗门、释迦诸学[9]，审同析异，而取其衷[10]，吾国之所创闻也。凡赫胥黎氏之道具如此，斯以信美矣。

抑汝纶之深有取于是书，则又以严子之雄于文，以为赫胥黎氏之指趣，得严子乃益明。自吾国之译西书，未有能及严子者也。凡吾圣贤之教，上者，道胜而文至；其次，道稍卑矣，而文犹足以久；独文之不足，斯其道不能以徒存。六艺[11]尚矣！晚周以来，诸子各自名家，其文多可喜，其大要有集录之书，有自著之言。集录者，篇各为义，不相统贯，原于《诗》《书》者也；自著者，建立一干，枝叶扶疏，原于《易》《春秋》者也。

汉之士争以撰著相高，其尤者，《太史公书》，继《春秋》而作，人治以著；扬子《太玄》，拟《易》为之[12]天行以阐。是皆所为一干而枝叶扶疏也。及唐中叶，而韩退之氏出，源本《诗》《书》，一变而为集录[13]之体，宋以来宗之。是故汉氏多撰著之编，唐宋多集录之文，其大略也。集录既多，而向之所为撰著之体，不复多见，间一有之，其文采不足以自发，知言者摈焉弗列也。独近世所传西人书，率皆一干而众枝，有合于汉氏之撰著。又惜吾国之译言者，大抵弇陋[14]不文，不足传载其义。夫撰著之与集录，其体虽变，其要于文之能工，一而已。

今议者谓西人之学，多吾所未闻，欲瀹[15]民智，莫善于译书。吾则以谓今西书之流入吾国，适当吾文学靡敝之时，士大夫相矜尚以为学者，时文耳，公牍耳，说部耳[16]。舍此三者，几无所为书。而是三者，固不足与文学之事。今西书虽多新学，顾吾之士以其时文、公牍、说部之词，译而传之，有识者方鄙夷而不知顾。民智之瀹何由？此无他，文不足焉故也。

文如几道，可与言译书矣。往者释氏之入中国，中学未衰也，能者笔受[17]，前后相望，顾其文自为一类，不与中国同。今赫胥黎氏之道，未知于释氏何如？然欲侪[18]其书于太史氏、扬氏之列，吾知其难也；即欲侪之唐宋作者，吾亦知其难也。严子一文之，而其书乃骎骎[19]与晚周诸子相上下，然则文顾不重耶。

抑严子之译是书，不惟自传其文而已，盖谓赫胥黎氏以人持天，以人治之日新，卫其种族之说，其义富，其辞危[20]，使读焉者怵焉知变，于国论殆[21]有助乎？是旨也，予又惑焉。凡为书必与其时之学者相入，而后其效明。今学者方以时文、公牍、说部为学，而严子乃欲进之以可久之词，与晚周诸子相上下之书，吾惧其舛驰而不相入[22]也。虽然，严子之意，盖将有待也。待而得其人，则吾民之智瀹矣。是又赫胥黎氏以人治归大演之一义也欤。

光绪戊戌孟夏　桐城吴汝纶

【注释】[1]格物家：自然科学家。中国传统哲学主张“格物致知”，“格物”即深入研究事物原委，西方科学传入中国后借此指自然科学。

[2]天择：进化论所谓“自然选择”。物竞：进化论所谓“生存竞争”。万汇：万类，天地万物。

[3]递嬗（shàn）：次第发展演变。

［4］质力：物质发展的动力。

［5］任天为治：消极地听凭自然的发展为治理之法。

［6］以人持天：积极地掌握自然发展规律而使之为人所用，进而与天争胜，以人胜天。

［7］苞：通“包”，包括。以上两句意思是说，人与自然相争而战胜自然，也包括在物竞天择的自然规律之中。

［8］奥赜：深奥微妙。

［9］竺乾：佛，佛教，此处指僧人。斯多葛：流行于公元前3世纪到公元6世纪的古希腊的一个哲学学派。婆罗门：婆罗门教，印度古代宗教之一。释迦：释迦牟尼，佛教创始人。

［10］衷：中正不偏。

［11］六艺：六经，《礼记》《乐记》《尚书》《诗经》《周易》《春秋》。

［12］“扬子”句：西汉扬雄著《太玄》一书，体例模仿《周易》。全书以“玄”为基本思想。“玄”即宇宙万物发展变化的根源。

［13］集录：指作家文集。

［14］弇（yǎn）陋：晦涩粗陋。

［15］瀹（yuè）：开通。

［16］时文：八股文。公牍：公文。说部：小说。

［17］笔受：照别人口授记录。

［18］侪（chái）：同辈，并列。

［19］骎（qīn）骎：疾速。

［20］危：有力。

［21］殆：大概，恐怕。

［22］舛驰：背道而驰。相入：相投合。

译《天演论》自序

英国名学家穆勒·约翰[1]有言："欲考一国之文字语言，而能见其理极[2]，非谙晓数国之言语文字者不能也。"斯言也，吾始疑之，乃今深喻笃信，而叹其说之无以易也。岂徒言语文字之散者[3]而已，即至大义微言，古之人殚毕生之精力，以从事于一学。当其有得，藏之一心则为理，动之口舌、著之简策则为词。固皆有其所以得此理之由，亦有其所以载焉以传之故。呜呼！岂偶然哉！

自后人读古人之书，而未尝为古人之学，则于古人所得以为理者，已有切肤精忾之异矣。又况历时久远，简牍沿讹，声音代变，则通假难明；风俗殊尚，则事意参差。夫如是，则虽有故训疏义[4]之勤，而于古人诏示来学[5]之旨，愈益晦矣。故曰：读古书难。虽然，彼所以托焉而传之理[6]，固自若也。使其理诚精，其事诚信，则年代国俗，无以隔之。是故不传于兹，或见于彼，事不相谋而各有合。考道之士[7]，以其所得于彼[8]者，反以证诸吾古人之所传[9]，乃澄湛精莹[10]，如寐初觉。其亲切有味，较之觇毕为学者[11]，万万有加焉。此真治异国语言文字者之至乐也。

今夫六艺之于中国也，所谓日月经天，江河行地者尔。而仲尼之于六艺也，《易》《春秋》最严[12]。司马迁曰："《易》本隐以之显。《春秋》推见至隐。"[13]此天下至精之言也。始吾以谓本隐之显者，观《象》《系辞》[14]以定吉凶而已；推见至隐者，诛意褒贬[15]而已。及观西人名学，则见其于格物致知之事，有内籀[16]之术焉，有外籀[17]之术焉。内籀云者，察其曲而知其全者也，执其微以会其通[18]者也。外籀云者，据公理以断众事者也，设定数以逆未然[19]者也。乃推卷起曰："有是哉，是固吾《易》《春秋》之学也。迁所谓本隐之显者，外籀也；所谓推见至隐者，内籀也。其言若诏之矣。”二者即物穷理之最要涂术[20]也。而后人不知广而用之者，未尝事其事，则亦未尝咨其术[21]而已矣。

近二百年，欧洲学术之盛，远迈古初[22]。其所得以为名理公例者，在在见极[23]，不可复摇。顾吾古人之所得，往往先之，此非傅会扬己之言也。吾将试举其灼然不诬者，以质天下[24]。夫西学之最为切实而执其例可以御蕃变者[25]，名、数、质、力[26]四者之学是已。而吾《易》则名、数以为经，质、力以为纬，而合而名之[27]曰《易》。大宇之内，质、力相推，非质无以见力，非力无以呈质[28]。凡力，皆乾也；凡质，皆坤也[29]。奈端动之例三[30]，其一曰：“静者不自动，动者不自止；动路必直，速率必均。”[31]此所谓旷古之虑[32]。自其例出，而后天学明，人事利者也。而《易》则曰：“乾其静也专，其动也直。”[33]后二百年，有斯宾塞尔[34]者，以天演自然言化[35]，著书造论，贯天地人而一理之[36]。此亦晚近之绝作也。其为天演界说曰：“翕以合质，辟以出力，始简易而终杂糅。”[37]而《易》则曰：“坤其静也翕，其动也辟。”[38]至于全力不增减之说，则有自强不息为之先[39]；凡动必复之说，则有消息之义居其始[40]。而“易不可见，乾坤或几乎息”之旨[41]，尤与“热力平均，天地乃毁”[42]之言相发明也。此岂可悉谓之偶合也耶？虽然，由斯之说，必谓彼之所明，皆吾中土所前有，甚者或谓其学皆得于东来，则又不关事实，适用自蔽之说也。夫古人发其端，而后人莫能竟其绪；古人拟其大[43]，而后人未能议其精，则犹之不学无术未化之民而已。祖父虽圣，何救子孙之童昏[44]也哉！

大抵古书难读，中国为尤。二千年来，士徇利禄，守阙残，无独辟之虑。是以生今日者，乃转于西学，得识古之用焉。此可为知者道，难与不知者言也。风气渐通，士知弇陋[45]为耻。西学之事，问涂[46]日多。然亦有一二巨子， 訑然谓彼之所精，不外象、数、形下之末[47]；彼之所务，不越功利之间[48]。逞臆为谈[49]，不咨其实[50]。讨论国闻[51]，审敌自镜[52]之道，又断断乎不如是也。赫胥黎氏此书之旨，本以救斯宾塞任天为治[53]之末流，其中所论，与吾古人有甚合者。且于自强保种之事，反复三致意焉。夏日如年，聊为迻译[54]。有以多符空言，无裨实政相稽者，则固不佞所不恤[55]也。

光绪丙申重九　严复

【注释】[1]名学：逻辑学。穆勒·约翰：约翰·穆勒（1806—1873年），英国19世纪资产阶级思想家、哲学家。

[2]理极：理论的极致，即最高深的理论。

[3]散者：指片言只语。

[4]故训：解释古代文章中的词语。疏义：疏通和阐发文义。

[5]诏示来学：告诉、启迪后学。

[6]托焉而传之理：借古书而传之后世的道理。

[7]考道之士：研究学问的人。

[8]彼：指外国。

[9]“反以”句：回过头来，印证我国古人所传授的道理。

[10]澄湛：深刻，清楚。精莹：精纯，透彻。

[11]觇毕为学者：埋头诵读古书的学者。觇毕，即占毕，指不明经义，只知照书本诵读。觇，看。毕，简牍。

[12]严：尊。引申为推崇。

[13]“《易》本隐”二句：语出《史记·司马相如传·赞》“《春秋》推见至隐，《易》本隐以之显”，谓《春秋》从具体的事件推到褒贬的道理，事件是显现的，道理是隐微的，故云“推见至隐”；《周易》是根据卜卦来推测人事的凶吉，卜卦是隐微的，人事是显现的，故云“本隐以之显”。

[14]观《象》《系辞》：观察卦象和系辞。象，指用火烧龟甲后现出的裂纹。系辞，附在卦下解释卦的话。古人用《周易》占卦的过程是：观察龟甲裂纹，确定是哪一卦，然后再根据卦辞判断吉凶。

[15]诛意褒贬：指《春秋》记录事件，并根据具体事件进行褒贬。诛意，谴责，抨击。

[16]内籀（zhòu）：归纳法，观察特殊的事例归纳出一般的道理。

［17］外籀：演绎法。根据普遍的原理来推断特殊的事例。

［18］微：小，个别。通：普遍。

［19］定数：原则，定律。逆：逆料，推断。未然：未知。

［20］要涂术：重要的方法。

［21］咨其术：研究其学术(此指归纳演绎之法)。咨，问，这里指研究。

［22］远迈古初：远远超过上古时代。

［23］在在见极：处处达到顶点。

［24］以质天下：以就正于天下人。

［25］执其例：掌握了定理、原则。例，公理、定理。御蕃变：驾驭繁复变化的事物。

［26］名：逻辑学。数：数学。质：化学。力：物理学。

［27］合而名之：综合起来给它命名。

［28］“大宇”四句：宇宙之内，物体和运动、静止相互推动，没有物体显不出运动或静止的力，没有运动或静止的力也显不出物体来。

［29］“凡力”二句：凡是力都属于“乾”，凡是质都属于“坤”。《周易》以乾为天，坤为地。此处以乾为力，坤为质的说法是一种附会。

［30］奈端：今译作牛顿（1642—1727年），英国物理学家、数学家。发现万有引力定律。动之例三：牛顿的力学三定律。

［31］“其一”五句：指牛顿三大定律之一，即任何物体如不受外力的作用，就继续保持其静止状态，或匀速直线运动状态。

［32］旷古之虑：前所未有的发现。

［33］“而《易》”三句：见于《周易·系辞上》。原意是静时专一不乱，动时刚正不差。即动、静皆正确。严复以此说明力学，也是一种附会的说法。

［34］斯宾塞尔：今译作赫伯特·斯宾塞（1820—1903年），英国资产阶级哲学家和社会学家，是社会有机论的创始人。他认为人类社会像动物机体一样，服从生物学的规律，把社会发展过程生物化。

［35］“以天演”句：用天演论（即生物进化）及自然界变化的理论来解释人类社会的演化。

［36］“贯天”句：指斯宾塞的理论把天、地、人用一种道理贯穿起来。

［37］“翕以”三句：指吸引力凝聚为物质，物质播散而挥发出一种力（如光、热等），万物开始简单，最终复杂。翕（xī），凝聚。辟，开辟散发。

［38］“而《易》”三句：引文见于《周易·系辞上》。坤是地，静时闭藏，故

称翕；动时生长万物，故曰辟。这里用《周易》比附进化论，也是一种附会的说法。

［39］“至于”二句：至于宇宙中全部能量不增减的说法，则有“自强不息”作它的先导。全力不增减，是说宇宙中的全部能量是不会增减的，即能量守衡。自强不息，《周易·乾》：“君子以自强不息。”其原意是就修养、品德而言，这里用来说明物质不灭，也是一种附会。

［40］“凡动”二句：凡动必复，指力作用于物，必引起反作用力。消息之义，《周易·丰》：“天地盈虚，与时消息。”是说天（寒暑）、地（山河）的盈虚都随着时间消长向反面转化。这里用来比附反作用力，也是附会。

［41］“而……之旨”：见于《周易·系辞上》：“乾坤毁，则无以见易；易不可见，则乾坤或几乎息矣！”意思是：天地毁灭就没有“易”的变化；“易”变化消失，天地也就接近于毁灭。易，指阴阳变化消长的现象。

［42］热力平均，天地乃毁：这是德国物理学家克劳修斯的“热寂说”。他认为世界上一切运动形式都要转化为热。热渐渐消失于太空中，达到热力平均，一切运动都将停止，世界就要毁灭。这是一种谬论。

［43］拟其大：草创其大端。

［44］童昏：像未开化的小孩那样蒙昧无知。

［45］弇（yǎn）陋：粗浅鄙陋。

［46］问涂：寻找门径。涂，同“途”。

［47］“訑（yí）然”二句：谓洋务派认为西洋人只长于自然科学和对具体器物的研究。訑然，自以为了不起的样子。象数，古人占卜，以龟纹为象，蓍草多少为数，象数并称，指龟筮。后来，演化为与义理对称之物象数理。指自然科学。形下，《易经·系辞上》：“形而上者谓之道，形而下者谓之器。”前者指抽象义理，后者指具体器物。

［48］不越功利之间：不能超出功利的范围。即是说他们在道德上不行。

［49］逞臆为谈：只凭自己的猜测、臆断发表意见。

［50］不咨其实：不考察、研究实际情况。

［51］国闻：本国的传统学问、知识。

［52］审敌自镜：考察敌方的情况，作为自己的鉴戒。

［53］救：纠正。任天为治：斯宾塞用自然法则解释人类社会，主张治理国家要听其自然。

［54］迻译：翻译。迻同“移”。

［55］不佞：不才，此为作者自指。不恤：不顾。

译例言

译事三难：信、达、雅。求其信已大难矣，顾信矣不达，虽译犹不译也，则达尚焉。海通已来，象寄之才，随地多有，而任取一书，责其能与于斯二者则已寡矣。其故在浅尝，一也；偏至，二也；辩之者少，三也。今是书所言，本五十年来西人新得之学，又为作者晚出之书。译文取明深义，故词句之间，时有所颠到附益，不斤斤于字比句次，而意义则不倍本文。题曰达旨，不云笔译，取便发挥，实非正法。什法师有云："学我者病。"来者方多，幸勿以是书为口实也。

西文句中名物字，多随举随释，如中文之旁支，后乃遥接前文，足意成句。故西文句法，少者二三字，多者数十百言。假令仿此为译，则恐必不可通，而删削取径，又恐意义有漏。此在译者将全文神理，融会于心，则下笔抒词，自善互备。至原文词理本深，难于共喻，则当前后引衬，以显其意。凡此经营，皆以为达，为达即所以为信也。

《易》曰："修辞立诚。"子曰："辞达而已。"又曰："言之无文，行之不远。"三者乃文章正轨，亦即为译事楷模。故信达而外，求其尔雅，此不仅期以行远已耳。实则精理微言，用汉以前字法、句法，则为达易；用近世利俗文字，则求达难。往往抑义就词，毫厘千里。审择于斯二者之间，夫固有所不得已也，岂钓奇哉！不佞此译，颇贻艰深文陋之讥，实则刻意求显，不过如是。又原书论说，多本名数格致，及一切畴人之学，倘于之数者向未问津，虽作者同国之人，言语相通，仍多未喻，矧夫出以重译也耶！

新理踵出，名目纷繁，索之中文，渺不可得，即有牵合，终嫌参差，译者遇此，独有自具衡量，即义定名。顾其事有甚难者，即如此书上卷《导言》十余篇，乃因正论理深，先敷浅说。仆始繙“卮言”，而钱唐夏穗卿曾佑，病其滥恶，谓内典原有此种，可名“悬谈”。及桐城吴丈挚甫汝纶见之，又谓“卮言”既成滥词，“悬谈”亦沿释氏，均非能自树立者所为，不如用诸子旧例，随篇标目为佳。穗卿又谓如此则篇自为文，于原书建立一本之义稍晦。而悬谈、悬疏诸名，悬者玄也，乃会撮精旨之言，与此不合，必不可用。于是乃依其原目，质译“导言”，而分注吴之篇目于下，取便阅者。此以见定名之难，虽欲避生吞活剥之诮，有不可得者矣。他如“物竞”“天择”“储能”“效实”诸名，皆由我始。一名之立，旬月踟蹰。我罪我知，是存明哲。

原书多论希腊以来学派，凡所标举，皆当时名硕。流风绪论，泰西二千年之人心民智系焉，讲西学者所不可不知也。兹于篇末，略载诸公生世事业，粗备学者知人论世之资。

穷理与从政相同，皆贵集思广益。今遇原文所论，与他书有异同者，辄就谫陋所知，列入后案，以资参考。间亦附以己见，取《诗》称嘤求，《易》言丽泽之义。是非然否，以俟公论，不敢固也。如曰标高揭己，则失不佞怀铅握椠，辛苦迻译之本心矣。

是编之译，本以理学西书，翻转不易，固取此书，日与同学诸子相课。迨书成，吴丈挚甫见而好之，斧落征引，匡益实多。顾惟探赜叩寂之学，非当务之所亟，不愿问世也。而稿经新会梁任公、沔阳卢木斋诸君借钞，皆劝早日付梓。木斋邮示介弟慎之于鄂，亦谓宜公海内，遂灾枣梨，犹非不佞意也。刻讫寄津覆斠，乃为发例言，并识缘起如是云。

光绪二十四年岁在戊戌四月二十二日
严复识于天津尊疑学塾

上卷

物竞天择

《天演论》问世已百年有余，但它反复阐发的“物竞天择、适者生存”的进化论原理，不仅给晚清时的国人敲响了救亡图存的警钟，同时仍然给现代的国人许多有益的启示。

现存的各类物种，曾是在千万年的生存竞争中被大自然选择而留下来的幸存者，但唯有人类能够理智地认识自然和人类社会本身。而近现代社会从当时的变法维新，到社会体制不断地实践更新，总是在反复、激烈的斗争中成长。健全的政治体制、公平的社会竞争环境、完善的法规制度，以及先进的政治教化，正是社会走向稳定和繁荣的保证。

察变第一

察变，即考察事物在自然演进中的变化。赫胥黎从自己在伦敦南郊面对一片荒野时引发的感叹，说明事物的进化是永久不变的真理。黄芩小草，历经万年犹生，“天道变化，不主故常”，却能万劫不灭，说明该事物有极强的适应力和竞争力，由此赫胥黎提出了“自然选择”和“生存竞争”（即“物竞”“天择”）的观点，这正是所谓“天演”的主旨。

【原文】 赫胥黎独处一室之中，在英伦之南，背山而面野，槛外诸境，历历如在几下。乃悬想二千年前，当罗马大将恺撒未到时，此间有何景物。计惟有天造草昧[1]，人功未施，其借征人境者，不过几处荒坟，散见坡陀起伏间，而灌木丛林，蒙茸山麓，未经删治如今日者，则无疑也。怒生之草，交加之藤，势如争长相雄。各据一抔壤土，夏与畏日争，冬与严霜争，四时之内，飘风怒吹，或西发西洋，或东起北海，旁午[2]交扇，无时而息。上有鸟兽之践啄，下有蚁蝝之啮伤，憔悴孤虚，旋生旋灭，菀[3]枯顷刻，莫可究详。是离离者亦各尽天能，以自存种族而已。数亩之内，战事炽然。强者后亡，弱者先绝。年年岁岁，偏有留遗。未知始自何年，更不知止于何代。苟人事不施于其间，则莽莽榛榛[4]，长此互相吞并，混逐蔓延而已，而诘之者谁耶?

英之南野，黄芩[5]之种为多，此自未有记载以前，革衣石斧之民，所采撷践踏者。兹之所见，其苗裔耳。邃古之前，坤枢[6]未转，英伦诸岛，乃属冰天雪海之区，此物能寒，法当较今尤茂。此区区一小草耳，若迹其祖始，远及洪荒，则三古以还年代方之，犹瀼渴之水，比诸大江，不啻小支而已。故事有决无可疑者，则天道变化，不主故常是已。特自皇古迄今，为变盖渐，浅人不察，遂有天地不变之言。实则今兹所见，乃自不可穷诘之变动而来。京垓[7]年岁之中，每每员舆[8]，正不知几移几换而成此最后之奇。且继今以往，陵谷变迁，又属可知之事，此地学不刊之说也。假其惊怖斯言，则索证正不在远。试向立足处所，掘地深逾寻丈，将逢蜃灰[9]。以是蜃灰，知其地之古必为海。盖蜃灰为物，乃蠃蚌脱壳积叠而成。若用显镜察之，其掩旋尚多完具者。使是地不前为海，此恒河沙数蠃蚌者胡从来乎？沧海扬尘，非诞说矣！且地学之家，历验各种僵石[10]，知动植庶品，率皆递有变迁，特为变至微，其迁极渐。即假吾人彭聃[11]之寿，而亦由暂观久，潜移弗知。是犹蟪蛄不识春秋，朝菌不知晦朔[12]，遽以不变名之，真瞽说[13]也。

□ **古埃及壁画里的植物**

早在天地尚处于一片混沌的时期，一些植物就已经存在了。那时四野荒凉，还未有人类涉足。各类物种恣意生长，与严寒酷暑、自然万物作生存斗争。那些最适合自然环境的物种最终被保留下来，不适者则被淘汰，逐渐减少直至消失。这个适者生存的过程就叫作“自然选择”。

故知不变一言，决非天运。而悠久成物之理，转在变动不居之中。是当前之所见，经廿年卅年而革焉可也，更二万年三万年而革亦可也。特据前事推将来，为变方长，未知所极而已。虽然，天运变矣，而有不变者行乎其中。不变惟何？是名天演。以天演为体，而其用有二：曰物竞，曰天择。此万物莫不然，而于有生之类为尤著。物竞者，物争自存也。以一物以与物物争，或存或亡，而其效则归于天择。天择者，物争焉而独存。则其存也，必有其所以存，必其所得于天之分，自致一己之能，与其所遭值之时与地，及凡周身以外之物力，有其相谋相剂者焉。夫而后独免于亡，而足以自立也。而自其效观之，若是物特为天之所厚而择焉以存也者，夫是之谓天择。天择者，择于自然，虽择而莫之择，犹物竞之无所争，而实天下之至争也。斯宾塞尔[14]曰：“天择者，存其最宜者也。”夫物既争存矣，而天又从其争之后而择之，一争一择，而变化之事出矣。

复案：物竞、天择二义，发于英人达尔文。达著《物种由来》一书，以考论世间动植种类所以繁殊之故。先是言生理者，皆主异物分造之说。近今百年格物诸家，稍疑古说之不可通。如法人兰麻克、爵弗来，德人方拔、万俾尔，英人威里士、格兰特、斯宾塞尔、倭恩、赫胥黎，皆生学名家，先后间出，目治手营，穷探审论，知有生之物，始于同，终于异。造物立其一本，以大力运之，而万类之所以底于如是者，咸其自己而已，无所谓创造者也。然其说未大行也，至咸丰九年，达氏书出，众论翕然。自兹厥后，欧美二洲治生学者，大抵宗达氏。而矿事日辟，掘地开山，多得古禽兽遗蜕，其种已灭，为今所无。于是虫鱼禽互[15]兽人之间，衔接迤演之物，日以渐密，而达氏之言乃愈有徵。故赫胥黎谓古者以大地为静居天中，而日月星辰，拱绕周流，以地为主。自哥白尼出，乃知地本行星，系日而运。古者以人类为首出庶物，肖天而生，与万物绝异。自达尔文出，知人为天演中一境，且演且进，来者方将，而教宗抟土之说，必不可信。盖自有哥白尼而后天学明，亦自有达尔文而后生理确也。斯宾塞尔者，与达同时，亦本天演著《天人会通论》，举天、地、人、形气、心性、动植之事而一贯之，其说尤为精辟宏富。其第一书开宗明义，集格致之大成，以发明天演之旨。第二书以天演言生学。第三书以天演言性灵。第四书以天演言群理。最后第五书，乃考道德之本源，明政教之条贯，而以保种进化之公例要术终焉。呜乎！欧洲自有生民以来，无此作也。案：不佞近翻《群谊》书，即其第五书中之编也。斯宾氏迄今尚存，年七十有六矣。其全书于客岁始蒇事，所谓体大思精，殚毕生之力者也。达尔文生嘉庆十四年，卒于光绪八年壬午。赫胥黎于乙未夏化去，年七十也。

【注释】［1］草昧：蒙昧，指世界未开化的时代。

［2］旁午：旁迕，指交错，纷繁。

［3］菀：草木茂盛的样子。

［4］榛榛：草木丛杂的样子。

［5］黄芩：别名山茶根、土金茶根，是唇形科多年生草本植物。

［6］坤枢：地轴，借指地壳。

［7］京垓：古代以十兆为京，十京为垓。极言众多之义。

［8］员舆：地球。

［9］蜃灰：又称蛎灰，俗名白玉，是蛎壳烧成的灰，与石灰相似。这里指白垩。

［10］僵石：化石的旧称。

［11］彭聃：彭祖与老聃的并称，传说二人均极长寿。彭祖，乃先秦历史传说人物，自尧帝起，历夏商二朝，相传有八百寿岁。老聃即道家学派创始人老子，乃春秋晚期历史人物，据说在世一百零一岁。

［12］犹蟪蛄不识春秋，朝菌不知晦朔：出自《庄子·内篇·逍遥游》“小知不及大知，小年不及大年。奚以知其然也？朝菌不知晦朔，蟪蛄不知春秋，此小年也”。蟪蛄：寒蝉，俗名知了，一般春生夏死或夏生秋死。朝菌：又名大芝、朝生，指一种朝生暮死的菌类植物。晦朔：指月亮的盈缺。晦，是每月的最后一天；朔，是每月的第一天。

□ **史前动物**

地球上早前发展进化的物种，有的延续至今，有的已经灭绝。那些延续下来的物种，在自然条件的作用下经常发生变异，都经历了一个由简单到复杂、由水生到陆生、由低级到高级的漫长演化过程。

［13］瞽说：指不明事理的言论。

［14］斯宾塞尔：赫伯特·斯宾塞（Herbert Spencer，1820—1903年），英国社会学家，进化论的先驱，“社会达尔文主义之父”，其学说将进化理论“适者生存”应用在社会学上尤其是教育及阶级斗争中。

［15］亙：甲壳动物的总称。

【译文】英国生物学家赫胥黎这天独自坐在伦敦的一间房屋内。这间房位于英国伦敦的南面，它背靠高山，前面是一片旷野。栏杆外的各种景色，就像近在眼前一般。于是他忽然想到，在遥远的两千年以前，当罗马的恺撒大将军还未到达的时候，这里有些什么样的景物呢？估计那时只有天地混沌时期的原始荒原，除了散乱地堆垒着的几处荒坟之外，并未有人类活动的痕迹。而路旁那些高岗矮坡或是灌木荆棘，各种植物皆杂乱无序，决不会像今天一样经过了专门的修枝和整理。疯狂向上的草木和枝干交缠的藤枝，都仿佛在为一缕阳光和自己的生存空间而竭力争雄。它们各自依靠着脚下的一捧黄土，顽强地与夏日的酷暑和冬天的霜冻开展激烈抗争。那些来自西边大西洋或东边北海的狂风，一年四季轮番吹刮、怒吼，一刻也未停过。一些树的枝丫上，饱受各种鸟兽的摧残、啄毁，而根部又遭蚂蚁、蝗虫等的啮咬和折磨，以至这些树逐渐憔悴虚枯，大都在生死中徘徊，有时繁茂与枯萎只在片刻之间，而人们对其终极原因也难以详究。那些繁茂昌盛的草木，也不过是依仗与生俱来的所有本能，以保证自己的生存和种族的延续罢了。仅观几亩草木之间，生存的战斗炽热而惨烈，强大的总是最后消亡，弱小的也总是最先枯灭，但总有胜利者在激烈的生死之搏中赖以存活。似这种生物间生存的较量，不知从什么时候已经开始，更不知什么时候能够结束。如果在其间不施以人力加以有序整理，那么任许草木相互倾轧，尽力争夺有限的生存资源，不断相互吞并，那么，最终的生存之战将延续过去的混乱和惨烈。其中的根本原因，又有谁会去认真加以考察呢？

在英国南方的原野上，像黄芩一类的植物有很多，在没有文字记载的远古时代，那些穿兽皮、持石斧的原始人就曾经践踏和采撷过这些植物，我们现在看到的仍是它们的后代。在远古时期，地轴尚未开始偏转，英国全境仍属冰封区域，因此黄芩理应耐寒，当时该种植物应比现今更加繁茂。黄芩仅是一种微小的草本植物，而它的祖先则可追溯到遥远的太古时代，人类历史的上中下三古时期与之相比，仅如山间细流，或如同大江的一条小支流一般。故而可以肯定地说，自然界物种千变万化，并将一直演变下去。但是，从太古时期到现在，事物的这种变化大概是徐徐渐进的。学浅之人不思探求，故往往得出自然界各种事物不生质变的定论。实际上我们眼前的一些事物，正是千百年无穷进化而来。在亿万年的地壳运动中，几经多次我们无法知晓的移动变化，地球才有现在我们看到的奇观。而从现在至未来，山川谷地等的变换迁徙，又属于我们能够探索了解的事物，这是现代地理学已经能够查证的范畴。倘若有人对这些话感到惊奇和不可思议，那么我们获得这种证据的科学方法已不再遥远。如果从我们的立足之地往下挖掘，只要深度超过几丈，就可能发现有海生物化石的白垩化学沉积岩，于是我借此方知此地在远古时曾为海洋。白垩沉积岩中的海洋生物化石原为海中的螺蚌等脱去外壳后堆叠而成，如在显微镜下观察，甚至可以看清当年这些海生物的躯干骨骼。如若此地以前不是海洋，那这些多如沙粒般的螺蚌遗体又是从哪里来的呢？故沧海变陆地，就并非痴人荒诞之言了。地质学家曾查验分析过各类化石，认识到生物拥有丰富多样的品种，而这些品种均有规则地进行着各自的变化和变异，只是这种变化缓慢而微小而已。即使我们有着彭祖和老聃那样的长寿，也难以发觉一个事物变化的细微差别。就如同昆虫蟪蛄不明白一年四季的区别和朝生暮死的菌类不知月亮圆缺一样。因此，我们认为自然界恒久不变的概念是无理的。而一些事物历经万年仍然存在的原因，蕴含在事物不断发展、变化的矛盾运动中间。我们现在观察到的一些事物，有的经过几十年便可发现一些变化，有的则要经过两三万年方能发现微小的变化。但我们可以推断，这些事物的过去状态和未来发展，都将与它们现今的样子大不相同，而这些变化具体为何，我们则不得而知了。

□《饥饿的狮子猛扑羚羊》 法国 卢梭
现藏于瑞士巴赛尔艺术博物馆

自然界的生存法则，一方面为“自然选择”，一方面为“生存竞争”。所谓的“生存竞争”，指处于同一个生存环境中的各种生物，通过相互竞争来求得本种属的生存和繁衍。这种竞争遵循“优胜劣汰”原则，且是永无止境的。

虽然宇宙的规律会发生变化，但其间仍有一种不变的法则。这种不变的法则就叫作“天演”，即自然界万物的演化历程及规则。“天演”作为自然界不变的法则，有两方面的含义，一方面叫作“生存竞争”，另一方面叫作“自然选择”。世上各种事物无不受其制约，而对于有生命的生物来说，尤其如此。所谓的“生存竞争”，指万物在有限的同一环境下相互竞争，以求得本种属的生存及繁衍。生物间这种无休止的争斗，终于使一些生物存活下来，而另一些则灭绝了。这种由“生存竞争”演化出的两种结果，应归因于“自然选择”这种法则。在生物的激烈竞争中，其中一些能够最后存活，必然有着它能够生存下来的具体原因，一定是它能够利用自身具有的全部潜能，对周边的环境、资源及天时地利等物质力量和机遇等相互协调作用，形成一种独有的合力，方能在竞争中占有优势，从而保全自身而免于灭亡，最终在充满竞争的环境中占有一席之地。从表面上看，这些存活的生物好似受到了大自然特别的惠顾，被自然所推举出来作为胜利者，从而保证了属种的生存延续。这种现象我们就称作“自然选择”。所谓“自然选择”，是指某些生物顺应自然而被自然所惠顾，表面上似乎没有激烈的竞争，实际上这种激烈的竞争却无处不在。斯宾塞曾说：“自然选择就是保存了最适应生存环境的那些生物。”在生物相互激烈竞争的同时，自然界又对竞争的强者加以选择，通过一波又一波的竞争和一次又一次的选择，生物变异、转化的情况便一一出现了。

〖严复按语〗

“生存竞争”和“自然选择”这两个名词，是英国人达尔文所首创的。达尔文所撰写的《物种起源》一书，考察了众多自然界里的动植物，分析论述了这些动植物演化各异的原因。而在此以前，研究生物学的学者们大都持不同物种是被自然界分别创造出来的观点。最近一百年来，许多科学家开始怀疑这些学说并提出不合理之处，例如法国人拉马克、约弗洛瓦，德国人方拔、冯贝尔，英国人威尔士、格兰特、斯宾塞、欧文和赫胥黎等，他们都是著名的生物学家，也先后以不同的观点闻名于世界科学界。这些名家们仔细观察，亲历实践，均对生物现象进行了不懈的探索和周详的论证，并开始觉察到凡有生命之物，就算开始归于同一种属，最终都会发生变异。自然界虽然确立了最初的物种，但随后却用其巨大的力量来继续运作它，使它在自然中不断发展变化。物种的起源和变化源于自身，根本不存在什么上苍先天的创造问题。

然而，这些名家们的学说在他们当时还不能得到普遍的认可。直到咸丰九年（公元1859年），达尔文的著作问世之后，世间的舆论才趋于协调和统一。在此以后，欧美各地的生物学者，大都开始崇尚达氏理论。这个时候，天然矿产也逐步得到开发，在挖掘地层的过程中，远古的动植物化石被一一发现，不少物种早已灭绝，现已不存。自然界的各种动物，从虫鱼禽兽到人类，进化道路上每一个环节都有迹可寻，达尔文的理论也更进一步地得到证实。为此，赫胥黎说道，古时人们大都以为大地静止不动，处于天体的正中，而日、月、星、辰则以大地为中心，拱卫、环绕在其周围有序运转。直到哥白尼的太阳中心学说创立后，人们才知道地球本属于一颗行星，紧绕太阳规则地运行；古时人都认为自己是世间万物之首，是上帝或女娲的杰作，与世间其他的生物决然不同。自达尔文的学说创立后，方知道人类也是万物演进中的一员，一边正为生存抗争，一边又向更高级的阶段演进。因此上帝造人或女娲造人之类的古代说法，是断不能相信的。自从出现了哥白尼的太阳中心学说，天文学才有了科学的阐释；正如有了达尔文，生物学的正确论述才得以确立。

斯宾塞与达尔文同时代，他根据生物进化原理也写出了一部名为《综合哲学》的书，他将天地、人类、人之形体机能、性格及动植物等的变化，皆用进化论的观点贯穿其中，使他的论述尤为精深、宏大、富丽。他在该书的第一卷开宗明义，汇集当时自然科学的所有成就，阐发了进化论的基本宗旨和原则；在第二卷中，他应用进化论的基本理论来解释生物学的现象；在第三卷中，他以进化论的观点来阐述心理学；第四卷他用进化论的原理来论述社会群体的生存法则；第五卷他则专述社会道德的本源，明确政治教化的系统和规则；最终他以提出捍卫种族进化的公共原则和方法来结束全文。呜呼！欧洲自出现人类以来，还不曾产生过这样轰动的杰作（鄙人最近翻译的《群谊》一书，正是该书第五卷中的一篇）！

斯宾塞先生至今尚在世，高寿76岁，他那部五卷本《综合哲学》全书去年业已完成，这是他用尽毕生精力和心血完成的一部伟大杰作！达尔文生于嘉庆十四年，卒于光绪八年；赫胥黎则在光绪二十一年与世长辞，享年70岁。

广义第二

此篇中，严复对过去结论的“世变”“运会”等包含迷信的观点加以了否定，指出所谓的“开天辟地”“抟土造人”“真宰”创造世界等，皆毫无科学依据。从而说明无论是“动植二品”，还是人类以及太阳系的诸星球，完全是“天之所演”的结果，是千万年进化过程的产物，而事物在演进时总是在发展中产生微小的变异。这种发展中的变化和变化中的发展是没有终结的。

【原文】 自递嬗之变迁，而得当境之适遇，其来无始，其去无终，曼衍连延，层见迭代，此之谓“世变”，此之谓“运会”。运者以明其迁流，会者以指所遭值，此其理古人已发之矣。但古以谓天运循环，周而复始，今兹所见，于古为重规；后此复来，于今为叠矩，此则甚不然者也。自吾党观之，物变所趋，皆由简入繁，由微生著。运常然也，会乃大异。假由当前一动物，远迹始初，将见逐代变体，虽至微眇，皆有可寻，迨至最初一形，乃莫定其为动为植。凡兹运行之理，乃化机所以不息之精。苟能静观，随在可察。小之极于跂行[1]倒生[2]，大之放乎日星天地；隐之则神思智识之所以圣狂，显之则政俗文章之所以沿革。言其要道，皆可一言蔽之，曰：天演是已。此其说滥觞[3]隆古，而大畅于近五十年。盖格致学精，时时可加实测故也。

且伊古以来，人持一说以言天，家宗一理以论化。如或谓开辟以前，世为混沌，沕潏胶葛[4]，待剖判而后轻清上举，重浊下凝；又或言抟土为人，咒[5]日作昼，降及一花一草，蠕动蠉[6]飞，皆自元始之时，有真宰焉，发挥张皇，号召位置，从无生有，忽然而成；又或谓出王游衍，时时皆有鉴观[7]，惠吉逆凶[8]，冥冥实操赏罚。此其说甚美，而无如其言之虚实，断不可证而知也。故用天演之说，则竺乾[9]、天方、犹太[10]诸教宗，所谓神明创造之说皆不行。夫拔地之木，长于一子之微；垂天之鹏，出于一卵之细。其推陈出新，逐层换体，皆衔接微分而来。又有一不易不离之理，行乎其内。有因无创，有常无奇。设宇宙必有真宰，则天演一事，即真宰之功能，惟其立之之时，后果前因，同时并具，不得于机缄[11]已开，洪钧既转之后，而别有设施张主于其间也。是故天演之事，不独见于动植二品中也。实则一切民物之事，与大宇之内日局[12]诸体，远至于不可计数之恒星，本之未始有始以前，极之莫终有终以往，乃无一焉非天之所演也。故其事至赜至繁，断非一书所能罄。姑就生理治功一事，模略言之。先为导言十余篇，用以通其大义。虽然，隅一举而三反，善悟者诚于此而有得焉，则筦秘机之扃钥者[13]，其应用亦正无穷耳！

复案：斯宾塞尔之天演界说曰："天演者，翕以聚质，辟以散力。方其用事也，物由纯而之杂，由流而之凝，由浑而之画，质力杂糅，相剂为变者也。"又为论数十万言，以释此界之例。其文繁衍奥博，不可猝译，今就所忆者杂取而粗明之，不能细也。其所谓翕以聚质者，即如日局太始，乃为星气，名涅菩剌斯[14]，布濩[15]六合，其质点本热至大，其抵力亦多，过于吸力。继乃由通吸力收摄成珠，太阳居中，八纬外绕，各各聚质，如今是也。所谓辟以散力者，质聚而为热、为光、为声、为动，未有不耗本力者，此所以今日不如古日之热。地球则日缩，彗星则渐迟，八纬之周天皆日缓，久将进入而与太阳合体。又地入流星轨中，则见陨石。然则居今之时，日局不徒散力，即合质之事，亦方未艾也。余如动植之长，国种之成，虽为物悬殊，皆循此例矣。所谓由纯之杂者，万化皆始于简易，终于错综。日局始乃一气，地球本为流质，动植类胚胎萌芽，分官最简；国种之始，无尊卑上下君子小人之分，亦无通力合作之事。其演弥浅，其质点弥纯。至于深演之秋，官物大备，则事莫有同，而互相为用焉。所谓由流之凝者，盖流者非他（此"流"字兼飞质而言）。由质点内力甚多，未散故耳。动植始皆柔滑，终乃坚强。草昧之民，类多游牧；城邑土著，文治乃兴，胥[16]此理也。所谓由浑之画者，浑者芜而不精之谓，画则有定体而界域分明。盖纯而流者未尝不浑，而杂而凝者，又未必皆画也。且专言由纯之杂，由流之凝，而不言由浑之画，则凡物之病且乱者，如刘、柳元气败为痈痔之说[17]，将亦可名天演。此所以二者之外，必益以由浑之画而后义完也。物至于画，则由壮入老，进极而将退矣。人老则难以学新，治老则笃于守旧，皆此理也。所谓质力杂糅，相剂为

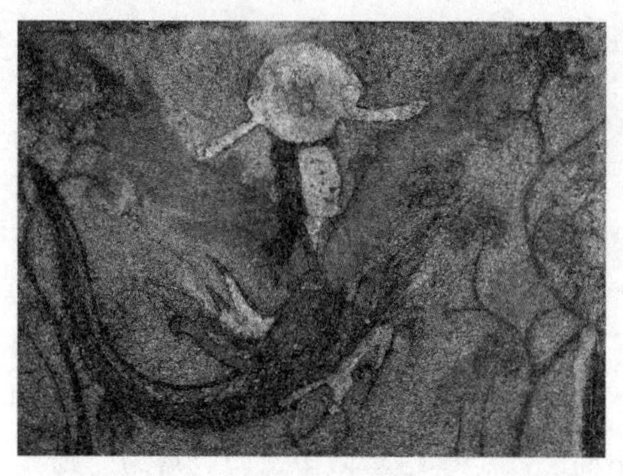

□ 女娲图

自古以来，对于世间造化，有人认为是盘古开天辟地，有人认为是女娲捏泥造人，至于天地间的草木生灵，皆由上帝造其形。而赫胥黎却主张，这浩瀚时空中的一切事物，无一不是自然演化的结果。图为五盔坟四号墓壁画——女娲图。

变者，亦天演最要之义，不可忽而漏之也。前者言辟以散力矣。虽然，力不可以尽散，散尽则物死，而天演不可见矣。是故方其演也，必有内涵之力，以与其质相剂。力既定质，而质亦范力，质日异而力亦从而不同焉。故物之少也，多质点之力。何谓质点之力？如化学所谓“爱力”[18]是已。及其壮也，则多物体之力。凡可见之动，皆此力为之也。更取日局为喻，方为涅菩星气之时，全局所有，几皆点力。至于今则诸体之周天四游，绕轴自转，皆所谓体力之著者矣。人身之血，经肺而合养气[19]；食物入胃成浆，经肝成血，皆点力之事也。官与物尘相接，由涅伏[20]（俗曰脑气筋）以达脑成觉，即觉成思，因思起欲，由欲命动，自欲以前，亦皆点力之事。独至肺张心激，胃回胞转，以及拜舞歌呼手足之事，则体力耳。点体二力，互为其根，而有隐见之异，此所谓相剂为变也。天演之义，所苞如此，斯宾塞氏至推之农商工兵、语言文学之间，皆可以天演明其消息所以然之故。苟善悟者深思而自得之，亦一乐也。

【注释】［1］跂：通“蚑”。跂行，用足行走者，即虫豸。

［2］倒生：草木由下向上长枝叶，故称草木为“倒生”。

［3］滥觞：原指江河发源处水很小，仅可浮起酒杯，如北魏郦道元《水经注·江水一》：“江水自此已上至微弱，所谓发源滥觞者也。”现在多比喻事物的起源、发端。

［4］沕：深微的样子。潘：昏乱。胶葛：交错纷乱的样子。

［5］咒：祝、咒本同一词，祝愿和诅咒是一件事的两面。

［6］蠉：虫子屈曲爬行或飞。

［7］出王：出往。游衍：恣意游逛。鉴观：察视。《诗经·大雅·板》：“昊天曰明，及尔出王。昊天曰旦，及尔游衍。”

［8］惠吉逆凶：出自《尚书·虞书·大禹谟》“惠迪吉，从逆凶，惟影响”。

［9］竺乾：天竺，古印度别称。

［10］犹太：我国古时指阿拉伯。

［11］机缄：机关开闭。指推动事物发生变化的力量。也指气数，气运。

［12］日局：太阳系。

［13］筦：“管”，主管之意。秘机：隐藏于内部的机关，不使外见的机械。扃钥：门户锁钥。

［14］涅菩剌斯：英文nebula的音译，指星云或星云状的星系。

［15］布濩：散布。

［16］胥：都，皆。

［17］刘、柳元气败为痈痔之说：指刘禹锡的哲学代表作《天论》和柳宗元的哲学代表作《天说》。

［18］爱力：亲和力。

［19］养气：氧气。

［20］涅伏：英文nerve的音译，即神经。

【译文】 事物在自然中循序演化，而每一个进化的瞬间，都与其当下的生存发展相适宜，这种运动不知何时开始，也不知何时终结，总是无穷尽地向前延伸着，层层交错、代有更迭，这就是所谓“世道变迁”及其“时运际会”。而这“时运”，可用于探明一些事物发展、变化的趋势，“际会”则可以使人明了事物遭遇、分合的过程，这些道理，在古时已有学者予以了阐发。但是古人认为事物的变化规律是循环的，转一圈后总是由起点又回到了终点。对古人来说，事物的发展变化只是简单重复。但现代人的看法与古人却大有出入，以我等看来，事物的发展变化，总是先由简略到繁杂，由隐微至显达。我们所说的“时运”常理解为这样，而“会”则大有不同，如果追溯现存某种动物最初的模样，将会发现它一代又一代地发生变化，即使这种变化或变异在时间长河中显得异常微小，但通过化石等证据的考察研究，我们都能找出它的踪迹。如果我们追溯到它最初的原始形态，便不知它是属于动物、植物，或是其他物质了。

凡这些事物的运动规律，均源于这些有机生命体不息的本能求生精力，如果静观细察，这些都是随时可以发现的。小的生命体，我们可以穷究至爬行、飞游类禽虫动物，而往大了说则可以推至日月星辰乃至天地；说到隐晦的事物，我们甚至可以察知人类那些隐藏于脑中的神奇、聪慧、圣明和狂放的思想根源；而提到那些显明的事物时，我们也可发现那些社会、政治、风俗、法规体制等的变革规律。它的重要性以一句话来概括，即之前我们所说的“天演”。这一学说虽早已发端，但在最近五十年才大为畅行。这是因为科学技术的发展，使人们能够对许多未知问题加以更加实际的测察。

自古以来，思想家们大都持同一种学说来谈天论道，专家们也常以同一种观点来论说世间造化。例如有人说在开天辟地之前，大地混沌未开，一切物质交缠不清。待到有人将混沌天地进行剖析、分解后，才将浑黄的大气分成洁净和污浊两种，一种往上升，一种朝下沉，故才有了我们说的天与地。又有人说人类由远古女娲捏泥而成，最后又通过祷告太阳神方有了白昼，由此推论，从一根草、一朵花乃至于爬行飞游、虫禽动物等，全在开天辟地时由上帝造物主定其之形。传说那时的造物主等竭力挥散分解洪荒之时的混沌之气，确定天地日月，并号召世间万物占有各自的位置，于是万物便在大地的空白之处发生出来了，世界的创造就仅在一瞬之间。还有人说巡游世界的天神还能每时对世间万物予以审鉴、监督，对顺天而行的生物，他可以降以吉祥；对大逆无道者，他也可以惩以灾祸，在冥冥之中掌握着万物的奖罚大权。这些说法听起来都很美好，但难以确认其虚实，因为没有确切的明证来加以核实。因此，如果用进化论的观点来阐述事理，那么，像佛教、伊斯兰教、基督教一类所提倡的上帝等创造世界的教义便统统行不通了。

那些拔地参天的大树，是由一颗小小的种子长成，那些羽蔽天日的大鹏，原诞生于一枚小卵。它们都弃旧图新，逐步改变了原先的旧样，但都是从相互承接、逐级变化中走来。当然这里另有一种不可违背和不能改变的规律贯穿其中，这种规律虽不是始创，但却有相当的依据；虽固定不变，但并非异道邪说。假如真有上帝的存在，则“天演”一事，也可以说正是上帝的功能所在。假设宇宙真有“主宰”，则在其创立宇宙之时，就已将事物变化的前因后果等情况一并创造了，定不会在天地气运已开始运动、万物已开始生成变化时，将任何先天的措施安排在其间。因此，所谓的“天演”之事并非只发生于动植物之间，而是包括人和世上一切事物，甚至太阳系内外难以计数的星辰；以时间而言，可以说是始于起始之前，终于终结之后。在这博大的时空中，没有一样事物是能躲过自然演化过程的。

这样复杂的问题，绝不是一两本书所能说清楚的。现我暂且从生理和政治方面大致论说一番，故先撰有该内容的导言十余篇，用以连接其要旨。即使这样，若能由此一事联系到其他事理，善于思悟者将能从中受到一些启发，那么，那些手持通往未知世界大门钥匙的人，将任重而道远！

〖**严复按语**〗

斯宾塞关于“天演”的定义是：“天演”是敛聚世间一切质量、排斥一切分散之力。当天演进行时，事物由纯粹到混杂，由流动到凝聚，由混沌到分明。总是内质与外力相互作用，使之相互转化。同时他又写了几十万字的论述来阐说这一领域的事例。斯宾塞的文章广泛而精深，暂不能快速译就，如今我只能按照我所能记得的主要内容，杂取其中部分来简略述之，更谈不上细致了。

斯宾塞所说的“敛缩而聚合物质”，以太阳系的形成举例，太阳系原为星气，名叫“星云”，散布于宇宙四方，其（原子）质点本身巨大且温度很高，排斥力大于吸引力，后在运动中敛聚各种引力，聚合成各种形状的星体。太阳位于太阳系之中，八大行星围绕它运行，并在运动中不断聚集着物质及能量。这种运动至今仍在进行。

斯宾塞所说的“辟以散力”，即排斥一切分散之力，如物质聚合形成热、光、声、运动等时，皆需消耗自身之力。正如现在的太阳达不到古时太阳的温度，地球也在逐日萎缩，八大行星和彗星的运行速度也在减慢，历经更长岁月，它们也许由于不能排斥太阳引力而与之汇成一体。又如地球进入流星轨道，往往会遭遇陨石。而现在，太阳仍旧每日白白地分散着自己的热力。这种聚合与分散的运动在太阳系中仍未停止。其他方面，如动植物的生长，国家、民族的形成和发展等，虽然种种事物之间的发展变化差别甚大，但均是依照这一成例来进行的。

所谓“纯粹到混杂”，指的是各种事物的发生均自最简单开始，最后便开始综合交错、趋于复杂。如太阳系当初只是一团气体，地球的质地本属流动，动植物起源于胚胎和萌芽，各类器官原始而简单。而一个国家或民族在形成之初，没有现今所谓的高低贵贱、君臣上下、小人君子等的区别，社会人群间也不存在有目的、有规划的协调和合作。事物演进的程度越浅，其质点就越保持着最初的纯正，到演进程度大为深化时，动植物的器官将更加趋于完备，此时物类的区别将增大，且开始相互作用，以形成自然的生物链了。

所谓的“从流动到凝聚”，这里所指的“流动”不是别的，正是指那些飘动的质体，只是由于有些物体自身强大的吸引力才使周边的一些质体没有流失。最初的原始动植物体皆柔软嫩滑，但最终却变得坚硬强壮。居于荒僻之野的化外之民，大都是游牧民族；而居于文化中心的城邦居民，其文明与教化程度则高出许多。这些事例也证实了这方面的道理。

所谓“由混沌到分明”中的“混”是指杂而不纯之意；而“由浑之画”中的“画”，则是指物体有一定的形体结构和较分明的界线。那些纯净但又在运动的物体并非不“浑”；而那些杂而凝聚的物类又并非没有明显的自身形体和界线。假使仅仅谈论从纯粹到混杂，由流动到凝聚，而不说所谓由“浑”至“画”的规律，那么凡是物类的弊病和混乱，如刘禹锡、柳宗元所主张的“物质的本原被败坏为痈痔毒疮”的说法，也可能被称为“进化”了。因此，在这两点之外，一定要将“由浑沌到分解”的观点增加进去，该理论的观点才算完备。物类到了分明的时候，即已前进至极点，就要后退了，如人自壮年进入老年后，便难以学习新事物；一国的施政方针执行久了，当政者便会固守陈规，不自觉地去维护旧法，这些都是同一道理。

所谓“物质、机械力混杂融合，相互作用，产生变易”，这也是“天演”最重要的涵义，不能忽略和遗漏。前言所说的“排斥分散之力”的问题，虽然物力不能散尽，否则物类必死，那样，物类的进化过程我们就看不到了。因此，当一物类在演进之时，其本身具备有一定的力，这种力能与其质相互调剂和平衡。我们应当知道，力能够固定质，而质也能约束力，质若一天天地不同，其力也就随之不同了。故物类在其生长期时，其质点之力丰厚。如化学上所称的“爱力”，就是这种力的体现。当物类进入其鼎盛期时，其整体之力将更加富足，我们可观测到的物体动作，都基于这种力。再以太阳系来作比喻，当太阳系还在“星气”“星云”阶段时，整个星系的物体只有自己质点的力，到现在大多星体在宇宙中游动，围绕自己的轴心运转，靠的则是人们所说的整体之力。人身上的血液是通过肺与氧气结合，方能全身流通并维持生命，食物通过胃肠消化成残浆，再与肝肺作用而生血液，这也应是质点之力的功能。人的各种感官与外界物类相接触，由感官神经将感觉传至脑的神经中枢，这便是我们所说的思想。此后再由思想产生出人的某种欲望，欲望又指挥人形成各种行动。在产生欲望之前，各器官本身具有的力为质点之力，当到了肺叶张开，心跳加速、胃肠回旋、思维运转，以至于做出叩拜、舞蹈、歌咏、呼唤、举手投足等一类活动时，那就是物类整体之力了。质点之力与整体之力相互依存，但却具有隐蔽和明显的区别，它们相互作用，从而产生变化。

“天演”即进化所包含的意义大致已如上文所述，而斯宾塞甚至把“天演论”结合到工业、农业、商业、军事及语言文学中去，他认为上述这些领域皆可以“天演”来考察和论述他们的发展和兴衰的根由。善于理解其言并能深入思考者，如果能从中受益，这无疑是一件乐事。

趋异第三

事物的演进并非是一帆风顺的。人不仅是自然的产物，且与其他事物一样，其生存和发展皆是受自然的控制。赫胥黎认为所有的物的本能都趋于无限地繁殖，但自然中维持其生存繁衍的资源和手段则是十分有限的。为此无论是自然界的生物，还是人类社会，其竞争都是非常激烈的，一些物种的消亡，美、澳土族的衰灭，皆印证了这残酷的现实。所谓“自然选择”，实际上正是不同物种在生存竞争中获胜，从而适应自然的结果。

【原文】 号物之数曰万[1]，此无虑之言也。物固奚翅[2]万哉？而人与居一焉。人，动物之灵者也，与不灵之禽兽、鱼鳖、昆虫对；动物者，生类之有知觉运动者也，与无知觉之植物对；生类者，有质之物而具支体官理者也，与无支体官理之金石水土对。凡此皆有质可称量之物也，合之无质不可称量之声、热、光、电诸动力，而万物之品备矣。总而言之，气质而已。故人者，具气质之体，有支体、官理、知觉、运动，而形上之神，寓之以为灵，此其所以为生类之最贵也。虽然，人类贵矣，而其为气质之所囚拘，阴阳之所张弛，排激动荡，为所使而不自知，则与有生之类莫不同也。

有生者生生，而天之命若曰：使生生者各肖其所生，而又代趋于微异。且周身之外，牵天系地，举凡与生相待之资，以爱恶拒受之不同，常若右其所宜，而左其所不相得者。夫生既趋于代异矣，而寒暑燥湿风水土谷，洎夫一切动植之伦，所与其生相接相寇者，又常有所左右于其间。于是则相得者亨，不相得者困；相得者寿，不相得者殇。日计不觉，岁校有余，浸假[3]不相得者将亡，而相得者生而独传种族矣，此天之所以为择也。且其事不止此，今夫生之为事也，孳乳而寖多[4]，相乘以蕃，诚不知其所底也。而地力有限，则资生之事，常有制而不能逾。是故常法牝牡合而生生，祖孙再传，食指[5]三倍，以有涯之资生，奉无

□ 生物的进化过程

38亿年前，原核生物——细菌的出现提供了地球上最早的生命证据。而生命也正是从这最原始的无细胞原核生物开始，进化为真核单细胞生物，并最终向真菌界、植物界和动物界发展，地球上的物类也随之齐备。

穷之传衍，物既各爱其生矣，不出于争，将胡获耶？不必争于事，固常争于形。借曰让之，效与争等。何则？得者只一，而失者终有徒也。此物竞争存之论，所以断断乎无以易也。自其反而求之，使含生之伦，有类皆同，绝无少异，则天演之事，无从而兴。天演者，以变动不居为事者也，使与生相待之资于异者匪所左右，则天择之事，亦将泯焉。使奉生之物，恒与生相副于无穷，则物竞之论，亦无所施。争固起于不足也，然则天演既兴，三理不可偏废：无异、无择、无争，有一然者，非吾人今者所居世界也。

复案：学问格致之事，最患者人习于耳目之肤近，而常忘事理之真实。今如物竞之烈，士非抱深思独见之明，则不能窥其万一者也。英国计学（即理财之学）家马尔达有言：万类生生，各用几何级数。几何级数者，级级皆用定数相乘也。谓设父生五子，则每子亦生五孙。使灭亡之数，不远过于所存，则瞬息之间，地球乃无隙地。人类孳乳较迟，然使衣食裁足，则二十五年其数自倍，不及千年，一男女所生，当遍大陆也。生子最稀，莫逾于象。往者达尔文尝计其数矣，法以牝牡一双，三十岁而生子，至九十而止，中间经数，各生六子，寿各百年，如是以往，至七百四十许年，当得见象一千九百万也。又赫胥黎云：大地出水之陆，约为方迷卢[6]者五十一兆。今设其寒温相若，肥墝[7]又相若，而草木所资之地浆[8]、日热、炭养[9]、亚摩尼亚[10]莫不相同。如是而设有一树，及年长成，年出五十子，此为植物出子甚少之数，但群子随风而扬，枚枚得活，各占地皮一方英尺，亦为不疏，如是计之，得九年之后，遍地皆此种树，而尚不足五百三十一万三千二百六十六垓方英尺。此非臆造之言，有名数可稽，综如下式者也。

（略，详见译文。）

夫草木之蕃滋，以数计之如此，而地上各种植物，以实事考之又如彼。则此之所谓五十子者，至多不过百一二存而已。且其独存众亡之故，虽有圣者莫能知也。然必有其所以然之理，此达氏所谓物竞者也。竞而独存，其故虽不可知，然可微拟而论之也。设当群子同入一区之时，其中有一焉，其抽乙[11]独早，虽半日数时之顷，已足以尽收膏液，令余子不复长成，而此抽乙独早之故，或辞枝较先，或苞膜较薄，皆足致然。设以膜薄而早抽，则他日其子，又有膜薄者，因以竞胜，如此则历久之余，此膜薄者传为种矣，此达氏所谓天择者也。嗟夫！物类之生乳者至多，存者至寡，存亡之间，间不容发，其种愈下，其存弥难。此不仅物然而已，墨、澳二洲，其中土人日益萧瑟，此岂必虔刘[12]朘[13]削之而后然哉！资生之物所加多者有限，有术者既多取之而丰，无具者自少取焉而啬；丰者近昌，啬者邻灭。此洞识知微之士，所为惊心动魄，于保群进化之图，而知徒高睨大谈于夷夏轩轾[14]之间者，为深无益于事实也。

【注释】［1］号物之数曰万：与下文“而人与居一焉”，皆出自《庄子・外篇・秋水》“号物之数谓之万，人处一焉”。

［2］奚翅：奚啻。何止，岂但。

［3］浸假：假令，假如。语出《庄子・内篇・大宗师》。

［4］孳乳：生育，繁殖。寖：渐渐。

［5］食：指家中人口。

［6］方迷卢：平方英里。

［7］埆：土地贫瘠。

［8］地浆：大约为土壤溶液。

［9］炭养：二氧化碳。

［10］亚摩尼亚：英文Ammonia的音译，今通译为阿摩尼亚，其主要成分是$NH_3 \cdot H_2O$（氨水），即氨气溶于水的产物。

［11］抽乙：发芽。甲为生根，乙为发芽，均为象形，大概因此天干属木。

［12］虔刘：指劫掠，杀戮。如《左传・成公十三年》“芟夷我农功，虔刘我

边陲”。

[13] 朘：指剥削，削减。

[14] 轩轾：车前高后低为轩，车前低后高为轾，轩轾喻指高低轻重。

【译文】计物的数字一般称作“万”，这只是大致的计数方式。其实生物何止万种呢？而人只是其中之一。人是动物中最灵巧和最具智慧的物种，与其他无灵智的禽兽、鱼鳖和昆虫类相对应；动物则是生物中有知觉、能自由行走的物种，与没有知觉的植物类相对应。生物是指有一定质地，具备四肢、身躯、器官及生理功能的实体，与没有躯体、器官和生理功能的金、石、水、土相对应。上述所有这些均是有一定质地，又能衡以重量的物质，它们同那些无明显质地，又不能徇其轻重的声、热、光、电等物质合在一起，世上的物类就大致齐备了。总而言之，就是有形与无形之物的总和。因为人具有生理及心理素质，又兼有四肢、身躯、器官、知觉及运动能力等，加上躯体里寓有卓越的思维情感和智慧，这就是人之所以成为世上最珍贵的物种的原因。

虽然人类为最宝贵之物种，但他们往往受身心的支配，同时受阴阳两方面力量的控制，在其中摇摆不定，而自身都不能觉察，在这一点上人与生物的其他物种是完全相同的。世间生物生生不绝，但上苍仿佛有令在先，各物种在演变中必须类似它们的父母，但一代又一代又有微小的变异。生物除自身之外，一切皆与自然界有所牵连，凡是与维持生存相关的自然物料，各种生物在喜爱、厌恶、抗拒、接受这些生存资料时的表现，就好像自然界在有意选择它所喜爱的物类，对它们特别钟爱、卫护有加，而有意排斥那些它所不喜欢的事物。生物总是一代代地趋向于变异，寒冷、暑热、干燥、潮湿、风土、川泽、山谷等自然条件与一切动植物之间，总是存在着相互的吸引和排斥。那些相互间能契合的，其演化就进展顺利，而不相契合的，就处境窘迫，前者生存期较长，后者则较短。其生存期以每日来计算还感觉不到什么，若以一年来计算，差别就大了。渐渐地那些与大自然相契合的物类能够适应环境而生存下来并延续自己的后代，而不能适应环境的物种将灭绝。这便是我们所说的“自然选择”。

事实上事物的发展并非就此罢休，如今谈到生存及繁衍之类的问题，由于各种生物的下一代逐次增多，且数量成倍增长，不知其尽头。然而地球的生产能力有限，物种的发展不能超越一定的限度。按照常规来讲，雌雄相交生育不绝，从祖辈到孙辈的两度繁衍，数量已增加三倍，照此下去，地球的生活资料将无法供养源源不断出生的下一代。另一方面，生物天性即求生存，若不竞争，将难以谋生。所谓生存竞争，不在于某一件事，而在于形势。有时让步与争胜效用相同。这是为什么呢？这是因为胜者有时只能独存，而败者却能保全种族。这就是“万物皆相互竞争，以求得自己生存”的理论无可代替的理由。

□ 原始人类

在浩瀚宇宙的万千物种中，人类因具有四肢、身躯、器官、知觉及运动能力，且具备生理和心理素质，被称为最灵巧和最智慧的物种，也是世上最珍贵的物种。然而即便如此，人类依然同其他生物种类一样，必须在竞争中求得生存。

从另一面来探讨，假设有机物类的各方面完全相同，几乎没有任何微小的区别，其进化也就无从谈起了。所谓进化是依运动、发展、变异等向前演进的；如果对每一物种都不加选择地给予各种维持生命的自然资源，那么“自然选择”一说也要泯灭了。假使地球的生存资料总能无穷尽地满足人类的无限繁殖，那么，“生存竞争”一说也就没有立足地位了。竞争来源于物资短缺，由此可见当“进化论”流行之日，“没有差异，没有选择，没有竞争”这三种理论中的任一种，都不可能成立，否则，地球便不是我们现在所居住的世界了。

〖**严复按语**〗

研究自然科学时，最令人担忧的现象是人们往往注重浅薄的常理和现象，而时常忘了追溯事物的真谛。今天，世界的各种竞争如此激烈，如果我们的学者们不抱着深究的决心和独特的见解，可能连“进化论”中万分之一的真谛都难以察觉。

英国的经济学家（即理财专家）马尔萨斯曾经说过：“万物相生不绝，都是按照几何级数递增。”几何级数是指每一级都用固定的数目相乘。例如一位父亲生5个儿子，而每个儿子又各生5个孙子。如果这样以此类推，要不了多少年，地球上便没有多少空地了。人类的生育繁殖还相对迟缓，但如果衣食充足，每过25年，地球的人数便会增加一倍，要不了1000年，一对夫妇生育的儿孙将会遍布整个地球大陆。而生育幼体最少的动物要数大象。以前达尔文曾计算过它的生殖量：如一对雌雄大象在30岁产子、90岁时停止生育，几十年正常生殖期中的幼象数为6头；以每头象各活100岁计，到过了740多年后，应出现大象1900万头。

赫胥黎也曾说过：地球若除去海洋的部分，陆地面积大略为51兆平方里（约1.39亿平方公里，约占地球总面积的29％）。现在如果假定这些陆地的各处气候冷暖相近，土地肥瘠相当，而各处草木生长所依靠的雨水、阳光、碳、氧、氨等养料都相同。那么，假设有棵树，一年能够成材，每年还能产下50粒种子（这是植物中产籽很少的算法）。如果这50粒种子随风飘扬，并粒粒成活，就算他们各占去一平方英尺地皮，在陆地上也不算稀疏。用此种计算方法，在9年后，该树遍布整个陆地，但它们占地也还不到5313266亿平方英尺。这样并不是臆测，有如下算式为证：

一、每年获得树木的实数

第一年　1棵树产50粒种子＝50

第二年　50棵树产50粒种子＝2500

第三年　2500棵树产50粒种子＝125000

第四年　125000棵树产50粒种子＝6250000

第五年　6250000棵树产50粒种子＝312500000

第六年　3125000000棵树产50粒种子＝15625000000

第七年　15625000000棵树产50粒种子＝781250000000

第八年　781250000000棵树产50粒种子＝3906500000000

第九年　3906500000000棵树产50粒种子＝1953125000000000

二、平方英尺换算

1平方英里＝27878400平方英尺

所以5100000000平方英里＝1421798400000000平方英尺

相互减去获得面积＝531326600000000平方英尺

草木的繁衍滋长，用数字来计算大致如此，而大地上各类植物经考察后也基本是那样。但实际上我们在这里所说的50粒种子，最多不过能够存活百分之一二罢了！至于一些树种在千万年中能够存活下来，而众多树种却反而消亡的原因，即使圣人恐怕也难以知晓，但其中必有一种规律存在。这就是达尔文所说的“生存竞争”。一些植物经过竞争后能生存下来，个中原因虽不能完全查明，却可以用一比拟来略加探讨。假设一群种子同时进入同一块地皮，其中有一粒种子因其发芽抽枝特别早，虽说只有半天或者几小时这样短的时间，但已完全吸尽周边地中养分，使其余种子不能长大成材。这棵树发芽最早，可能因为抽枝在先，也可能因为包裹的种膜比别的种子稀薄，故可使这些种子优先成活。假如这些成活的种子传下基因，那么它们就会凭借其遗传的优势在与其他树种的竞争中获胜。这样不断竞争，有优势的树种便会在以后长时期内繁衍下去。这就是达尔文所说的“自然选择”。

万物生殖的种属极多，实际真正能长期保留下来的却并不多，可见有时生存与死亡也近在咫尺。那些品质低的品种，它的生存便更艰难。这一情况不光发生在植物中，动物和人类也不例外。如今美洲、澳洲的土著人一天比一天稀少，这并非仅仅是由于入侵者对他们的杀戮和摧残。地球上的基本生活资料必有一定限度，那些善于谋生者能够掠取大量的生活资源而日益富足，那些缺乏谋生之术和生活手段的人，自然会感到生存的困难。昌盛者总是越来越繁荣，贫困者总是越来越接近灭亡。有识之士在洞察世间的这些弊端后 [illegible] 惧，并开始试图保卫人类种族，争取生存机会。

上述这些论点，使我们深刻 [illegible] 们只是每天慷慨激昂地发表那些谈论中西方谁优谁劣的理论，这于解 [illegible] 会问题是毫无裨益的。

人为第四

在生存竞争中，赫胥黎认为唯有人类最有实力，人的智慧和力量成为人类在生存竞争中获胜的法宝。但赫胥黎又同时说明，人的力量在大自然面前仍然是十分有限的。人类虽然能造“电车铁舰”，但与其他生物一样，“无所逃于天命而独尊”。而所谓“本地最适宜的物种”也仅是暂时的，只有在世界范围内的竞争面前不败下阵来，方能成为最终的胜者。严复由此感叹道：仅仅得意于自己人口的众多，是十分短见的行为。只有国家、民族的奋力自强，方为其昌盛的根本。

【原文】 前之所言，率取譬于天然之物。天然非他，凡未经人力所修为施设者是已。乃今为之试拟一地焉，在深山广岛之中，或绝徼穷边而外，自元始来未经人迹，抑前经垦辟而荒弃多年，今者弥望蓬蒿，羌无蹊远[1]，荆榛[2]稠密，不可爬梳[3]。则人将曰：“甚矣，此地之荒秽矣！”然要知此蓬蒿荆榛者，既不假人力而自生，即是中种之最宜，而为天之所择也。忽一旦有人焉，为之铲刈秽草，斩除恶木，缭以周垣，衡纵[4]十亩，更为之树嘉葩，栽美箭[5]，滋兰九畹[6]，种橘千头，举凡非其地所前有，而为主人所爱好者，悉移取培植乎其中。如是乃成十亩园林，凡垣以内之所有，与垣以外之自生，判然各别矣。此垣以内者，不独沟塍阑楯[7]，皆见精思，即一草一花，亦经意匠。正不得谓草木为天工，而垣宇独称人事，即谓皆人为焉，无不可耳。第斯园既假人力而落成，尤必待人力以持久，势必时加护葺，日事删除，夫而后种种美观，可期恒保。假其废而不治，则经时之后，外之峻然峙者，将圮而日卑；中之浏然清者，必淫而日塞。飞者啄之，走者蹦之，虫豸为之蠚[8]，莓苔速其枯。其与此地最宜之蔓草荒榛，或缘间隙而文綦，或因飞子而播殖，不一二百年，将见基址仅存，蓬科满目，旧主人手足之烈，渐不可见。是青青者又战胜独存，而遗其宜种矣。此则尽人耳目所及，其为事岂不然哉？此之取譬，欲明何者为人为，十亩园林，正是人为之一。大抵天之生人也，其周一身者谓之力，谓之气；其宅一心者谓之智，谓之神。智力兼施，以之离合万物，于以成天之所不能。自成者谓之业，谓之功，而通谓之曰人事。自古之土铏洼尊[9]，以至今之电车铁舰，精粗迥殊，人事一也。故人事者，所以济天工之穷也。虽然，苟揣其本以为言，则岂惟是莽莽荒荒，自生自灭者，乃出于天生；即此花木亭垣，凡吾人所辅相裁成者，亦何一不由帝力乎？夫曰人巧足夺天工，其说固非皆诞，顾此冒耏横目[10]，手以攫、足以行者，则亦彼苍所赋畀，且岂徒形体为然。所谓运智虑以为才，制行谊以为德，凡所异于草木禽兽者，一一皆秉彝[11]物则，无所逃于天命而独尊。由斯而谈，则虽有出类拔萃之圣人，建生民未有之事业，而自受性降衷[12]而论，固实与昆虫草木同科。贵贱不同，要为天演之所苞已耳，此穷理之家之公论也。

□《杜比尼花园》　荷兰　梵高

从人类诞生之初，力，即创造之力便随之而生，遍布人的周身。当力与智慧并用，作用于各种事物，便创造出新的事物。譬如，人力可以开垦蛮荒之地，铲除杂草荆棘，画地为园，种植各种花草绿植，打造出一个开垦者理想中的人工园林。而此类园林的繁茂，必须倚赖园主持之以恒的管理。

复案：本篇有云，“物不假人力而自生，便为其地最宜之种”。此说固也。然不知分别观之则误人，是不可以不论也。赫胥黎氏于此所指为最宜者，仅就本土所前有诸种中，标其最宜耳。如是而言，其说自不可易，何则？非最宜不能独存独盛故也。然使是种与未经前有之新种角，则其胜负之数，其尚能为最宜与否，举不可知矣。大抵四达之地，接壤绵遥，则新种易通，其为物竞，历时较久，聚种亦多。至如岛国孤悬，或其国在内地，而有雪岭流沙之限，则其中见种，物竞较狭，暂为最宜。外种闯入，新竞更起，往往年月以后，旧种渐湮，新种迭盛。此自舟车大通之后，所特见屡见不一见者也。譬如美洲从古无马，自西班牙人载与俱入之后，今则不独家有是畜，且落荒山林，转成野种，族聚蕃生。

澳洲及新西兰诸岛无鼠，自欧人到彼，船鼠入陆，至今遍地皆鼠，无异欧洲。俄罗斯蟋蟀旧种长大，自安息小蟋蟀入境，克灭旧种，今转难得。苏格兰旧有画眉最善鸣，后忽有斑画眉，不悉何来，不善鸣而蕃生，克善鸣者日以益稀。澳洲土蜂无针，自窝蜂有针者入境，无针者不数年灭。至如植物，则中国之蕃薯蓣[13]来自吕宋，黄占[14]来自占城，蒲桃、苜蓿来自西域，薏苡载自日南，此见诸史传者也。南美之番百合[15]，西名哈敦，本地中海东岸物，一经移种，今南美拉百拉达[16]，往往蔓生数十百里，弥望无他草木焉。余则由欧洲以入印度、澳斯地利[17]动植尚多，往往十年以外，遂遍其境，较之本土，繁盛有加。夫物有迁地而良如此，谁谓必本土固有者，而后称最宜哉。嗟乎！岂惟是动植而已，使必土著最宜，则彼美洲之红人[18]，澳洲之黑种，何由自交通以来，岁有耗减；而伯林海[19]之甘穆斯噶加[20]，前土民数十万，晚近乃仅数万，存者不及什一，此俄人亲为余言，且谓过是恐益少也。物竞既兴，负者日耗，区区人满，乌足恃也哉！乌足恃也哉！

□ 制陶

随着社会的发展，人类利用大自然所提供的材料来改造生存环境的能力越发成熟。石器时代、青铜时代、铁器时代至当今的电了时代，即象征了人类创造力由低级到高级不断发展的不同阶段。制陶出现在新石器时代晚期，一直盛行至今，它体现了先民改造自然的能力。图为古埃及壁画上的制陶场景。

【注释】[1]羌：语首助词，无实义。蹊、迒：均为道路之意。

[2]荆榛：亦作“荆蓁”。泛指丛生灌木，多用以形容荒芜情景。

[3]爬梳：指整治繁乱而使之有条理。

[4]衡纵：纵横。

[5]美箭：箭竹。为榛木科植被，多年生竹类，地下茎匍匐。秆挺直，壁光滑，故又称滑竹。

[6]畹：古时称三十亩地为一畹。

[7]沟塍：沟渠和田埂。阑楯：栏杆。

[8]螙：指蛀蚀，损害，败坏。

［9］土铏：土形，亦作“土刑”“土硎”“土型”。古代一种盛汤羹的瓦器。洼尊：洼樽。唐开元年间，宗室、宰相李适之登岘山，见山上有石窦（即石穴）如酒樽，可注斗酒，因建亭其上，名曰“洼樽”。

［10］冒彨：指连鬓胡须。一说，头著巾而须长，古以指西域人。横目：指人民，百姓。

［11］秉彝：指持执常道。

［12］受性：指赋性，生性。降衷：指施善，降福。

［13］薯蓣：淮山。蕃薯蓣即红薯。

［14］黄占：占城稻。又称早禾、占禾，属于早籼稻，原产越南中南部的占城。

［15］番百合：刺苞菜蓟。多年生草本，原产于地中海地区的西部和南部。

［16］拉百拉达：拉普拉塔市（西班牙语La Plata），阿根廷第一大省布宜诺斯艾利斯省的省会。

［17］澳斯地利：旧德里（英文Old Delhi）的音译。印度前首都德里分为旧德里和新德里两部分，新德里位于南部，与旧城隔着一座德里门。

［18］美洲之红人：印第安人。

［19］伯林海：白令海（英文Bering Sea），是太平洋沿岸最北的边缘海，海区呈三角形。北以白令海峡与北冰洋相通，南隔阿留申群岛与太平洋相联。1728年丹麦船长白令（丹麦语Vitus Jonassen Bering）航行到此海域，因而以他的姓氏命名。

［20］甘穆斯噶加：堪察加半岛，位于俄罗斯远东地区，现隶属于俄罗斯远东联邦管区堪察加边疆区。

【译文】 前面所讲的，大都说的是自然物。而自然正是指那些从未经人类开垦和整治的环境。假使有一块空地处于幽深的山野中，在广阔的岛屿上，或者在遥远的边疆以至更远的地方，从原始时期开始，从未有过人类的踪迹；也许有古人曾开垦过，但却已荒废多年。现在这些地方荆棘丛生，遍布杂草，没有道路，也难以修整，如果见了这样子，人们会说：“这地方真是荒凉污秽之极！”然而我们应当知道，这些杂草、荆棘并不是由人工栽培而成，而是靠它们自己在竞争中适应环境得以生存延续，所以它们可以说是被自然所选择的最适宜在该地生存的物种。

如果这时有人来到此地，砍掉所有坏树和死树，铲除杂草，并将此地用围墙围起，在这周围十几亩的地上栽上各种美丽的花草，如挺秀的翠竹、秀美的兰花，以

□《骏马》 油画

在自然界中，生存斗争无处不在，无时不在。比如在某个地区，一旦有新的物种闯入，便会在新旧物种之间掀起一场严峻的生存竞争，如果新物种胜出，旧物种便将被取代，进而逐渐减少至消失。严复以美洲马为例说明——该地的马最初只是外来物种，随着西班牙人的航船入境，有的被当地人驯养，有的出逃成为野马种群，从此在新大陆生存繁衍。

至上千棵的果树，但凡那块土地从未生长过的奇花异草，皆因其主人的喜爱被移来园中。经过这般经营，此地便成为十多亩地的人工园林。这样一来，园内的植物便与园外的野树杂草有着明显的区别了。在围墙以内，不仅沟渠、花台都反映出主人的精密构思，甚至连花草的位置都作了刻意的安排，这些草木已不能称为是天然野生，不仅是房屋围墙为人工所建，即使将这方园林全看作人工造就，也并无不可。

但是这座花园既然是人工园林，那么，它就必须依靠足够的人工来维持其繁茂，必须每天有人来对这些草木进行不断的修葺，铲除园内的杂草和垃圾。只有坚持这样认真的管理，这种美丽蓬勃的景象才能长久保持下去。假如我们让它荒废而不去管理，那么许多年后，挺拔的花草树木将日见衰败，清澈的沟渠也因缺少疏浚而堵塞，而飞禽、走兽、昆虫、莓苔等也开始无休止地啄食、践踏、蛀蚀着这片人工园林。于是墙开始坍塌，墙外的原生野草开始侵袭，并在当中的空地落脚，与人工的草木交互缠绕。这些最适宜该地生长的杂草的种子又开始到处繁殖，不到一二百年，我们便发现此处仅剩一片残垣，满眼野蓬杂草，当年园主辛勤开辟的美丽园林，却再也看不到了。原先这里曾经繁茂的野草又经激烈的竞争而存留下来，并越来越适应当地环境，繁衍下去。这正是人们能够耳闻目睹的实际情况。生物们生存竞争的事实，也正是这样演绎的。

上面所作的比喻，旨在说明什么是人的力量，这十亩园林的成功，恰好说明了人之创造力所在。大自然演化而成的人类，遍布于身的东西称作“力”，也称作“气”；那存在于人类心灵的东西则称作“智”、称作“神”。人类独有的“智慧”和“力量”同时并用，用它来分解和铸就各类事物，就可以成就大自然本身所不能成就的事。人类成就的事可以称作“业”或“功”，或者概括起来统称为“创造力”。从古代陶制的器皿到现代的电车和钢铁战船，其间工艺的精粗虽迥然有别，但都是人之创造力的体现。因此，人的创造力可以实现大自然所无力成就的事。

虽然如此，若考量其本质，不仅无边荒原上的那些自然生长灭亡的野生植物是出于天然生就，实际上就算是那些人工培植的花草树木、亭台垣墙，但凡经过人类辅助或裁制成的东西，又哪一样不是源于上天的神力呢？常言人的技艺可夺天工之巧，这固然不全是虚妄之言，可是不管中西人种，人类都是凭手干活、靠腿行走，这也是上苍所赋予的。不仅人的身躯与其他物种不同，而且人类还拥有智慧和思维，甚至制定出社会的道德标准和礼仪。虽然人类与花草树木、飞禽走兽有所不同，但也只能秉承自然规律和生存竞争的准则，难以逃脱上天的意志而独善其身。从这一点来说，即使有超然出众的圣人，哪怕他建立了自有人类以来，从未有过的丰功伟业，然而从物之天性和承奉天运而言，他们本与昆虫、草木等同出一类。至于高贵与卑贱之差异，那只是物类在进化历程中相互的分化而已。这是那些探索事物进化的自然科学家们共同的看法。

〖**严复按语**〗

本篇文章里有这样一句话："物类不靠人工而能自己生长，它即属该生长地最适宜生存的物种。"这一说法本属实情，但如跳出文章背景来看，容易使人产生误解，在这里不能不加以阐释。

赫胥黎在这里所指的最适宜生存的物种，不过指的是当地先前已存在的那些物种中最适宜生存的物种罢了。照这样推论，他的这段话便自然是无可置疑的了，为什么呢？因为如果不是最适宜在当地生存的物种，便不可能在该地存活下来并旺盛生长。然而让这类物种同此地以前从未有过的新物种竞斗，谁输谁赢便难以预料了，它是否还能成为最适宜的物种，也完全不得而知了。

一般来说，那些四通八达的地区，与许多地方均接壤，新的物种也更容易传播过来，这些地方所进行的生存竞争，经历的时间更为长久，参与其中的物种也更多。至于孤悬海外的岛国或者深处内陆、被雪山沙漠隔绝一隅的地区，那里的现存物种，其生存竞争的范围便相对较窄，故暂时可算最为适宜当地生存的物种。一旦有外来的物种突然闯入，一轮新的竞争就开始了。一段时间以后，旧的物种会逐渐消失，新的物种更迭出现并繁衍，这是在世界范围内的交通日益发达之后，到处可以经常看到的事例。以美洲来说，自古以来便没有马，但自西班牙人用船运载它们随人类入境后，如今在美洲不但家庭中养有这种牲口，而且其中一些还逃往野外，最终成为了野马种群，并在山野聚合同类，开始自然地生存繁衍。以澳洲和新西兰来说，此两地本无老鼠，但自欧洲人乘船到达这两地后，随船而来的老鼠上岸繁衍，使得现在这两个国家全境都有老鼠，种群分布情况几乎与欧洲无二。俄罗斯的本地蟋蟀又长又大，自波斯的小个蟋蟀流入该国后，制胜并几乎消灭了旧种，到现在反而连一只本地旧种蟋蟀都不容易发现。苏格兰以前曾有过一种擅长啼叫的画眉鸟，后来一种有斑画眉鸟不知由何地侵入，它虽然不善于鸣叫却有着生存繁衍的优势，故在生存竞争中处于优势地位，使得苏格兰原先那种会鸣叫的画眉鸟濒于绝迹。又如澳洲本土的原生蜂类尾部少针刺，但自尾部带针的蜂类传入澳洲后，那些无针或少针的本地土蜂没几年便被消灭了。

从植物方面来说，中国的番薯是由菲律宾的吕宋岛引种而来；黄占（占城稻）则来自古国占城；葡萄和苜蓿则是由古代的西域传来；薏苡是由日南（今越南中部一带）传入。这诸多的外来植物，皆可见之于史书记载。又如南美洲的番百合花，其西洋名字为“哈敦”，它本为地中海东岸的植物，一旦经过移植，便开始在阿根廷的拉普拉塔四处生长，面积广及几十、几百里地，放眼望去，浑然一片，几乎再看不见别的草木了。

自欧洲进入印度和澳大利亚的动植物种类还有很多，不胜枚举。常常仅过十多年，这些外来的动植物就会遍布当地的山野。这些外来的物种与本地物种相比，其生存能力和繁衍能力更加优秀。既然迁移的物种能在其他的地域照样生长良好，那么又怎能说本地物种一定最适宜在当地生存呢?

这个道理不仅适用于动植物。假如原产物种必然最适宜在当地生存，那么那些美洲的印第安人和澳洲的黑人，又为何会在世界交通日趋发达的今天反而年年减少呢？据说白令海的堪察加半岛，以前有土著居民好几十万人，而最近却减少到了几万，存留下来的已不足原来的十分之一了。这是一位俄国人对我说的，他还说再过一段时间恐怕会更少哩！生存竞争中败下阵来的种族将一天天减少，自满于种族的人口众多，但其实这并不是值得倚仗的事情啊！

互争第五

这里所说的“互争”，是指人类跟自然的相互争斗。作者在本章中指出这种争斗是异常激烈的。人的创造力常能改变自然，从而为自己的生存创造更佳的条件。但大自然也总是无休止地在反击着人类的这种努力。作者以河上的铁桥和沿河的石堰作比喻，说明人类从植树、放牧到齐家、治国、平天下，没有一处不是处于与自然激烈的互争之中。而人类与生俱来的恶习，则往往给其种种努力带来人为的阻碍。如果人类能够用知识和道理来约束最原始的天性，那么，人类战胜自然的可能性将大大提高。

【原文】难者曰：信斯言也，人治天行，同为天演矣。夫名学之理，事不相反之谓同，功不相毁之谓同。前篇所论，二者相反相毁明矣。以矛陷盾，互相牴牾，是果舛驰而不可合也。如是岂名学之理，有时不足信欤？

应之曰：以上所明，在在征诸事实，若名学必谓相反相毁，不出同原，人治天行，不得同为天演，则负者将在名学理征于事。事实如此，不可诬也。夫园林台榭，谓之人力之成可也，谓之天机之动，而诱衷假手于斯人之功力以成之，亦无不可。独是人力既施之后，是天行者，时时在在，欲毁其成功，务使复还旧观而后已。倘治园者不能常目存之，则历久之余，其成绩必归于乌有，此事所必至，无可如何者也。今如河中铁桥，沿河石堰，二者皆天材人巧，交资成物者也。然而飘风朝过，则机牙暗损；潮头暮上，则基阯微摇；且凉热涨缩，则笋缄[1]不得不松；雾淞[2]潜滋，则锈涩不能不长，更无论开阖动荡之日有损伤者矣。是故桥须岁以勘修，堰须时以培筑，夫而后可得利用而久长也。故假人力以成务者天，凭天资以建业者人。而务成业建之后，天人势不相能，若必使之归宗返始而后快者。不独前一二事为然，小之则树艺牧畜之微，大之则修齐治平[3]之重，无所往而非天人互争之境。其本固一，其末乃歧。闻者疑吾言乎？则盍观张弓，张弓者之两手也，支左而屈右，力同出一人也，而左右相距。然则天行人治之相反也，其原何不可同乎？同原而相反，是所以成其变化者耶。

□《特兰凯塔耶铁桥》 荷兰 梵高

人类用人工之力改造了自然之后，其人工作品同样会遭到无所不在的自然力——风吹雨打、海浪冲刷等的破坏。以铁桥为例——为了防止其零件受自然力的作用而被损坏，人们必须年年勘察保修，才能保其坚固如初。

复案：于上二篇，斯宾塞、赫胥黎二家言治之殊，可以见矣。斯宾塞氏之言治也，大旨存于任天，而人事为之辅，犹黄老[4]之明自然，而不忘在宥[5]是已。赫胥黎氏他所著录，亦什九主任天之说者，独于此书，非之加此。盖为持前说而过者设也。斯宾塞之言曰：人当食之顷，则自然觉饥思食。今设去饥而思食之自然，有良医焉，深究饮食之理，为之程度，如学之有课，则虽有至精至当之程，吾知人以忘食死者必相藉也。物莫不慈其子姓，此种之所以传也。今设去其自然爱子之情，则虽深谕切戒，以保世存宗之重，吾知人之类其灭久矣，此其尤大彰明较著者也。由是而推之，凡人生保身保种，合群进化之事，凡所当为，皆有其自然者，为之阴驱而潜率，其事弥重，其情弥殷。设弃此自然之机，而易之以学问理解，使知然后为之，则日用常行，已极纷纭繁赜，虽有圣者，不能一日行也。于是难者曰：诚如是，则世之任情而过者，又比比焉何也？曰：任情而至于过，其始必为其违情。饥而食，食而饱，饱而犹食；渴而饮，饮而滋，滋而犹饮。至违久而成习，习之既成，日以益痼，斯生害矣。故子之所言，乃任习，非任情也。使其始也，如其情而止，则乌能过乎？学问之事，所以范情，使勿至于成习以害生也。斯宾塞任天之说，模略如此。

【注释】［1］笋：榫。缄：指封，闭。

［2］雾凇：寒冷天气中水气遇冷凝华而成的类似霜降的自然景观。

［3］修齐治平：语出《礼记·大学》，即修身、齐家、治国、平天下，一般泛指儒士

安身立命的政治诉求和人生追求。

［4］黄老：黄老之学，指尊黄帝、老子为创始者，产生于战国时期、兴盛于西汉初年的道家学派之一。

［5］在宥：指任物自在，无为而化。多用以赞美帝王的“仁政”“德化”。

【译文】 有责难者提问：人工运作和自然法则同属于进化的范畴，这番话现在人们已经相信了。然而逻辑论认为事物间不相违背的现象才叫作“同”，相互间功能不相冲突的也可叫作“同”。在前文我们论述的那两类事物的生存现象相互背离，且相互间冲突的现象也非常明显，这里就有自相抵触的矛盾出现了，人工和天然不就背道而驰了吗？由此断言，难道逻辑学的基本观点有时也不能信赖吗？此问的答案是：上述所言事理，皆由事实验证，倘若逻辑学一定要说因为人工运作和自然法则相互背离冲突，所以它们不是都源自于进化规律，那么，在此处谈严密逻辑，是不正确的。我们应凭事实而非逻辑来下结论。

虽然那些园林台榭都是人工建造的，但说是由于人类的天然愿望和潜能促使其建造了这些人工物，也没有什么不可以。只是在人类以人工改造了自然环境后，每时每刻都无处不在的自然力试图毁坏人们的成就，想要使其返回到原来的状态。这说明，如果园丁不经常注意维护修缮园林景观，那么，一段时间过后，他的劳动成果将化为乌有这种事情在现实中是必然会发生的，也是无法避免的。

河上的铁桥与沿河的石堰，都是天然材料和人工技术相结合的产物，可是如果历经风吹雨打，铁桥的零件将会慢慢损坏，久经浪涛冲刷的石堰基脚也可能悄悄松动。况且经历四季更迭，热胀冷缩，河水涨落，又会使榫头的结合处松弛；冰霜和潮湿，又往往促进铁锈的生长，更别说那些日常使用中开闭活动时造成的损坏了。因此，铁桥必须每年勘察保修，石堰也需经常修葺夯实，方能使它们的利用价值保持长久。

因此，依仗人的能力创造事物的是天，而依靠天然资源创立事业的则是人。当人类改造自然的功业建成后，自然和人类之间的情势似乎仍不相容。像这样天意一定要将人类的成就拉回原始阶段的事例，不止是前面所列举的一两件，从培植树木、放牧牲畜那样的小事到像修身、齐家、治国、平天下那样的大事，无一不是大自然与人类相互争夺的领域。天与人在事件的根本上是统一意见的，但往往在细枝末节上发生分歧。读者们怀疑我说的话吗？以拉弓为例，拉弓的人用左手撑着弓，

□ 狩猎

人类社会早期，由于生产力的低下，在人与动物的竞争中，人类并无绝对的优势，他们的生命常常受到大型猛兽的威胁。随着生产工具质量的提高，人类在与野兽的竞争中逐渐掌握了绝对的主动权，能够合力战胜猛兽。图为迦太基古城遗址壁画。

用右手反方向拽开弓弦，虽然全部力是从同一个人的身上发出的，可左右手的用力却是在互相抵触。由此可见所谓天运法则和人之创造力虽然两相违背，但其本原又为何不能相同呢？同出一本原却又相互对立，这恐怕正是它们相互依存、相互作用以至不断变化的原因吧！

〖严复按语〗

从以上两文，我们可以得知斯宾塞、赫胥黎两位专家对于进化论的观点异同。斯宾塞所谈论的进化之道，其主要观点在于纵任大自然的天性，人力则仅是进化的辅助，好似我们古代的黄帝和老子一样，既探明了大自然的运行原理和规则，却又对大自然崇敬有加。赫胥黎的其他著作十之八九也主张这个观点，唯独在这本书中，他的观点不同于以前，这大概是对持前一种学说且过于偏颇的人的一种矫正。

斯宾塞说："当人们该进食时，自然会感到饥饿而想进食，现在假设能够消除人类这种因饥饿而渴望进食的本能，即便有高明的医生研究了人饮水及进食的准则，像考核学生成绩一样给每一个人计算出了每天起码的饮食规格，计算出延续生命最必需、最精确的饮食量并实施，我们可以预测仍然会有大量因失去饥饿感和进食欲而饿死的人。生物们个个关爱自己的后裔，这是物种能延续的本能。现在我们假若消去了人类爱护子女的情感和本能，那么，就算整天以传宗接代、保存宗族繁衍的大道理来深切教诲人们，并加以严格的监督和警戒，我们可以推测，这将全然无用，而人类则可能早已灭亡了。这两个例子，足够说明问题了。从这一点来推论，凡是属于人类在保护自身和种族繁衍，社会群体加以协作以促进进化等方面应当做的事，好像都有大自然在背后默默驱使、暗暗统筹。越是重要的事情，促成此事的情感将越是殷切。假如我们摒弃天性，而用知识和道德来替换它，让人们仅靠学到的东西来驱使行动，那么每天的日常生活就已经繁琐、复杂到极点，便是最伟大的圣人也不可能坚持一天。

这时，如有责难者又问："果真如上述所言，那么为何世上仍有不少放任性情而超越人性底线的人存在呢？”这个问题回答是：“放任性情、灭绝人性，其所为定然违背了自然规律和人之常情。人因饥饿而进食，因进食而腹饱，但有的人已饱仍还在试图进食；由口渴而饮水，因饮足了水而不再口渴，有的人虽不再口渴而仍再行饮水。这种违背自然规律的恶习养成后，就一天天加深而难以改正，这自然就会产生各种坏处了。而您说的世上那些祸害之人，实际上是放任恶习，而不是放任性情。如果在开始时就做到对性情的适当调剂，那又怎么会超越限度呢？做学问的时候，则需要将人的情绪约束在一定的范围内，好叫人们不至于因过于放任而养成恶习，最终产生有害的结果。”斯宾塞纵任天性的学说，大致就是这个意思。

人择第六

该章论述了天运进程和人工管理的不同作用。指出所谓天运进程，实际上是一个生存竞争的无休止过程，这个过程是在自然的状态下进行的。而人工管理则是人类利用自身特有的知识和智慧去改变与自然的力量对比，以自己的生存目的来干预生物向自然的竞争。于是人类为建立更加适宜自己的生存环境，总是尽心尽力去培育有利于自身的植物和动物品种，以获得更多的生活资料。这是人力能够战胜自然的实例，但大自然的威力又并非人力所能控制。故目前说人力能够战胜自然，尚只属少有的现象。

【原文】 天行人治，常相毁而不相成固矣。然人治之所以有功，即在反此天行之故。何以明之？天行者以物竞为功，而人治则以使物不竞为的。天行者倡其化物之机，设为已然之境，物各争存，宜者自立。且由是而立者强，强者昌；不立者弱，弱乃灭亡。皆悬至信之格，而听万类之自己。至于人治则不然，立其所祈向之物，尽吾力焉为致所宜，以辅相匡翼之，俾克自存，以可久可大也。请申前喻，夫种类之滋生无穷，常于寻尺之壤，其膏液雨露，仅资一本之生，乃杂投数十百本牙蘖[1]其中，争求长养。又有旱涝风霜之虐，耘其弱而植其强，洎夫一本独荣，此岂徒坚韧胜常而已，固必具与境推移之能，又或蒙天幸焉，夫而后翘尔后亡，由拱把[2]而至婆娑之盛也。争存之难，有如此者。至于人治独何如乎？彼天行之所存，固现有之最宜者。然此之最宜，自人观之，不必其至美而适用也。是故人治之兴，常兴于人类之有所择。譬诸草木，必择其所爱与利者而植之。既植矣，则必使地力宽饶有余，虫鸟勿蠹伤，牛羊勿践履；旱其溉之，霜其苫之，爱护保持，期于长成繁盛而后已。何则？彼固以是为美、利也。使其果实材荫，常有当夫主人之意，则爱护保持之事，自相引而弥长；又使天时地利人事，不大异其始初，则主人之庇，亦可为此树所长保，此人胜天之说也。虽然，人之胜天亦仅耳，使所治之园，处大河之滨，一旦刍茭不属，虑殚为河[3]，则主人于斯，救死不给，树乎何有？即他日河复，平沙无际，茅芦而外，无物能生；又设地枢渐转，其地化为冰虚，则此木亦未由得艺，此天胜人之说也。天人之际，其常为相胜也若此。所谓人治有功，在反天行者，盖虽辅相裁成，存其所善，而必赖天行之力，而后有以致其事，以获其所期。物种相刃相劘[4]，又各肖其先，而代趋于微异，以其有异，人择以加。譬如树艺之家，果实花叶，有不尽如其意者，彼乃积摧其恶种，积择其善种。物竞自若也，特前之竞也，竞宜于天；后之竞也，竞宜于人。其存一也，而所以存异。夫如是积累而上之，恶日以消，善日以长，其得效有迥出所期之外者，此之谓人择。人择而有功，必能尽物之性而后可。嗟夫！此真生聚富强之秘术，慎勿为卤莽者道也。

复案：达尔文《物种由来》云“人择一术，其功用于树艺牧畜，至为奇妙。用此术者，不仅能取其群而进退之，乃能悉变原种，至于不可复识。其事如按图而索，年月可期。往尝见撒孙尼人[5]击羊，每月三次置羊于几，体段毛角，详悉校品，无异考金石者之玩古器也。其术要在识别微异，择所祈向，积累成著而已。顾行术最难，非独具手眼，觉察毫厘，不能得所欲也。具此能者，千牧之中，殆难得一。苟其能之，更益巧习，数稔之间，必致巨富。欧洲羊马二事，尤彰彰也。间亦用接构之法，故真佳种，索价不赀，然少得效，效者须牝牡种近，生乃真佳，无反种[6]之弊。牧畜如此，树艺亦然，特其事差易，以进种略骤，易抉择耳”。

【注释】［1］牙蘖：草木新生的枝芽。

［2］拱把：指径围大如两手合围。

［3］刍茭：干草，牛马的饲料，也用于修筑河堤。不属：指不依附，不连接。虑殚为河：出自汉武帝刘彻在元封二年（公元前109年），亲临黄河决口现场的即兴诗作《瓠子歌·其一》“瓠子决兮将奈何，浩浩洋洋兮虑殚为河”。此二句应为水灾之意。

［4］劘：指切削。

［5］撒孙尼人：萨克森人（英语Saxon；德语Sachsen），又译撒克逊人。原属日耳曼蛮族，早期分布于今德国境内的尼德萨克森。公元5世纪中期，大批的日耳曼人经由北欧入

侵大不列颠群岛，包括盎格鲁人、萨克森人、朱特人，经过长期的混居，逐渐形成现今英格兰人的祖先。

[6] 反种：返祖。返祖现象是一种特殊的遗传现象。是指人类的个体身上出现了人类祖先具有而现代人身上已消失了的解剖生理特征。

【译文】 自然演进和人工干预经常相互毁损而不能相融合一，然而人类有意识的干预，其功效却可以改变天运的自然演进进程。这个用什么来阐明呢？自然演进主要靠生存竞争来成其功业，而人工干预则是以防止生物的无序竞争为目的，自然演进的关键是，在已知环境中，生物各自争取自己的生存，适应这环境的自然能活下去，由此变得强大，进而繁荣昌盛；而那些不能适应环境的物种便弱小下去，弱小便必然会带来灭亡。在这里高悬着物竞天择的最高信条，它任由万物在大自然中自生自灭。至于人工干预便完全不是这样了，它设立一种为人类所祈求、所向往的目标，并运用人的智慧和力量去创制更加适宜人类需要的物种，协助他们、扶正他们，使他们不仅能自我留存，而且能不断成长、壮大。

请允许我重申之前的比喻，各种草木无穷无尽地繁殖，它们经常是生存在几尺宽的土地上，那有限的养分和水分，只能供给其中一棵草木的生长所需，如今则有着数十上百棵在此发芽滋生，于是这些物种便相互竞争以求长大成材。而这块地还往往要遭干旱、水涝、风暴和严霜的肆虐，这些大自然的威力摒弃了弱种，选择了强种，直至使强者长得独一无二的繁茂，这难道仅仅是因为它坚固而柔韧的质地超越了其他品种吗？它还得具备随时随地适应自然变化的能力。也许一些物种承蒙大自然的惠顾，一时间长得挺拔雄壮，却又因不能适应大自然的恶劣变化，从而由挺拔趋于枯亡。试想从一棵小小的幼苗长成参天的大树，要经历多少艰难的生存竞争！

那关于人工干预的情况又是怎样的呢？在自然演进中所保存下来的，固然可以说是现今最适宜生存的物种，但在这里所说的最适宜，在人类看来，不一定是最好看的或是人类生活所最适用的。因此人类往往通过对有利物种的选择来兴起对大自然的改造活动。拿花草树木来说，人类一定是选择他们喜爱并对人类生活有利的物种来加以培育。一旦开始培育，又要设法使土地的生产能力更加富足，还要防止昆虫、禽鸟和蛀虫等来伤害它，还要避免牛羊等牲口来践踏它。旱时要引水浇灌，冻时要用草被遮盖，不断地爱惜、维护、保育和扶持，希望它如人类所愿成长。这是为什么呢？因为人们认为它们外形美丽或有实际用处。栽培出的果实和木材等物，能够回报主人培育时的初衷，那么主人对它的培育就会长期地坚持下去；维持该物种所适宜生长的天时、地利、人工等外部条件，使这些物种得以长期保存下去。这就是人力胜过自然的学说。虽然这样，但人力能够真正彻底战胜大自然也是少有的现象！例如某人管理的一座园林位于一条大河边，某日那些用禾秆和竹索等编制的篾缆及堤坝由于突来的洪水泛滥而崩塌，园地尽被洪水所淹，这时主人连拯救家人都找不到办法，哪还有心照料被水淹的园林呢？即使日后河水重返故道，这时候我们眼前只剩下一望无边的空旷沙滩，除茅草与芦荻外，没有一样人工的植物能在此生存。我们再假定地球中轴也逐渐偏转，原来那片土地被冰雪覆盖，这些人工培植的花草树木自然也不能再种植了。这就是自然胜过人力的学说。而自然界与人类之间相互制约的情况，就大致如此。

□ 争鼎

人类结成社会之初，是为了团结起来，对抗自然界万物的侵害和竞争，以谋求最基本的生存资料，此时人与人之间还没有竞争。随着人类智慧的进步，生产力大大提高，从而出现了剩余产品。由于每个人都想获得更多的生存资料，因此人类之间的竞争也随之产生。图为古代壁画上的争鼎图。

常言所说的关于人类战胜自然的问题，在于它在改变自然进程方面的作用，意思是说人虽然能在某种范围和条件下培育作物生长，并将它培植成材，还可保存人类需要的良种。但这些仍须依赖自然进程的规律，从而获得所期望的收益。物种间相互倾轧，同时又都在祖先留下的属性上一代代经历微小的变异。由于它们能够在自然环境中产生变异，所以人类便对一些物种施以人工选择。例如培育花木的园艺家们，他们观察花木的树叶、花朵和果实，如不合他们的意愿，就将不良的品种予以淘汰，而选用优良的品种加以精心培育，这是另一种生存竞争。只是之前的竞争发生在自然界，而此种竞争发生在人工选择之下。竞争的存活者，却也是变异和进化者。在人工选择的介入下，那被淘汰的劣种便一天天消亡，新育的良种便一天天增长，其效果有可能出乎人们意料。这就叫作所谓的“人工选择”。要想通过人工选择而取得理想的功效，当然要注意发挥出物种的性能优势方可能实现。啊！这真是繁衍生息、创造富强的神秘法术呀！千万当心，可别对那些言行粗率、才疏识浅的人说呀！

〖严复按语〗

达尔文在《物种起源》中说：“人工选择这一方法，在培育植物、放牧牲口的功效上，表现得最为奇妙。运用这种方法的人不但能控制他所选择的物种，还能使物种特性发生根本的变化，甚至和该物种旧貌完全不同。这类事正如按照现成图样去寻找一般，所用的时间是可以预计到的。以前曾见撒克逊人赛羊，他们每个月至少三次，把羊放在桌上，将羊的整个躯体、各躯干、皮毛、头角等，一一对照，其专心的程度就跟考察钟鼎碑刻者玩赏古代器皿一样仔细。其目的是在认准、辨别每一只羊在进化中的微小差异，并选择人们所祈求和期望的目标，积累小变化，形成大变化。然而做好这一工作最为困难，若不具备独到的经验和眼光，觉察到极其细微的区别，就不会达到所要求的目的。

具有这种技巧的人，在上千个牧人中都很难找到一个。如果此人真能干这种事，再加上他丰富的经验和技巧，在不长的几年内，注定能成为大富翁。欧洲人在牧羊和放马这两方面的人工技能，可作为尤其明晰的例证。有时他们采用牲口杂交的方法以取得优良品种，而真正优质的牲口品种，其价格是相当高昂的。但实际取得的效果也并不理想。要想取得上佳的效果，必须选择具有遗传优势且属种相近的雌雄种畜，它们繁衍的下一代才可能是真正的良种，才可避免回返原种的弊病。放养牲口是这样，种植树木也同样如此，只是树木的良种获得较容易些，因为种子进化的速度要快一些，同时树种也便于挑拣。

善败第七

本章中赫胥黎专议了“善”和“败”的两种结果，从而指出所谓人工管理，尤其是在治理社会、发展经济方面最显真正功效。本章以新开发一片土地为例，说明建立社会公平、激励制度、法律体系的重要性。如果社会成员信奉公益标准，国家各项制度完善，即使一块新辟的土地，也能建成生气勃勃的国家；反之，无论原先如何强大、拥有何等广阔的地域，制度不完善的国家也难以在殖民开发、经济竞争中拥获其利。严复尤以华侨在外谋生、终以国弱民昧沦为佣婢的事例，表达了其渴望国强民富的愿望。

【原文】天演之说，若更以垦荒之事喻之，其理将愈明而易见。今设英伦有数十百民，以本国人满，谋生之艰，发愿前往新地开垦。满载一舟，到澳洲南岛达斯马尼亚[1]（澳大利亚南有小岛）弃船登陆，耳目所触，水土动植，种种族类，寒燠[2]燥湿，皆与英国大异，莫有同者。此数十百民者，筚路蓝缕[3]，辟草莱[4]，烈山泽，驱其猛兽虫蛇，不使与人争土，百里之周，居然城邑矣。更为之播英之禾，艺英之果，致英之犬羊牛马，使之游且字[5]于其中，于是百里之内与百里之外，不独民种迥殊，动植之伦，亦以大异。凡此皆人之所为，而非天之所设也。故其事与前喻之园林，虽大小相悬，而其理则一。顾人事立矣，而其土之天行自若也，物竞又自若也。以一朝之人事，闯然出于数千万年天行之中，以与之相抗，或小胜而仅存，或大胜而日辟，抑或负焉以泯而无遗，则一以此数十百民之人事何如为断。使其通力合作，而常以公利为期，养生送死[6]之事备，而有以安其身；推选赏罚之约明，而有以平其气，则不数十百年，可以蔚然成国。而土著之种产民物，凡可以驯而服者，皆得渐化相安，转为吾用。设此数十百民惰窳[7]卤莽，愚暗不仁，相友相助之不能，转而糜精力于相伐，则客主之势既殊，彼旧种者得因以为利，灭亡之祸，旦暮间耳。即所与偕来之禾稼果蓏[8]

□ 哥伦布发现新大陆

为了更明晰地论证天演论学说，赫胥黎设喻一群逃难者离开故土，登上一座荒无人烟的小岛，在此开荒拓耕，与大自然对抗。而这个小岛的命运，如同被哥伦布发现的新大陆一样，注定被掠夺，并沦为殖民地。

牛羊，或以无所托芘而消亡，或入焉而与旧者俱化。不数十年，将徒见山高而水深，而垦荒之事废矣。此即谓不知自致于最宜，用不为天之所择可也。

复案：由来垦荒之利不利，最觇民种之高下。泰西自明以来，如荷兰，如日斯巴尼亚[9]，如蒲陀牙[10]，如丹麦，皆能浮海得新地。而最后英伦之民，于垦荒乃独著，前数国方之，瞠乎后矣。西有米利坚[11]，东有身毒[12]，南有好望新洲[13]，计其幅员，几与欧洲埒[14]。此不仅习海擅商，狡黠坚毅为之也，亦其民能自制治，知合群之道胜耳。故霸者之民，知受治而不知自治，则虽与之地，不能久居。而霸天下之世，其君有辟疆，其民无垦土。法兰西、普鲁士、奥地利、俄罗斯之旧无垦地，正坐此耳。法于乾、嘉以前，真霸权不制之国也。中国廿余口之租界，英人处其中者，多不逾千，少不及百，而制度厘然，隐若敌国矣。吾闽粤民走南洋非洲者，所在以亿计，然终不免为人臧获被驱斥也。悲夫！

【注释】［1］达斯马尼亚：澳大利亚南部的塔斯马尼亚岛（英文Tasmania）。

［2］燠：暖，热。

［3］筚路蓝缕：出自《左传·宣公十二年》“筚路蓝缕，以启山林”。筚路：指柴车。蓝缕：指破衣服。形容创业的艰辛。

［4］草莱：指荒芜之地。

［5］字：指生育。

［6］养生送死：指子女对父母生前的赡养和死后的殡葬。

［7］惰窳：指懒惰懈怠。

［8］蓏：指草本植物的果实。

［9］日斯巴尼亚：西班牙（英文Spain）。

［10］蒲陀牙：葡萄牙（英文Portugal）。

［11］米利坚：美国，全称美利坚合众国（英文United States of America）。

［12］身毒：印度（英文India）。

［13］好望新洲：好望角。

［14］埒：等同。

【译文】天演论的学说，如果用开荒拓耕的事来再作比喻，其理论便更加明晰而易于理解了。

假设有几十或几百个英国人，因本国人满为患、谋生困难，于是这些人表示愿意去开辟新发现的领地。一大船人来到了澳大利亚南边的一座荒岛——塔斯马尼亚岛，并离船登上了该岛。上岸后，他们耳闻目睹的全部景象，从水泽、土壤、动物、植物及其他各种物类，到岛上一年四季的气候，如炎热、寒冷、干燥、湿润等，都与原来所居的英国差异很大，无一相同。于是这几十上百人同心协力，从刀耕火种开始艰辛创业，并赶跑了周边的猛兽虫蛇，不让它们来与人类争夺生存领地，最后竟在百来里的范围内新建起了一座城市。于是拓荒者们又在这片土地上播种从英国带来的禾苗，种植起了来自英国的果树，还引进了英国的狗、羊、牛、马等，使它们在新的原野上生活繁衍。于是，这百来里的范围内外，不仅人种迥然有别，连动植物也与岛上的原属种大有区别。所有的这些巨大变化，靠的全是人力的经营，而不是自然的安排。因此像这类事和前面举例的园林一样，尽管事情大小相差很大，可其中道理是一致的。

虽然是人力起了建设性作用，但在这片地域里的自然演进及生存竞争仍与平时一样在时刻进行着。短时间内出现的人为力量突然从几千万年的自然进化运程中冲刺出来，与大自然的力量进行对抗，小的胜利仅能使人们生存下来；如能获得大的成功，才可以广拓疆土，日渐繁荣；但他们也有可能突遇巨大天灾，并遭遇重大损失而彻底消失在这片土地上。但不管怎样，未来的前途和命运全看这些人如何与大自然进行抗争了。

假如这群人能够不分彼此地通力协作，经常把整体的利益作为奋斗的目标，同时又把每个人生老病死的事处理得十分圆满，还能完善社会机制，对安置族民、推荐、选举、奖赏、处罚等也有明晰法规，能平等公正地处理民众之事，民众对此少有怨尤。长此以往，要不了多少年，他们便可以建立一个生气勃勃的国家了。至于

□ 协同劳作

作为外来侵入者，不管是与天相争，还是与土著互斗，如果彼此间不能通力协作、以团体利益为首要，则很难建立一个新的王国。而岛上的原住居民，如果不能与侵入者友好共处，为其所用，则很难有容身之所。赫胥黎正是从这一设喻的事例中，说明“善治”对一个国家的重要性。

岛上土生土长的那些人民和其他生物，大都被降服、驯化，并能逐渐使其与开拓者们和谐相处，为开拓者们所用。

假如这几十、上百人都懒惰、愚蠢、糊涂并且莽撞，彼此间不能友好协作，却反而在内讧上花费精力，在土著居民占据主场优势、双方力量相差很大的情况下，拓荒者失败灭亡的灾难，就只是在早晚之间罢了。还不仅如此，就连和这些拓荒者一道迁移来的谷物、瓜果、牛羊等，也会因无所依存而最终归于消亡或与本地的原有物种交合同化。在这种情况下，不需几十年，人们看到的将是高山依然、河流永存的原状，而开荒种植的事，却早化为乌有了。这就叫作，不知道如何创造自身生存最适宜的环境，从而未被自然所选择。

〖严复按语〗

自古以来，开荒拓耕之事能否获利，最能看出一个民族智慧和能力的高低。欧洲地区自我国明朝时候以来，荷兰、西班牙、葡萄牙、丹麦等国都进行过海外扩张并占据了新的地盘。到最后，却要数英国人在拓展海外殖民地所取得的成效最为显著，前述国家拓建新地的成就远远落后于英国。英国在西面拥有美国，在东面占领了印度，在南面则殖民好望角地区（即现在的南非地区），当时英国包括殖民地在内的全部疆域，几乎与整个欧洲相等。这不仅是因为英国人熟悉航海、善于经商，也不仅因为英国人民聪慧、坚毅、果敢，还因为他们能够做到依法理政，并且了解群体合作的重要性，从而获得了最终的成功。

专制强权之国的臣民，往往只知道接受管理而不懂得自己处理自己的事务，即使他们拥有土地，也不能够成功经营、长期居住。在列强争霸的年代，往往是国王们在外占有大量殖民地，而民众却少有可以垦殖的土地。如以前的法兰西、普鲁士、奥地利和俄罗斯等列强，因不太懂得土地的开发经营，故当时在外都没有建立殖民地进行资源开发。法国在我国乾隆和嘉庆时期之前，算是霸道横行、不受制约的国家之一。在中国20多个商埠的租界里，居住的英国人多的不超过1000人，少的不足100人，人数虽然不多，但他们制定的规章制度却十分缜密，如同一个国中之国。而我国福建、广东的一部分人到东南亚和非洲一代侨居谋生，人数可以亿计，但他们大多终免不了为奴做仆，终日被鞭策驱使。多么可悲啊！

乌托邦第八

该章中，赫胥黎以自身设计的一群英人移民南澳一岛之事，描绘了一幅乌托邦式的社会蓝图。他认为只要做好了选“贤者”，制“刑”“礼”，“重教化，开民智”的工作，使全体国民万众一心、不可“互争以自弱”，以大家的共同力量和智慧“与其外争”，方能建立繁荣昌盛的国家。其中不少设想，如以民为本，重制度、重教育、重法治、重开发人民的“仁、智、勇”“群策群力”等，至今仍有其现实意义。

【原文】又设此数十百民之内，而有首出庶物[1]之一人，其聪明智虑之出于人人，犹常人之出于犬羊牛马，而为众所推服，立之以为君，以期人治之必申，不为天行之所胜。是为君者，其措施之事当如何？无亦法园夫之治园已耳。园夫欲其草木之植，凡可以害其草木者，匪不芟[2]夷之，剿绝之。圣人欲其治之隆，凡不利其民者，亦必有以灭绝之，禁制之，使不克与其民有竞立争存之势。故其为草昧之君也，其于草莱、猛兽、夷狄，必有其烈之、驱之、膺[3]之之事。其所尊显选举[4]以辅治者，将惟其贤，亦犹园夫之于果实花叶，其所长养，必其适口与悦目者。且既欲其民和其智力以与其外争矣，则其民必不可互争以自弱也。于是求而得其所以争之端，以谓争常起于不足，乃为之制其恒产，使民各遂其生，勿廪然[5]常惧为强与黠者之所兼并；取一国之公是公非，以制其刑与礼，使民各识其封疆畛畔[6]，毋相侵夺，而太平之治以基。夫以人事抗天行，其势固常有所屈也。屈则治化不进，而民生以凋，是必为致所宜以辅之，而后其业乃可以久大。是故民屈于寒暑雨旸，则为致衣服宫室之宜；民屈于旱干水溢，则为致潴渠畎浍[7]之宜；民屈于山川道路之阻深，而艰于转运也，则有道途、桥梁、漕輓[8]、舟车。致之汽电诸机，所以增倍人畜之功力也；致之医疗药物，所以救民之厉疾夭死也；为之刑狱禁制，所以防强弱愚智之相欺夺也；为之陆海诸军，所以御异族强邻之相侵侮也。凡如是之张设，皆以民力之有所屈，而为致其宜，务使民之待于天者，日以益寡；而于人自足恃者，日以益多。且圣人知治人之人，固赋于治于人者也。凶狡之民，不得廉公之吏；偷懦之众，不兴神武之君。故欲郅[9]治之隆，必于民力、民智、民德三者之中，求其本也。故又为之学校庠序焉。学校庠序之制善，而后智仁勇之民兴。智仁勇之民兴，而有以为群力群策之资，夫而后其国乃一富而不可贫，一强而不可弱也。嗟夫！治国至于如是，是亦足矣。

□ 首领

赫胥黎认为，领袖对一个国家的盛衰起着决定性作用。贤能的领袖，必定选拔贤达之人辅佐自己；必定善于发现和解决臣民内部的矛盾；必定制定公平、公正的刑律和礼制；必定关心百姓的日常生活；必定重视教育……在这样的国家里，完全没有来自自然界的威胁和生存竞争，人们生活得无忧无虑、无所畏惧。

然观其所以为术，则与吾园夫所以长养草木者，其为道岂异也哉！假使员舆之中，而有如是之一国，则其民熙熙皞皞[10]，凡其国之所有，皆足以养其欲而给其求，所谓天行物竞之虐，于其国皆不见，而惟人治为独尊，在在有以自恃而无畏。降以至一草木一禽兽之微，皆所以娱情适用之资，有其利而无其害。又以学校之兴，刑罚之中，举措之公也，故其民莠者日以少，良者日以多。驯至于各知职分之所当为，性分[11]之所固有，通功合作，互相保持，以进于治化无疆之休。夫如是之群，古今之世所未有也，故称之曰乌托邦。乌托邦者，犹言无是国也，仅为涉想所存而已。然使后世果其有之，其致之也，将非由任天行之自然，而由尽力于人治，则断然可识者也。

复案：此篇所论，如“圣人知治人之人，赋于治于人者也”以下十余语最精辟。盖泰西言治之家，皆谓善治如草木，而民智如土田。民智既开，则下令如流水之源，善政不期举而自举，且一举而莫能废。不然，则虽有善政，迁地弗良。淮橘成枳[12]，一也；人存政举，人亡政息，极其能事，不过成一治一乱之局，二也。此皆各国所历试历验者，西班牙民最信教，而智识卑下，故当明嘉、隆间，得斐立白第二[13]为之主而大强，通美洲，据南美，而欧洲亦几为所混一。南洋吕宋一岛，名斐立宾[14]者，即以其名，名其所得地也。至万历末年，而斐立白第二死，继体之人，庸暗选懦[15]，国乃大弱，尽失欧洲所已得地，贫削饥馑，民不聊生。直至乾隆初年，查理第三[16]当国，精勤二十余年，而国势复振，然而民智未开，终弗善也。故至乾隆五十三年，查理第三亡，而国又大弱。虽道、咸以还，泰西诸国，治化宏开，西班牙立国其中，不能无所淬厉[17]，然至今尚不足为第二等权也。至立政之际，民污隆[18]，难易尤判。如英国平税[19]一事，明计学者持之盖久，然卒莫能行，坐其理太深，而国民抵死不悟故也。后议者以理财启蒙诸书，颁令乡塾习之，至道光间，阻力遂去，而其令大行，通国蒙其利矣。夫言治而不自教民始，徒曰“百姓可与乐成，难与虑始”[20]；又曰“非常之原，黎民所惧”，皆苟且之治，不足存其国于物竞之后者也。

【注释】［1］庶物：指各种事物。

［2］芟：指割草，引申为除去。

［3］膺：指讨伐，打击。

［4］尊显：置人于尊贵显赫的地位。选举：古代指选拔举用贤能。

［5］廪：通“懔”。懔然，指危惧的样子；戒惧的样子。

［6］畛畔：指界限，范围。

［7］潴：指水聚集。浍：指田间水沟。

［8］漕輓：指水运和陆运。

［9］郅：最，极。

［10］熙熙皞皞：指光明祥和。

［11］性分：天性，本性。

［12］淮橘成枳：语出《晏子春秋·杂下之十》。指淮河以南的橘子，移植到淮河以北就变为枸橘，比喻环境变了，事物的性质也变了。

［13］斐立白第二：腓力二世（1527—1598年），西班牙语Felipe Ⅱ，故又称费利佩二世，是哈布斯堡王朝的西班牙国王（1556—1598年在位）和葡萄牙国王（称腓力一世，1581—1598年在位）。其执政时期是西班牙历史上最强盛的时代，西班牙的国力达到巅峰，几乎称霸欧洲。历史学家常将这一时期称为哈布斯堡王朝。

［14］斐立宾：菲律宾（英文The Philippines）。

［15］选愞：选，通“巽”。选愞，指柔弱怯懦。

［16］查理第三：卡洛斯三世（Carlos Ⅲ，1716—1788年）。英语文献中常写作查理三世（Charles Ⅲ），是波旁王朝的西班牙国王（1759—1788年在位），也是那不勒斯国王（称卡洛七世，1735—1759年在位）和西西里国王（称卡洛四世，1735—1759年在位）。

［17］淬厉：即“淬砺”，指激励，磨炼。

［18］污隆：升与降。常指世道的盛衰或政治的兴替。

［19］平税：指个人所得税。

［20］“夫言”句：出自《商君书·更法》“民不可与虑始，而可与乐成”。

【译文】再以之前所说那些英国移民到塔斯马尼亚岛拓荒定居的事情为例。假设这一群移民中产生了一位能力十分突出的领袖，他灵敏的思维和杰出的智慧超过了其他人，就如同一般人的聪明智慧超过牛、羊、狗、马一般，因此，他被众人所信任并推举出来。人们拥戴他为君主，期望他能在富民强国方面发挥出重要的作用，使人类的创造能力不被自然的威力所战胜。

这位被推为君主的圣人，他将如何制定并组织实施他的治国方略呢？其实，治国的道理和园丁管理园林的办法是类似的。作为园丁，为使自己种植的花草树木能够顺利地生长，都要对杂草坚决予以铲除灭绝；当政的圣人要想自己推行的政事昌盛、贤达，对那些妨碍施政进行及人民利益的东西，要设法予以制约和消除，使它们不能给人民的生存发展带来任何威胁。作为开疆建国的君主，对于拓荒地的丛生杂草、凶猛野兽以及土著敌对势力，他应采取烧掉、驱逐、抗击等有效手段。他慎重地挑选贤达之人，来作为理政治国的辅佐，就像一位园丁一定只会爱护美丽的花草和可口的果蔬。君王既然要求他的臣民尽量发挥各自的智慧和力量来与外界开展竞争，他的臣民们当然不能在内部相争而削弱整体实力。于是，作为君王应发现引起内斗的原因，并找到解决的办法。如果是由于生活资料的匮乏而引起的矛盾，就应加强生产以满足人民的日常所需，还要不惧强者的豪夺和狡猾者的私贪。在治国方略上，他还要制定为大家所认可的判定是非的标准，并以此来规定刑律、礼制，为臣民们划分好土地与职责，彼此间不至于相互侵略和贪夺，为创造太平盛世打下牢固的基础。

凭人力来对抗大自然的天运进程，这对人的力量来说是相当困难的，遇到困难

□ 腓力二世出发参与第三次十字军东征

对于一个国家来说，领袖的治国良策是最为重要的。然而，历史上始终不乏盛世与乱世的交替。当圣君死后，国家并不会继续繁荣，而是重返混乱。比如西班牙帝国，在腓力二世统治时期，其国力达到顶峰。在腓力二世去世之后，由于继位者的无能，国家很快就衰落了。

时，不仅社会的政治文化难以发展，就连起码的生存也将受到极大的影响。为此，作为君王，首先要对百姓日常的衣食住行予以切实的帮助，这样才能使他们在其他方面的事业能够持续发展。当百姓遭受冷热雨晴的折磨时，作为君主应考虑为他们制造合适的衣物和住房；当百姓遭遇干旱水涝的灾害时，则应帮助他们建设和疏通水道和沟渠；当百姓由于山陵、河川的阻碍而使运输受阻时，还应调动他们架桥、铺路，改善船运和车载能力。再下一步还要发展蒸汽、电力等机械，以使原有的人力和畜力得到成倍的增加。当百姓有病患时，还要有医疗机构和药品，以救助重病的人民并防止其早亡。在政治和军事方面，要设立监狱、制定法规，以防止强横、懦弱、愚昧和狡猾者之间的各种欺凌和争夺；在国防上要建立强大的陆军和海军等军事组织，以抵御外族的侵犯和邻邦的欺凌。所有这些治国的布局和机构的设置，全在于使本国的人民免受欺凌、屈辱，并使他们能顺利生存。其目的就是要使人民勇于抗争，逐步摆脱依赖自然恩赐的保守心态，早日明白创造美好的明天全在于个人的勤奋努力。

圣人往往是懂得社会治理的，而且他应当是从被他所统治的人民那里得到这一认识的，凶顽狡诈的民众中不可能出现清廉公正的官吏；苟且懦弱的民众中也产生不出英明威武的君王。因此，要创造繁华盛世，一定要在“人民力量、人民智慧和人民道德水平”这三个方面狠下功夫。于是圣明的为政者开始兴办学校，学校的教义和规章完善后，方可以培养那些仁义、智慧和勇敢的人才，这些仁义、智慧、勇敢的人才培养出来后，才能参与到那些为人民生存和发展而出谋划策的活动之中，照此下去，一个新生的国家才会日臻富裕而不致日渐贫穷，日益强盛而不致衰弱。

啊，治理国家到了这般程度，自认为也算满意了。但若看看他所实施的这些方略的依据，与园丁管理花草树木的方法，其实又有什么差异呢？

如果在我们的地球上真有这么一个国家，她的人民必然会过着快乐安康的生活，该国生产的各种物品，都能够充分地供应人民的日常要求以及其他要求。而人们日常所说的自然威力和生存竞争造成的侵害，在他们的国度几乎一无所见，这里只有井然有序的人为治理，每个人都过着悠然自在的生活，不为生存而恐慌。自然界中小到一根草、一棵树、一只鸟或大到一头兽那样的生物，他们均可以使之作为于人类愉悦身心或适用于人类生活的有用物料，使它们对人类有利无害。另一方面，人类社会又因学校的兴办、法律的完善和刑事处罚得当，以及各项治理措施的公正合理，使得该国有品质缺陷的人一天天减少，而品质高尚健全的人却一天天增多，每一个人都明了自身在社会中的职责和责任，拥有他们所应有的先进人格及道德观念。这样一来，社会成员分工合作，相互予以爱护和支持，进而使人类社会步入良性发展，前途无限。

这样的一个社会群体，是从古代到现今都不曾有过的，所以我们称之为“乌托邦”。“乌托邦”的意思是，现实中并没有这样一个国家，它只是人们理想中的一种存在罢了。然而假若我们的后代真正创立这样一个国家，它的一切机制能够达到这一完美境地，那么这个国家绝不是天然形成的，而将一定是人为治理的功劳，这一点是可以预知的。

〖严复按语〗

这篇文章的论点从“圣人往往是懂得社会治理的，而且他应当是从被他所统治的人民那里得到这一认识的”开始，以及之后的十几句话，最为精辟透彻。西方的一些政治专家曾说，良好的政治方略就如同好的花草树木，而民众的智力、潜能，就如同可开垦的土壤。民众的智力、潜能得到了充分的发挥，政令畅通就如同源头活水，好的政治措施不用强制推广，自然能为民众所接受，而一朝实行便不会被荒废。否则，即使有再好的理政方法，稍换一个地方就实行不了了，就如同淮南的橘迁植于淮北便成了枳，这是问题之一；当为政者在位时政令能够畅通，死亡后便停歇，无论如何努力，不过是治世和乱世交替到来而已，这是问题之二。这些都是各个国家在发展中所经历过的事件。

西班牙人最信仰宗教，而智力和认知却很低下。在相当于我国明朝嘉靖、隆庆年间的时候，腓力二世主政西班牙，使国势一时大为强盛，他的舰队通达美洲大陆，并占领南美，连欧洲也差点被他统一。南洋吕宋岛被取名为菲律宾，就是用他的名字来命名的。到明万历年间，腓力二世去世后，其继承人平庸无能，做事优柔寡断，国势由此大为衰减，几乎完全丧失了当初在欧洲侵占的地盘。国内财力贫弱，再加上各种灾荒，人民生活困苦，难以生存。直到乾隆初年，查理第三登位主理国政，励精图治，勤恳严谨，在整整花费了20多年的工夫后，方使国运起死回生。但人民的创造力并未得到充分的开发，始终无法做到善政良国。到了乾隆五十三年，查理第三去世，西班牙的国势又大大地转弱。虽说从道光、咸丰以来，欧洲各国的政治体制和社会教化宏达而开明，而西班牙王国夹在它们中间，也不可能不受先进观念的影响，可是直到现在，西班牙还不足以成为欧洲第二流的主权国家呢！

一个国家在制定自己的国策时，其人民文化智力的高低，对施政的难易影响巨大。例如英国政府曾主张的个人所得税制度，尽管经济学家们用很长时间推行这一税制，然而费尽周折却一直效果欠佳。这是因为这一主张在经济学上的理论太过于深奥难解，而人民又始终不明白为何要设立这一税制。此后，决策者们将管理和整顿财政经济的一些书籍汇集起来，颁布法令要求乡村学校教导学生们学习。到了道光年间时，由于全体民众智识的增长，反对的声音大为减少，最终使这一税收法令大为畅行，而国家和全民都感受到它带来的好处。

谈论治国却不首先从教育启发民众入手，只是简单地认为“老百姓只会顺从当政者一起干一些可望成功的好事，以图共享成果，而他们不足与当政者一块谋划国家的大事”。又有些当政者认为“探讨深奥的治国大事是老百姓所畏惧和回避的”等等。这些都是短浅而缺乏政治眼光的政治家们的看法，这种人是不能使其国家在生存竞争中繁荣昌盛的。

汰蕃第九

如果真的建立起了“乌托邦”式的“伊甸乐园”，又能否长期保持下去呢？本章着重分析了这一问题。以马尔萨斯的人口论看来，人口呈几何式增长，生活资料必然日益短缺，于是提出以家庭的生活条件来限制生育子女的数量，或不让疯残之人生育后代，以这些方式来制止人口泛滥等。其实，天灾、饥寒、严刑峻法和疾疫等都不是能有效解决人口过剩的良策。但社会一旦稳定繁荣，就一定会出现生育高峰，从而又造成新的生存危机，这是我们至今仍不能忽视的社会问题。

【原文】虽然，假真有如是之一日，而必谓其盛可长保，则又不然之说也。盖天地之大德曰生，而含生[1]之伦，莫不孳乳，乐牝牡之合，而保爱所出者，此无化与有化之民所同也。方其治之未进也，则死于水旱者有之，死于饥寒者有之。且兵刑疾疫，无化之国，其死民也尤深。大乱之后，景物萧寥，无异新造之国者，其流徙而转于沟壑[2]者众矣。洎新治出，物竞平，民获息肩[3]之所，休养生聚，各长子孙。卅年以往，小邑自倍。以有限之地产，供无穷之孳生，不足则争，干戈又动，周而复始，循若无端，此天下之生所以一治而一乱也。故治愈隆则民愈休，民愈休则其蕃愈速。且德智并高，天行之害既有以防而胜之。如是经十数传、数十传以后，必神通如景尊，能以二馒头，哺四千众而后可[4]。不然，人道既各争存，不出于争，将安出耶？争则物竞，兴天行用，所谓郅治之隆，乃傀[5]然不终日矣。故人治者，所以平物竞也，而物竞乃即伏于人治之大成，此诚人道物理之必然，昭然如日月之必出入，不得以美言饰说，苟用自欺者也。

设前所谓首出庶物之圣人，于彼新造乌托邦之中，而有如是之一境，此其为所前知[6]，固何待论。然吾侪[7]小人，试为揣其所以挽回之术，则就理所可知言之，无亦二途已耳。一则听其蕃息，至过庶食不足之时，徐谋所以处置之者；一则量食为生，立嫁娶收养之程限，使无有过庶之一时。由前而言其术，即今英

□《阿什杜德的瘟疫》 法国 尼古拉·普桑

在与大自然的生存竞争中，灾祸总是令人类猝不及防。而每一场水涝或旱灾，疾病或瘟疫，都会吞噬掉不计其数的生命。对于一个国家来说，灾后重建需要一个漫长的过程，直到新的明君出现，人类的生存竞争才会得以缓和。图片《阿什杜德的瘟疫》描绘了14世纪黑死病暴发的情景。

伦、法、德诸邦之所用。然不过移密就疏，挹兹注彼[8]，以邻为壑[9]，会有穷时，穷则大争仍起。由后而言，则微论程限之至难定也，就令微积之术，格致之学，日以益精，而程限较然[10]可立，而行法之方，将安出耶？此又事有至难者也。于是议者曰：是不难，天下有骤视若不仁，而其实则至仁也者。夫过庶既必至争矣，争则必有所灭，灭又未必皆不善者也。则何莫于此之时，先去其不善而存其善。圣人治民，同于园夫之治草木。园夫之于草木也，过盛则芟夷之而已矣，拳曲[11]臃肿则拔除之而已矣。夫惟如是，故其所养者，皆嘉葩珍果，而种日进也。去不材而育其材，治何为而不若是。罢癃[12]、愚痫、残疾、颠丑、盲聋、狂暴之子，不必尽取而杀之也，鳏之、寡之，俾无遗育，不亦可乎？使居吾土而衍者，必强佼圣智聪明才杰之子孙，此真至治之所期，又何忧乎过庶，主人曰：唯唯，愿与客更详之。

复案：此篇客说，与希腊亚利大各[13]所持论略相仿。又嫁娶程限之政，瑞典旧行之：民欲婚嫁者，须报官验明家产及格者，始为牉合[14]。然此令虽行，而俗转淫佚[15]，天生之子满街，育婴堂充塞不复收，故其令寻废也。

【注释】[1] 含生：指一切有生命者，多指人类。

[2] 沟壑：借指野死之处或困厄之境。

[3] 息肩：指休养生息。

[4] 景尊：即耶稣。景教指唐代正式传入中国的基督教聂斯脱里派。“二馒头”“四千众”两句，应是《马太福音》第十五章中，耶稣以七饼数鱼使四千人吃饱的故事。

[5] 傀：不整齐。

[6] 前知：预知，有预见；事先知道。

[7] 侪：指等辈、同类的人们。

[8] 挹：舀，酌，指把液体盛出来。挹兹注彼：指将此器的液体倾注于彼器。

[9] 以邻为壑：出自《孟子·告子下》“是故禹以四海为壑。今吾子以邻国为壑”。原义指将邻国当作沟坑，把本国的洪水排泄给对方；比喻只图自己一方的利益，把困难或祸害转嫁给他国或他人。壑，指深谷，深沟。

[10] 较然：指明显的样子。

[11] 拳曲：指卷曲，弯曲。

[12] 癃：指年老衰弱多病。

[13] 亚利大各：Aristocles的音译，又译为阿里斯托勒斯。通常译为柏拉图（Plato，约公元前427—前347年），“希腊三贤”之一，古希腊伟大的哲学家，也是全部西方哲学乃至整个西方文化最伟大的哲学家和思想家之一。

[14] 牉合：语出《仪礼·丧服》“夫妻牉合也”，指性相配合。

[15] 淫佚：即“淫泆”；指淫荡，淫乱。

【译文】虽然正如前面所说，但如果真的有一天出现了康乐盛世，人们肯定会认为这样的盛世将长期维持，其实不然。自然界生物类最根本和伟大的功能叫作“繁衍”，而一切自然生物无不在生育繁殖，热衷于雌雄交配，同时又极端地爱护自己的子嗣。这种现象在未经教化和已受教化的人群里是完全相同的。当他们在与大自然的生存竞争中还未有优势时，有的人死于水涝或干旱，有的人则亡于饥饿或寒冷。在未经教化的国度里，那些因战乱、刑罚、疾病和瘟疫而死亡的人数尤其的多。国家经历一场大的战乱或灾难后，其凋破萧条的景象跟国家建立之初并无二样，那些因流亡、迁徙而逃入溪谷、山野而致死的人就更多了。等到新的圣人或新政出现，使人的生存竞争重新告一段落，人们又逐步获得安居之所，人们重建家园，休养生息。三十年后，一个小城镇的人口自会增加一倍。然而，凭借社会生产的有限产出，无法供养无穷尽的人口，生活资料匮乏又引发争端，战争也再一次打响了。世间之事大致就是这样不断周而复始、循环往复，仿佛没有尽头。这种情况就是这个世界时而政治清明、社会稳定，时而政治混乱、社会衰败的主要原因。

社会政治越进步，其人民生活也越幸福，生活幸福而稳定，人口的繁殖也越迅速。何况这时人民的社会道德水平及智慧技能等都已得到了进一步的提高，对自然

□《伯利恒的户口调查》 荷兰 彼得·勃鲁盖尔

人口数量的增长，使生活资料日渐短缺，争夺生活资料的战争变得更加激烈。面对人口疯狂增长的问题，不管是听之任之，还是明文限制嫁女娶妻、生儿育女的数量，似乎都不是良策。因此，这就要看圣贤的君主是如何高明地治理了。

灾害也有了更多防治和战胜的办法及手段。像这样经历了十几代甚至几十代的不断延续，人类的力量似如神力般广大，几乎无所不能，就像耶稣能用两个馒头喂饱四千人一样。但事实却不然，既然人们靠竞争生存，那么，又从何处去谋求自己的生活出路呢？人之间的物质争夺，拉开了生存竞争之战的序幕。大自然的天威也不会泯灭它肆虐无度的本性，因此，我们所称道的所谓盛世，也许在不经意间就突然消失了。所以，人为的社会治理目的就是为了平息无序的生存竞争，而生存竞争的成败则往往隐藏于人为治理是否完备之中。这即是事物发展的真理规律，如日月每天必然升起落下一般，不是可以用一两句漂亮话或编造好的假说来自欺欺人的。

我们假设，前文所提及的那位卓越超群的圣人所建立的乌托邦里确实有这种人口过多的情况，这一情况也确已被他事前所预知并解决，那就没有必要让大家来讨论了。然而我等无名之辈，则斗胆来推测一下此人所运用的方法。根据进化之道，也仅有两种挽救的办法可供抉择。一种方法是在社会一经繁盛后，听任人们恣意地繁衍生息，直至人口越过自然所能提供的食品的供应量时，再慢慢来考虑解决它的措施；另一种方法是，计量各种生产及生活资料的多寡，以保证人民生活的充分需要，同时以此决定嫁女娶妻，生儿育女的限制数量，使人口不过分膨胀。第一种就是现今英、法、德诸国所采用的方法，但他们也仅是把人口稠密处的一部分人口迁移到人口较为稀少的地方，犹如汲取此处的水灌进彼处的容器；或者像泄洪一样，殖民于别国。这种方法肯定是会遇上困难的，为解决困难，又会引发矛盾与争端。而第二种方法，又非常难以统计精确，即使微积分计算、物理科学等日益先进和精确，能使数量的统计和限制的计划得以确立，但这一计划和方案又用什么技术或方法予以推行和操作呢？这正是第二种方法难以实施的问题之所在。

如果这时有一位议论者说道：“这些并不困难，世界上有些事乍一看显得缺乏仁慈之心，但我们仔细考察其本质，就会发现那其实体现着最大的仁慈。既然过多的人口必然会导致竞争，而竞争中必然会有人死去，而死亡者又并非全是不优秀的人，那么为什么我们不事先铲除那些劣种人而保留那些良种人呢？圣人治理国民，与园丁管理花草树木的原理大致相同。对于那些长得过于茂盛的草木，只要将其修剪即可，对那些弯曲、臃肿的树干，则只要将其拔掉即可。由于园丁的这些行为，使得他所培育的草木都长出了美丽的树叶和花朵，结出了丰硕珍异的果实，而他所培育的花木品种也一天天得到了改善。消除不良的树种，培育优质的良种，治世之道为何又不可以如此进行呢？如果要把那些弯腰驼背、弱智癫痫、残废不全、形陋貌丑、耳聋眼瞎和神经错乱的人都抓来除尽杀绝，这也完全没有必要，只要叫他们男不许娶妻、女不许嫁夫，使他们都不生后代不就可以了吗？要做到使那些居住在我们国土领域内繁衍生息者，个个都务必是强壮、健美、贤德、聪慧、耳聪目明、才能出众者的子孙。这正是盛世佳景的创制者的目的，如此，又何必担忧那过多的人口呢？”主人答道：“是的，鄙人愿与你进一步细议此事。”

〖**严复按语**〗

这篇《客说》的观点与希腊柏拉图的立论略为相似；而其中嫁女娶妻方面限制人数的主张，以前在瑞典也推行过，其具体内容为：公民凡需娶妻嫁女的，必须先报告政府，经检核其家庭财产的标准是否符合相关规定，符合规定的，方准予结合。可是这道命令虽然发布了，但不仅没能达到期待的效果，社会风俗反而更加淫荡不堪，甚至私生子弃满街巷，育婴堂里满是无人领养的弃婴，以致陷入人满为患的地步。因此瑞典的这道政府命令不久后便废除了。

择难第十

要使有限的自然条件，产生更多的有利于人类生存的物质，必然要发挥各物种的潜力和优势。于是人类开始注重对物种的人工选择及良种培育。但这种“择种留良”的方法用于人类自身又会怎样呢？本章指出，由于人类与上天创制的任何物种不同，这种方法将面临两个问题：一是难以确定由谁来担任选择的主体；二是确定人种优劣的标准难以制定，因为人种的优劣不是以外表或从小就能判定的。总之，养育动植物的“择种留良”用于人类自身还是行不通的。但人类的“优生”“优育”“计划生育”等，也正是这样一种尝试。

【原文】天演家用择种留良之术于树艺牧畜间，而繁硕茁壮之效，若执左契[1]致也。于是以谓人者生物之一宗，虽灵蠢攸殊，而血气之躯，传衍种类，所谓生肖其先，代趋微异者，与动植诸品无或殊焉。今吾术既用之草木禽兽而人验矣，行之人类，何不可以有功乎？此其说虽若骇人，然执其事而责其效，则确然有必然者。顾惟是此择与留之事，将谁任乎？前于垦荒立国，设为主治之一人，所以云其前识独知，必出人人，犹人人之出牛羊犬马者，盖必如是而后乃可独行而独断也。果能如是，则无论如亚洲诸国，亶聪明作元后[2]，天下无敢越志之至尊；或如欧洲，天听民听，天视民视，公举公治之议院，为独为聚，圣智同优[3]，夫而后托之主治也可，托之择种留良也亦可。而不幸横览此五洲六十余国之间，为上下共六千余年之纪载，此独知前识，迈类逾种如前比者，尚断断乎未尝有人也。

且择种留良之术，用诸树艺牧畜而大有功者，以所择者草木禽兽，而择之者人也。今乃以人择人，此何异上林[4]之羊，欲自为卜式[5]；汧渭[6]之马，欲自为其伯翳[7]，多见其不知量也已。（案：原文用白鸽欲自为施白来。施，英人最善畜鸽者也，易用中事。）且欲由此术，是操选政者，不特其前识如神明，抑必极刚戾忍决之姿而后可。夫刚戾忍决诚无难，雄主酷吏皆优为之。独是先觉之事，则分限于天，必不可以人力勉也。且此才不仅求之一人之为难，即合一群之心思才力为之，亦将不可得。久矣，合群愚不能成一智，聚群不肖不能成一贤也！且从来人种难分，比诸飞走下生[8]，奚翅什伯[9]。每有孩提之子，性情品格，父母视之为庸儿，戚党目之为劣子，温温[10]未试，不比于人。逮磨砻[11]世故，变动光明，事业声施，赫然惊俗，国蒙其利，民载其功。吾知聚百十儿童于此，使天演家凭其能事，恣为抉择，判某也为贤为智，某也为不肖为愚，某也可室可家，某也当鳏当寡，应机断决，无或差讹，用以择种留良，事均树畜。来者不可知，若今日之能事，尚未足以企此也。

□《放牛》　荷兰　阿尔伯特·库普

牧人要想自己喂养的牲口强壮且繁殖能力旺盛，就必须注重优势品种的选择和良种的保留。应用人工选择，可以使他们收益大增。严复指出，这种方法之所以能够取得巨大的功效，是因为被选择的对象是没有智慧的牲畜，而选择者是充满智慧的人。

【注释】［1］左契：即“左券”，古代契约分为左右两片，左片称左券，由债权人收执，用为索偿的凭证。

［2］“亶聪”句：出自《尚书·周书·泰誓上》“惟天地万物父母，惟人万物之灵。亶聪明作元后，元后做民父母”。亶：指信，诚。元后，指天子。此句意即帝制。

［3］“为独”二句：意为无论是独裁还是民主，领导者都具有非凡的智慧。圣智，亦作“圣知”，指聪明睿智，无所不通；也指具有非凡的道德智慧者。

［4］上林：上林苑，秦汉时期皇家园林之经典。秦朝旧宫苑，西汉初荒废，汉武帝刘彻于建元三年（公元前138年）重新扩建，规模宏大，包罗万象，遂成为汉代宫苑之代表。

［5］卜式：河南郡（今属河南省洛阳市）人，以牧羊为业，经营致富，汉武帝时官至御史大夫。

［6］汧渭：汧水与渭水的并称。汧水，千河的古称，发源自甘肃，流经陕西入渭河。渭水，渭河的古称，是黄河的最大支流，发源于今甘肃省定西市渭源县鸟鼠山，主要流经今甘肃天水，陕西关中平原的宝鸡、咸阳、西安、渭南等地，至渭南市潼关县汇入黄河。

［7］伯翳：亦称伯益，乃赵氏先祖与秦朝之祖，是黄帝第四代孙。因其协助大禹治水有功，舜帝赐其为嬴姓，任命其为东夷部落首领。《后汉书·蔡邕传》："伯益综声于鸟语。均谓其能驯鸟兽。"

［8］飞走：指飞禽走兽。下生：指出生。

［9］什伯：相百，即相差百倍之义。什，即"相"；伯，即"佰"。

［10］温温：谦和的样子。

［11］磨砻：亦作"磨垄"，指磨炼，切磋。

【译文】崇尚进化论的专家们在培育树木和放养牲口时，都注重优势物种的选择和良种的繁殖与保留，这种做法使得牲口强壮繁盛，树木旺盛不衰，其神奇的功效仿佛像是与大自然订有契约一般地有所保障。为此，他们认为人类也是生物中的一支，其中虽有灵智与愚昧之别，但人类拥有的也是血肉之躯，繁殖过程中，子代都从各方面酷似他们的先代，但一代又一代地又与他们的祖先有着微小的差异。在这些方面，他们与自然界的各类动植物，基本上可以说是一样的。既然如今我们的人工选择方法在应用于花草树木和飞禽走兽身上时大收效益，那么我们将此方法应用于人类，又为何不能见效呢？

这一学说虽然使人惊恐悚然，然而我们在掌握事实及规律的基础上再验证其效果，就确信我们能够达到所期望的结果，不过重要的是为人类选种留良的重任，应由何人来担当呢？以前在提及对外扩张、开疆拓土建立新的殖民地国家时，曾提及应举设一位主要的统治者，他必须具备超凡出众、先知先觉的创见和世上无双的智能，正如一般的人超越牛、羊、狗、马的智能一样。因为拥有这些超凡的素质，国家的统治者方能独自判断国家大事。如果真是这样，那么不管是像亚洲国家一般，让才能出众者成为君主，全国臣民无人敢挑战君主权威；或者像欧洲那样，其人民之所闻即上天所闻，人民所见即上天所见，不论是公众推举的管理国家的议院还是寡头政治集团，他们都有同等优秀的卓越智慧，可将一国政事托付给他们，当然也包括人种选择留良的大事。然而不幸的是，纵观五大洲60余国中的情况，在古今6000多年的历史记载中，似这种有先知先觉和独一无二的智慧、在各方面远远超出同类人群、如同我们前面所设想那样的圣贤之才，可以断定，至今还尚未出现过一人。

选良留种的方法用于培植树木和繁育牲口，之所以能取得巨大的功效，是因为被选择的对象是没有智慧的草木和禽兽，而选择他们的是人。而在人的进化上，如果我们要用人来选择人自身，这就如同是一只上林苑中的羊，梦想使自己成为汉武帝时以牧羊起家的贤德重臣卜式；也如同那汉水和渭河边上的马，梦想成为古时嬴姓之祖、舜帝贤相的伯翳一样荒诞，这只能表现出它们的不自量力罢了。（按：原文中举例用的是“白鸽梦想成为施白来”，施白来是英国最擅长养鸽的能人。在这里我换用成了中国典故。）

□《播种者》　法国　让–弗朗索瓦·米勒

农人种植蔬菜，亦如牧人喂养牲畜。要想增加蔬菜产量，就要在选种、栽培上下功夫。选择适合当地环境和气候的优良品种，再进行得当的人工培育，往往会使收益倍增。严复认为，真正贤能的领袖，就好比精于选良留种的牧人和农民一样，具有一双慧眼。

如果要靠这一方法来改良人种，那么，我们所推举选择主持这一政务的人，不仅应具备先知圣人般的远见卓识，更需具有刚毅、坚韧、果敢和善于决策的性格方能够成功。要具有刚毅、坚韧、果敢和善于决策的性格实际并不难，那些独断的君王和一些严酷的官吏都能出众地做到。唯有预测的能力，只能靠天赋，断然不可用凡人的力量勉强为之。这种超凡的才能，不仅是一个人很难具备，即使是集中一群人的智慧和才干，也是几乎无法做到的。更何况一群愚民聚在一起抵不上一位智者，一伙不成材的人集合起来赶不上一位贤人。

人的优劣一向难以辨明，辨别飞禽走兽或低等动物的品种优劣，其难度不能与之相提并论。有时候，一个小孩无论是其性格，还是其品德、才识，在父母眼中十分平庸，亲戚将其看作顽劣之子，并无突出之处，不能与其他孩子相比。但后来经过自己的努力和人世的锻炼，其行为能力有了长足的变化，突然脱颖而出，光照众人，如日中天，名声远扬，其成就竟然惊动世俗，国家褒奖他的贡献，人民记下他的功绩。如果我们专门聚集百十名优秀儿童，让进化方面的专家依仗他们的知识和技能对他们任意挑选，去评判某人今后是贤人智者，某人今后将无能又愚蠢；哪些可以成家立业，哪些只能孤独终老，专家们可以随机应变，任意分析裁判，使之没有差错，并以此优选方法来选择人之良种，正与选育树木、种畜的办法相同。以这种方法来确定未来的良才，其准确程度难以知晓，就连我们今天所做的一些育人育才的工作，与真正科学的“人工选择”尚有相当大的距离。

蜂群第十一

人类之所以能进化到现在这样，大凡与其能合群而居、相互协助有关。《蜂群》一章正是以蜂群的合群特性与人类社会的特性加以对照。蜜蜂的生活条件大致是平均的，而劳动分工又是严密而有序的，这是它们生存的本能和生存竞争锻炼的结果。然而人类社会也有强调平均财富的政治家，但人类与蜜蜂的本质区别，使人类社会总是伴随私欲和侵吞，故在人类社会实行蜂群式绝对的分工和平均分配，是难以实现的。

【原文】故首出庶物之神人既已杳不可得，则所谓择种之术不可行。由是知以人代天，其事必有所底，此无可如何者也。且斯人相系相资之故，其理至为微渺难思。使未得其人，而欲冒行其术，将不仅于治理无所复加，且恐其术果行，则其群将涣。盖人之所以为人者，以其能群也。第深思其所以能群，则其理见矣。虽然，天之生物，以群立者，不独斯人已也。试略举之：则禽之有群者，如雁如乌；兽之有群者，如鹿如象，如米利坚之犎[1]，阿非利加[2]之猕，其尤著者也；昆虫之有群者，如蚁如蜂。凡此皆因其有群，以自完于物竞之际者也。今吾将即蜂之群而论之，其与人之有群，同欤异欤？意其皆可深思，因以明夫天演之理欤？

夫蜂之为群也，审而观之，乃真有合于古井田经国之规，而为近世以均富言治者之极则也。（案：古之井田与今之均富，以天演之理及计学公例论之，乃古无此事，今不可行之制。故赫氏于此意含滑稽。）以均富言治者曰：财之不均，乱之本也。一群之民，宜通力而合作。然必事各视其所胜，养各给其所欲，平均齐一，无有分殊。为上者职在察贰廉空[3]，使各得分愿，而莫或并兼焉，则太平见矣。此其道蜂道也，（夫蜂有后，蜂王雌，故曰后），其民雄者惰，而操作者半雌（采花酿蜜者皆雌而不交不孕，其雄不事事，俗误为雌，呼曰蜂姐）。一壶之内，计口而

□ 蚁群的团队协作

自然界中，有不少生物依靠团队力量而生存，比如蚂蚁。蚂蚁在个体带头和团队协调中能保持非常好的平衡，可以合力把比自己身体大得多的食物搬回家。因此，在大自然激烈的生存竞争中，蚂蚁的族群总是能保存下来。

禀[4]，各致其职。昧旦[5]而起，吸胶戴黄，制为甘芗[6]，用相保其群之生，而与凡物为竞。其为群也，动于天机之自然，各趣其功，于以相养，各有其职分之所当为，而未尝争其权利之所应享。是辑辑[7]者，为有思乎？有情乎？吾不得而知之也。自其可知者言之，无亦最粗之知觉运动已耳。设是群之中，有劳心者焉，则必其雄而不事之惰蜂。为其暇也，此其神识智计，必天之所纵，而皆生而知之，而非由学而来，抑由悟而入也。设其中有劳力者焉，则必其半雌，盻盻[8]然终其身为酿蓄之事，而所禀之食，特倮然仅足以自存。是细腰者，必皆安而行之，而非由墨之道以为人，抑由杨之道以自为也[9]。之二者自裂房茁羽而来，其能事已各具矣。然则蜂之为群，其非为物之所设，而为天之所成明矣。天之所以成此群者奈何？曰：与之以含生之欲，辅之以自动之机，而后冶之以物竞，锤之以天择，使肖而代迁之种，自范于最宜，以存延其种族。此自无始来，累其渐变之功，以底于如是者。

【注释】［1］犎：一种野牛，背上肉突起，像驼峰。犎牛是北美洲最大的哺乳动物，也是世界上最大的野牛种类，体形庞大，奔跑速度奇极快。

［2］阿非利加：非洲全称。

［3］察貮廉空：出自东汉张衡《西京赋》“膳夫驰骑，察贰廉空”。廉：通“覝”，察看。廉空：察看有无缺少。

［4］计口而禀：食物按需分配。

［5］昧旦：天将明未明之时，指破晓。

［6］芗：通“香”。“吸胶”二句：指采花粉、花蜜酿成蜂蜜。

［7］辑辑：指群集的样子。

［8］盻盻：勤苦不事休息的样子。

［9］“墨之道”“杨之道”两句：以墨翟为代表的墨家主张“兼爱”，以杨朱为代表的道家之杨朱学说主张“为我”，战国时期均与儒学并驾齐驱，并属先秦显学。

【译文】由于超凡出众的神明圣者实在难以寻觅，所以人类选种留良的方法也无法真正推行。由此可见，由人力去取代强大的自然力必然有其局限，这也是无可奈何的。何况人与人之间相互联系、依靠的微妙关系，使得人类优化的方法极为精深难解。假使没有先知全能的圣者出现，一般人便顶替圣者来推行不成熟的方法和技艺，这不仅对人类社会的治理毫无帮助，而一旦草率实行，人心将会更加涣散。人之所以能进化成人，就在于他们能够合群相助、成立社会的缘故。只要仔细思考人类为何能建立社会，个中道理便明白地表现出来了。

人虽然有这些特性，但自然界诞生的万物，依靠群体力量而生存的不仅限于人类。试举一些动物为例：飞禽中喜群体生活的有大雁和乌鸦；走兽里有鹿和象等，而美国的犎牛、非洲的猕猴，其群居现象尤为明显；在昆虫类中，蚂蚁和蜜蜂都极富群体意识。因此，它们才能在大自然激烈的生存竞争中有效地保存自己的族群。

现在我们就以蜂群为例，来谈一谈蜜蜂的合群特性与人类建立的社会在特性上的的异同，并以蜂群的生活习性为背景，思考是否可以由此证明进化论的一般原理。

假如我们对蜂群的巢穴加以仔细观察，就会发现它们的生存领地竟然十分符合古代井田制的管理格局，且非常接近现代那些主张以平均社会财产而促进社会公正公平的政治家们的理想标准。（按：古代的井田制和现代的平均财富理论，一些学者已以进化论的观点和一些社会经济学的方法加以评述，实际上古代的井田制与进化无关，而现代也还不可能推行这种制度。所以赫胥黎在这里提到它，有引人发笑的意味。）主张以平均财富来治理社会的政治家们说：“财富的严重不均，是社会混乱的根源所在。因此社会民众应团结起来、共同劳动。当然，要根据每个人的能力来安排工作，供给生存物料时要符合每人所需。在分配上要做到平均，整齐划一，避免出现大的差异。居于管理层的统治者，其职责在于考察分析贫富差距的根源，了解下层贫民的实际情况，以便使全体国民得到他们应得的利益，避免社会财富被少数人侵吞的事情发生。若真能如此，太平盛世便会很快降临了。”这道理正是蜜蜂的

□ 蜂群

在自然界万物中，赫胥黎选择以蜂群的生活习性为例，来证明进化论的一般原理。他指出，蜂王、工蜂和雄蜂各自的分工和技能是上天造就的，它们在生存竞争中累积每一步进化历程适应变化的功能，找到最适合自己的生存空间，以最理想的生存方式生活。

合群之道。

在蜂群里有王后（蜂王是雌性，故称王后），在她的臣民中，雄性的蜜蜂较为懒惰，而整日操劳不停的是没有生殖能力的雌蜂。（采花酿蜜的全是这类雌蜂，它们不交配，也不怀孕生子。而雄蜂则一般是不劳作的，世俗曾误认为它们本是雌性，故称它们为“蜂姐”。）在一个蜂巢内，蜜蜂们各自的口粮已经被计划好，并各自执行自己的职责。蜜蜂们拂晓起飞，用嘴吸取花中的胶液，头顶着黄色的花粉飞回蜂巢，制成又甜又香的蜂蜜，用以保全整个群体的生存繁衍，以便同大自然的其他物类竞争。蜜蜂之所以成群，全凭的是自身的本能。它们满足于自身的工作，辛勤收获用以相互保养的生活资源；它们按一种既定的规则行事，从不曾相互争夺彼此的利益而安其本分。这些温顺的小生物有思想和感情吗？我们无从察究。但从我们可知的方面来说，这不过是生物最原始、本能的知觉和活动罢了。

假设在这些蜂群中存在着脑力劳动者，这必定是其中那些懒惰而不思劳作的雄蜂，因为只有它们有时间来思考管理的大事。这些做决策的雄蜂，它们卓绝的见识、聪明的头脑及精确的谋划，必定是来自上天的驱使，因此它们一出世便拥有智慧，知识并不由学习得来，或而是源于感悟或天赋。而蜂群中的体力劳动者当然是那些无生育能力的雌蜂，它们以其勤奋不息的一生承担起了采花酿蜜和存储的工作，而储存下来的，仅仅是刚够维持生存的那点蜂蜜。这些微小的生灵全然是遵照一种天然的习惯和定律辛勤劳作而毫无怨言，而绝不是遵循墨家的学说为别人效力，也不是承袭杨朱理学为自己谋利。

这两种蜜蜂自离开蜂房长齐羽翼以来，它们各自的技能和分工便确定了。既然如此，可见蜜蜂以群体作为生存方式，肯定不是被外力所迫，而是为上天所造就，这是十分明显的。但上天为何要造就这一生命的群体呢？其答案是：上天给它们以求生的欲望，帮它们完善生存运动的机能，再以世间的各种生存竞争的考验来锻炼它们，最后，使这类物种在祖先母本的基础上一步步走向变异，并在自然的选择中逐步确定自身的生存环境和位置，找到自己最适合的生存空间并繁育其后代。它们的生存方式是由旷古时期开始，累积每一步进化历程中适应变化的功能，最终才达到现在的地步。

人群第十二

蜂群一旦承袭祖先之形，既定雌雄，便如同无脑之物，一生专施一职，“以毕其生”。人类则不然，虽由猿进化而来，但最终被自然界选择保留了下来。这自然是因为人类适宜于生存。人们过去是靠征服自然界其他生物而获得了自身的成功，但原始的私欲也往往是引起人类间相互残杀、导致社会灭亡的祸根。人类有不同于其他物种的智慧、思维，定然会助其战胜原始的私欲和内部的互争，使人类社会在演进中走向辉煌。

人之有群，其始亦动于天机之自然乎？其亦天之所设，而非人之所为乎？群肇于家，其始不过夫妇父子之合，合久而系联益固，生齿日蕃，则其相为生养保持之事，乃愈益备。故宗法者群之所由昉[1]也。夫如是之群，合而与其外争，或人或非人，将皆可以无畏，而有以自存。盖惟泯其争于内，而后有以为强，而胜其争于外也，此所与飞走蠕泳之群同焉者也。然则人虫之间，卒无以异乎？曰：有。鸟兽昆虫之于群也，因生而受形，爪翼牙角，各守其能，可一而不可二，如彼蜜蜂然。雌者雄者，一受其成形，则器与体俱，嫥嫥[2]然趋为一职，以毕其生，以效能于其群而已矣，又乌知其余？假有知识，则知识此一而已矣；假有嗜欲，亦嗜欲此一而已矣。何则？形定故也。至于人则不然，其受形虽有大小强弱之不同，其赋性虽有愚智巧拙之相绝，然天固未尝限之以定分，使划然为其一而不得企其余，曰此可为士，必不可以为农；曰此终为小人，必不足以为君子也。此其异于鸟兽昆虫者一也。且与生俱生者有大同焉，曰好甘而恶苦，曰先己而后人。夫曰先天下为忧，后天下为乐者，世容有是人，而无如其非本性也。人之先远矣，其始禽兽也。不知更几何世，而为山都木客[3]；又不知更几何年，而为毛民猺獠[4]；由毛民猺獠，经数万年之天演，而渐有今日，此不必深讳者也。自禽兽以至为人，其间物竞天择之用，无时而或休，而所以与万物争存，战胜而种盛者，中有最宜者在也。是最宜云何？曰独善自营[5]而已。夫自营为私，然私之一言，乃无始[6]来。斯人种子[7]，由禽兽得此，渐以为人，直至今日而根株仍在者也。古人有言：人之性恶。又曰人为孽种，自有生来，便含罪恶。其言岂尽妄哉！是故凡属生人，莫不有欲，莫不求遂其欲，其始能战胜万物，而为天之所择以此。其后用以相贼，而为天之所诛亦以此。何则？自营大行，群道将息，而人种灭矣。此人所与鸟兽昆虫异者又其一也。

□ 狩猎

随着社会组织的不断扩大，早期人类从简单的家庭劳作发展为家族之间的相互协作。人类的力量联合起来，一起觅食、狩猎、对抗野兽的袭击，通过维护社会组织的安危来确保自身的生存和发展。至于组织内部的生存之争，则交由组织首领来处理和化解。

复案：西人有言，十八期民智大进步，以知地为行星，而非居中恒静，与天为配之大物，如占所云云者。十九期民智大进步，以知人道为生类中天演之一境，而非竺[8]生特造，中天地为三才，如古所云云者。二说初立，皆为世人所大骇，竺旧者，至不惜杀人以杜其说。卒之证据厘然，弥攻弥固，乃知如如[9]之说，其不可撼如此也。达尔文《原人篇》，希克罗[10]《人天演》，赫胥黎《化中人位论》，三书皆明人先为猿之理。而现在诸种猿中，则亚洲之吉贲（bèn）、倭兰两种，非洲之戈栗拉、青明子[11]两种为尤近。何以明之？以官骸功用，去人之度少，而去诸兽与他猿之度多也。自兹厥后，生学分类，皆人猿为一宗，号布拉默特[12]。布拉默特者，秦言第一类也。

【注释】［1］昉：指曙光初现。由昉：指发端，起始。

［2］嫥嫥：指专一。

［3］山都：豚尾狒狒，是狒狒类中体型最大的一种。木客：传说中的深山精怪，实则可能为久居深山的野人，因与世隔绝，故古人多有此附会。山都木客，大意指野人。

［4］毛民：据《山海经·海外东经》记载，为我国古代传说中的毛民国，其国人体上

长有长毛，大意指原始人。猺：是我国古代封建王朝对瑶族的蔑称。獠：我国古代封建王朝对西南少数民族、古越族一支僚族的蔑称。猺獠，大意为未开化的蛮族。

[5] 自营：指为自己打算，营私。

[6] 无始：指太古。

[7] 斯人：指百姓。种子：引申为事物的根本或根源。

[8] 竺：通"笃"。

[9] 如如：佛教语，指永恒存在的真如。

[10] 希克罗：今通译为艾伦斯特·赫克尔（Ernst Haeckel，1834—1919年），德国动物学家、进化论者、达尔文主义的支持者。

[11] 青明子：黑猩猩，其英文chimpanzee的音译。

[12] 布拉默特：灵长类，其拉丁文primates的音译。该分类由瑞典博物学家、分类学鼻祖卡尔·冯·林奈（1707—1778年）于1758年创立。

人类社会的产生，刚开始也许是禀承上天的感应而自然产生的，甚至是上天的一种刻意的安排，而不是出于人为组织。

社会组织最早发源于家庭，最初不过是夫妻、父子的组合，组合的时间长了便日益稳固，随着人口的增多和家族的扩大，他们间相互协助，使生殖、生产、养育、保护、抉择等社会功能更加完善。而家族内的宗法制度也是由于家族的兴起和扩大而引发的。家庭、家族为自身的利益，建立起最初的社会组织，它将联合家族的一切力量，与他们之外的那些物类开展竞争，不管敌对的势力是人还是其他自然物，社会都会组织其成员毫无畏惧地去开展斗争，以维护自身的生存与发展。只有注意有效消除群体内部的矛盾和斗争，方可使自己成为竞争中的强者，从而战胜外部那些形形色色的对手。这就是人类跟那些飞禽、走兽、爬虫以及水生物等各动物群体的相似之处。

那么，在人类与动物之间，到底有无区别呢？答案是有。鸟兽昆虫结群生活，是由于天生受到形体方面的限制，其脚爪、翅膀、牙齿、头角等使它们仅拥有固定的能力，所以它们天生只有一种职能，像蜜蜂的分工便是如此。雌蜂和雄蜂一经出世，确定形态，其各种器官功能便与身形融为一体，并依其本能，终身专施一职。这些动物只是凭其本能毕生效力于群体罢了，哪里还会知道别的事呢？如果说它们也有知识，其知识也仅此而已；如果说它们有嗜好和欲望，其嗜好和欲望也仅此而

□《我们从何处来？我们是谁？我们向何处去？》　法国　保罗·高更

生命的奥秘让人类永无止境地追寻。进化论思想主张，人类的祖先为兽类，在经历了从“山都”到“木客”，从“毛民”到“猺獠”再到类人猿的过程，最后进化成人。在这个漫长的历程中，生存斗争一刻也没有停止过。而人类因为精通独善其身之道，最终成为自然界万千物种中的胜出者。

已。为什么呢？因为它们的形体和功能早已固定了。至于人类则不同。人类天生的形体虽有高大矮小和强壮瘦弱的差别，其天性也有愚蠢和聪慧、灵巧和笨拙的区别，可上天从来没有用固定不变的模式来束缚他们，限制他们在一生中只做一类工作而不能企望别的职业道路。比如说此人只能做官，决不可当农民；而彼人终身都是小人，而决不会成为君子。人这一特征，正是与禽鸟兽虫之类不同的一个重要方面。

人类的本性大致相同，即喜欢享乐，厌恶受苦；总是首先替自己打算，然后再替别人着想，那种“先天之忧而忧，后天下之乐而乐”的人在世上或许会有，但这并非人的本性。

人类的起源十分深远，其祖先最初也属兽类，在不知经历了多少年代之后，他们变成了狒狒般的“山都”或巢居树上的“木客”；又不知经历了多少岁月，进化成了浑身是毛的“毛民”和猩猩状的“猺獠”。从“毛民”“猺獠”到类人猿，又经历了不知多少年的岁月，人类才逐渐有了今天的模样。由猿进化成人的这一自然过程，我们也用不着加以隐瞒和忌讳。在由兽发展成人的过程中，生存竞争和自然选择的作用没有一刻停止过。在同其他物种的生存竞争中，人类征服了其他物种而使自身发达旺盛，其主要因素在于人类拥有最适宜生存的特质。这最适宜生存的特质是什么呢？是人类懂得独善其身和为自己打算。为自己打算就叫作自私，但自私这一特质却并无产生的缘由。原始人自最初起便从兽性的本源上承袭了这个自私，直到逐渐进化成人，自私仍根深蒂固地埋藏在人类的骨子里。因此，古人曾说：人性原本是凶恶的；又说：人是罪恶的根源，人生来即有罪过。古人的话并不都是空穴来风啊！

因此，凡是有生命的人类，没有不存在私欲的，也没有不想方设法去满足私欲的。当然，他们在征服各种物类的竞争中被自然所选择最终留了下来，也正是源于他们求生的欲望。若以后他们又为私心而相互残杀，也会被自然所诛灭。这是为什么呢？因为如果人的私欲极度扩张，社会组织中人群和谐相处的规则就会被破坏，而其人种本身就可能面临消亡了。这就是人和鸟兽、昆虫等动物的又一个不同的方面。

〖**严复按语**〗

欧洲人曾说：18世纪人类的智慧有了巨大的进步，开始明白他们所处的地球只是一颗行星，而不是位处宇宙中心、永远静止并与天相齐的最大物体，认识到那些只是古人的臆想。到了19世纪，人们对世界的认识有了更大的飞跃，开始明白连人自己本身也是进化的产物和进化中的一个阶段，而决不是什么上帝的造化，也不是如古人所言的那样为上天特地铸就，是居于天地中间“三才”（指天、地、人）之一的优秀物种。在太阳中心学说和进化论这两种学说最初产生时，世人都为此大为惊讶，一些守旧派甚至不惜以杀人来扼杀这两种学说的流行。后来由于越来越多能证明这两种学说的证据涌现，这些无端的攻击反而使这两种学说的基础更加牢固，人们才知道，真理是无法动摇的。

达尔文的《人类的由来及性选择》、赫克尔的《人类的进化》以及赫胥黎的《人类在自然界的位置》这三部书，都向我们说明人类的祖先是猿的道理。而现在世界各地的猿类中，亚洲的长臂猿和猩猩以及非洲的大猩猩和黑猩猩，跟人类尤其相近。凭什么来证明这一点呢？这些猿类和猩猩的各种器官、身体的各项功能与人的差别较小，而与其他猿类和走兽的差别较大。在此以后，在生物学和动物类别区分里，生物学家们有意将人与猿合成一系，并取名为“布拉默特”（即灵长目）。而“布拉默特”译为汉语是“最高级动物”的意思。

制私第十三

人类与其他物种不同之处，就在于能够在很大范围内“自行其是”，但过度的自由会导致私欲泛滥，从而导致损害他人正当利益的行为。任此发展下去，必将是“群道息而人种灭”。因此，要使社会稳定发展，必须制定相应的礼制、道德规范和刑律国法，同时，由于人有荣辱之心，故还应注重人的“天良”本性，使之与礼、法一起制抑私欲，这样方能使社会成员合力相助，消除互争。

【原文】自营甚者必侈于自由，自由侈则侵，侵则争，争则群涣，群涣则人道所恃以为存者去。故曰自营大行，群道息而人种灭也。然而天地之性，物之最能为群者，又莫人若。如是则其所受于天，必有以制此自营者，夫而后有群之效也。（案：人道始群之际，其理至为要妙。群学家言之最晰者，有斯宾塞氏之《群谊篇》，拍捷特[1]《格致治平相关论》[2]二书，皆余所已译者。）夫物莫不爱其苗裔，否则其种早绝而无遗，自然之理也。独爱子之情，人为独挚，其种最贵，故其生有待于父母之保持，方诸物为最久。久，故其用爱也尤深。继乃推类扩充，缘所爱而及所不爱。是故慈幼者仁之本也。而慈幼之事，又若从自营之私而起。由私生慈，由慈生仁，由仁胜私，此道之所以不测也。又有异者，惟人道善以己效物，凡仪形肖貌之事，独人为能。（案：昆虫禽兽亦能肖物，如南洋木叶虫之类，所在多有，又传载寡女丝一事，则尤异者，然此不足以破此公例也。）故禽兽不能画，不能像，而人则于他人之事，他人之情，皆不能漠然相值，无概于中。即至隐微意念之间，皆感而遂通，绝不闻矫然[3]离群，使人自人而我自我。故里语曰：一人向隅，满堂为之不乐[4]；孩稚调笑，戾夫为之破颜。涉乐方碾，言哀已唏。动乎所不自知，发乎其不自已。

或谓古有人焉，举世誉之而不加劝，举世毁之而不加沮[5]，此诚极之若反，不可以常法论也。但设今者有高明深识之士，其意气若尘垢粃糠[6]一世也者，猝

□《绿垫圣母子》 意大利 安德列亚·索拉里

世间生灵，极少有不爱护后代的，因此各类物种才能得以生生不息。然而，在这芸芸众生中，唯有人类的舐犊之情最深。人类源于私心而对子女倍加爱护，却在进化过程中，将这种爱扩大到对所有幼子的爱，即由私心引发出仁爱之心。赫胥黎因此感喟：人类感情之复杂，实在令人费解。

于途中，遇一童子，显然傲侮轻贱之，谓彼其中毫不一动然者，则吾窃疑而未敢信也。李将军必取霸陵尉而杀之[7]，可谓过矣。然以飞将威名，二千石之重，尉何物，乃以等闲视之？其憾之者犹人情也。（案：原文如下：埃及之哈猛，必取摩德开而枭之高竿之上，亦已过矣。然彼以亚哈木鲁经略之重，何物犹大，乃漠然视之，门焉再出入，傲不为礼，其则恨之者尚人情耳[8]。今以与李广霸陵尉事相类，故易之如此。）不见夫怖畏清议者乎？刑章国宪，未必惧也，而斤斤然以乡里月旦为怀。美恶毁誉，至无定也，而礼俗既成之后，则通国不敢畔其范围。人宁受饥寒之苦，不忍舍生，而愧情中兴，则计短者至于自杀。凡此皆感通之机，人所甚异于禽兽者也。感通之机神，斯群之道立矣。大抵人居群中，自有识知以来，他人所为，常衡以我之好恶；我所为作，亦考之他人之毁誉。凡人与己之一言一行，皆与好恶毁誉相附而不可离。及其久也，乃不能作一念焉，而无好恶毁誉之别。由是而有是非，亦由是而有羞恶。人心常德，皆本之能相感通而后有。于是是心之中，常有物焉以为之宰，字曰天良。天良者，保群之主，所以制自营之私，不使过用以败群者也。

复案：赫胥黎保群之论，可谓辨矣。然其谓群道由人心善相感而立，则有倒果为因之病，又不可不知也。盖人之由散入群，原为安利[9]，其始正与禽兽下生等耳，初非由感通而立也。夫既以群为安利，则天演之事，将使能群者存，不群者灭；善群者存，不善群者灭。善群者何？善相感通者是。然则善相感通之德，乃天择以后之事，非其始之即如是也。其始岂无不善相感通者？经物竞之烈，亡矣，不可见矣。赫胥黎执其末以齐其本，此其言群理，所以不若斯宾塞氏之密也。且以感通为人道之本，其说发于计学家亚丹斯密，亦非赫胥黎氏所独标之新理也。

又案：班孟坚曰："不能爱则不能群，不能群则不胜物，不胜物则养不足。群而不足，争心将作。"吾窃谓此语，必古先哲人所已发，孟坚之识，尚未足以与此也。

【注释】［1］拍捷特：今通译为沃尔特·白芝浩（英文Walter Bagehot，1826—1877年），英国经济学家、政治社会学家、公法学家，社会达尔文主义的代表人物之一。

［2］《格致治平相关论》：《物理与政治》（英文*Physics and Politics*）。

［3］矫然：指矫情饰行的样子。

［4］"一人"二句：语出西汉刘向《说苑·贵德》。《说苑》又名《新苑》。

［5］"或谓"三句：语出《庄子·内篇·逍遥游》。

［6］尘垢粃糠：比喻卑微无用之物。尘垢：灰尘和污垢。粃糠：谷粃和米糠。

［7］"李将军"一句：霸陵醉尉之典故，典出《史记·李将军列传》。西汉飞将军李广失官时，曾打猎到霸陵驿亭，却遭到了醉酒的霸陵尉的欺辱。其形容失官之后受人侵辱。

［8］此事见《圣经·旧约·以斯帖记》。

［9］安利：指安全与利益。

【译文】社会中那些追求个体自由的人，容易造成自由的过度，如果自由过度，就会侵犯到别人的利益；别人的利益遭受侵害，就会引起社会争端；社会争端频起，社会就会由此涣散，而最终便会使社会失去赖以治世的秩序和规则。如果私欲横行，人们各行其是，社会组织成员间相互协作、和平共处的原则便会丧失，而人类社会便会濒临灭亡。但自然界所赋予人的独有特性，是生物中最善于组成社会的能力，在这一点上没有任何物类可与人类比拟。照此推论，人类从大自然进化中所禀承的本性，完全可以制止这种由物欲引起的自行其是，并以此完善各项社会功能。（按：人类在开始组建社会的时候，治理社会的不少道理非常精妙，就社会学家而言，论述此道最为清晰明白的有斯宾塞的《群谊篇》、巴佐特的《物理与政治》两部书，这两部书都是本人已经译就的。）作为生物，没有不爱护自己后代的，否则它们的种

□《一群孩子》
荷兰　弗朗斯·哈尔斯

人不同于物，不可以对周遭熟视无睹。因为拥有思想和感情，所以人很难做到超凡脱俗。不管男女老幼，每当感到快乐时，往往会情不自禁地笑起来；当感到悲伤时，往往会难以自已地哭泣。也就是说，人受情感支配，不经意间总会真情流露，这也是人与其他动物相比更高级之处。

属早就灭绝了，不会遗留至现在，这是很自然的道理。但唯有人类爱护子女的感情尤为真切。在各生物中，人类最为高贵，因此人在出生后接受父母哺育爱护的时间，比其他生物的要长，而由于接受养育的时间长，所以人类父母倾注于儿女的慈爱更多、更深。在进化过程中，人们的爱子之情又开始逐步扩大，从爱护自己的幼子扩大到爱护那些素不相识的他人的幼子。由此可见，人具有仁慈的本性。事实上呵护幼童这类事，正是源于自私，由这种对自己子女的私情，从而产生慈爱，慈爱又造就了人性的仁厚，而仁厚又往往战胜一己之私施爱于所有幼童。人类这种复杂的情感，我们难以揣度。

还有一种奇特的现象，即人类最擅长于由自身去模仿记录别的事物，尤其是模仿外在形貌，唯有人最为能干。（经考察，昆虫、禽鸟、走兽也有能模仿其他物类的，例如南洋森林中的枯叶蝶之类，在其生存的领域多有这般情况；又如《说林》中传古有丝弦弹哀怒之声，是因一寡女望茧而成该丝。这些景况尤为奇特，但都不能破坏上述公认的定义。）禽兽不能绘画，也不能模拟。然而人对周边的事和他人的感情，却不能视而不见，漠然处之。即使对于那些情感中最隐秘、最精深的意念，人都能互感互通。我们从未听说过有人能够超凡出世，远离社会，与人群彻底隔绝。俗话说：“当一个人独自面对墙角愁眉苦脸，全屋的人也会因他的不快乐而感到不开心；看见天真的孩子嬉戏打闹，最暴戾的莽汉也会展颜一笑。”人在感到快乐时会情不自禁地手舞足蹈，说到悲惨之事便会哀伤哭泣。像这样一些情感，常在人不自觉时得以表露，而一旦真诚表露，便难以随意抑制。

也许古代曾有人，当全社会的人都鼓励、赞扬他，也不会因此越发努力；全社会的人都批评、打击他时，也并不难过和失望。这种情况，就是物极必反了，是不能以常理衡量的，但假设现在有一位见识超群、智慧通达的名士，其意气高昂，蔑视他人有如尘土、污垢及粃糠一般，如果有一日他在路上偶遇一小孩，这小孩朝他作傲慢、侮辱和鄙视状，但此时他的内心却毫无所动，这种情形就很难让人置信了。西汉的将军李广，曾发誓抓捕羞辱他的霸陵尉，并亲自处死他，“飞将军”名声显赫、位高权重，对尉官这样的小人物，难道就不能一笑置之？但李广对霸陵尉的刻骨之恨，也是人之常情。（按：其原文本是“埃及的哈猛一定要捉拿摩德开，并要斩下他的首级高悬示众，这也有些过分。哈猛身居亚哈木鲁的边镇将军之位，这个犹太人算什么人物，竟敢冷漠待他，在他进出城门时，还傲慢以对，不以致礼。他此时的这种仇恨情绪，正是人之常情。现因此事与李广、霸陵尉的例子相似，故在此作一改动”。）

你见过那些害怕舆论评价、在乎名誉的人吗？那种人对于国法刑律倒未必感到害怕，反而对其家乡父老的评价十分在意，美誉、赞扬、贬责、诋毁是极不稳定的评判，而世俗礼制一经形成，全体国民便不敢违背和超越它的规范。人们往往宁愿忍受世间饥寒痛苦的折磨而不愿舍弃自己的生命，而一些短见的人却会因为惭愧无颜而自杀。这说明人在一定程度上由感情所主宰，这也是人类和禽兽根本的不同之处。这种由感应而通万事的人性关键，如果运用得当，在社会内部之间和谐相处的准则便能够确立了。

大概生活在社会中的人，自从有了一定的阅历和见识后，就喜欢用自己的好恶来评价别人做的事情；而自己做的事，也会在意别人的评价。凡是自己或别人的言行，均与好恶、毁誉紧密联系而不可分开，时间久了，即使是一念之间的小事，都有好恶、毁誉之别，因此，人们懂得了是非，也懂得了羞耻和憎恶。人的意识中经常保持着社会的道德观念，这是源于人们能够感情相通从而成就万事。因此，在人的心中常有种正义的东西在主宰他的言行，那就是“天良”。“天良”是保护社会机体的主导力量，用它来抑制私欲，可使私欲不至于泛滥过度而破坏社会组织。

□《自画像》　荷兰　梵高

正因为受感情主宰，所以即便是对生活充满激情的人，也可能在一念之间坠入深渊。一如对生活饱含激情的梵高，却选择在麦田里饮弹自尽。虽然后世称他的自杀原因是个谜，但在他的自传《亲爱的提奥》里，我们似乎能够找到答案——“如果生活中不再有某种无限的、深刻的、真实的东西，我将不再眷恋人间。”

〖严复按语〗

赫胥黎关于捍卫社会的言论，可以说得上是见解较为分明的了。然而在他提出的观点中，社会成员之间能够和谐是由人的原始善心相互感应所促成，这种看法有因果倒置的缺陷，不能不加以探讨。

当人从各自分散的状态转而进入社会群体，原是为了更加有效地保证社会成员各自的安全与利益。原因与禽兽等低等动物结群的道理一样，建立起社会并非是由于什么情感相通。人们既然结成社会并以此保证安全和利益，而进化的一个根本原则便是：善于合群者生存，不能合群者消亡。但善于合群者指的是什么呢？指的是人处在社会中能够情感相通并互相感应的主观沟通能力。互相感应是自然选择到了一定阶段以后的事，并不是在人类进化的开始便这样。人在最初阶段也有一部分不善于共享感情的人，这部分人经过严酷的生存竞争，已经消亡并再也不复存在了。赫胥黎仅抓住现象的表面而欲以其与根本相提并论，所以他在阐述社会原理时，其理论不如斯宾塞的严密。况且主张感应相通为立世之道，这也并非赫胥黎所发明的新理论，这一学说本是由经济学家亚当·斯密那里发端的。

此外，东汉史学家班孟坚曾说："人不能相爱便不能结成社会，人不结成社会就不能控制万物，不能有效控制万物，人类的生存物质就难以丰足。如果一个社会中基本的生存物质都不充足，争端就会开始了。"我个人认为他的这些话必定出自于古代哲学家之口，因为孟坚本人的水平和见识不足以写出这些话。

恕败第十四

人类要合力与社会之外的自然力抗争，必须开展有效的政治教化以克私倡廉，促进良好的社会风气。而所谓“恕”道，正是这种良好风气的体现。但从另一方面说，如果克制私欲的强制力过了头，人类便会失去对外竞争的创造力和动力。因此损人利己与损己利人都是不恰当的，在法制与“恕”道的轨道上，注重经济规律，做到共赢，也许才是社会发展的正道所在。

【原文】群之所以不涣，由人心之有天良。天良生于善相感，其端孕于至微，而效终于极巨，此之谓治化。治化者，天演之事也。其用在厚人类之生，大其与物为竞之能，以自全于天行酷烈之际。故治化虽原出于天，而不得谓其不与天行相反也。自礼刑之用，皆以释憾而平争。故治化进而天行消，即治化进而自营减。顾自营减之至尽，则人与物为竞之权力，又未尝不因之俱衰，此又不可不知者也。故此而论之，合群者所以平群以内之物竞，即以敌群以外之天行。人始以自营能独伸于庶物，而自营独用，则其群以漓[1]。由合群而有治化，治化进而自营减，克己廉让之风兴。然自其群又不能与外物无争，故克己太深，自营尽泯者，其群又未尝不败也。无平不陂，无往不复，理诚如是，无所逃也。今天下之言道德者，皆曰：终身可行莫如恕，平天下莫如絜矩[2]矣。泰东者曰：己所不欲，勿施于人[3]。所求于朋友，先施之。泰西者曰：施人如己所欲受。又曰：设身处地，待人如己之期人。凡此之言，皆所谓金科玉律，贯彻上下者矣。自常人行之，有必不能悉如其量者。虽然，学问之事，贵审其真，而无容心[4]于其言之美恶。苟审其实，则恕道之与自存，固尚有其不尽比附也者。盖天下之为恶者，莫不务逃其诛。今有盗吾财者，使吾处盗之地，则莫若勿捕与勿罚。今有批吾颊者，使吾设批者之身，则左受批而右不再焉，已厚幸矣。持是道以与物为竞，则其所以自存者几何？故曰：不相附也。且其道可用之民与民，而不可用之国与国。何则？民尚有国法焉，为之持其平而与之直也。至于国，则持其平而与之直者谁乎？

复案：赫胥黎氏之为此言，意欲明保群自存之道，不宜尽去自营也。然而其义隘矣。且其所举泰东西建言，皆非群学太平最大公例也。太平公例曰："人得自由，而以他人之自由为界。用此则无前弊矣。斯宾塞《群谊》一篇，为释是例而作也。晚近欧洲富强之效，识者皆归功于计学，计学者首于亚丹斯密[5]氏者也。其中亦有最大公例焉，曰："大利所存，必其两益。损人利己非也，损己利人亦非；损下益上非也，损上益下亦非。"其书五卷数十篇，大抵反复明此义耳。故道、咸以来，蠲[6]保商之法，平进出之税，而商务大兴，国民俱富。嗟乎！今然后知道若大路然，斤斤于彼己盈绌之间者之真无当也。

【注释】[1]漓：指浅薄，浇薄。

[2]絜：度量。矩：画方形的用具，引申为法度。儒家以絜矩来象征道德上的规范。

[3]己所不欲，勿施于人：语自《论语·卫灵公》。

[4]容心：留心，在意。

[5]亚丹斯密：今通译为亚当·斯密（Adam Smith，1723—1790年），古典经济学的创立者，其代表作有《国富论》《道德情操论》。

[6]蠲：显示，昭明。

【译文】社会组织之所以不会涣散，是由于人们的内心中存有良心，良心则是从人的感情相通中产生的。它从最细微处孕育，但却能发挥卓越的功效，这也可以称作政治教化。而政治教化也是进化过程中发生的事，其作用在于使人民的生活充实富足，提高他们与万物相竞争的能力，使他们在严酷的自然力肆虐之时能够保全自己。可见政治教化其本源虽来自上天，但不能说它与自然力本身不相抗悖。就我们制定的礼制、刑律等而言，它的效用是消除各种仇怨，同时平息各种社会争端。当政治教化进展了，自然的威力便趋于减少甚至消失，也就是说人的素质提高了，自私的人就少了。不过倘若人们完全没有了自私之心，那么人类与万物进行竞争的威势和能力也可能与之一同消失，这又是不能不加以探讨的。

就此而论，社会稳定就是要平息和规范其成员的内部竞争，借此增强对社会外部自然的抗争力。人类起初由于为自己打算的能力而在万物中脱颖而出，但若自行其是过了头，人类社会的发展则可能因此而削弱。人类为能适应社会的发展而有意识地进行国家治理、道德教化，政教德育进步了，盲目的私欲便减少了，克制了私欲，廉洁、谦让的风气才能抬头。可是一个社会组织又不可能不与自然事物相竞争，如果克制私欲过了分，人之自行其是的天性被全部扼制，人类社会又不得不趋于败落。凡事没有始终顺畅而不遇险阻的，也没有始终向前而不遇反复的，其中道理就是这样，这是无可避免的。

□《良知觉醒》
英国　威廉·霍尔曼·亨特

良知就是政治教化，它是确保社会组织牢固的因素之一。赫胥黎指出，良知自进化过程中衍生而来，它提高了人们与万物竞争的能力。图为维多利亚时期首幅关于娼妓的画作。一名被富家子弟包养的情妇，在与情人弹琴作乐时，突然被窗外圣明庄严的阳光所震慑而良知觉醒。

今日天下凡谈论道德之人，都认为对人来说可以终身施行的莫过于宽恕，而治国平天下的法宝也莫过于法律与道德规范。中国有古言云："自己不想做的事，不能强施于他人，对朋友有所求，应先有所施予。"西欧的学者也曾说："给予别人的好处，应与自己所希望的好处一致"，又说"假设自己与对方处在同样的境地，并以自己也期望会受到的对待方式去对待他人"。这些名言都可称为是尽善尽美、不能更改的信条，应当在社会中从上到下贯彻执行。但普通人实行起来，定然不能完全做到。

虽然如此，但做学问的关键，在于明确它的真实性，而不能只注意治学者说话语气的好与坏。如认真审察其真实性，"宽恕"这种行为，与人们保全自身的方式，并不是相容的。凡天下作恶者，无不设法逃脱应当遭受的制裁。假设现在有一个盗贼抢走我的财物，若我是这盗贼，一定希望不受逮捕和处罚；如果现有一打我耳光的人，假使我处于打人者的角度，被反击时如果仅有左颊挨打，而右颊被放过，就会觉得十分幸运了。如果持"对方期望被如何对待，那就应按对方的期望形式"的宽恕态度去跟外界的事物作竞争，又能有多少人可以保全自己呢？所以说它们不能相容。

□《拿破仑在开罗赦免了叛军》
法国 皮埃尔·纳西斯·盖兰

赫胥黎主张人与人之间应该宽恕，但又不要完全清除人性中的自私。因为倘若凡事都秉持“宽容以待”，则在与对外的竞争中难以保全自己。他还进一步指出，特别是在国际事务中，更不能以宽容一以贯之，因为并无公允的裁判来主持公道。图为1798年，拿破仑在开罗赦免了投降的反叛者。然而对于那些顽固的起义军，则毫不留情地予以抓捕。

宽恕之道虽可以用于人与人之间，却不能应用于国际事务。这是为什么呢？因为各国尚有国法为人民主持公道。而国家之间发生的争议和纠纷，又由谁来给予公正评判呢？

〖严复按语〗

赫胥黎所说的这些话，意在阐明：保护社会组织以维护自我生存的途径，不应完全清除人性中的私心。只是这些话的意思过于狭隘而已。此外他所列举的东亚和西欧学者的所谓名言，都还算不上社会学上最具有普遍意义的最高法则。人们认可的太平盛世的公共定义是：“每一个人都应获得自由，但每个人的自由以不妨碍他人的自由为限。”这句话就没有前面那些定义的弊病了。斯宾塞的《群谊》一篇，即是为解释这一法则而写的。

最近一段时期欧洲各国所出现的经济繁茂的现象，理论家们都将其归功于经济学。而社会经济学是由亚当·斯密首先创立的，这门学科也有它的最高法则。他认为，要实现利益最大化，需做到双赢，损人利己和损己利人都是不对的，损下利上和损上利下也同样都是不对的。他的著作有五卷共几十篇，内容多是一再强调共赢的意义。自道光、咸丰时起，英国就免除了保护关税的法令，平均了商品进出口的税率，使商业贸易大为兴隆，国家人民都因之受益。唉，现在才明白，这种做法才是坦途，如果你只是斤斤计较于细小的盈亏，那才是真正的不应该呀！

最旨第十五

本章题目为《最旨》，源于《汉书·艺文志》中的“撮其旨意”。该章总结了前14篇的主要内容，指出所谓“人工选择”在人类中“断不可用”，否则只能使社会更加动乱。而人类社会的繁荣昌盛，其根本在于世界各地交往通达，而社会的动乱则源于人类间无休止的战争。人类要求得长期的安宁，必须提高人民生存成长时和谋生时自我变通的能力，这样才能与我们的世界相处融洽。这也正是进化论在人类社会中的真谛。

【原文】前十四篇，皆诠天演之义，得一一复按之。第一篇，明天道之常变，其用在物竞与天择。第二篇，标其大义，见其为万化之宗。第三篇，专就人道言之，以异、择、争三者，明治化之所以进。第四篇，取譬园夫之治园，明天行人治之必相反。第五篇，言二者虽反，而同出一原，特天行则恣物之争而存其宜，人治则致物之宜，以求得其所祈向者。第六篇，天行既泯，物竞斯平，然物具肖先而异之性，故人治可以范物，使日进善而不知，此治化所以大足恃也。第七篇，更以垦土建国之事，明人治之正术。第八篇，设其民日滋，而有神圣为之主治，其道固可以法园夫。第九篇，见其术之终穷，穷则天行复兴，人治中废。第十篇，论所以救庶之术，独有耘莠存苗，而以人耘人，其术必不可用。第十一篇，言群出于天演之自然，有能群之天倪，而物竞为炉锤。人之始群，不异昆虫禽兽也。第十二篇，言人与物之不同：一曰才无不同，一曰自营无艺[1]。二者皆争之器，而败群之凶德也，然其始则未尝不用是以自存。第十三篇，论能群之吉德，感通为始，天良为终；人有天良，群道乃固。第十四篇，明自营虽凶，亦在所用；而克己至尽，未或无伤。

今者统十四篇之所论而观之，知人择之术，可行诸草木禽兽之中，断不可用诸人群之内。姑无论智之不足恃也，就令足恃，亦将使恻隐仁爱之风衰，而其群

□《在热带森林作战的老虎和水牛》
法国 亨利·卢梭

自然界的生物都具有快速繁殖的倾向，而地球上的生存空间却极为有限，生物若要生存，就必须遵循"弱肉强食，适者生存"的自然规律。因此我们可以看到，自然界随时随地都在上演着野生动物相互残杀的场面。

以涣。且充其类而言，凡恤罢癃[2]、养残疾之政，皆与其治相舛而不行，直至医药治疗之学可废，而男女之合，亦将如会聚牸牝[3]之为，而隳夫妇之伦而后可。狭隘酷烈之法深，而慈惠哀怜之意少。数传之后，风俗遂成，斯群之善否不可知，而所恃以相维相保之天良，其有存者不可寡欤？故曰：以人择求强，而其效适以得弱。盖过庶之患，难图如此。虽然，今者天下非一家也，五洲之民非一种也。物竞之水深火烈，时平则隐于通商庀工[4]之中，世变则发于战伐纵衡之际。是中天择之效，所眷而存者云何？群道所因以进退者奚若？国家将安所恃而有立于物竞之余？虽其理诚奥博，非区区导言所能尽，意者[5]深察世变之士，可思而得其大致于言外矣夫！

复案：赫胥黎氏是书大指，以物竞为乱源，而人治终穷于过庶。此其持论，所以与斯宾塞氏大相径庭，而谓太平为无是物也。斯宾塞则谓事迟速不可知，而人道必成于郅治。其言曰（《生学天演》第十三篇《论人类究竟》）："今若据前事以推将来，则知一群治化将开，其民必庶。始也以猛兽毒虫为患，庶则此患先祛。然而种分壤据，民之相残，不啻毒虫猛兽也。至合种成国，则此患又减，而转患孳乳之寖多。群而不足，大争起矣。使当此之时，民之性情知能，一如其朔，则其死率，当与民数作正比例；其不为正比例者，必其食裕也；而食之所以裕者，又必其相为生养之事进而后能。于此见天演之所以陶镕[6]民生，与民生之自为体合（物自变其形，能以合所遇之境，天演家谓之体合）。体合者，进化之秘机也。虽然，此过庶之压力，可以裕食而减；而过庶之压力，又终以孳生而增。民之欲得者，常过其所已有。汲汲以求，若有阴驱潜率之者。亘古民欲，固未尝有见足之一时。故过庶压力，终无可免，即天演之用，终有所施。其间转徙垦屯，举不外一时挹注之事。循是以往，地球将实，实则过庶压力之量，与俱盈矣。故生齿日繁，过于其食者，所以使其民巧力才智，与自治之能，不容不进之因也。惟其不能不用，故不能不进，亦惟常用，故常进也。举凡水火工虞[7]之事，要皆民智之见端，必智进而后事进也。事既进者，非智进者莫能用也。格致之家，孜孜焉以尽物之性为事。农工商之民，据其理以善术，而物产之出也，以之益多。非民智日开，能为是乎！十顷之田，今之所获，倍于往岁，其农必通化殖之学，知水利，谙新机，而己与佣之巧力，皆臻至巧而后可。制造之工，朝出货而夕售者，其制造之器，其工匠之巧，皆不可以不若人明矣。通商之场日广，业是者，于物情必审，于计利必精，不然，败矣。商战烈，则子钱薄，故用机必最省费者，造舟必最合法者，御舟必最巧习者，而后倍称之息收焉。诸如此伦，苟求其原，皆一群过庶之压力致之耳。盖恶劳好逸，民之所同。使非争存，则耳目心思之力皆不用。不用则体合无由，而人之能事不进。是故天演之秘，可一言而尽也。天惟赋物以孳乳而贪生，则其种自以日上。万物莫不如是，人其一耳。进者存而传焉，不进者病而亡焉，此九地之下，古兽残骨之所以多也。一家一国之中，食指徒繁，而智力如故者，则其去无噍类[8]不远矣。夫固有与争存而夺之食者也，不见前之爱尔兰乎？生息之夥，均诸圈牢。然其究也，徒以供沟壑之一饱。饥馑疾疫，刀兵水旱，有不忍卒言者。凡此皆人事之不臧，非天运也。然以经数言之，则去者必其不善自存者也。其有孑遗而长育种嗣者，必其能力最大，抑遭遇最优，而为天之所择者也。故宇宙妨生之物至多，不仅过庶一端而已。人欲图存，必用其才力心思，以与是妨生者为斗。负者日退，而胜者日昌。胜者非他，智德力三者皆大是耳。三者大而后与境相副之能恢，而生理乃大备。且由此而观之，则过庶者非人道究竟大患也。吾是书前篇，于生理进则种贵，而孳乳用稀之理，已反覆辨证之矣。盖种贵则其取精也，所以为当躬之用者日奢，以为嗣育之用者日啬。一人之身，其情感论思，皆脑所主，群治进，民脑形愈大，襞[9]积愈繁，通感愈速。故其自存保种之能力，与脑形之大小有比例。而察物穷理，自治治人，与夫保种诒谋[10]之事，则与脑中襞积繁简为比例。然极治之世，人脑重大繁密固矣，而情感思虑，又至赜至变，至广至玄。其体既大，其用斯宏，故脑之消耗，又与其用情用思之多寡、深浅、远近、精粗为比例。三比例者合，故人当此时，其取物之精，所以资辅益填补此脑者最费。脑之事费，则生生之事廉矣，物固莫能两大也。今日欧民之脑，方之野蛮，已此十而彼七；即其中襞积复叠，亦野蛮少而浅，而欧民多且深。则继今以往，脑之为变如何，可前知也。此其消长盈虚之故，其以物竞天择之用而脑大者存乎？抑体合之为，必得脑之益繁且灵者，以与蕃变广玄之事理相副乎？此吾所不知也。知者用奢于此，则必啬于彼。而郅治之世，用脑之奢，又无疑也。吾前书证脑进者成丁迟（谓牝牡为合之时）。又证男女情欲当极炽时，则思力必逊。而当思力大耗，如初学人攻苦思索算学难题之类，则生育能事，往往抑沮不行。统此观之，则可知群治进极，宇内人满之秋，过庶不足为患。而斯人孳生迟速，与其国治化浅深，常有反比例也。”斯宾塞之言如此，自其说出，论化之士十八九宗之，计学家柏捷特著《格致治平相关论》，多取其说。夫种下者多子而子夭，种贵者少子而子寿，此天演公例。自草木虫鱼，以至人类，所随地可察者，斯宾氏之说，岂不然哉！

【注释】［1］无艺：指没有极限或限度。

［2］罢癃：指老弱病残，不能任事。

［3］牸：指雌性牲畜。牝：指雌性鸟兽。

［4］庀工：指召集工匠，开始动工。

［5］意者：表示测度，即大概、或许、恐怕。

［6］陶镕：亦作“陶熔”，指陶铸熔炼，比喻培育、造就。

［7］水火工虞：指水衡、铸造、工部、虞部四个官署。

［8］噍类：活着的人。

［9］襞：指衣服以及肠、胃等内部器官上的褶子。此处指大脑沟回。

［10］诒谋：诒燕。《诗经·大雅·文王有声》：“诒厥孙谋，以燕翼子。”郑玄笺：“传其所以顺天下之谋，以安敬事之子孙。”后遂以“诒燕”谓为子孙妥善谋划，使子孙安乐。

【译文】本书前面的十四篇，都是解说进化论的意义，现将每篇的要旨重复一遍。

前文第一篇阐明了自然界的恒常变化，其用意在于说明生物的生存竞争和自然选择。第二篇标明进化的要义，说明进化是万物生存发展的本源。第三篇专门说明人类治世之道，以进化的变异、竞争、选择这三点来说明政治教化对社会进化的作用。第四篇以园丁管理园林作为比喻，说明自然进程与人工管理之间定相违背的一些现象。第五篇叙说自然进程和人工管理的作用虽相互违背，但它们均由一个同一的本源所产生，只是在自然运程中大自然放任万物自由竞争，只保留其中最适宜生存者。而人工管理则使一部分生物更适应生存，并更符合人类的需要。第六篇讲在自然进程中，大自然的威力减弱时，生存竞争便获得了暂时的平息，然而生物具有类似祖先又不断变异的特性，故人工管理能够控制生物进化，使它们朝着优势方向发展变化。同时这也是社会进步须依靠政治教化的原因。第七篇中进一步用开拓殖民地建立殖民国家的事来阐明人为治理社会的正确方略。第八篇则假设某殖民地国家的人口不断增加，并出现一位圣明的君王治理该地，则这位君王可以效仿园丁管理花园的方式来治国。第九篇主要讲述，园丁管理法用于治国，其效用总有穷尽之时，大自然的威力便会重新占上风，人为治理便半途而废。第十篇论述了抑制人口过度增长的方法，并说明选种育苗的管理方式可用于农事，但对于人的培育和选择，这种方法则不可行。第十一篇论述人类社会，提出社会是从人的自然进化历程中顺承发展而来的，人类自有合群的天性，而生存竞争则是锤炼人类的熔炉。而结成社会的最初，人与昆虫、禽兽合群的目的相同。第十二篇道明了人类与其他生物的差别。人与其他生物在具备求生才能和竞争不择手段这两方面没有什么区别，因为这两种本能都是生存竞争的主要武器。但这两种武器对于维护社会却有着破坏作用。虽然如此，但最初人正是用这两种本能来保存自身。第十三篇论述了“合群”这种美德，它以人们之间的感情互通为开始，最终形成了人类的“良心”。人们有了良心，社会组织间的相处之道就更稳固了。第十四篇提出人的自行其是虽然凶狠，但

□ 博南帕克壁画上的战争场面（重建）

人类的协作一方面共同抵抗了外界的竞争，另一方面却诱发了内部的战争。人类的战争出现在农业文明出现之前，即在狩猎时代就有了，起因是为了争夺土地和资源。战争虽然给人类造成了极大的危害，但是它又如同自然界的生存斗争一样，是人类社会必不可少的一种发展机制，同样属于“优胜劣汰”的范畴。

□ 巴黎杜阿佛尔广场
法国　卡米耶·毕沙罗

赫胥黎对当前社会的人口增长问题表示忧虑。他认为，生存竞争是社会动乱的根源，而人为治理最终会因为人口过剩而难以应付。为此，他提出了国家要靠怎样的策略才能在激烈的生存竞争中立足于世的疑问。图为19世纪人群拥挤的巴黎杜阿佛尔广场。

对社会也有用处。若过度克制私欲或完全摒弃私欲，对促进社会发展未必没有坏处。

现在概括来看这十四篇论述的内容，我们应了解到，人工选择的方法仅可用在草木和禽兽的种群繁育中，绝不能用于人类社会之内。况且人的智识并不可靠，即使可靠，在社会中对人类使用人工选择法，也可能使怜悯同情、仁厚慈爱的风气衰减，从而使社会涣散。更进一步讲，凡是救济腰弯背驼，保养残疾人的政策，都同这样的治世之道相违而无法实行。如果真照此下去，甚至救死扶伤的医学都可以废除，男女间的婚配也会像动物交配一般，群聚雌性来繁殖后代，以至于毁灭夫妇伦常。缜密、严酷、残暴的法规刑律日益盛行，而慈爱、仁惠、怜惜、同情等美好的道德和情感却越发淡薄。这样的酷政实行几代后，便成了社会风气，对社会发展的好坏尚不得而知，但人类借以联系和维持相互关系的天生良心，不就会越来越少了吗？所以说，人工选择的目的原是为了取得优良品种，可是它获得的效果却相反。所以，人口过剩的忧患，竟然如此难以解决！

虽是这样，如今的世界并不统一，五大洲所生活着的人民也不是单一种族，人类生存竞争的情况异常激烈，社会安宁祥和时，竞争潜隐在工商各业中，而在社会动荡频发时，又往往呈现在倾轧战乱里。在上天的选择中，人类能够受到眷顾而得以留存，这是为什么呢？人类社会进行与退化的关键又是什么呢？一个国家要靠怎样的策略才能在激烈的生存竞争中立足于世呢？关于这方面的理论确属深奥，不是这字数有限的导言所能道尽的，可我想那些深入观察研究世态变化的贤人，经过思考与探索，一定能够在这方面有超出本文所提及的收获。

〖**严复按语**〗

赫胥黎这本书的主要内容，是把生存竞争看作社会动乱的根源，而人为治理无论如何，终会因人口的不断增多而难以应付。这是他与斯宾塞的言论所大不相同的地方，而且他认为永恒的太平盛世是不存在的。

斯宾塞却认为事物发展的快慢不可能推算，不过人类的发展一定会达到政治上最完美的境界。他在《生物进化论》第十三篇《论人类究竟》中说："假如我们根据以前的事去推测将来，就明白一旦一个社会的政治教化推广开来，人口增长一定很快。人类社会初期由于猛兽、毒虫等祸患，人口的繁衍增加受到限制，但当人口增加到一定程度，猛兽、毒虫便不算什么祸害了。而由于此时不同的人种各占一地，故人与人之间的相互残杀，并不比猛兽、毒虫的祸害轻。直到各人种聚合成统一国家，这种人与人相残的祸患才得以减轻。当社会安稳后，人们转而担心人口过多繁殖，从而引起社会供应不足。一旦社会供应产生不足，大规模的战争又可能发生。

"假设这时的人民其性情、智慧和能力等跟当初完全一样，他们的人口死亡率应当与其人口的实际数量成正比，如果不成正比，那必定说明他们的社会供应充足。社会供应充足，说明他们围绕生殖、保育各方面的事业有了长足的发展进步。从这一点可以看出，进化的历程是教育和锻炼人民如何在生存竞争中谋生、变通并最终做到'体合'的重要过程（生物自行变换其形体外貌，以适应所处的生存环境，进化学家称之为'体合'）。'体合'是生物演进的关键。虽然如上所言，可以增加生活资料来减轻人口过多的压力，但这压力终因快速的人口增长而不断加重。人们想要获得的东西，常常超过他们所占有的，他们总是不断追求物质，仿佛暗中有什么力量在驱使和带领他们去为更好的生活而奋斗。自古以来，人的欲望不曾有过感到满足的时候，可见人口压力最终不可避免，而进化中的人为力量终于能有施行之处。其中诸如人口的流转迁徙、屯田开垦等措施，只不过是权宜之计。如果照此发展下去，地球将会被人口填满，人口压力也会同时充溢世界。

"人口一天多于一天，所消耗的粮食总是超过国家所能提供的，这就是促进人民生产技艺、身体素质、聪明才智、社会管理等各方面能力不得不进化的原因。一旦动员了每个人的才能，社会便必然将不断前进，这不过是用进废退罢了。凡是现在所有的水利、铸造、工程和林业一类事，全属人类智慧的展现，这肯定是由于人类智慧的不断增进而使改造社会能力增强。事物朝着先进的方向发展，如果不是智慧进步的人，就无法掌控这些事务了。物理学家们整日穷究各种物质的性能以为人类所用，农民、工匠和商人们根据他们所从事的工作的原理努力精通其技术，只有这样，生产出的产品才能日益增多。若不是人民智慧日渐提升，能做出这样的成效吗？1000亩田的农作物产量，现在已比过去增加了一倍，那务农者必然要懂得一定的化学和生物学的知识，了解水、肥的利用，熟悉新的农机设备；而无论是

□ **赫伯特·斯宾塞**

斯宾塞认为，人类社会是在竞争中不断发展前进的。在人类社会初期，由于受到来自自然界万物的侵害，人口的增长被限制。随着社会政治教化的推广，自然力的淫威逐渐减弱，人口也随之增长。这时候便催生了人类的战争——因人口过多而引起社会供应不足。

自己或者佣工，其知识和技能都需达到相当的完美和巧妙才行。制造产品的工人，如果他早上生产的产品傍晚就卖完了，这说明他们的工艺、设备和制作技术，都一定超过别人，这是再明白不过的事了。商品流通的渠道和场所一天比一天宽广，干这行的人一定对商品的买卖十分精通，对利润的盘算也一定会很精确，否则他就可能要破产。现在商品竞争激烈，利润减少，因此生产产品的机器一定要是最能节省成本的，造出的船舶等一定是要最适用的，而船上的舵工和水手也应是最熟悉该船的操作技巧的，只有这样才能收获到加倍的利金。凡是这类生产力不断增强的事例，倘要寻其本源，都是由于社会人口的过剩而导致的动力。

“好逸恶劳是人类的共同本性，假使没有生存的竞争，人的听力、视力、智力等都不再需要了，也就没有了去做到‘体合’的动力，这样人类便无法进步。由此可见进化的奥秘仅用一句话便可以道明。既然自然界赋予生物的特性是繁衍后代又渴望生存，这种特性就会使物种在竞争中不断拼搏，各类生物皆无不如此，而人是其中之一。在生物进化中，能存活下来的就可以延续种族，不适应进化的便由衰退而走向灭亡。这就是为何在地下深处埋藏着许多灭绝动物残骸的原因。无论是一个家庭，还是一个国家，如果仅是人口陡然增多，但其智能等却仍如原状，那么，他们离灭绝便不远了。

“世界上本身就存在为谋取生存，一批人去夺取另一批人食料的现象。你们知道以前的爱尔兰吗？他们曾经人口兴旺，几乎与牛马的数量相等，但到了最后，由于各种灾荒、瘟疫、疾病、战乱等，死亡者多得填满了山沟、坑谷，叫人不忍细说。这些都是国家未能很好地筹划社会生产力所致，而不全是天运进程所造成的。按常规来说，首先被消灭的肯定是那些无能力、不善于自我保护的人。其中能存活下来并传宗接代者，必定是生存能力强大的，或者时运最好的，因而被自然界所选择留了下来。由此可知，在大千世界中，危害生存的事物实际上非常多，不仅仅是人口过剩这一方面。人类要谋求生存和发展，必定要充分运用他们的思维、才能和力量，不断地同这些危害生存的事物作斗争。斗争失败者将日益衰退，斗争胜利者则日渐昌盛。胜利的法宝不是别的，它要求人类的智慧、道德和能力这三方面都保持强大，这三方面都能力突出，人们与环境相抗争和适应的能力就增大了，而其生存与发展所需要的主要条件便具备了。如果从这一点来看，人口的迅速增多还不是人类生存最大的祸患。我在这部书的前一篇，就进化后生育数量减少这件事，进行了反复论证。精英物种注重优生优育，物资多用于自身发展，而对繁衍反而投入减少。

“一个人的感情、言论、思想均归大脑主管。社会文化进步，人脑就越大，大脑褶皱趋于复杂，对外界的感知也更加快捷，人类生存和保卫种族的力量及才能，跟脑的大小有一定的关系。而人类观察事物、研究物理、自我管理、治理社会以及保卫种族等特性，也大脑褶皱的复杂程度成正比。可是到了繁华盛世，人脑已发展到不同于其他生物的厚重、硕大、复杂、周密。此时人的感情与思维极其深刻多变，广阔而幽深，人脑体积巨大，作用也极为重要。因而脑力的消磨与耗损，又与人用于思维、感情的多少、深浅、远近和精粗构成一定比例。这三种比例结合在一起时，人们改造自然、获取生存物料的能力将大增，但如何开发和保养人的脑力，其方法也是最为费心的。如果整日忙于脑力劳动，生育繁殖之事就会相对减少。生物本身不能体力和脑力发展同时注重。现今欧洲人的大脑与野蛮人相比，野蛮人的大脑只占欧洲人的十分之七；连大脑中的褶皱，也是野蛮人的既少又浅，而欧洲人的则又多又深。于是从今以后，人脑的发展方向和变化方式，是可以预先测知的。至于大脑的衰退和增长、复杂与简单，是因为生存竞争及自然选择让大脑发达的人种保全下来呢，还是因适应环境的变化，需要更加发达的大脑才能认识事物幽深的道理呢？这是我们现在还不能明了的。我们只知道智力高的人在用脑方面投入过多，必然会在另一方面有所匮乏，然而在繁荣盛世，人们用脑的繁重，是毋庸置疑的。我在以前的书中曾证明脑力发达者其成年的时间（指初次阴阳交合）相对其他人要晚，又证明男女情爱在最炽烈时，其思考和判断力必然会减退。而当脑力竭尽，比如初学者拼命攻读数学难题之时，在生育方面的欲望和能力，便会因受抑制而相对降低。综合上述几方面来看，可知社会进化到极点，在国内遍布人口时候，人口过多的忧虑反而是不存在的。而一国人口增长的快慢，同他们国家政治教化的先进和进步，倒往往是成反比例的。”

自从斯宾塞的学说发布后，谈论进化学的学者中十有八九都崇尚他的观点。经济学家巴佐特所著的《物理与政治》中，有多处都采用了斯宾塞的观点。种属低下的人种，其子女多但易亡，而种属高贵的人种，其子女往往少而长寿。这是人类进化的一般规律，从草木虫鱼到人类，处处都可以观察到这种情况。斯宾塞的学说，难道不正是如此吗？

进微第十六

社会中的"人治天演"明显异于动植物界。但社会的"人治"并非是一件简单的事情，即使是当政者张榜求贤，百姓的教化仍是一件长期艰苦的工作，因为人的身心素质和道德水平的提高是极困难的事。为此，统治者的责任就在于能够"导进其群"，使人民逐步养成良好的社会习俗和道德风尚。而这仅凭严规和酷刑，是难以有成效的。

【原文】前论谓治化进则物竞不行固矣，然此特天行之物竞耳。天行物竞者，救死不给，民争食也，而人治之物竞犹自若也。人治物竞者，趋于荣利，求上人也。惟物竞长存，而后主治者可以操砥砺之权，以砻琢[1]天下。夫所谓主治者，或独具全权之君主；或数贤监国，如古之共和；或合通国民权，如今日之民主。其制虽异，其权实均，亦各有推行之利弊。（案：今泰西如英、德各邦，多三合用之，以兼收其益，此国主而外所以有爵民二议院也。）要之其群之治乱强弱，则视民品之隆污，主治者抑其次矣。然既曰主治，斯皆有导进其群之能。课其为术，乃不出道、齐举错[2]，与夫刑赏之间已耳。主治者悬一格以求人，曰：必如是，吾乃尊显爵禄之，使所享之权与利，优于常伦焉，则天下皆奋其才力心思，以求合于其格，此必然之数也。其始焉为竞，其究也成习。习之既成，则虽主治有不能与其群相胜者。后之衰者驯至[3]于亡，前之利者适成其弊。导民取舍之间，其机如此。是故天演之事，其端恒娠于至微，而为常智之所忽。及蒸为国俗，沦浃[4]性情之后，悟其为弊，乃谋反之。操一苇以障狂澜，酾杯水以救燎原，此亡国乱群，所以相随属也。不知一群既涣，人治已失其权，即使圣人当之，亦仅能集散扶衰，勉企最宜，以听天事之抉择。何则？天演之效，非一朝夕所能为也。

是故人治天演，其事与动植不同，事功之转移易，民之性情气质变化难。持今日之英伦，以与图德之朝[5]相较（自显理第七[6]，至女主额勒查白[7]，是为图德之代，起明成化二十一年至万历三十一年）。则贫富强弱，相殊远矣。而民之官骸性情，若无少异于其初。词人狭斯丕尔[8]之所写生（狭，万历间英国词曲家，其传作大为各国所传译，宝贵也）。方今之人，不仅声音笑貌同也，凡相攻相感不相得之情，又无以异。苟谓民品之进，必待治化既上，天行尽泯，而后有功，则自额勒查白以至维多利亚，此两女主三百余年之间，英国之兵争盖寡，无炽然用事之天行也。择种留良之术，虽不尽用，间有行者。刑罚非不中也，害群之民，或流之，或杀之，或锢之终身焉。又以游惰呰窳[9]者之种下也，振贫之令曰：凡无业仰给县官者，男女不同居。凡此之为，皆意欲绝不肖者传衍种裔，累此群也。然而其事卒未尝验者，则何居？盖如是之事，合通国而计之，所及者隘，一也；民之犯法失业，事常见诸中年以后，刑政未加乎其身，此凶民惰民者，已婚嫁而育子矣，又其一也。且其术之穷不止此，世之不幸罹文网[10]，与无操持而惰游者，其气质种类，不必皆不肖也。死囚贫乏，其受病[11]虽恒在夫性情，而大半则缘乎所处之地势。英谚有之曰，粪在田则为肥，在衣则为不洁。然则不洁者，乃肥而失其所者也。故豪家土苴[12]金帛，所以扬其惠声；而中产之家，则坐是以冻馁。猛毅致果之性，所以成大将之威名；仰机射利之奸，所以致驵商[13]之厚实。而用之一不当，则刀锯囹圄从其后矣。由此而观之，彼被刑无赖之人，不必由天德之不肖，而恒由人事之不详也审矣。今而后知绝其种嗣俾无遗育者之真无当也。今者即英伦一国而言之，挽近三百年治功所进，几于绝景而驰，至其民之气质性情，尚无可指之进步。而欧墨[14]物竞炎炎，天演为炉，天择为冶，所骎骎日进者，乃在政治、学术、工商、兵战之间。呜呼，可谓奇

□ **维多利亚时期**

人类的进化与自然界动植物的进化相比，相对更难。因为人所具有的自然界生物所没有的思想和性格，是很难转变的。虽然维多利亚时代和都铎王朝相比，社会政治和经济突飞猛进，但是人民的体形和性格却没有太大的差异。

□ 伦敦—伯明翰运输线 19世纪

在生存竞争这个大熔炉里，19世纪的欧美各国在政治、科研、工业、商业和军事方面都得到了飞速的发展。英国凭借其在工业生产方面的优势，各行各业都领先于世界各国，其交通运输更是日益成熟，修筑了大西线、伦敦—伯明翰线等四通八达的运输线。

观也已！

复案：天演之学，肇端于地学之僵石、古兽。故其计数，动逾亿年，区区数千年、数百年之间，固不足以见其用事也。曩拿破仑第一入埃及时，法人治生学者，多挟其数千年骨董归而验之，觉古今人物，无异可指，造化模范物形，极渐至微，斯可见矣。虽然，物形之变，要皆与外境为对待。使外境未尝变，则宇内诸形，至今如其朔焉可也。惟外境既迁，形处其中，受其逼拶[15]，乃不能不去故以即新。故变之疾徐，常视逼拶者之缓急。不可谓古之变率极渐，后之变率遂常如此而不能速也。即如以欧洲政教、学术、农工、商战数者而论，合前数千年之变，殆不如挽近之数百年。至最后数十年，其变弥厉。故其言曰：耶稣降生二千年时，世界如何，虽至武断人不敢率道也。顾其事有可逆知[16]者，世变无论如何，终当背苦而向乐。此如动植之变，必利其身事者而后存也。至于种胤[17]之事，其理至为奥博难穷，诚有如赫胥氏之说者。即如反种一事，生物累传之后，忽有极似远祖者，出于其间，此虽无数传无由以绝。如至今马种，尚有忽出遍体虎斑，肖其最初芝不拉[18]野种者（或谓此即《汉书》所云天马）。驴种亦然，此二物同原证也。芝不拉之为驴马，则京垓年代事矣。达尔文畜鸽，亦往往数十传后，忽出石鸽野种也。又每有一种受性偏胜，至牉合得宜，有以相剂，则生子胜于二亲，此生学之理，亦古人所谓“男女同姓，其生不蕃”，理也。惟牉合有宜不宜，而后瞽叟生舜，尧生丹朱，而汉高吕后之悍鸷，乃生孝惠之柔良，可得而微论也。此理所关至钜，非遍读西国生学家书，身考其事数十年，不足以与其秘耳。

【注释】［1］砻琢：指磨炼。

［2］道：引导，疏导。齐：整齐，约束。《论语·为政》："子曰：'道之以政，齐之以刑，民免而无耻；道之以德，齐之以礼，有耻且格。'"举错：即举措。

［3］驯至：即"驯致"，指逐渐达到，逐渐招致。

［4］沦浃：指深入，渗透。

［5］图德之朝：都铎王朝（英文Tudor dynasty，1485—1603年），是亨利七世于1485年入主英格兰、威尔士和爱尔兰后，开创的一个君主专制王朝。其统治英格兰王国直到1603年伊丽莎白一世去世为止，历经118年，共经历了五代君主。该王朝是英国从封建主义向资本主义过渡时期，被认为是英国君主专制历史上的黄金时期。

［6］显理第七：亨利七世（英文Henry Ⅶ，1457—1509年），都铎王朝的开国君主，英格兰国王。其在位期间奖励工商业发展，有贤王之称。

［7］额勒查白：伊丽莎白一世（英文Elizabeth Ⅰ，1533—1603年），都铎王朝的最后一位君主，英格兰与爱尔兰的女王，名义上的法国女王。其在位期间，英格兰成为欧洲最强大的国家之一，史称"黄金时代"。

［8］狭斯丕尔：威廉·莎士比亚（William Shakespeare，1564—1616年），欧洲文艺复兴时期英国最重要的作家之一，世界戏剧史上四大悲剧家之一，世界最著名戏剧大师。创作了大量脍炙人口的经典戏剧，如《哈姆雷特》《麦克白》《李尔王》等，在欧洲文学史上占有特殊的地位，被喻为"人类文学奥林匹斯山上的宙斯"。

［9］呰窳：指苟且懒惰，贫弱。

［10］文网：亦作"文罔"，指法网，法禁。

［11］受病：指受诟病，受指斥。

［12］土苴：指以之为土苴，比喻贱视。

［13］驵：原指马贩子，后泛指市侩。驵商：奸商。

［14］欧墨：指欧美。

［15］逼拶：亦作"逼桚""逼匝"，指逼迫。

［16］逆知：指预知，逆料。

［17］胤：指子孙，后裔，子嗣，后嗣。

［18］芝不拉：斑马（英文zebra）的音译。

【译文】前文论说：治化一旦有了进展，则生存竞争当然随即停止，但这仅指自然界里的生存竞争。自然界的生存竞争中，如果当政者没有食物来救人于水火之中，那么人民之间只好相互争夺食物以求生存，而社会治理上的生存竞争还依然存在着。社会意义上的生存竞争，都是因为追求个人的荣誉和私利，希望自己能高人一等。由于社会生存竞争长期存在，国家的当政者总是能控制和完善国家机器，并以其权力整治国家。

常言所说的国家管理者，有的是君主独自掌握全部权力；有的是靠几位贤才共同监督国务，例如古代的共和制；还有的是全国人民的联合执政，例如今天的民主政治。上述这些国家体制虽然不同，但其权力是均等的，在实行中也各有其利弊（现在的欧洲如英德各国，大多是三种形式联合运用，以取各种形式之长。即在国王以外，另设上议院、下议院等）。总之，一个社会是安定还是混乱、是强盛还是衰弱，就在于人民素质的高低，而治国者如何反而是次要问题。但既然是主持一国之大事，其领导者就应具有引导社会进步的能力。如考察他们的治国方略的好坏，也不过是看他们如何发布政令、如何教民从善，方法用舍是否得当，如何施行奖罚而已。

主管国事者张榜广求人才，说：“只有那些道德、能力符合标准的人，才得以重用，并得到显赫地位、高官厚禄。”假定这些人才享受的权利和利益确实超过了平常人，则国民定会受到激励而争相发挥自己的才能、智力和谋略，以达到国家对于人才的要求，这一点是可以肯定的。虽是以竞争为开始，最后却成了一种习惯。这样的习惯养成之后，就算是治国者，仍有与大众相较而言智慧不足的地方。因此衰败的国家将会灭亡，之前获利的法宝也可能成为后来治政的弊病。教导人民时如何选择，这也是治国的关键。

因此进化一类事，开端常常孕育在最细微之处，而往往被一般人所忽略。等到其上升为一国的风俗习惯，人民的思想感情深受其熏染之时，人们才明白其弊端而设法扭转，但此时已如同用一根芦苇来阻挡狂暴的波浪，用一杯凉水来扑灭烘烈的野火一样，显然难以达到目的。这也是国家败亡、社会动乱经久不息的根源。但殊不知社会中人心既已涣散，人为的治理也将失去它有效的控制力，就算请出圣人当政，也只能聚集流散的民众，扶持衰朽的朝政，再勉励和期望那些最优秀的人群，听凭上天的选择和安排。这是为什么呢？因为进化的功效，不是昼夜之间可以完成的。

所以人类社会的进化与动植物的进化不同，自然事物的转换相对容易，而人的性格和身心素质的变更相对更难。以今天的英国和都铎王朝时期的英国相比（从亨利第七始到伊丽莎白女王终，均为都铎王朝，由明朝成化二十一年开始至万历三十一年结束），可知两个时期社会的贫穷富裕和强盛衰弱相差很远。可单就人民的体形和性格来说，现在与当初相比没有大的差异。大戏剧家莎士比亚刻画的人民形象（莎士比亚为万历年间英国的大戏剧家，他传世的不少作品，为各国学者所传扬和演绎，被认为是十分宝贵的作品）同现代人比较，不仅音容笑貌相似，即使是人们之间的相互攻击、相互感应以及相互之间的不融洽，也没有什么区别。如果说人民道德水平的提高必须等到政治教化上升到一定标准，自然力的淫威完全消失时，方才显示出功效，那么，从伊丽莎白到维多利亚这两位女王300多年的统治期间，英国的战乱则是相对较少的，同时也不存在像野火一样凶暴肆虐的自然危害。至于选择人类良种留传下来的措施，虽没有一直采用，但也有间或采用部分的时候。刑律的严处并非一概不合适，那些危害社会者，有的流放，有的处决，有的监禁终身。又将社会上存在的诸如流浪、懒惰、苟且、贫弱的人群判为劣等，并在政府关于救济穷人的法令中规定："凡是无正当职业，依靠官署提供生活福利的，男女之间不得通婚。"所有这些做法的初衷，其意图都是禁绝游手好闲、道德败坏者传宗接代，以免社会遭害。但这种政令发布后，却始终未能见效，这又是为什么呢？原来，这种措施统观全国国情来讲，方知它能触及的社会面非常狭窄，这是原因之一；当一些人因违法犯罪而失掉职业时，已经是中年以后的年纪了，而在此之前，他们尚未受到刑律处罚，因此，这样凶恶、懒惰的顽民早已嫁娶生子，这是原因之二。

□ 老史密斯菲尔德市场

在赫胥黎看来，人类自身的进化速度赶不上社会经济的进化速度。近三百年来，虽然国家的经济面貌焕然一新，但国民的身心及性格尚未跟上它的步伐。图为16世纪英国伦敦老史密斯菲尔德市场。这里是个殉教之地，几个世纪以来，它一直是公开处决伦敦异教徒与异见人士的地方。

此外，颁布这一法令无效的原因还不仅限于此。社会上那些命运不佳而触犯刑律、无所作为的游手好闲者，他们的思想道德品质方面不一定完全不好。就拿那些被投入死牢者或穷困者来说，他们潦倒的原因虽常在于性情恶劣，也有一大半是由他们所处的环境所致。英国的谚语中有这么一句："大粪被浇进田里便成了养分，若洒在衣物上却成了污物。"我们所谓的污物，是因肥料未被用在其合适的地方。豪富人家视金银绸缎为粪土，以展示他们的富裕和慷慨，而中产阶级若欲向其仿效，就有破产饥寒之虞。培养勇猛刚毅、正直果敢的品性，可以成就大将的威望与名声；投机倒把的奸滑个性，反而可为商人谋取市场的最大利益。如果这些性情运用不当，则残酷刑罚和牢狱之灾等就会随之而来。从以上几点看来，那些遭受刑律处罚、放刁撒泼的歹徒，不一定是因为品性的先天不良，往往是因缺乏人为的引导，这是非常有可能的。我们也许在此之后方知灭绝他们的后裔、使他们不生儿女这样的措施并不恰当。

以英国为例，最近300年来，英国在政治教化方面的进展，如千里马飞速奔驰一般迅速，但该国人民的身心及性格，还没有突出的进步。如今欧美各国的生存竞争在各方面进行得如火如荼，社会进化就如同一座大火炉，而自然选择就如同冶炼的工夫。各国在政治、科研、工业、商业和军事方面每日疾进的景象，可以称得上是出奇而少见的事情了！

〖**严复按语**〗

进化论这门学科，是从研究地学史上的古生物化石发端的，所以其计算的单位，动辄超越亿年，短短几千年、几百年间，根本无法观察到进化的力量。

在拿破仑一世攻入埃及的时候，法国的生物学家们带回不少具有几千年历史的古人类遗骸以供查验，发现几千年间古今人体在外形上几乎没有什么差别。所以可见上天在以既定的模型创造万物时，进化的速度极度缓慢，且反映在极细小精微之处。

虽然如此，然而生物形体发生任何变化，都源于外部环境的变化，假如其外部环境不发生任何变化，那么世界上的各种生物形态到现在还可能与上古时期一样。只有当外部环境发生变化，物体生存在其中，受到新的环境因素的逼迫，才会不得不抛弃旧的形貌特征，而用新的形态去迎合环境。所以生物进化的快慢，常常要依环境变化的快慢而定。但不能说古代的变化频率极缓，后世的变化频率就一定仍旧如此缓慢且不能加快。现以欧洲的政治、教育、学术、农业、工业、商业和军事几方面为例，可以说以前几千年的所有变化，大概还不及最近几百年的发展速度，到最近几十年，发展和变化更加迅猛。因此人们说，在耶稣诞辰2000年时，世界将变成怎样呢？这就连那些最主观、最善臆断的人恐怕也不敢妄下断语。不过这类发展变化也可以预先测知其基本方向，即世界上的变化，不论怎样，总是逐步离开“痛苦”而朝着“幸福”前进。这就如同动植物的进化一样，一定会朝更加有利的方向发展，方可达到使它们继续生存下来的目的。

关于繁衍传种之事，其中的各种理论，如赫胥黎的学说，都极为深奥难究。就拿遗传返祖现象来说，在生物已连续繁衍了几代之后，忽然出现非常类似其老祖宗的个体，这种现象无论经历多少代也不会消灭。比如现在人工饲养的马中，有时突然会出现一匹布满虎豹斑纹，酷似原始野生斑马的个体（有人认为这就是《汉书》上所说的“天马”）。而驴也有这种返祖现象。这是相似的两个种属本属同一祖先的证明。斑马作为驴、马的祖先，是不知多少万年以前太古时代的事情了。达尔文在蓄养鸽子时，也常发现在鸽子已经繁殖了几十代后，突然出现一只酷似野生原鸽的个体。

有时生物的双亲各有长处，配种相互适宜，又有其他有力的外部条件，生育的下一代往往会具有超越其双亲的优点。这种生物学上的原理，恰好印证了古人所说的“同一血缘男女近亲婚配，其下一代往往会退化”。男女婚配也有许多适宜和不适宜的地方。比如瞽叟生下了贤能的大舜，而唐尧却生下了不才的丹朱；威猛强悍的汉高祖和吕太后生下的孝惠皇帝却温和善良。从这些事例就可以看出少许门道来了。但因为这方面的理论涉及的范围极大，内容极深，不读遍西欧生物学家的全部著作，并亲身考察此种事例几十年，是远不够资历来探讨此类事情之奥秘的。

善群第十七

在社会人群的生存竞争中，争而胜者的生活极尽优厚，而居于社会底层的则不能自保饥寒，甚至没有任何“选择举措之权”。社会的严重不公和竞争的混乱无序，责任明显在于当政者及其所推行的政策。赫胥黎以“世治之最不幸，不在贤者之下位而不能升，而在不贤者之上位而无由降”一语道破天机，说明社会的公正和谐，全在于社会应有公正合理的竞争机制。

【原文】今之竞于人群者，非争所谓富贵优厚也耶？战而胜者在上位，持粱啮肥[1]，驱坚策骄[2]，而役使夫其群之众；不胜者居下流，其尤病者，乃无以为生，而或陷于刑罔。试合英伦通国之民计之，其战而如是胜者，百人之内，几几得二人焉；其赤贫犯法者，亦不过百二焉。恐议者或以为少也，吾乃以谓百得五焉可乎？然则前所谓天行之虐，所见于此群之中，统而核之，不外二十得一而已。是二十而一者，溽然在泥涂之中，日有寒饥之色，周其一身者，率猥陋不蠲[3]，不足以遂生致养，嫁娶无节，蕃息之易，与圈牢均。故其儿女，虽以贫露[4]多不育者，然其生率常过于死率也。虽然，彼贫贱者，固自为一类也。此二十而一者，固不能于二十而十九者，有选择举错之权也。则群之不进，非其罪也。设今有牧焉，于其千羊之内，简其最下之五十羊，驱而置之硗埆[5]不毛之野，任其弱者自死，强者自存，夫而后驱此后亡者还入其群，以并畜同牧之，是之牧为何如牧乎？此非过事之喻也，不及事之喻也。何则？今吾群之中，是饥寒罹文罔者，尚未为最弱极愚之种，如所谓五十羊者也。且今之竞于富贵优厚者，当何如而后胜乎？以经道言之，必其精神强固者也，必勤足赴功者也，必智足以周事，忍足济事者也；又必其人之非甚不仁，而后有外物之感孚，而恒有徒党之己助，此其所以为胜之常理也。

然而世有如是之民，竞于其群之中，而又不必胜者则又何也？曰世治之最不幸，不在贤者之在下位而不能升，而在不贤者之在上位而无由降。门第、亲戚、援与、财贿、例故，与夫主治者之不明而自私，之数者皆其沮降之力也。譬诸重浊之物，傅[6]以气脬[7]木皮；又如不能游者，挟救生之环，此其所以为浮，而非其物之能溯洄[8]凫没[9]以自举而上也。使一日者，取所傅而去之，则本地亲下，必终归于其所。而物竞天择之用，将使一国之众，如一壶之水然，熨之以火，而其中无数莫破[10]质点，暖者自升，冷者旋降，回转周流，至于同温等热而后已。是故任天演之自然，而去其牵沮之力，则一群之众，其战胜而亨，而为斯群之大分者，固不必最宜，将皆各有所宜，以与其群相结。其为数也既多，其合力也自厚，其孳生也自蕃。夫以多数胜少数者，天之道也，而又何虑于前所指二十而一之莠民也哉！此善群进种之至术也。

□ 19世纪英国上流社会

毋庸置疑，人类社会的生存竞争发生了质的变化，从最初的争夺生产资料转变为今天的争夺权力与财富。竞争中的胜出者成为了社会的上层阶级，享受着荣华富贵，任意奴役比他们地位低下者。那么，他们是凭借什么赢得了竞争的胜利呢？赫胥黎指出，按照常理，他们一定是在智力、精神、性格、事业上都有所优势，且具备一定的仁慈之心。

今夫一国之治，自外言之，则有邦交；自内言之，则有民政。邦交民政之事，必操之聪明强固，勤智刚毅而仁之人，夫而后国强而民富者，常智所与知也。由吾之术，不肖自降，贤者自升，邦交民政之事，必得其宜者为之主，且与时偕行，流而不滞，将不止富强而已，抑将有进种之效焉。此固人事之足恃，而有功者矣。夫何必择种留良，如园夫之治草木哉！

复案：赫胥黎氏是篇，所谓去其所傅者，最为有国者所难能。能则其国无不强，其群无不进者。此质家[11]亲亲，必不能也；文家[12]尊尊，亦不能也；惟尚贤课名实者能之。尚贤则近墨，课名实则近于申商[13]。故其为术，在中国中古以来，罕有用者，而用者乃在今日之西国。英伦民气最伸，故其术最先用，用之亦最有功。如广立民报，而守直言不禁之盟（宋宁宗嘉定七年，英王约翰与其民所

□ 贫民窟

人类社会生存竞争中的失败者，最终沦落到社会底层，任人驱使，甚至因食不果腹而犯罪。他们成为了社会的边缘人，甚至丧失了选举、建议等政治权利，犹如羊群中最贫弱愚蠢的种群。赫胥黎认为，社会的进步与否和他们没什么关系，因为贤才才是决定一个国家文明程度的关键。

立约，名马格那吒达[14]，华言大典)。保、公二党[15]，递主国成，以互相稽察。凡此之为，皆惟恐所傅者不去故也。斯宾塞群学保种公例二，曰：凡物欲种传而盛者，必未成丁以前，所得利益，与其功能作反比例；既成丁之后，所得利益，与功能作正比例。反是者衰灭。其《群谊篇》立进种大例三：一曰民既成丁，功食相准；二曰民各有畔，不相侵欺；三曰两害相权，己轻群重。此其言乃集希腊、罗马与二百年来格致诸学之大成，而施诸邦国理平之际。有国者安危利菑则亦已耳，诚欲自存，赫、斯二氏之言，殆无以易也。赫所谓去其所傅，与斯所谓功食相准者，言有正负之殊，而其理则一而已矣。

【注释】［1］持梁啮肥：指食用精米、肥肉，形容享受美食佳肴。出自《史记·范雎蔡泽列传第十九》：“（蔡泽）谓其御者曰：‘吾持梁刺齿肥……’”唐代司马贞《史记索隐》：“持梁谓作粱米饭而持其器以食也。按：刺齿二字字误，当为‘啮’字也。啮肥谓食肥肉也。”

［2］驱坚策骄：指乘坚固的车子，驱良马，形容生活奢华。

［3］蠲：古同“涓”，指使之清洁。

［4］贫露：指贫弱。

［5］硗埆：指土地坚硬瘠薄。

［6］傅：通“附”，附着。

［7］脬：指鼓起而轻软之物。

［8］溯洄：指逆着河流的道路往上游走。出自《诗经·国风·秦风·蒹葭》“溯洄从之，道阻且长”。

［9］凫：通“浮”。凫没：能潜水的人。

［10］莫破：不可分割。

［11］质家：指崇尚实用的人士或学派。

［12］文家：指崇尚文礼的人士或学派。

［13］申商：战国时法家代表人物申不害与商鞅的并称。

［14］马格那吒达：《大宪章》（拉丁文*Magna Carta*的音译），是1215年（一说1213年）英王约翰被迫签署的宪法性的文件，其宗旨是保障英国封建贵族的政治独立与经济权益。其在历史上第一次限制了封建君主的权力，成为了日后英国君主立宪制的法律基石。

［15］保、公二党：指英国两大政党保守党和自由党。

【译文】当今在人类社会参与竞争的人群，大概都是在争夺那荣华富贵和高官厚禄吧？在社会竞争中的获胜者，往往居于社会上层，整日享受美食佳肴，穿着绫罗绸缎，出门时驾着骏马、豪车，任意驱使奴役那些下层的民众。而在竞争中失败的人却处于社会的下层，那些景况奇惨者，竟沦落到无法生存的境地，甚至一些人被迫铤而走险，作奸犯科、沦为囚徒。试将英国全体人口纳入计算，那些经过激烈的社会竞争有幸胜出的上层人士，在一百人中仅仅只有两人；那些一贫如洗及作奸犯科的人，加起来也不过只有百分之二左右，但恐怕有些人嫌此比例过小，那么我暂且将其放宽到百分之五的比例如何？也就是说，我们先前所说遭遇上天的凌虐，居于社会最底层的人数，统计核对一下，也不会超出这百分之五的比例。

这百分之五的最下层民众，生活在水深火热之中，每天皆处于饥寒交迫的境地。围绕他们的环境，大都污秽粗劣，无法满足他们最基本的生存需要。这些人在婚配嫁娶上毫无节制，在繁殖、生育上的简陋条件，与牛羊相差无几。他们的儿女虽因家庭的贫困而先天不足，多数不能成人，但他们总的出生率仍常常超过死亡的比率。虽然如此，但这些社会最低层的穷困者，是自成一类的社会边缘人，这百分之五的人不可能像另百分之九十五的人那样具有选举、建议等政治权利，故社会如果不能进步，则绝不是他们的罪过。假定有个牧羊人，从他放牧的一千只羊中，选择其中最瘦弱的五十只，把它们赶放到土地贫瘠、五谷不生的荒野，任凭那衰弱者随自然而死亡，强健者随自然而生存，而后又将幸存的羊并入原羊群中一道放牧。这个牧羊人是什么样的呢？这并不是做事过头的一个譬喻，而是做事方法还不够的例子。为什么呢？这是因为在我们现今的社会中，像这类受冻挨饿、犯科收监的人，

□ 国王约翰签署《大宪章》

在欧洲各国中，英国的民主风气最盛，是最先采用明智的治国方略的国家。英国政府实行保守党和自由党轮流执政，有效地防止了传统的阻碍势力发挥作用。图为英王约翰被迫和他统治下的人民签署《大宪章》，这是历史上第一次通过法律限制了封建君主的权力，确立了“王权有限”的原则。

还没有沦落到如前文所说的那五十只羊一样，成为最贫弱愚蠢的种群。

再说那些追求荣华富贵、高官厚禄的人，他们用怎样的方法才能在社会竞争中获胜呢？按常理来说，肯定是在精神上坚强自信、在事业上勤耕不息、智力上通晓人情世故、性格上宽忍的人。另外这种人往往还具备一定的仁慈之心，拥有一定的物质条件，同时又能获得同仁的辅助，这些就是他们借以成功的道理。

然而世上虽有这类贤才，但这类人真正在社会内竞逐时，又并非一定会成功，这又是为什么呢？因为治国最不幸的事，不仅在于贤才处于下位而不遇提拔，而更在于德才平庸者处于高位而无法将其降职。那些富贵、显达的贵族门庭，上上下下的亲属裙带，相互庇护的党羽，贿赂的歪风，陈规陋习和主政人员的昏庸自私等等，都是昏官、贪官只上不下的原因。这正如将沉重浑浊之物放于水中，助以满气的气脬、木皮等方可上浮；又如给不善游泳者提供救生圈，这都是这些物或人能够浮于水面的原因，并不是物与人本身便有能在水中游动而不会下沉的本领。如果我们将上述这些辅助物拿开，则这些物和人都将失去依傍，显出其本来面目，最后必定回到应该去的所在。而生存竞争和自然选择作用于一国民众，就如同用火去煮沸一壶水，壶中无数不可分的原子受热后自行上升，未受热的则旋转下降，冷热水循环流转，直到温度、热量都相互等同。

因此，我们听任进化的自然发展，注意消除那些牵累、阻碍的力量，于是社会群众就能在生存竞争中胜利，成为社会的主力。他们中的一些人也并不是最适宜生存者，但他们能将自己的生存优势与社会有机结合在一起。因他们人数众多，力量自然厚实，繁衍也必然昌盛。靠多数人的力量去战胜少数人，这本属当然之理。我们又何必去忧虑前文所说的那百分之五的社会渣滓呢？这种策略，才正是促进群体发展和种族进化的绝好方法。

目前来讲，一个国家的治国之道，从国际方面看，有国家之间的交往；从国内方面看，有社会人民的政事。外交和内政大权必须掌握在聪明坚强、勤奋刚毅、宽仁果敢的人手中，国家才会强盛，人民才会富裕，这是常识。使用我说的这种方法，则那些昏庸之辈自会失去高位，而贤明的栋梁自会掌握权力。外交和内政事务也一定要交给那些能胜任的人来主持，而且一定要与时俱进，犹如奔腾水流永不停息。由此发展下去，将不仅仅使社会进入富裕强盛的境地，也许还真能收获种族进化的效益。这本来是充分依靠大众的力量方能做到的事，出色的人自然会留下，又何需像园丁管理花草树木那样去选留什么良种呢?

〖**严复按语**〗

赫胥黎在该篇中所说的措施中，除去身处高位的平庸者所依傍的事物，这一点是治国者最难以做到的，如果治国者真能做到这一点，那么他们的国家就不会不强盛，他们的社会也不会不进展。而这是那些推崇亲族掌权的实用家们所办不到的，也是那些讲究封建伦理的礼教家们同样办不到的。这只有那些崇尚贤才、重视名誉、追求功业的人方可办到。敬贤重才的观念接近墨子学说，考究名誉和功业这种方式则接近申商一派。作为治世策略，这些学说在中国的中古以来，极少有人采用。而真正应用普及且卓有成效的，竟是今天的西欧诸国。英国人的民主风气最盛，所以他们最先采用这些明智的治国方略，并最有成效。比如他们广泛创立民间报纸，遵守正直言论不加禁止的盟约（宋宁宗嘉定七年，英王约翰和他统治下的人民曾订立名为“马格那吒达”的盟约，汉语译为“大宪章”）；英国政府的保守和自由两党，轮流执掌政权，相互批评、督察。所有这些做法，都是害怕那些传统的阻碍势力不肯离开的缘故。

斯宾塞提出的在社会学上保护人种的定律有两条：凡是生物要想旺盛地繁衍下去，一定要在其个体未成年以前使其获得的利益与其付出成反比例；而一旦成年后，则要让该个体获得的利益与其付出成正比例。违反这两条定律的物种往往会衰弱直至灭绝。斯宾塞的《群谊篇》创立了人种进化的三项重要原则：第一，当民众成年，他们的工作成果应与其获得的食物量相当；第二，应各有其界，彼此不得侵犯和欺凌；第三，个人和集体利益发生冲突时，个人轻，集体重。他的这些理论，汇集了希腊、罗马及近200年来自然科学各学科的重大成果，施行于各国，均有使社会太平的效果。

对于治国者而言，且不谈安危利害这些事，如果确想成功自保，则赫胥黎和斯宾塞的理论，可以说是真理了。赫胥黎所说的“去掉无能上位者的倚仗”，和斯宾塞理论中“获得与付出需比例相等”，虽在论说方向上相反，但其中的道理是一致的。

新反第十八

赫胥黎在本章中着重论述“新”与“反”。“新”即指“人治与日月俱新”，“反”则指“物极必反”。赫胥黎认为，要使社会发展步入良性轨道，当政者必须做好“保民养民，善群进化”的工作。由于人类与生俱来的私欲往往会加剧社会的无端争斗，治政应公平公正，举用贤人，政治教化则应注意增进人民的美德和智能。赫胥黎还特别强调，要保持社会的不断进步而不致衰败，关键在于各项政治措施要不断地完善、改进、试验及实践。

【原文】前言园夫之治园也，有二事焉：一曰设其宜境，以遂群生；二曰芸其恶种，使善者传。自人治而言之，则前者为保民养民之事，后者为善群进化之事。善群进化，园夫之术，必不可行，故不可以力致。独土持公道，行尚贤之实，则其治自臻。然古今为治，不过保民养民而已。善群进化，则期诸教民之中，取民同具之明德，固有之知能，而日新扩充之，以为公享之乐利。古之为学也，形气、道德，歧而为二，今则合而为一。所讲者虽为道德治化形上之言，而其所由径术[1]，则格物家所用以推证形下者也。撮其大要，可以三言尽焉。始于实测，继以会通，而终于试验。三者阙一，不名学也。而三者之中，则试验为尤重。古学之逊于今，大抵坐阙是耳。凡政教之所施，皆用此术以考核扬搉[2]之，由是知其事之窒通，与能得所祈向[3]否也。天行物竞，既无由绝于两间[4]。诚使五洲有大一统之一日，书车同其文轨，刑赏出于一门，人群太和，而人外之争，尚自若也；过庶之祸，莫可逃也。人种之先，既以自营不仁，而独伸于万物矣。绵传虽远，恶本仍存，呱呱坠地之时，早含无穷为己之性。故私一日不去，争一日不除。争之未除，天行犹用，如日之照，夫何疑焉。假使后来之民，得纯公理而无私欲，此去私者，天为之乎？抑人为之乎？吾今日之智，诚不足以知之。然而一事分明，则今日之民，既相合群而不散处于独矣，苟私过用，则不独必害于其群，亦且终伤其一己。何者？托于群而为群所不容故也。是故成己成人之道，必在惩忿窒欲，屈私为群，此其事诚非可乐，而行之其效之美，乃不止于可乐。

□《被豹子袭击的黑人》　法国　卢梭

该幅画作现藏于瑞士巴塞尔美术馆。无论社会进化到什么程度，生存竞争是不可能绝灭的。因为人生来就有自私的一面，这种天性一日不除，竞争就永远不会停止。另一方面，即便人与人之间的合作亲密无间，人与外界的竞争也不能幸免，这是天运进程所决定的。

夫人类自其天秉而观之，则自致智力，加之教化道齐，可日进于无疆之休，无疑义也。然而自夫人之用智用仁，虽圣哲不能无过；自天行终与人治相反，而时时欲毁其成功；自人情之不能无怨怼，而尚觊觎其所必不可几；自夫人终囿于形气之中，其知识无以窥天事之至奥。夫如是而曰人道有极美备之一境，有善而无恶，有乐而无忧，特需时以待之，而其境必自至者，此殆理之所必无，而人道之所以足闵叹[5]也。窃尝谓此境如割锥术[6]中，双曲线之远切线[7]，可日趋于至近，而终不可交。虽然，既生而为人矣，则及今可为之事亦众矣。邃古[8]以来，凡人类之事功，皆所以补天辅民者也。已至者无隳[9]其成功，未至者无怠于精进，则人治与日月俱新，有非前人所梦见者，前事具在，岂不然哉！夫如是以保之，夫如是以将之。然而形气内事，皆抛物线也。至于其极，不得不反。反则大宇之间，又为天行之事。人治以渐，退归无权，我曹何必取京垓世劫以外事，忧海水之少，而以泪益之也哉！

复案：有叩于复者曰，人道以苦乐为究竟乎？以善恶为究竟乎？应之曰：以苦乐为究竟，而善恶则以苦乐之广狭为分：乐者为善，苦者为恶，苦乐者所视以定善恶者也。使苦乐同体，则善恶之界混矣，又乌所谓究竟者乎？曰：然则禹墨之胼茧非，而桀跖之恣横是矣！曰：论人道务通其全而观之，不得以一曲论也。人度量相越[10]远，所谓苦乐，至为不齐。故人或终身汲汲于封殖[11]，或早夜遑遑于利济[12]。当其得之，皆足自乐，此其一也。且夫为人之士，摩顶放踵以利天下[13]，亦谓苦者吾身，而天下缘此而乐者众也。使无乐者，则摩放之为，无谓甚矣。慈母之于子也，劬劳顾恤[14]，若忘其身，母苦而子乐也。至得其所求，母且即苦以为乐，不见苦也。即如婆罗旧教[15]苦行熏修[16]，亦谓大苦之余，偿我极乐，而后从之。然则人道所为，皆背苦而趋乐。必有所乐，始名为善，彰彰明矣。故曰善恶以苦乐之广狭分也。

然宜知一群之中，必彼苦而后此乐，抑己苦而后人乐者，皆非极盛之世。极盛之世，人量各足，无取挹注。于斯之时，乐即为善，苦即为恶。故曰善恶视苦乐也。前吾谓西国计学为亘古精义、人理极则者，亦以其明两利为真利耳。由此观之，则赫胥氏是篇所称屈己为群为无可乐，而其效之美，不止可乐之语，于理荒矣。且吾不知可乐之外，所谓美者果何状也。然其谓郅治如远切线，可近不可交，则至精之譬。又谓世间不能有善无恶，有乐无忧，二语亦无以易。盖善乐皆对待意境，以有恶忧而后见。使无后二，则前二亦不可见。生而瞽者不知有明暗之殊，长处寒者不知寒，久处富者不欣富，无所异则即境相忘也。曰：然则郅治极休[17]，如斯宾塞所云云者，固无有乎？曰：难言也。大抵宇宙究竟，与其元始，同于不可思议。不可思议云者，谓不可以名理论证也。吾党生于今日，所可知者，世道必进，后胜于今而已。至极盛之秋，当见何象，千世之后，有能言者，犹旦暮遇之也[18]。

【注释】［1］径术：指道路。

［2］扬搉：亦作“扬攉”“扬榷”，指商榷；评论。

［3］祈向：指向导；引导。出自《庄子·外篇·天地》“三人行而一人惑，所适者犹可致也，惑者少也。二人惑，则劳而不至，惑者胜也。而今也以天下惑，予虽有祈向，不可得也”。

［4］两间：谓天地之间，指人间。

［5］闵：通“悯’。悯叹：指忧伤叹息。

［6］割锥术：指几何。

［7］远切线：指渐近线。

［8］邃古：指远古。

［9］隳：指毁坏。

［10］度量：指器量，涵养。相越：相去。

［11］汲汲：指心情急切的样子。封殖：亦作“封埴”“封植”，指聚敛财货。

［12］遑遑：指惊恐匆忙，心神不定。利济：指救济，施恩泽。

［13］摩顶放踵：指从头顶到脚跟都磨伤，形容不辞劳苦，舍己为人。出自《孟子·尽心上》“墨子兼爱，摩顶放踵利天下，为之”。

［14］劬劳：指劳累，劳苦。顾恤：指顾念怜悯。

［15］婆罗旧教：印度教。

［16］熏修：佛教用语，指净心修行。

［17］郅治极休：指极其美好。

［18］“千世”三句：出自北宋苏轼《玉楼春·次马中玉韵》“知君仙骨无寒暑，千载相逢犹旦暮”。

【译文】前文所说，园丁管理园林须做两件事——一是创设适宜的环境来促进所选植物的生长；二是摒除坏的品种，让良种传衍。放在人类社会的政治教化上来说，前者保护并培养人民，而后者则引领人民进步。要引领人民走向进步，使用园丁的方法肯定不可行，这不是以外力所能达到的目标。只有崇尚正义和公正的理念，施行重视贤能的方略，才能使社会治理趋于完善。古今治政，皆以保护和养育人民为目标。然而要致力于引领社会前进，需在教育民众的过程中，保存人民所具备的各种美德、智慧和才能，并在实践中日益扩展、充实和更新，以创造公众的安乐与幸福。

古代做学问的人，将物质与道德分为两个方面，而现在却合而为一。我们讲述的虽然是道德、政治教化等意识形态上的课题，但研究这些课题的路径和方法，则大多是科学家们推论证实物质发生、发展原理的方法。综合其要旨，可概括为三点：即从实际观测入手；以所获资料及知识加以融会贯通；最后回到实践中去加以检验。这三个环节如果缺少一个，也不可称作“学问”。三个环节中，实践检验尤为重要。古代的学术水平比不上现代，大概也因为缺少实践检验这一环节。无论政治教化成功与否，都应用这种方法来检查审验，由此可知晓该教化能否施行得通，能否达到我们期望的目标。

天运进程和生存竞争决不可能在天地间绝灭，就算五大洲真有统一为一国的这一天，人们共用一种语言文字，交通建筑与规章制度均统一，刑律、法规和奖惩条

□《善良的撒玛利亚人》 荷兰 梵高

人类社会要向美好的境界迈进，就必须克制天性中的私欲。赫胥黎认为，凭借人类的智慧和才能，再加上社会政治教化的引导和整肃，这并非难事。油画《善良的撒玛利亚人》出自圣经故事，寓意鉴别人的标准不是人的身份，而是人心。

例出于同一部门，人类大众极其和睦，但人类本身与外界的争斗依然如旧，人口繁衍过度的祸患也还无法避免。人类的祖先靠自私自利的手段而独自超越了所有的物种，虽已繁衍了不知多少代，但恶的本性并未消失。当婴儿从母胎中呱呱落地时，天生就含有无尽的私心。因此，人类自私的本性一日不除，其相互间的争斗便不会停止。争斗不能除尽，天运进程依旧在竞争中发挥它的威力，这就有如阳光每天照耀大地一样没有什么值得疑惑的。假如今后的人类能够遵循纯粹的公理而毫无私欲，这消灭私心的成功，到底是天运的原因还是人为的原因？以本人目前的智力尚无力解答。但有一点却较为分明，即今天的人民都依附于社会而非脱离社会独处。在社会整体中，如果人拥有过度私心，那将必然危害到社会利益，同时最终也会损害到自身的利益，为什么呢？这是因为损害了集体利益的人将会被社会所不容忍。所以成全自己和成全别人之关键，在于如何能克制怨忿和抑制私欲，做到牺牲一己小利，服从社会整体。这种克己奉公的事并不使人高兴，但给社会带来的美好效果，其意义往往不止于内心产生的欢愉。由人类生来俱有的天然禀赋来看，完全可凭自身努力获得智慧和才能，再加上社会政治教化的引导和整肃，所以人类社会每天都能向美好的境界迈进，这是毫无疑问的。

但是从人的智慧和仁爱的应用方面来说，即使是圣人和贤哲，也不可能不犯错误。要知道天运的自然进程终究与人为的社会治理相冲突，天运的自然力常常要毁坏人力所要完成的功业。从人的情绪而言，对此不可能不怨恨，但却还是觊觎那些在大自然中不可能达到的目标。可人类最终受限于形体，以其知识而言，目前还无法观察到自然界万物变化最精深之所在。在这种情况下我们硬说人类定会达到极美好的境界，那时只有善良而无凶恶，只有欢乐而无忧愁，假以时日，这美好景遇是完全可以自然到来的，这种说法在道理上大约是不成立的，因而这也是人类之所以值得忧伤叹惜的原因。

窃以为，这种情况如几何学中双曲线的远切线，它们无限趋于接近，却终不能相交。虽是这样，然而人类既然已生而为人，必定大有可为。自古以来，凡是人类创就的事业和功绩，都是为了补救天然的不足和辅助社会大众。已经有所成就的人不要自毁功业；还没有什么成就的人要奋进不懈。长此下去，人为的社会治理便会随岁月而日渐更新，所取得的成果，是前人做梦也想不到的。这种事已有前例，事实正是如此。

人们就这样来保卫和扶助他们的社会，但不管是人类还是社会，都如同抛物线一般，发展到极点时，又不得不向相反方向转化。一旦人为治理发生退化，宇宙世界又为天运法则所支配主宰，当人为治理逐渐消逝，天地就会回归混沌。但我辈何须把亿万年后可能发生的厄运放在心上呢？就像忧虑海水可能减少，而用眼泪去使海水上涨一样没有必要。

〖**严复按语**〗

有人曾问我："人生是将痛苦、欢乐作为最终的分界，还是将善良、罪恶作为最终的分界呢？"我的回答是："应当将痛苦和欢乐作为人生价值的分界。而善良和罪恶是凭痛苦和欢乐的大小来区分的，欢乐的来源就是善良，痛苦的元凶便是罪恶。人们是从痛苦和欢乐的实际发生来确定善良和罪恶的。假设痛苦与欢乐同归于一体，那么善良与罪恶的界线就混乱了，又怎能彻底分清呢？"

这个人又问："既然这样，那么大禹和墨翟一生的辛勤劳作错了，而夏桀和盗跖的恣意横行反而是对的了吗？"我回答："谈论人生之道须通观全面，不应以局部的片面现象论之。不同人的胸怀和气量相差较远，就连世人常说的痛苦和欢乐，人们对其理解也极不统一。有的人终生忙于聚货敛财，或早晚奔波追逐利益，一旦他们的目的达到，自然欢喜无比，这是其中一种。另一些为民谋利的贤士，磨秃头顶、走破脚跟，意在对天下人有功，他们说，虽然一己之身感到苦痛，但却给众多的人民带来了欢乐。如果他们本人不能因这种行为而获得欢乐，那么一生磨秃头顶、走破脚跟的辛苦便失去意义了。例如慈母与孩子的关系，母亲往往因极度怜顾孩子而忘记了自身，这便是母亲辛苦而孩子欢乐。在母亲满足了孩子的全部需求时，她便以痛苦的付出而获得内心的安乐，从而感觉不到痛苦了。以前印度婆罗门教的教徒们曾有种种近乎自残的宗教行为，他们苦行修炼，说是经过对自身种种巨大的痛苦磨砺，方能达至极乐之境，不少人信从这样的教义。人生之道，都是背离痛苦而趋向安乐，能感受到欢乐，才是所谓的善，这道理是十分明显的。因此我们说善恶是由痛苦和欢乐的性质和大小来区分的。然而在社会之中，必先有一方的痛苦付出，才有另一方的安乐和幸福，或者以个人的痛苦以换取他人的幸福，这些都并非是一个理想盛世的真正现象。在真正的理想盛世，个人的各种需求都能得到满足，无须采用任何损人利己的手段。到了此时，所谓的安乐就是善良，而痛苦就是凶恶，这才称得上是以痛苦和安乐来度量善恶。以前我曾说过西欧的社会经济学是从古至今最精辟的理论和人类社会发展的最高原则，也是因为它阐明了“双赢才能算是真正获得利益”这一真谛。从这一点来看，赫胥黎在这篇文中称道的“克己奉公的事并不使人高兴，但给社会带来的美好效果，其意义往往不止于内心产生的欢愉”等一些话在理论上讲是荒谬的。何况我们还不清楚在痛苦和欢乐以外所谓的美好效果到底是什么。但他所说的最好的治世之道“如几何学中双曲线的远切线，它们无限趋于接近，却终不能相交”的比喻，则是十分精辟的。他又说人世间不能仅有善良而无罪恶；也不能仅有欢乐而无忧愁。这两句话也是无可更改的至理。原本所谓善良和安乐皆是相同的事物，因为有了罪恶和忧愁的存在，方显出善良和安乐的可贵，假如没有后两者的对比，前两者就显现不出来了。生下来便失明的人永远不知道白天和黑暗的区别，长期居于寒带的人不知道寒冷为何物，久居富豪家的人反而不为财多而欣喜。因为没有对比，所以不能体会。

有人问：“照这样说来，所谓盛世美景，正如斯宾塞所说那样根本不存在吗？”我回答：“这话也很难说。大抵宇宙最终的发展趋势和它最初的原始状态，都是无法想象的推断。所谓无法想象、推断，即该事物的发展不可以事实和规律等来加以论证。我辈生活在现时代，所能知道的只是社会定会依照一定的规律向前发展，之后的时代定能胜过今天。到了盛世出现之日，人们会看见何种景象，千代之后，才会有人真正知道，现在和未来的差距，就如同早上和晚上的区别一样。”

下卷

与天争胜

下卷重点探讨、阐述了人类的一些基本伦理问题。总括起来，有以下几方面内容：

一、探讨人类忧患、宗教、刑赏的起源和发展过程。

二、阐述了宗教（主要是婆罗门教和佛教）的有关学说教义，包括因果轮回、羯磨、涅槃、焚香修行、空无的教义。

三、详细介绍、论述了古希腊及古代欧洲历史上研究性理的各家学说、学派以及代表人物。其中严复还涉及了中国相关的学说，如宋代理学。

四、作者从促进人类社会发展完善的角度出发，提出了社会治理的原则和“与天争胜”的主张。

赫胥黎是最早明确提出唯心主义不可知论的人，但他在论述许多具体问题时，却又极具唯物主义观点。译者严复的观点与他类似。所以，在阅读研究本书时，不可不细心分辨。

能实第一

能实为储能、效实之合称。本文阐述了万物周而复始的变化生长过程都是由储能、效实两个阶段组成，从而揭示生物进化的规律。本文分别以植物生长过程和“小儿抛堉”所形成的抛物线运动轨迹为例，说明一切事物进化、变化概“莫外于”储能、效实的周而复始。其中包含辩证法因素，但又表露出唯心的不可知论因素。严复的按语指出生物与无生命物体的不同，进一步阐述了生物生长、进化的规律。

【原文】道每下而愈况，虽在至微，尽其性而万物之性尽，穷其理而万物之理穷，在善用吾知而已矣，安用骛远穷高，然后为大乎？（柏庚[1]首为此言。其言曰：格致之事，凡为真宰之所笃生，斯为吾人之所应讲。天之生物，本无贵贱轩轾之心，故以人意轩轾贵贱之者，其去道固已远矣。尚何能为格致之事乎？）今夫策两缄以为郛，一房而数子，眘[2]然不盈匊[3]之物也。然使艺者不违其性，雨足以润之，日足以暄之，则无几何，其力之内蕴者敷施，其质之外附者翕受[4]；始而萌芽，继乃引达[5]，俄而布蔆[6]，俄而坚熟，时时蜕其旧而为新，人弗之觉也，觉亦弗之异也。睹非常则惊，见所习则以为不足察，此终身由之而不知其道者之所以众也。夫以一子之微，忽而有根荄[7]支干花叶果实，非一曙之事也。其积功累勤，与人事之经营裁斫[8]，异而实未尝异也。一鄂一柎[9]，极之微尘质点，其形法模式，苟谛[10]而视之，其结构勾联，离娄历鹿[11]，穷精极工矣，又皆有不易之天则，此所谓至赜而不可乱者也。一本之植也，析其体则为分官，合其官则为具体。根干以吸土膏[12]也，支叶以收炭气[13]也；色非虚设也，形不徒然也（草木有绿精[14]，而后得日光能分炭于炭养[15]），翕然通力合作，凡以遂是物之生而已。是天工也，特无为而成，有真宰而不得其朕[16]耳。今者一物之生，其形制之巧密既如彼，其功用之美备又如此，顾天乃若不甚惜焉者，蔚然茂者，浸假而瘁矣；荧然晖者，浸假而凋矣。夷伤黄落[17]，荡然无存。存者仅如他日所收之实，复以函生机于无穷，至哉神乎，其生物不测有若是者。

今夫易道周流[18]，耗息迭用[19]，所谓万物一圈[20]者，无往而不遇也。不见小儿抛堶[21]者乎？过空成道，势若垂弓，是名抛物曲线。（此线乃极狭椭圆两端。假如物不为地体所隔，则将行绕地心，复还所由。抛本处，成一椭圆。其二脐点[22]，一即地心，一在地平以上与相应也。）从其渊而平分之，前半扬而上行，后半陁[23]而下趋。此以象生理之从虚而息，由息乃盈，从盈得消，由消反虚。故天演者如网如箽[24]。又如江流然，始滥觞于昆仑，出梁益，下荆扬，洋洋浩浩，趋而归海，而兴云致雨，则又反宗。始以易简[25]，伏变化之机，命之曰储能；后渐繁殊，极变化之致，命之曰效实。储能也，效实也，合而言之天演也。此二仪之内，仰观俯察，远取诸物，近取诸身，所莫能外也。

□《采摘》 法国 卡米耶·毕沙罗

“天道循环，生衰交替”，这对于人和自然界其他生物都是适用的。一粒种子历尽艰辛开花结果，最后却叶落花谢，只剩下收获的果实，这个过程看似凄凉，却在果实中又蕴蓄出新的生机。世间万物莫不如此，都是从虚无到生息，从生息到增长，从增长到消亡，再由消亡重回虚无。

希腊理家额拉吉来图[26]有言：世无今也，有过去有未来，而无现在。譬诸濯足长流，抽足再入，已非前水，是混混[27]者未尝待也。方云一事为今，其今已古。且精而核之，岂仅言之之时已哉！当其涉思，所谓今者，固已逝矣。（赫胥黎他日亦言：人命如水中漩洑[28]，虽其形暂留，而漩中一切水质刻刻变易。一时推为名言。仲尼川上之叹又曰：回也见新，交臂已故[29]。东西微言，其同若此。）今然后知静者未觉之动也，平者不喧之争也。群力交推，屈申相报，众流汇激，胜负迭乘[30]，广宇悠宙之间，长此摩荡运行而已矣。天有和音[31]，地有成器，显之为气为力，幽之为虑为神。物乌乎凭而有色相？心乌乎主而有觉知？将果有物焉，不可名，不可道，以为是变者根耶？抑各本自然，而不相系耶？自麦西[32]、希腊以来，民智之开，四千年于兹矣。而此事则长夜漫漫，不知何时旦也。

复案：此篇言植物由实成树，树复结实，相为生死，如环无端，固矣！而晚近生学家，谓有生者如人禽虫鱼草木之属，为有官之物，是名官品；而金石水土无官，曰非官品[33]。无官则不死，以未尝有生也。而官品一体之中，有其死者焉，有其不死者焉；而不死者，又非精灵魂魄之谓也。可死者甲，不可死者乙，判然两物。如一草木，根荄支干，果实花叶，甲之事也；而乙则离母而转附于子，绵绵延延，代可微变，而不可死。或分其少分以死，而不可尽死，动植皆然。故一人之身，常有物焉，乃祖父之所有，而托生于其身。盖自受生得形以来，递嬗迤转，以至于今，未尝死也。

【注释】［1］柏庚：弗兰西斯·培根（1561—1626年），英国文艺复兴时期最重要的散文家、哲学家之一，代表作有《新工具》等。

［2］瞀：本义为眼睛昏花，这里引申为乱。

［3］匊：通“掬”，用两手捧。

［4］翕受：出自《尚书·虞书·皋陶谟》“翕受敷施，九德咸事，俊乂在官”，指吸收施展。

［5］引达：生长。

［6］蓌：形容草木茂盛。

［7］荄：指草根。

［8］斫：砍，削，雕琢。

［9］鄂：同“萼’，本义指花朵盛开；特指花瓣下部的一圈叶状绿色小片。柎：花萼。

［10］谛：指细察，详审。

［11］离娄：指雕镂交错分明的样子。历鹿：即“历録”，指艳丽错杂的色彩或花纹。

［12］土膏：指土壤中所含的适合植物生长的养分。

［13］炭气：指二氧化碳。

［14］绿精：指叶绿素。

［15］炭养：指二氧化碳。

［16］朕：应为“眹”，指征兆迹象。

［17］夷伤：破坏，毁坏。黄落：谓草木枯萎凋零。

［18］易道周流：出自《周易·系辞下》“《易》之为书也，不可远；为道也，屡迁，变动不居，周流六虚”。

［19］耗息：耗为增，息为减。迭用：重叠使用。

［20］万物一圈：出自刘安等撰《淮南子·俶真训》“是故自其异者视之，肝胆胡越；自其同者视之，万物一圈也”。

［21］埼：指宋代用作抛掷游戏的砖块。

［22］脐点：焦点。

［23］阤：通“阤”，指山坡。

［24］箑：指扇子。

［25］易简：指平易简约。出自《周易·系辞上》“易则易知，简则易从……易简而天下之理得矣”。

［26］额拉吉来图：赫拉克利特（Heraclitus，约公元前530年—前470年），古希腊哲学家，朴素辩证法思想的代表人物，代表作《论自然》。

［27］混混：同“滚滚”，形容水奔流不绝。

［28］漩洑：指水盘旋的样子。

［29］回也见新，交臂已故：出自东晋高僧僧肇（公元384—414年）《物不迁论》。此典故原出于《庄子·外篇·田子方》：“吾终身与汝交一臂而失之，可不哀与？”

［30］迭乘：指交错。

［31］和音：指平和之音，和谐之音。

［32］麦西：摩西，公元前13世纪时犹太人的民族领袖。史学界认为他是犹太教的创始者。按照以色列人的传承，摩西五经便是由其所著。

［33］官品：指生物。

【译文】事物的规律越往下深入研究就越是清楚明白，哪怕最细微的事物，只要了解其性质，则万物的性质皆可了解；只要弄清其道理，则万物的道理皆可弄清。关键在善于运用我们的智慧，又怎能把好高骛远的目标认为是宏大的呢？（培

□《随着时间之神的音乐起舞》
法国　尼古拉斯·普桑

生命如水中的旋涡，时刻都处于变化之中。正如哲人所说，世间永远不存在“现在”，只有过去和未来。图为名画《随着时间之神的音乐起舞》。画面的主题为圆舞，寓意时间变幻和人生循环的本质，极为形象地表达了生命的过程，让人们感受到时间和生命的可贵。

根最先说出了这番话。他说：科学这种事，凡为上天着意造化的物体，就是应该研究的对象。上天造化这些物体，本来就没有贵贱高低的差别。所以人为地去区分事物间高低贵贱的人，他们与科学规律已经相去甚远了，还怎么能够从事科学研究的事业呢？）

现在用两根绳索扎成外围，里面放几颗种子，虽然种子是眼看不清手捧不住的微小之物。然而让花匠不违其习性，用足够的雨水滋润它，用充足的阳光温暖它。则用不了几日，种子内蕴的活力就会施展，其表面的质体就会改变，开始发芽，继而茁壮生长，不久就枝叶繁茂，不久又结果成熟。它时时刻刻都在蜕去旧貌换成新颜，人们不会觉察到，就算觉察到了也不会感到惊异。看到不寻常的事才会惊异，看到习以为常的事则认为不值得认真观察，这就是那些终身不了解事物发展规律的人数量如此众多的原因。

一颗这样微小的种子，忽然长出了根须、枝干、花叶、果实，这并非是一朝可以成就的事。植物生长所花费的工夫，和人类工作劳动，看似不同而其实相类似。一朵花萼或一个子房，全由微小的质点组成，其形状模样，假如详细观察，其各部分的组成结构与连接，可以说是错综复杂，极尽精巧，其中又含有不可改变的自然法则。这就是所谓的最深奥玄妙而又不可破坏的规律。小小一株植物，分解其结构则可分辨出不同分工的器官，整合这些器官则可形成完备的整体；根系枝干用来吸取土壤中肥沃的养分，枝叶用来吸收空气中的二氧化碳；叶子的色彩不是无用的，形体也不是随便长成的。（草木体内有叶绿素，能吸收阳光，分解二氧化碳为养分。）各部分协调合作，这都是为了使这株植物顺利生长而已。而上天自然而然地塑造万物，就好像确有一个冥冥中主宰世间的力量一般。

如今一株植物的生长，其形体构造既是那么巧妙精密，其功能作用又如此美妙完备。但上天好像不太爱惜它，繁华茂盛的逐渐凋零，色彩斑斓的逐渐枯萎，黄叶零落，荡然无存。留存的唯有他日收获的果实，再由果实蕴育无穷的生机。多么神奇啊，生物就是如此变幻莫测！

天道循环，生衰交替，这样的道理对万物来说是相同的，无处不见。你见过小孩抛掷瓦石的游戏吗？瓦石飞过空中，轨迹弯曲如悬弓，这种曲线就叫做“抛物线”。（这种曲线连接极狭窄椭圆的两端，假如被抛起的物体不被地面所阻碍，它的轨迹将通过地下，再回到原来的起点。抛物线形成一个椭圆形，有两个焦点，一个在地下，一个在地上，两点位置相对应。）从其最高处将它平分为二，前半段朝上飞扬，后半段向下斜落。这就好像生理现象从虚无到生息，由生息到增长，从增长到消亡，再由消亡返回虚无。所以万物进化如同撒网和展扇，又如同长江流水，发源于昆仑，流过梁州、益州，再直下荆州、扬州，洋洋浩荡，归向大海；而云起雨落，则又将水带回发源地。始于简易单一，产生了变化的潜力，称之为“储能”；后来日渐繁复，变化无穷，称之为“效实”。储能与效实，合在一起就是进化。在这两种过程中，从各种角度观察审视，远至周边环境，近至人们自身，都离不开这个规律。

希腊哲学家赫拉克利特曾说：“世上不存在‘今天’，有过去和未来，而无现在。比如在流水中洗脚，抽出脚后再放进水里，所接触到的已经不是先前的水了。这奔涌的流水是不会等待你的。刚说一事为现在发生，而‘现在’就已变为过去。更精确的核查这一说法，这种情况岂是在说话时才发生！当你还在思考状态时，所谓的‘现在’就已经逝去了。”（赫胥黎之后也曾说过人的生命如水中的旋涡，虽然其形态暂时留存，但是旋涡中水时刻在变换。一时间这句话传为名言。孔夫子在江边感叹流水，又说，他的学生颜回，能够认识到事物随时都在变化，交臂擦肩那样短的时间里，新的就会变成旧的。东西方的精妙言论，竟如此相同。）由此我们知道静态是感觉不到的运动，平和是悄无声息的争斗。各种力量相互作用，有一进，便有一退，如同水流汇集时的冲击，胜负交替，在广袤幽深的宇宙之中，万物就是这样长久地切磋摩擦，动荡运行！

和谐音律来自天成，人间常有良材美质，显露的为能量与精力，隐秘的则为思想和精神。万物凭借什么而产生外貌形态，人心以什么为本而产生感觉认知呢？且果真有某种物体，既不可命其名，又不可道其规律，然而却是变化的根本吗？抑或事物本来就是各自自然发展而互不相联系呢？自古埃及、古希腊以来，人类智慧的启蒙，到如今已经4000年了，而此类研究仍如漫漫长夜，不知何时才能到天明！

〖严复按语〗

这篇文章说的是植物从果实变成树木、树木再结成果实，生死循环，就像圆环没有起点和终点，自然规律本来就是这样。而近代生物学家认为，有生命的物体如人类、飞鸟、昆虫、鱼类、草木等物种拥有感官，可命名为“生物”；而金、石、水、土没有感官，应称为“非生物”。没有感官则不存在死亡，因为它们不曾有过生命。然而有感官的物种的体内，有会死亡的东西，也有不会死亡的东西。而不会死亡的东西，也不是我们所说的精灵魂魄。如果会死亡的为甲，则不会死亡的为乙，分明是两种物质。比如种植物，其根系、枝干、果实、花叶，属于甲类物质，而乙类物质则可以离开母体转附于子体身上，绵连不尽地延续下去，各代可能有微小的变化但不会死亡，或分化出小部分死亡，而不会全部灭亡。动物和植物都是如此。所以人的身体内常有一种特质，是其祖辈、父辈所拥有，而寄托在这个人身体内的。因而自从人们有了生命获得形体以来，便一代代传递嬗变、延续转换到现在，并不曾灭亡。

忧患第二

本文阐述的是人类“忧患”的产生过程。忧患随着人类社会的产生而产生，社会发展程度越深而忧患的程度也越深；圣人是历史时势造就的，因而圣人只能顺应历史潮流，才能推动人类社会进化前进。本篇进而阐述了忧患产生于人类的的“自营之私奋”，是人类在原始野蛮时期与自然界的虎、猴等猛兽的生存竞争过程中产生的，成为后来“过、恶、罪、孽”等的根源，因此才有了圣人治世的刑罚、典章。本篇译文几乎完全脱离了赫胥黎的原文，是严复全面理解了原文之后用自己的思维写成的。

【原文】大地抟抟[1]，诸教杂糅。自顶蛙拜蛇，迎尸范偶[2]，以至于一宰无神；贤圣之所诏垂，帝王之所制立，司徒之有典，司寇之有刑，虽愔类各殊，何一不因畏天坊[3]民而后起事乎！疾痛惨怛，莫知所由。然爱恶相攻，致憾于同种。神道王法，要[4]终本始，其事固尽从忧患生也。然则忧患果何物乎？其物为两间无所可逃，其事为天演所不可离，可逃可离，非忧患也。是故忧患者，天行之用，施于有情[5]，而与知虑[6]并著者也。今夫万物之灵，人当之矣。然自非能群，则天秉末由张皇[7]，而最灵之能事不著。人非能为群也，而不能不为群；有人斯有群矣，有群斯有忧患矣。故忧患之浅深，视能群之量为消长。方其混沌僿野[8]，与鹿豕[9]同，谓之未尝有忧患焉，蔑[10]不可也；进而穴居巢处，有忧患矣，而未撄[11]也；更进而为射猎，为游牧、为猺獠，为蛮夷，撄矣而犹未至也；独至伦纪[12]明，文物[13]兴，宫室而耕稼，丧祭而冠婚，如是之民，夫而后劳心鉥[14]心，计深虑远，若天之胥靡[15]，而不可弛耳。咸其自至，而虐之者谁欤！夫转移世运，非圣人之所能为也。圣人亦世运中之一物也，世运至而后圣人生。世运铸圣人，非圣人铸世运也。使圣人而能为世运，则无所谓天演者矣。

民之初生，固禽兽也。无爪牙以资攫拿[16]，无毛羽以御寒暑；比之鸟则以

□《旷野中的施洗者约翰》
荷兰　盖尔特根·托特·辛特·扬斯

从远古的图腾崇拜到帝王规制的建立，都是忧患的产物，忧患是进化过程中不可缺少的因素。人类自结成了社会组织，便有了忧患意识，随着社会的发展，尤其是进入文明社会以后，迫于生存竞争的压力，人类的忧患意识逐渐加强。《旷野中的施洗者约翰》中，圣人约翰像是一个陷入困苦忧愁的老实农民，为自己未卜的前途而隐忧。

手易翼而无与于飞，方之兽则减四为二而不足于走。夫如是之生，而与草木禽兽樊然[17]杂居，乃岿然独存于物竞最烈之后，且不仅自存，直褒[18]然有以首出于庶物，则人于万类之中，独具最宜而有以制胜也审矣。岂徒灵性有足恃哉！亦由自营之私奋耳。然则不仁者，今之所谓凶德[19]，而夷考[20]其始，乃人类之所恃以得生。深于私，果于害，夺焉而无所与让，执焉而无所于舍，此皆所恃以为胜也。是故浑荒之民，合狙[21]与虎之德而兼之，形便机诈，好事效尤，附之以合群之材，重之以贪戾狠鸷，好胜无所于屈之风。少一焉，其能免于阴阳之患，而不为外物所吞噬残灭者寡矣。而孰知此所恃以胜物者，浸假乃转以自伐耶！何以言之？人之性不能不为群，群之治又不能不日进；群之治日进，则彼不仁者之自伐亦日深。人之始与禽兽杂居者，不知其几千万岁也。取于物以自养，习为攘夺[22]不仁者，又不知其几千百世也。其习之于事也既久，其染之于性也自深。气质鸷成，流为种智，其治化虽进，其萌枿[23]仍存。嗟夫！此世之所以不善人多，而善人少也。夫自营之德，宜为散，不宜为群；宜于乱，不宜于治，人之所深知也。

昔之所谓狙与虎者，彼非不欲其尽死，而化为麟凤驺虞[24]也。而无如是狒狒眈眈[25]者卒不可以尽伏。向也，资二者之德而乐利之矣，乃今试尝用之，则乐也每不胜其忧，利也常不如其害。凶德之为虐，较之阴阳外物之患，不啻过之。由是悉取其类，揭其名而僇[26]之，曰过、曰恶、曰罪、曰孽。又不服，则鞭笞之、放流之、刀锯之、铁[27]钺之。甚矣哉！群之治既兴，是狙与虎之无益于人，而适用以自伐也，而孰谓其始之固赖是以存乎！是故忧患之来，其本诸阴阳者犹之浅也，而缘诸人事者乃至深。六合之内，天演昭回[28]，其奥衍美丽，可谓极矣，而忧患乃与之相尽。治化之兴，果有以祛是忧患者乎？将人之所为，与天之所演者，果有合而可奉时不违乎？抑天人互殊，二者之事，固不可以终合也？

【注释】［1］抟抟：指凝聚如团的样子。

［2］顶蛙拜蛇：上古崇蛙崇蛇。迎尸：古代祭礼之一。范：古时一种祭祀活动，祭路神。偶：桐木作的人形，古时作蛊祝之用。

［3］坊：通“防”。

［4］要：通“徼”，探求；求取。

［5］有情：佛教用语，梵语“sattva”的意译。也译为众生，指人和一切有情识的动物。

［6］知虑：指智慧和谋略。

［7］末由：指无由。张皇：指显扬，使之光大。

［8］僿野：指鄙野，鄙陋粗野。

［9］鹿豕：鹿和猪，比喻山野无知之物。

［10］蔑：指无，没有。

［11］攖：指接触，触犯。

［12］伦纪：指伦常纲纪。

［13］文物：指礼乐制度。古代用文物明贵贱、制等级，故云。

［14］铢：指刺。

［15］胥靡：指古代服劳役的奴隶或刑徒，亦为刑罚名。

［16］攫拿：指猎取，捕捉。

［17］樊然：指忙乱、纷乱的样子。

［18］褒：指高大，广大。

［19］凶德：指违背仁德的恶行。

［20］夷考：指考察。

［21］狙：指猴子。

［22］攘夺：指掠夺，夺取。

［23］枿：通“蘖”，被砍去或倒下的树木再生的枝芽。

[24] 麟凤：比喻才智出众的人。驺虞：传说中的义兽名。

[25] 狒狒眈眈：即“狙与虎”，指猕猴和老虎。

[26] 僇：指侮辱。

[27] 铁：指铡刀，用于切草；古代也用为斩人的刑具。

[28] 昭回：指星辰光耀回转。

【译文】就像将散开的泥土捏成一团般，在这片大地上，各种宗族教派混杂在一起，从最初的崇拜蛇和蛙、迎祭死者替身、铸制偶像等形式，发展至只信奉单一主宰而不信奉其他神灵的宗教。圣贤所流传的教诲，帝王所建立的规制，司徒编著有典章，司寇制定有刑法，虽然其宗旨各有不同，但都是因为惧怕上天和统治民众而设立的。人们的病痛和悲苦，不知是什么原因所致。然而人与人之间以其所爱、所恶而相互攻击，在同一种族中导致仇恨。宗教的教规和朝廷的法制，要探求其产生的始末，本来全都是在忧患中产生的。然而忧患究竟为何物呢？忧患是天地间无处摆脱的，是进化过程中不可缺少的。如果可以摆脱或缺少，就不是忧患了。所以我们所说的忧患，是自然法则的表现，也是作用于人类，并与人类的智慧思想同样显著的东西。

万物中最有灵性的非人类莫属。然而若不是人类能形成社会，天赋的灵智就无从发扬光大，人类就不能称之为最有灵性的生物了。人类并不是因为具备这样的能力才形成社会，而是不得不形成社会。有了人类才有了社会，有了社会才有了忧患。所以忧患的深浅程度，视人类社会的发展程度而消长。当人类在混沌野蛮时期，与鹿、猪等野兽无异，这时的人类不曾有忧患，行事百无禁忌。人类进而居住在山洞和树巢，这时虽有忧患了，但还没有对人类有什么危害。之后，人类进一步发展到狩猎、游牧阶段，成为猺獠、蛮夷，忧患虽然迫在眉睫但还没有降临。只有当人类发展到伦理纲常明朗、礼乐典章兴起，在房屋中定居，学会耕种，开始祭奠亡者，并规定适婚年龄这样的文明阶段之后，才开始运用脑力、动用心思，开始深远地思考和打算，就像一群被上天所束缚而不能解开的囚徒一样。这个阶段，忧患全都不请自来了，但使忧患如此肆虐的又是什么呢？

改变一个时代盛衰的命运，不是圣人所能做到的，因为圣人也是时代盛衰命运中的一个成员。时代盛衰的命运产生圣人，所以，是时代铸就了圣人，而不是圣人铸就了时代。假使圣人能够改变时代的命运，那就不存在进化了。

人类出现之初，也属于禽兽一类，只是没有尖锐的爪牙用以猎取食物，没有皮毛羽绒可以抵御寒暑，相较于鸟类，则以手代替了羽翼而不能飞行，相较于野兽则将四脚减为两脚而无法疾奔。像人类这样的生物，与草木禽兽纷杂混居，竟能在最激烈的生存竞争之后安稳存活下来，而且不仅能够自我生存，还一直出色地凌驾于万物之上。那么人类在万物之中，一定是独具最合适生存的能力，从而在竞争中取得优势。难道这仅仅是依靠灵智吗？其实也有人类私欲的作用啊！

□ **穴居人与野生动物**

人类诞生之初，与草木禽兽纷杂混居，生存竞争之剧可想而知。然而，在经历了亿万年漫长的时间洪流之后，地球上的人类数量却以惊人的速度增长着。这足以说明，人类在万物之中，最具有适合生存的能力，所以才能在安稳存活之后，凌驾于万物之上。赫胥黎指出，人类的这种能力优势，来自于人类的私欲。

然而那些不仁的自私行为，也就是现在我们所说的那些不道德的恶劣行径，如果冷静地考察其起源，却可以发现，那都是人类赖以生存的手段。私欲太深重，其结果往往有害。这种人好争夺而无所礼让，好占有而不肯施舍，但他们依仗这些手段却可以成为胜者。所以野蛮时期的人类，集合猴与虎的性格行为于一身，擅占便宜，好行欺诈，喜欢生事，仿效恶行，这些特点配合其善于组织勾结的才能，还要加上贪婪暴戾、凶狠强悍、争强好胜、决不屈服的作风。只要缺少其中一种性格，则能够避免天地间外在力量所带来的祸患，而不被其他事物所吞噬残灭的机会就少了。然而谁又能预测到，这种人类赖以制胜的特性，逐渐转而成为人类自相残杀的工具呢？为什么这样讲？人类的本性就是不能不组成社会，社会的治理又不能不时时进步；社会治理时时进步，则那些不仁慈的人的互相攻击也就日渐加重。人类起源时就开始与禽兽混杂居住，不知过了几千万年。人类在自然界取得食物用以养活自己，从而养成抢劫侵夺的不仁品性。又不知过了几千百世，人们惯于干这种事也已经很久了，这些行为深刻地感染了人类的性格品行。他们的这种素质既然养成了，便渐渐流传成为种族整体的生存智慧，治理教化虽然有所进展，但人们这种不仁慈的品行还是时常固态复萌。唉，这就是世上之所以坏人多好人少的原因！

自私这种品行，适宜散居而不适合社会，适合于乱世而不适合于治世。这是人们所深深懂得的。过去所说的猴与虎等凶兽，并非不想让它们全部死去而变成麒麟、凤凰类的吉祥之物，然而像这样拥有猴、虎之类凶残品性的人终不可全部降伏。从前有人凭借猴与虎的野性而获得快乐与利益，于是现在又尝试使用，得到的快乐却往往不及由此带来的忧患，得到的利益常常比不上由此带来的危害。凶恶性格、品行的广为肆虐，比之于自然界外在事物所造成的忧患来说，有过之而无不及。

于是人们尽数列举这类行为的名称进行侮辱，称它们为过错、丑恶、罪恶、孽障；如果有人不服，则对他们处以鞭打、流放的刑罚，或用刀锯断肢、用斧头斩首。惩罚很重啊！社会治理既已兴起，这些猴与虎的品性对人无益，而只适用于人们的自相攻击，谁还会坚持这是人类起源时就赖以生存的手段呢？所以忧患的到来，若说本源于自然变化，就过于肤浅了，而说它缘于人为之事才是最深刻的解释。

天地之内，进化光耀轮回，无穷变化的美丽奇景，可以说达到了极点，然而忧患也将与它一起达到顶点。治理教化的兴盛果真可以祛除这忧患吗？人类的行为与自然的演化，果真能融合一起并遵循自然规律而不相违背吗？又或者，自然界和人类互不相同，二者的事原本就不可以最终融合呢？

教源第三

本文主要探讨了宗教的起源问题。人类在数万年漫长的野蛮时期中形成了“自营不仁之气质”，而自文字出现，才开始有了文明的兴起。人类文明历史较短，难以克服自身的野蛮习气，于是便有了智者出现，以教化人们，开启仁智。但文明起则忧患生，人类的痛苦烦恼亦生。学术文明可以教化人们，但不能解脱人们的痛苦烦恼，厌世心理渐渐产生。于是，“释、景、犹、回诸教”便应运而生了。

严复以按语形式介绍了释迦牟尼及古希腊诸学者，并以中国春秋战国时代与古印度、古希腊文明同时代兴起，而后来东方衰败、西方强盛的史实，暗示晚清统治者应该革新变法。

【原文】大抵未有文字之先，草昧敦庞[1]，多为游猎之世。游，故散而无大群；猎，则戕杀而鲜食，凡此皆无化之民也。迨文字既兴，斯为文明之世。文者言其条理也，明者异于草昧也。出草昧，入条理，非有化者不能。然化有久暂之分，而治亦有偏赅[2]之异。自营不仁之气质，变化綦[3]难，而仁让乐群[4]之风，渐摩日浅，势不能以数千年之磨洗，去数十百万年之沿习。故自有文字洎今，皆为嬗蜕之世，此言治者所要知也。考天演之学，发于商周之间，欧亚之际，而大盛于今日之泰西。此由人心之灵，莫不有知，而死生荣悴[5]，昼夜相代夫前，妙道之行，昭昭然若揭日月。所以先觉之俦[6]，玄契同符[7]，不期自合，分涂异唱[8]，殊致同归。凡此二千五百余载中，泰东西前识大心[9]之所得，微言具在，不可诬也。

虽然，其事有浅深焉。昔者姬周之初，额里思[10]、身毒诸邦，抢攘昏垫[11]，种相攻灭。迨东迁以还，二土治化，稍稍出矣。盖由来礼乐之兴，必在去杀胜残之后。民惟安生乐业，乃有以自奋于学问思索之中，而不忍于芸芸以生，昧昧以死。前之争也，争夫其所以生；后之争也，争夫其不虚生；其更进也，则争有

□ 埃及象形壁画

人类社会的未开化与文明状态的界限，是文字的出现。公元前3000多年前的苏美尔文字，是目前已发现最早的文字之一。文字出现以后，人类便逐渐走出了蒙昧时代，进入有秩序系统的文明社会。教化便是从文字中衍生出来的，并最终成为系统的治国机理。图为现存的埃及壁画，上面已有文字出现。

以充天秉之能事，而无与生俱尽焉。善夫柏庚之言曰："学者何？所以求理道之真；教者何？所以求言行之是。然世未有理道不真，而言行能是者。东洲有民，见蛇而拜，曰：是吾祖也。使真其祖，则拜之是矣，而无如[12]其误也。是故教与学相衡，学急于教。而格致不精之国，其政令多乖，而民之天秉郁矣。"由柏氏之语而观之，吾人日讨物理之所以然，以为人道之所当然，所孜孜于天人之际者，为事至重，而岂游心冥漠[13]，勤其无补也哉！

顾争生已大难，此微论蹄迹交午之秋[14]，击鲜艰食[15]之世也。即在今日，彼持肥曳轻[16]，而不以生事为累者，什一仟佰[17]而外，有几人哉？至于过是所争，则其愿弥奢，其道弥远；其识弥上，其事弥勤。凡为此者，乃贤豪圣哲之徒，国有之而荣，种得之而贵，人之所赖以日远禽兽者也，可多得哉！可多得哉！然而意识所及，既随格致之业，日以无穷，而吾生有涯，又不能不远瞩高瞻，要识始之从何来，终之于何往。欲通死生之故，欲知鬼神之情状，则形气[18]限之。而人海茫茫，弥天忧患，欲求自度于缺憾之中，又常苦于无术。观摩揭提标[19]教于苦海，爱阿尼诠旨于逝川，则知忧与生俱，古之人不谋而合。而疾痛劳苦之事，乃有生对待，而非世事之傥来也。是故合群为治，犹之艺果莳花[20]；而声明文物[21]之末流，则如唐花[22]之暖室。何则？文胜[23]则饰伪世滋，声色味意之可䜣[24]日侈，而聋盲爽发狂[25]之患亦以日增。其聪明既出于颛[26]愚，其感慨于性情之隐者，亦微渺而深挚。是以乐生之事，虽酞郁闲都[27]，雍容多术，非僿野者所与知，而哀情中生，其中之之深，亦较朴鄙者为尤酷。于前事多无补之悔吝，于来境深不测之忧虞。空想之中，别生幻结，虽谓之地狱生心，不为过也。且高明荣华之事，有大贼焉，名曰“倦厌”。烦忧郁其中，气力耗于外。“倦厌”之情，起而乘之。则向之所欣，俯仰之间，皆成糟粕。前愈至酡，后愈不堪。及其终也，但觉吾生幻妄，一切无可控揣。而尚犹恋恋为者，特以死之不可知故耳。呜呼！此释、景、犹、回诸教所由兴也。

复案：世运之说，岂不然哉！合全地而论之，民智之开，莫盛于春秋战国之际。中土则孔、墨、老、庄、孟、荀以及战国诸子，尚论者或谓其皆有圣人之才。而泰西则有希腊诸智者，印度则有佛。佛生卒年月，迄今无定说。摩腾[28]对汉明帝云：生周昭王廿四年甲寅，卒穆王五十二年壬申。隋翻经学士费长房撰《开皇三宝录》[29]云：生鲁庄公七年甲午，以春秋恒星不见，夜明星陨如雨为瑞应，周匡王五年癸丑示灭。《什法师年纪》[30]及石柱铭云：生周桓王五年乙丑，周襄王十五年甲申灭度。此外有云佛生夏桀时、商武乙时、周平王时者，莫衷一是。独唐贞观三年，刑部尚书刘德威等，与法琳[31]奉诏详核，定佛生周昭丙寅，周穆壬申示灭。然周昭在位十九年，无丙寅岁，而汉摩腾所云二十四年亦误，当是二人皆指十四年甲寅而传写误也。今年太岁在丁酉，去之二千八百六十五年，佛先耶稣生九百六十八年也。挽近西士于内典[32]极讨论，然于佛生卒，终莫指实，独云先耶稣生约六百年耳，依此则费说近之。佛成道当在定、哀间，与宣圣[33]为并世，岂夜明诸异，与佛书所谓六种震动[34]，光照十方国土者同物欤？鲁与摩竭提东西里差，仅三十余度，相去一时许，同时观异，容或有之。至于希腊理家，德黎[35]称首，生鲁釐二十四年，德首定黄赤大距[36]逆筭日食者也。亚诺芝曼德[37]生鲁文十七年。毕达哥拉斯生鲁宣间，毕，天算鼻祖，以律吕[38]言天运者也。芝诺芬尼[39]生鲁文七年，创名学。巴弥匿智[40]生鲁昭六年。般刺密谛[41]生鲁定十年。额拉吉来图生鲁定十三年，首言物性者。安那萨哥拉[42]，安息人，生鲁定十年。德摩颉利图[43]生周定王九年，倡莫破质点之说。苏格拉第生周元王八年，专言性理道德者也。亚里大各一名柏拉图，生周考王十四年，理家最著号。亚里斯大德[44]生周安王十八年，新学未出以前，其为西人所崇信，无异中国之孔子。（苏格拉第、柏拉图、亚里斯大德者三世师弟子，各推师说，标新异为进，不墨守也。）此外则伊壁鸠鲁[45]生周显二十七年。芝诺[46]生周显三年，倡斯多葛学。而以阿塞西烈[47]生周赧初年，卒始皇六年者终焉。盖至是希学支流亦稍涸矣。尝谓西人之于学也，贵独获创知，而述古循辙者不甚重。独有周上下三百八十年之间，创知作者，迭出相雄长，其持论思理，范围后世，至于今二千年不衰。而当其时一经两海，崇山大漠，舟车不通，则又不可以寻常风气论也。呜呼，岂偶然哉！世有能言其故者，虽在万里，不佞将裹粮挟贽[48]从之矣。

【注释】［1］敦庞：指丰厚，富足。

［2］赅：指完备，全面。

［3］綦：指很，非常。

［4］仁让：指仁爱谦让。乐群：指与友朋相处无违失。

［5］悴：指忧愁到极点。荣悴，比喻人世的盛衰。

［6］先觉：指觉悟早于常人的人。俦：指同类。

［7］玄契：指默契。同符：指相合。

［8］分涂：指分道，分路。唱：同“倡”。

［9］前识：谓先见之明。大心：志向大，有抱负。

［10］额里思：希腊。

［11］抢攘：指纷乱的样子。昏垫：指陷溺，困于水灾；亦指水患，灾害。

［12］无如：指无奈。

［13］游心：潜心，留心。冥漠：空无所有。

［14］微论：不用说，不要说。交午：指纵横交错。

［15］击鲜：指宰杀活的牲畜禽鱼，充作美食。艰食：指粮食匮乏。

［16］持肥曳轻：指乘肥衣轻，即坐着骏马驾的车，穿着轻暖的皮袍。比喻奢华的生活。

［17］什一仟佰：指千分之十、百分之一。谓在大量中保存极少的一部分。

［18］形气：指精气，元气。

［19］标：指标立，建立。

［20］艺：指种植。莳：指栽种。

［21］声明：原指声音与光彩，后以喻声教文明。文物：指礼乐制度。

［22］唐花：在室内用加温法培养的花卉。

［23］文胜：指尚文过了头。

［24］䜣：同“欣”。

［25］聋盲爽发狂：出自《道德经·第十二章》“五色令人目盲；五音令人耳聋；五味令人口爽；驰骋畋猎，令人心发狂；难得之货，令人行妨；是以圣人为腹不为目，故去彼取此”。

［26］颛：指愚昧，笨拙。

［27］酴郁：指浓厚馥郁。闲都：指文雅俊美。

［28］摩腾：迦叶摩腾，中印度人，印度佛教高僧。东汉明帝时，遣蔡愔等十八人为使，到大月氏国求佛法，永平十年（公元67年）请得迦叶摩腾和竺法兰二僧，用白马载着佛像和经典来到洛阳。翌年，明帝建白马寺，令迦叶摩腾、竺法兰二僧讲经，并请从事梵本佛经的汉译。现存的《四十二章经》即于此时译出。这是佛教传入中国并译经之始。

［29］费长房：生卒年不详，隋朝著名的经录学家。今四川成都人，原是北周僧侣，北周武帝宇文邕于建德三年（公元574年）下令废佛道二教，因而被迫还俗。到了隋文帝杨坚时，于开皇元年（公元581年）设置译场，因其精通佛学，并通诸子百家，遂以俗人身份被搜访敕召入京，并委任为翻经学士，此后就在大兴善寺担任笔受工作。《开皇三宝录》：共一十五卷，是一部兼具史传和经录性质的佛教著作，又名《历代三宝录》，略称《长房录》《三宝录》《房录》等。

［30］《什法师年纪》：出自南宋平江（治所在今江苏苏州）景德寺高僧法云编撰的佛教辞书《翻译名义集》。

［31］法琳：生于572年，卒于640年，河南颍川人，隋末唐初的高僧，是参与唐初佛道之争、能言善辩的佛教卫士。

［32］内典：佛教徒对佛经的称呼。

［33］宣圣：西汉平帝元始元年（公元1年）谥孔子为褒成宣公。此后历代王朝皆尊孔子为圣人，诗文中多称为“宣圣”。

［34］六种震动：依佛典所载，在释尊诞生、成道、说法或如来出现时，大地皆有六种震动。

［35］德黎：泰勒斯（约公元前624—前546年），古希腊时期的思想家、科学家、哲学家，希腊最早的哲学学派——米利都学派（也称爱奥尼亚学派）的创始人。希腊七贤之一，西方思想史上首个在记载中留名的思想家，被称为“科学和哲学之祖”。

［36］黄赤大距：黄赤交角，是地球公转轨道面（黄道面）与赤道面（天赤道面）的交角。目前地球的黄赤交角约为23°26′。

[37] 亚诺芝曼德：阿那克西曼德（约公元前610—前545年），古希腊唯物主义哲学家，据说是泰勒斯的学生。

[38] 律吕：比喻准则、标准。

[39] 芝诺芬尼：色诺芬尼（约公元前570—前480年或前470年，或公元前565—前473年），古希腊哲学家、诗人、历史学家、社会和宗教评论家，埃利亚派的先驱。

[40] 巴弥匿智：巴门尼德（约公元前515—前5世纪中叶以后），是一位诞生在古希腊埃利亚城邦的哲学家，是前苏格拉底哲学家中最有代表性的人物之一，是埃利亚派的实际创始人和主要代表者。

[41] 般刺密谛：又译为般剌蜜帝、般刺密帝、释极量。相传为古代印度佛教高僧，东渡中国，诵出《楞严经》，之后就回到印度，不知所终。因为文献不足，现代学者怀疑他只是个伪托的名字，实际并无其人。

[42] 安那萨哥拉：安那克萨哥拉（约公元前500—前428年），对日食和月食给予正确解释的第一位天文学家。

[43] 德摩颉利图：德谟克利特（约公元前460—前370年或前356年），古希腊的属地阿布德拉人，古希腊伟大的唯物主义哲学家，原子唯物论学说的创始人之一。

[44] 亚里斯大德：亚里士多德（公元前384—前322年），古希腊先哲，世界古代史上伟大的哲学家、科学家和教育家之一，堪称希腊哲学的集大成者。

[45] 伊壁鸠鲁：公元前341年生，公元前270年卒，古希腊哲学家、无神论者，伊壁鸠鲁学派的创始人。他的学说的主要宗旨就是要达到不受干扰的宁静状态。

[46] 芝诺：约公元前490年生，公元前425年卒，古希腊数学、哲学家。他生活在古希腊的埃利亚城邦，是巴门尼德的学生和朋友，埃利亚学派代表人物。

[47] 阿塞西烈：阿尔克西拉乌斯（公元前316—前242年），哲学家。他沿用苏格拉底式推论与论辩方法，不求得出结论，其主要道德标准为“追求理性的东西”。

[48] 贽：古代初次拜见尊长的见面礼。

【译文】大概在没有文字之前，人类蒙昧淳朴，多处于游猎阶段。放牧分散，没有形成大的群体，狩猎者则杀戮猎物而吃生肉，这些都是人类没有开化时的状况。直到文字出现，才进入文明时代。“文”是说它有秩序系统，“明”则区别于蒙昧。走出蒙昧时代，进入有秩序系统的社会，没有教化是不可能实现的。然而教化有长久与暂时之分，治理也有偏重与全面的差异。人类自私不仁的心理品行，要将之转变教化很困难；而仁慈、礼让、友爱、团结的风气却日渐减弱。不可能靠几千年的打磨洗礼，就能除去沿袭了几十万、几百万年的习俗。所以自从文字发明到如今，都是人类文明发展嬗变的阶段，这是探讨治理的人应当知道的。

□《乞讨的妇女与儿童》　贾可杜蒙特

赫胥黎在此篇重申忧患的重要性。从古至今，人类从危机四伏的原始社会走来，进入弱肉强食的现代社会，生存的竞争没有一刻停止过。尤其是在阶级分化严重的今天，不堪生活重负的人也大量存在。生活的种种，正符合摩揭提的“人生苦难如大海”的教义。因此，只有持有忧患意识，才能令人类时刻保持生存的危机感，勇往直前。

考察进化的学说，起源于商周之间的欧洲与亚洲交界处，而盛行于现在的西方。这是因为人心的灵智，莫不使人具有一定的智慧。而生死兴衰，昼夜交互替代，这种奇妙的运行规律像日月一样光亮明显。所以最先觉察到这一规律的学者们，对其认识惊人地玄妙默契且一致相符，在这个研究领域不期而遇，虽然他们的研究方法和学说均有不同之处，但却殊途同归。这是2500余年中，东西方先哲们伟大智慧的成果，其精深的学说尚在，是不可捏造的。

虽然如此，对这种规律的研究有深有浅。过去，在西周初年的时候，古希腊和古印度诸国，社会动荡，天灾频繁，各种族之间互相攻战灭杀。直到东周之后，希腊和印度的治理教化，才逐渐出现。礼制与乐制的兴起，必在大战之后的和平年代。这时民众能够安居乐业，得以自我奋发于学问研究思考之中，而不再忍心于平庸地生活，蒙昧地死去。从前的竞争，是为了生存；以后的竞争，是为了争取不虚度一生。至于今后更进一步的竞争，则是以充沛的天赋在所能的事业上竞争，而不让这种事业与自己的生命一同消失。培根的话说得好：“什么是学习？学习是借以寻求真理规律的真实；什么是教育？教育是借以寻求语言行为的正确。然而世上绝没有真理、规律不真实而语言行为正确的事情。东方大陆上有的民族，看见蛇就顶礼膜拜，说蛇是他们的祖先。假如蛇真是他们的祖先，那么他们顶礼膜拜的行为就是对的，而如果不然，就是错误的。所以教育与学习相权衡，学习比教育更急需。而科学不发达的国家，其政策法令多不符合国情民情，而人民的智慧思想就被压抑了。”从培根的话来看，我们时时探讨事物原理产生的原因，并以其作为人生理所当然的道

□ 泰勒斯

古希腊罗马哲学为欧洲哲学发展的初级阶段。所有的唯物主义和唯心主义、辩证法和形而上学思想，以及社会政治伦理思想等都发端于此，这些思想对世界哲学思想的发展影响深远。在众多的古希腊哲学家中，希腊最早的哲学学派——米利都学派的创始人泰勒斯可称得上是该领域的第一人。

理。我们在自然界与人类之间孜孜探求的，是至关重大的事情，又岂能任思想停留在那些虚无的事物上，辛苦地干一些毫无裨益的事呢？

而争取生存已经非常艰难了，这里姑且不说猛兽遍布、人类茹毛饮血、难以获得食物的原始时期。即使在今天，那些拥有骏马豪车、身着锦绣，不为生计所拖累的人，按人群中仅有十分之一来算，能有几个人呢？至于他们在生存之上的竞争，则期望越大，所要走的路就越远；见识越高，所要做的事就越辛苦。凡是这样的人，都是贤才、豪杰、圣者、哲人之类，国家因为有了他们而荣耀，民族因为得到他们而尊贵，这是人类赖以渐渐区别于禽兽的象征。这类人多多益善，多多益善啊！

然而人们的意识所能涉及的领域，随着科学事业的发展而无限扩充，而我们的生命有限，又不能不高瞻远瞩。要认识我们从何处起源，向何处终结；要弄明白生与死的原因，弄明白鬼魂和精神的情状，则受到生理形态和精神状况的限制。而人海茫茫，忧患弥漫，想要从充满缺憾的环境中寻求自我约束，又常常苦恼于缺少方法。看到摩揭提所说的“人生苦难如大海”的教义，赫拉克利特阐释的“人生好景如流水”的要旨，就可知忧患是与生俱来的。古人们对人生的见解不谋而合，可见疾痛与劳苦的事情是有生命时就相对具备了，而不是社会世事所突然带来的。

所以，组成社会实行治理，犹如种植果树、移栽花草；而语言文字、礼乐典章发展到晚期，就好像温室中的花朵。这是为什么呢？用文采优美掩饰虚伪的风气在世上滋长，歌舞、女色、美食、纵情等可娱乐人心的事情就日趋放肆，而由奢侈生活所带来的耳目败坏神经发狂等病态也就日渐增多。他们的才智既高出于愚笨的人，其深藏于性情中的感触，也显得微妙幽远而深切诚挚。所以他们以生活为乐的事情虽然气氛浓厚，闲雅大方，形式多样，不是一般粗野之人所能了解的，但由此在心中产生的感情的深厚，并且这种哀伤之情之深，也比一般质朴鄙陋之人更为强烈。对于以前的事多有于事无补的悔恨，对于将来的处境多有难以预料的忧患，因而在空想之中产生出另一番虚无的幻景，即使说这是从心中产生的地狱也不为过。况且精妙又华美的事情中，隐含着一种大害名叫“厌倦”。烦恼忧虑郁结于心中，神魂和精力消耗于体外，厌倦之情乘机涌起，那么往昔所有的欢乐，在顷刻之间全部成为糟粕。以前的欢乐越是浓烈，后来的厌倦就越是不堪忍受。及至生命终了之时，只会觉得一生虚幻荒诞，一切都无从控制；而还存有对生命恋恋不舍之心的人，不过是因为不能感知死亡而已。呜呼，这就是佛教、基督教、犹太教、伊斯兰教等宗教之所以兴起的根源。

〖**严复按语**〗

有关时代盛衰治乱气运的学说，难道不正是这样吗？全面地综合这方面的学术论点来讲，人民智慧的开化，最兴盛的时期是在春秋战国之际：在中国就有老子、孔子、墨子、庄子、孟子、荀子以及战国诸子，专门研究古人学说的学者们称他们都有圣人的才识；在西方则有古希腊的诸多圣哲，在古印度则有释迦牟尼。

释迦牟尼出生和死亡的年代，迄今没有定论。印度高僧迦叶摩腾曾对汉明帝说：“释迦牟尼生于周昭王二十四年甲寅，死于周穆王五十二年壬申。”隋朝佛学家费长房在其撰写的《开皇三宝录》中说：“释迦牟尼生于鲁庄公七年甲午，出生时天空看不到恒星，只见流星坠落如雨，是为佛祖出世的祥瑞兆头；周匡王五年癸丑圆寂。”《什法师年纪》及石柱铭中说：“释迦牟尼生于周桓王五年乙丑，周襄王十五年甲申涅槃。”此外还有说释迦牟尼生于夏桀时期、商武乙时期、周平王时期的，没有一个准确的说法。唯独唐朝贞观三年，刑部尚书刘德威等与法琳奉皇帝诏令详细核查，确定释迦牟尼生于周昭王丙寅年，圆寂于周穆王壬申年。然而周昭王在位十九年，没有丙寅年；而汉代印度高僧迦叶摩腾所说的周昭王二十四年也是错误的。二人都应当指的是周昭王十四年甲寅而后来传抄时出现笔误。今年的纪年是丁酉年，距当时已经2865年了，释迦牟尼比耶稣早生968年。近年来西方学者对佛经展开了热烈的讨论，然而对于释迦牟尼的生卒年没有最终确认，只说他比耶稣早生大约600年。据此，则费长房的说法就较为接近。释迦牟尼成教应当在鲁定公与鲁哀公之间，与孔子为同一时代，难道夜半天象的异常与佛经上所说的六种震动、光明普照十方国土是同一种事物吗？战国时的鲁国与古印度东西经度仅差30余度，时差一小时左右，同时观察到同一异常现象，或许是可能的。

至于古希腊哲学家，泰勒斯应可称为该领域的第一人。他生于鲁僖公二十四年，是最先利用黄赤交角来预测日食的人。阿那克西曼德出生于鲁文公十七年。毕达哥拉斯出生于鲁宣公年间，他是天文数学的鼻祖，提出以音律的形式来解释天体运行规律。色诺芬尼出生于鲁文公七年，创立了逻辑学。巴门尼德出生于鲁昭公六年。般刺密谛出生于鲁定公十年。赫拉克利特出生于鲁定公十三年，是最早研究物质性能的学者。安那克萨哥拉，安息人，出生于鲁定公十年。德谟克利特出生于周定王九年，首先提出原子不可分学说。苏格拉底出生于周元王八年，他是专门研究人性、天理和道德的人。亚里大各，又叫柏拉图，出生于周考王十四年，是最著名的哲学家。亚里士多德出生于周安王十八年，在新学派没有出现之前，他被西方人所崇拜，其程度与中国的孔子一样。（苏格拉底、柏拉图、亚里士多德，三人为三代师徒，各自推崇继承老师的学说，又以标新立异的见解为发展，不墨守成规。）此外还有伊壁鸠鲁出生于周显王二十七年。芝诺出生于周显王三年，倡导斯多葛学派学说。这一时期以阿尔克西拉乌斯出生于周赧王初年，死于秦始皇八年而结束。至此古希腊的学派的分支也就渐渐枯竭了。

我曾经说过西方人做学问，贵在有独到的研究成果和创新的思想，而对墨守陈述古人学说不太看重。唯有周朝上下380年之间，创造新知识新思想的作者，层出不穷并成为当时的伟大人物，他们所持有的思想见解和思维规律，为后世所效法，历经两千年不衰。在这片接壤东西两侧大海的广阔土地上，其间还有崇山大漠相阻，车船不通，中外各国在同一个时期出现众多伟大人物这件事，就不可能普通地用“风气如此”来解释和讨论了。啊！难道这是偶然出现的现象吗？世上有谁能说出其中的原因，我将背着粮食、携带礼品，不远万里去跟随他学习。

严意第四

本文探讨的是人类社会的“刑赏”问题。在原始社会，人们能够共同遵守约定俗成的社会契约，且施刑和行赏均由大家共同决定，所以原始社会是公平的。后来刑赏大权由少数人甚至一个人掌握，刑赏就不公正了。文章进而论证了，严格查明犯罪意念、动机，并以此量刑的道理，指出故意杀人与过失杀人不能等刑，这样刑赏才能公正，社会才能不断进步。

【原文】欲知神道设教之所由兴，必自知刑赏施报之公始。使世之刑赏施报，未尝不公，则教之兴不兴未可定也。今夫治术所不可一日无，而由来最尚者，其刑赏乎？刑赏者天下之平也，而为治之大器也。自群事既兴，人与人相与之际，必有其所共守而不畔者，其群始立。其守弥固，其群弥坚；畔之或多，其群乃涣。攻窳[1]强弱之间，胥视此所共守者以为断，凡此之谓公道。泰西法律之家，其溯刑赏之原也，曰：民既合群，必有群约。且约以驭群，岂惟民哉！彼狼之合从以逐鹿也，飙[2]逝霆击，可谓暴矣。然必其不互相吞噬而后行，是亦约也，岂必载之简书[3]，悬之象魏[4]哉？隤然默喻[5]，深信其为公利而共守之已矣。民之初群，其为约也大类此。心之相喻为先，而文字言说，皆其后也。其约既立，有背者则合一群共诛之；其不背约而利群者，亦合一群共庆之。诛庆各以其群，初未尝有君公焉，临之以贵势尊位，制为法令，而强之使从也。故其为约也，实自立而自守之，自诺而自责之，此约之所以为公也。夫刑赏皆以其群，而本众民之好恶为予夺，故虽不必尽善，而亦无由奋其私。私之奋也，必自刑赏之权统于一尊始矣。尊者之约，非约也，令也。约行于平等，而令行于上下之间。群之不约而有令也，由民之各私势力，而小役大、弱役强也。无宁惟是，群日以益大矣，民日以益蕃矣，智愚贤不肖之至不齐。政令之所以行，刑罚之所以施，势不得家平[6]而户论也，则其权之日由多而趋寡，由分而入专者，势也。

□ 石刑

社会秩序建立之后，民众越是遵守秩序，社会就越稳定；违反秩序的民众越多，社会就越不安定。为了维护社会秩序，刑罚和奖赏由此产生，并备受统治阶级的推崇，一直沿用至今。石刑是人类有记载的最早的刑罚。

且治化日进，而通功易事之局成，治人治于人，不能求之一身而备也。矧[7]文法日繁，国闻日富，非以为专业者不暇给也。于是乎则有业为治人之人，号曰士君子[8]。而是群者亦以其约托之，使之专其事而行之，而公出赋焉，酬其庸以为之养，此古今化国之通义也。后有霸者，乘便篡之，易一己奉群之义，为一国奉已之名，久假而不归，乌知非其有乎？挽近数百年，欧罗巴君民之争，大率坐此。幸今者民权日伸，公治日出，此欧洲政治，所以非余洲之所及也。虽然，亦复其本所宜然而已。

且刑赏者，固皆制治之大权也。而及其用之也，则刑严于赏。刑罚世轻世重[9]，制治者，有因时扶世之用焉。顾古之与今，有大不相同者存，是不可以不察也。草昧初民，其用刑也，匪所谓诛意者也。课夫其迹，未尝于隐微之地，加诛求也。然刑者期无刑，而明刑皆以弼教[10]，是故刑罚者，群治所不得已，非于刑者有所深怒痛恨，必欲推之于死亡也。亦若曰：子之所为不宜吾群，而为群所不容云尔。凡以为将然未然者，谋其已然者，固不足与治，虽治之犹无益也。夫为将然未然者谋，则不得不取其意而深论之矣。使但取其迹而诛之，则慈母之折葼[11]，固可或死其子；涂人之抛堶，亦可或杀其邻。今悉取以人“杀人者死”之条，民固将诿于不幸而无辞，此于用刑之道，简则简矣，而求其民日迁善，不亦难哉！何则？过失不幸者，非民之所能自主也。故欲治之克蒸，非严于怙故过眚[12]之分，必不可。刑则当其自作之孽，赏必加其好善之真，夫而后惩劝行，而有移风易俗之效。杀人固必死也，而无心之杀，情有可论，则不与谋故者同科。论其意而略其迹，务其当而不严其比，此不独刑罚一事然也，朝廷里党之间，所以予夺毁誉，尽如此矣。

【注释】［1］攻：通“功”，形容器物精好坚利。窳：疵病；粗劣。

［2］飙：暴风。

［3］简书：用于告诫、策命、盟誓、征召等事的文书。亦指一般文牍。

［4］魏：指古代天子、诸侯宫门外的一对高建筑，亦叫“阙”或“观”，为悬示教令之处。

［5］隤然：柔顺随和的样子。默喻：暗中晓喻。

［6］平：应通“评”，家喻户晓之意。

［7］矧：指另外，况且，何况。

［8］士君子：指古代上层统治人物。

［9］刑罚世轻世重：出自《尚书·吕刑》“刑罚世轻世重，惟齐非齐，有伦有要”。指在各个不同的历史时期，刑罚的轻重和其适用程度是各不相同的。

［10］明刑皆以弼教：出自《尚书·大禹谟》“明于五刑，以弼五教，期于予治”。后人简称“明刑弼教”。指用刑法晓喻人民，使人们都知法、畏法而守法，以达到教化所不能收到的效果。

［11］折蔓：指折取细枝，亦指鞭笞。

［12］眚：指过错。

【译文】想要了解以鬼神玄妙之说所设立的宗教之所以能够兴起的原因，就一定要从了解社会刑罚判决、奖赏施行是否公正入手。如果社会的刑赏判决和施行不曾有过不公正，那么宗教是否能够兴起，就不一定了。治理社会的方略不可一日没有，而其中最被推崇的，大概是刑罚和奖赏吧？

刑罚与奖赏，是天下的准则，因而成为社会治理的重要手段。自从社会政务兴起，人与人互相交际，必须有其共同遵守而不违背的行为规范，社会秩序才能建立，人们越是坚决遵守这样的规范，社会秩序就越是稳定；而违背规范的人多了，社会秩序就会涣散。在优者与劣者、强者与弱者之间，以这些共同遵守的规范作为判断事情的标准，这种做法就称为公道。

西方的法律学家在追溯刑罚奖赏兴起的本源时，认为人类既然组成社会，必定有社会契约。而这种用以控制社会的契约，难道只是人类才有吗？那些野狼以合群相随的方式来追逐野鹿，像狂风雷霆一样地发动攻击，可以说凶残无比，但其前提是狼群内不互相残杀，这也是一种契约。难道契约一定要记载在书上、悬挂在宫阙

□ 古代契约

随着刑罚和奖赏的出现，契约随之产生。当时还没有法令的约束，人们之间通过订立契约来自觉遵守秩序，约束自己的行为，并自愿承担责任，所以说契约是非常公平公道的。而之后独裁者所推行的约法，只是一种自上而下的法令，算不上是契约。

之上才算吗？狼群的这种现象是它们长期和平相处自然领悟出来的，它们深信这是维护共同利益而需要共同遵守的行为方式。人类在最初组成社会时，形成契约的情形也大致如此，先是心照不宣，而写成文字形成口头和书面形式，都是后来的事。社会契约订立之后，一旦有人违背，则全社会将共同惩罚他，对遵守维护社会利益的人，全社会也一同奖赏他，惩罚和奖赏都凭全社会自主。最初并不曾有君王公侯，依靠尊贵的地位和权势，制成法令来强迫人们遵守服从。所以人们订立的契约，其实是人们自愿订立而且自觉遵守，自愿承诺而且自己承担责任的。这就是契约之所以称为公道的原因。

刑罚奖赏全由社会主持，而社会根据人们共同的好恶来决定奖赏和惩罚。因此虽不一定完善，但也不会因此导致人们的私欲。私欲的产生，一定是自刑罚和奖赏的权力集中掌握在某一位独裁者手中开始的。独裁者推行的约法，不是契约，而是法令。契约是地位平等的人们自觉遵循的，而法令则是自上而下推行的。社会没有契约而只有法令，是因为人们各自偏袒保护自己的势力，而且是小的想驱使大的、弱者想驱使强者而造成的。人们宁可如此下去，社会因此而日益壮大，人口因此而日益增长。社会上智者、愚者、贤者、不肖者千差万别，那么政令由此推行，刑赏由此实施，势必不能以一家一户平等而论，于是权力逐渐由多数人掌管向少数人集中，由分权转入专权。这就是大势所趋。况且治理教化不断发展，分工合作的局面既已形成，则管理人与被人管理，不能在一个人身上同时兼备。而且法令条文日渐繁多，国务政闻日益繁杂，不成为专业者就无暇办理这些事务了。

因此就有了专门从事管理他人这项工作的专业人士，叫做“士君子”。社会群体中的人们便将社会契约托付给“士君子”，让他们专门管理和执行；并由大家交纳一定的赋税，作为他们的酬劳以供养其生活。这是古今文明国家通行的法则。但后来却有仗势欺人者，乘管理之便篡夺权力，变克己奉公的法则为举国供养一人的行径，并长期占有这种权力而不归还于社会，哪里还记得这权力并非他个人所有呢？最近数百年来，欧洲的一些君主与人民的斗争，大致就是由此而产生。幸而现在人民的权力日益伸张，公共治理事务日渐兴起，这就是欧洲政治是其他各大洲所不及的原因。虽然如此，这其实只是恢复社会契约政治的本来面目而已。

再说刑罚与奖赏，这两者本来都是用于控制社会治理大权的。而在实际运用的时候，则是刑罚严于奖赏。刑罚的轻重各时代不同，掌控社会治理大权的人应该使其起到顺应时代匡扶世风的作用。而古时与现在的社会实际存在极大差异，这是不可不明察的。

蒙昧时代的人类使用刑罚，不是凭犯人的犯罪动机而定罪的，而是仅仅核查犯罪事实，从不曾对人的内心活动加以深究。然而掌管刑罚的人却都希望不用刑罚就能治理好社会，刑律晓谕民众是为了弥补社会治理的不足。所以使用刑罚是不得已而采取的办法，并非对受刑者有什么深怒痛恨，一定要置其于死地。也就是表明，受刑者的所作所为不符合社会的利益，而为社会所不容而已。

凡认为将犯罪而还没有犯罪的，则如果追究其已犯之罪，本来就不足以治罪，就算一定要治罪也没什么益处。如果要追究将犯而未犯之罪，则势必不得不取其犯罪动机进行深究。即使只以犯罪事实定罪，那么慈母折根树枝有时也可能打死自己的孩子，道路上的人玩抛掷石块的游戏有时也可能砸死附近的人，倘若把这些事件全部纳入“杀人者死”的刑律条款中处理，人们只好将其推托为“不幸”而在法律面前无法自辩。这种对于刑罚的使用之法，简单倒是简单，但要使人民不断向善，不就很难了吗？为何这样说呢？因为过失造成的不幸，不是人们自身所能控制的。所以要想使社会治理不断进步，必须严格区分故意犯罪和过失犯罪。刑罚要与犯人所犯之罪相当，奖赏一定要给予真正的向善者，只有这样才能达到惩恶扬善的

□ 罗马民法大全

人类社会之初的契约，只是一种约定俗成，并没有形成口头或书面形式。随着社会文明的发展，以及赏罚条例的完善，真正的书面契约便形成了。这种契约之于国家与人民，即为法律。图为东罗马帝国查士丁尼时期编撰的《罗马民法大全》的羊皮纸手稿。

目的，并可收到移风易俗的效果。

杀人固然必须处以极刑，但不是有意的过失杀人，这种情形可另当别论，不能与故意杀人者同等受刑。既要论清犯罪的动机又要查清犯罪的事实，务求刑罚得当而不是刻板地遵循前例。不单是刑罚这类事如此，朝廷、乡里之间，所有的赏赐、惩罚、毁损、赞誉都应如此。

天刑第五

本文主要批驳、否定了"吉凶祸福者，天之刑赏"和"天道福善而祸淫"等观点。统治者称他们"刑当罪而赏当功"，是替天行道。文章以洪水、火山、灾荒、瘟疫、战争导致无计其数的善良百姓死亡为例，一举推翻了上述观点。并指出当今做好事的人不一定得到幸福，做坏事的人不一定遭到灾祸，从而戳穿了统治者"动云天命"的谎言。

【原文】今夫刑当罪而赏当功者，王者所称天而行者也。建言[1]有之，天道福善而祸淫[2]，惠迪吉，从逆凶，惟影响[3]。吉凶祸福者，其天之刑赏欤？自所称而言之，宜刑赏之当，莫天若也。顾僭滥[4]过差，若无可逃于人责者，又何说耶？请循其本，今夫安乐危苦者，不徒人而有是也，彼飞走游泳，固皆同之。诚使安乐为福，危苦为祸；祸者有罪，福者有功，则是飞走游泳者何所功罪，而天祸福之耶？应者曰：否否。飞走游泳之伦，固天所不恤也。此不独言天之不广也，且何所证而云天之独厚于人乎？就如所言，而天之于人也又何如？今夫为善者之不必福，为恶者之不必祸，无文字前尚矣，不可稽矣；有文字来，则真不知凡几也。贪狠暴虐者之兴，如孟夏之草木，而谨愿慈爱，非中正不发愤者，生丁槁饿[5]，死罹刑罚，接踵比肩焉。且祖父之余恶，何为降受之以子孙？愚无知之蒙殃，何为不异于估贼？一二人狂瞽偾事[6]，而无辜善良，因之得祸者，动以国计，刑赏之公，固如此乎？呜呼！彼苍之愦愦[7]，印度、额里思、斯迈特[8]三土之民，知之审矣。乔答摩[9]《悉昙》[10]之章，《旧约·约伯之纪》，与鄂谟[11]（或作贺麻，希腊古诗人）之所哀歌，其言天之不吊，何相类也。大水溢，火山流，饥馑疠疫之时行，计其所戕，虽桀纣所为，方之蔑尔。是岂尽恶，而祸之所应加者哉？人为帝王，动云天命矣。而青吉斯[12]凶贼不仁，杀人如薙，而得国幅员之广，两海一经。伊惕卜思[13]，义人也，乃事不自

□《大洪水》 意大利 米开朗琪罗

君王将自己对刑罚的实施归于“替天行道”，意即公道在天，而自己被授之天意。为此，赫胥黎提出质疑，难道世间的一切天灾，都是上天对人类的惩罚吗？那些被降祸于身的人，都做了坏事吗？这样看来，上天并不是公正的啊！而君王所说的替天行道的谎言，也难以自圆其说。油画《大洪水》描绘了《圣经》中关于大洪水的故事。

由，至手刃其父而妻其母。罕木勒特[14]，孝子也，乃以父仇之故，不得不杀其季父，辱其亲母，而自剚[15]刃于胸。此皆历生人之至痛极酷，而非其罪者也，而谁则尸[16]之？夫如是尚得谓冥冥之中，高高在上，有与人道同其好恶，而操是奖善瘅[17]恶者衡耶？

有为动物之学者，得鹿，剖而验之，韧肋而便体，远闻而长胫，喟然曰：伟哉夫造化！是赋之以善警捷足，以远害自完也。他日又得狼，又剖而验之，深喙而大肺，强项而不疲，怃然曰：伟哉夫造化！是赋之以猛鸷有力，以求食自养也。夫苟自格致之事而观之，则狼与鹿二者之间，皆有以觇造物之至巧，而无所容心于其间。自人之意行，则狼之为害，与鹿之受害，厘然异矣。方将谓鹿为善为良，以狼为恶为虐，凡利安是鹿者，为仁之事；助养是狼者，为暴之事。然而是二者，皆造化之所为也。譬诸有人焉，其右手操兵以杀人，其左能起死而肉骨之，此其人，仁耶暴耶？善耶恶耶？自我观之，非仁非暴，无善无恶，彼方超夫二者之间，而吾乃规规然执二者而功罪之，去之远矣。是故用古德之说，而谓理原于天，则吾将使理坐堂上而听断，将见是天行者，已自为其戎首罪魁，而无以自解于万物，尚何能执刑赏之柄，猥曰：作善，降之百祥，作不善，降之百殃也哉！（伊惕卜思事见希腊旧史，盖幼为父弃，他人收养，长不相知者也。）

复案：此篇之理，与《易传》所谓乾坤之道鼓万物，而不与圣人同忧；《老子》所谓天地不仁，同一理解。老子所谓不仁，非不仁也，出乎仁不仁之数，而不可以仁论也。斯宾塞尔著《天演公例》，谓教、学二宗，皆以不可思议为起点，即竺乾所谓不二法门者也。其言至为奥博，可与前论参观。

【注释】［1］建言：指古语或古谚。

［2］天道福善而祸淫：出自《尚书·汤诰》“天道福善祸淫”，指赐福给为善的人，降祸给作恶的人。常用为劝人行善之词。

［3］“惠迪吉”三句：出自《尚书·大禹谟》。唐初鸿儒孔颖达注释其为：“吉凶之报，若影之随形，响之应声，言不虚。”

［4］僭滥：指赏罚失当，过而无度。出自《诗经·商颂·殷武》：“不僭不滥，不敢怠遑。”

［5］丁：指遭逢。槁饿：指穷困饥饿。

［6］狂瞽：指愚妄无知，多用作自谦之辞。偾：败坏，破坏。偾事：败事。

［7］愦愦：指昏庸，糊涂。

［8］斯迈特：闪米特人，亦称塞姆人。源自《圣经·旧约·创世纪》所载传说，称其为诺亚（又译挪亚）长子闪的后裔。是起源于阿拉伯半岛的游牧人民。阿拉伯人、犹太人都是闪米特人。

［9］乔答摩：乔达摩·悉达多。古印度著名思想家，古印度迦毗罗卫国释迦族人，佛教的创始者。后世尊称其为释迦牟尼佛。

［10］悉昙：梵语，意译作“成就”“吉祥”。此处指乔达摩·悉达多的著作。

［11］鄂谟：荷马，古希腊伟大的诗人，堪称西方文学的始祖，其代表作为《荷马史诗》。

［12］青吉斯：成吉思汗。

［13］伊惕卜思：俄狄浦斯，外国文学史上典型的命运悲剧人物。是希腊神话中忒拜的国王拉伊奥斯和王后约卡斯塔的儿子，他在不知情的情况下，杀死了自己的父亲并娶了自己的母亲。“戏剧艺术的荷马”“命运悲剧大师”索福克勒斯在古希腊戏剧《俄狄浦斯王》中丰富了其命运悲剧。

［14］罕木勒特：哈姆雷特。

［15］剚：指（用刀）刺。

［16］尸：指执掌，主持。

［17］瘴：指憎恨。

【译文】刑罚惩治有罪者而赏赐有功者，君王称其为替天行道。古书上说过，天道把福祉降给好人，把祸患带给坏人，“遵循规律做事就得到吉利，违背规律做事则得到不幸，如影随形，如响随声”。吉利、不幸、灾祸、福祉，这些都是上天的惩罚和奖赏吗？从以上所说的意思看，刑罚和奖赏是否得当，没有比上天更公正的了。然而一旦赏罚失当，又难以逃过人们的责难，这又该怎么解释呢？请让我们追寻其本来缘由。

平安、快乐、危难、痛苦，不仅是人类特有，飞禽、走兽、鱼类等动物在这方面与人类相同。如果平安快乐是幸福，危难痛苦是灾祸，有灾祸的人有罪过，得幸福的人有功劳，那么这些飞禽、走兽、鱼类等动物对上天有何功过，而招致祸福呢？有人会回答说不是这样，飞禽走兽鱼类之类的动物，本来就是上天所不体恤的。这难道不是在说上天没有对万物一视同仁吗？而且有什么证据说明上大对人类特别厚爱呢？就算这种说法是正确的，上天对待人类又是怎样呢？

做好事的人不一定得到幸福，做坏事的人不一定遭遇灾祸。在有文字之前的历史，尚且无从考证；但自有文字以来，这样的事就真不知道总计有多少了。贪婪凶狠、残忍暴虐之人的兴起，就像初夏的草木一般繁荣；而那些谨慎老实、慈善仁爱、非正道而不发奋为之的人，活着时往往遭遇饥饿，形如槁木，却还要遭受刑罚而死去。这在历史上可找到一个又一个的例子。并且祖辈、父辈的罪孽，为什么还要传给子孙后代承受？因愚昧无知而蒙受祸殃的人，为什么所承受的惩罚等同于作恶多端的盗贼？一两个人口出狂言、诬陷好人，却让善良无辜的人因此而受到株连，这种情况多得能够组成一个国家。所谓刑罚与奖赏的公正，难道就是如此吗？唉呀，昏庸糊涂的苍天，古印度、古希腊、闪米特三族的人民，对此了解得多么透彻啊！达摩先祖的《悉昙》篇章、《旧约》中的《约伯之纪》，以及鄂谟（或叫荷马，希腊古代诗人）所作的哀歌，他们所说的上天不悲悯苍生，于此是何等的相似啊！洪水泛滥，火山爆发，灾荒瘟疫时常流行，计算一下因此遇难的人，就是夏桀、商纣的残暴行为，与其相比也显得微不足道了！难道这些遇难者都是坏人，应该把灾祸加在他们身上吗？

当帝王的人，常说自己是奉了上天的诏命。而成吉思汗凶狠残暴没有仁道，杀人就像除草一样，扩张的国土疆域之广大，横跨了两大海洋和东西大陆。俄狄浦斯，是一位义士，但他所做的事却身不由己，以至于亲手杀害父亲而娶母亲为妻。哈姆雷特，是一个孝子，却为了给父亲复仇，不得不杀死自己的叔父，侮辱自己的母亲，且最后用刀刺进了叔父与母亲之子的胸膛。这些人经历了最痛苦、最残酷的人生，却并不因为他们是罪人。但这是由谁操纵而造成的呢？这样的事情难道有所谓冥冥之中、高高在上、具有与人类共同的好恶、掌握着惩恶扬善权力的存在，来帮助人类权衡是非吗？

□ **被攻击的野鹿**

对于善恶的评判，并不能一言概之。赫胥黎以狼猎食鹿来举例说明。在人们的潜意识中，鹿被狼食，凶狠残暴的狼是恶的代表，温顺弱小的鹿则代表了善。然而，这两种动物的生理特征是自然生成的，狼的残暴和鹿的柔顺都是生存所需。所以，二者是不应该有善恶之分的。依此，人类对是非的权衡，也并非科学而公正。

曾有一位研究动物的学者，得到一只鹿，进行解剖研究，发现鹿胸腔两侧柔软坚实而又身躯轻便，既能听见远处的声音又拥有长腿能长途奔跑，于是感叹道："自然真是伟大啊！赋予鹿如此警觉善于奔跑的特性，足以使它们远离危险保护自己。"另一天他得到一匹狼，又进行解剖研究，发现狼的嘴尖长而肺宽大，倔强而不会疲劳，于是惊叹道："自然真是伟大啊！赋予狼如此凶猛强劲的秉性，足以使它们获得食物养活自己。"

从科学方面来看，狼与鹿两种动物，都体现了上天造物的极致精巧，这种精巧，甚至到了毫厘不差的程度。从人类的意识来看，狼猎食鹿与鹿被狼猎食，是截然不同的。人们认为鹿温顺善良，而狼凶狠残忍，凡是有利于鹿安全的，都是仁慈的事情；凡是帮助狼生存的，都是残暴的事情。其实狼与鹿两种动物，都是自然所生成的。比如一个人，他的右手拿着兵器用来杀人，他的左手却能让人起死回生，让白骨生长出血肉来。那么这个人是仁慈还是残暴呢？是好人还是恶人呢？依我个人的观点看，这既不是仁慈也不是残暴，既无所谓好人也无所谓恶人。他应当是超越了这二者，而我却用浅薄的眼光看待他，拘泥于这两方面的标准去评判他的功罪，那实在离此事的本质太远了。

所以，依古代道德观的说法，认为道理原本出自上天，那么我将把"道理"置于公堂上听听审断，则将发现，这所谓的天道法自身已成为罪魁祸首，而无法对万物自辩，又怎么能执掌刑罚和奖赏的大权，恬不知耻地说谁做好事就赏赐给他许多

吉利，谁做坏事就给予他许多灾祸呢？（俄狄浦斯的传说故事，见希腊古代史，他自幼被父亲抛弃，为他人收养，所以长大之后不认识他的父亲。）

〖**严复按语**〗

这篇文章所讲的道理，与《易传》所说的“自然规律使万物生长而不与圣人一样为苍生忧虑”，以及《老子》所讲的“天地不仁”，是同一道理。老子所讲的“不仁”，并非真的没有仁慈，它已超越了“仁”与“不仁”的定数，而不可用“仁”来评说。赫伯特·斯宾塞著《天演公例》说，教与学两个宗派都把不可思议作为出发点，也就是天竺佛经上所说的“不二法门”。这些言辞最为深奥渊博，可与前一篇文章参照起来阅读。

佛释第六

本文主要介绍了佛教的轮回、因果学说。佛教的这一学说，是用可以说明的道理，引证不可知的事物，借以阐释难以认识的自然法则。该学说认为，一切善与恶都有因果关系，这种因果关系不能以一个人当前的遭遇来计算，而应当以一生来计算。文章对这种学说既没有肯定也没有否定，采取了客观的态度来介绍。

【原文】天道难知既如此矣。而伊古以来，本天立教之家，意存夫救世，于是推人意以为天意，以为天者万物之祖，必不如是其梦梦[1]也，则有为天讼直[2]者焉。夫享之以郊祀，讯之以蓍龟，则天固无往而不在也。故言灾异者多家，有君子，有小人，而谓天行所昭，必与人事相表里者，则靡不同焉。顾其言多傅会回穴[3]，使人失据。及其蔽也，则各主一说，果敢酷烈，相屠戮而乱天下，甚矣，诬天之不可为也。宋、元以来，西国物理日辟，教祸日销。深识之士，辨物穷微[4]，明揭天道必不可知之说，以戒世人之笃于信古、勇于自信者。远如希腊之波尔仑尼[5]，近如洛克[6]、休蒙[7]、汗德[8]诸家，反覆推明，皆此志也。而天竺之圣人曰佛陀者，则以是为不足驾说竖义[9]，必从而为之辞，于是有轮回因果之说焉。夫轮回因果之说何？一言蔽之，持可言之理，引不可知之事，以解天道之难知已耳。

今夫世固无所逃于忧患，而忧患之及于人人，犹雨露之加于草木。自其可见者而言之，则天固未尝微别善恶，而因以予夺损益于其间也。佛者曰：此其事有因果焉。是因果者，人所自为，谓曰天未尝与焉，蔑不可也。生有过去，有现在，有未来，三者首尾相衔，如银铛[10]之环，如鱼网之目。祸福之至，实合前后而统计之。人徒取其当前之所遇，课其盈绌焉，固不可也。故身世苦乐之端，人皆食其所自播殖者。无无果之因，亦无无因之果。今之所享受者，不因于今，

□ 释迦说法图 敦煌壁画

佛陀诞生之后，认为当时人类社会对生老病死等自然现象的各种解释和理论，都是不足以用来传播的学说和不值得树立的教义。为此，他对自然法则给出了另一套解释，这就是轮回、因果的佛家学说的产生。何为轮回、因果学说？赫胥黎总结说，即用可以阐明的道理，引证不可知的事物，借以阐释难以认识的自然法则。

必因于昔；今之所为作者，不果于现在，必果于未来。当其所值，如代数之积，乃合正负诸数而得其通和也。必其正负相抵，通和为无，不数数之事也。过此则有正余焉，有负余焉。所谓因果者，不必现在而尽也。负之未偿，将终有其偿之之一日。仅以所值而可见者言之，则宜祸者或反以福，宜吉者或反以凶，而不知其通核相抵之余，其身之尚有大负也。其伸缩盈朒[11]之数，岂凡夫所与知者哉！

自婆罗门[12]以至乔答摩，其为天讼直者如此。此微论决无由[13]审其说之真妄也，就令如是，而天固何如是之不惮烦，又何所为而为此，则亦终不可知而已。虽然，此所谓持之有故，言之成理者欤！遽斥其妄，而以鲁莽之意观之，殆不可也。且轮回之说，固亦本之可见之人事物理以为推，即求之日用常行之间，亦实有其相似，此考道穷神[14]之士，所为乐反覆其说，而求其义之所底也。

【注释】[1] 梦梦：指昏乱，不明。

[2] 讼直：指申辩是非曲直。

[3] 回穴：指风势回旋不定貌。引申为变化无常。《汉书·叙传上》："畔回穴其若兹兮，北叟颇识其倚伏。"颜师古注解："回穴，转旋之意。"

[4] 辨物：分辨事物的种类，辨别事物的情况。穷微：探究精微的道理。

[5] 波尔仑尼：普罗提诺（205—270年），又译作柏罗丁，新柏拉图主义奠基人，罗马帝国时代最伟大的哲学家之一。

[6] 洛克：约翰·洛克（1632—1704年），英国哲学家。在知识论上，与乔治·贝克莱、大卫·休谟三人被列为英国经验主义的代表人物，在社会契约理论上也做出重要的

贡献。

[7] 休蒙：大卫·休谟（1711—1776年），英国哲学家、经济学家、历史学家，苏格兰启蒙运动以及西方哲学历史中最重要的人物之一。

[8] 汗德：伊曼努尔·康德（1724—1804年），德国古典哲学创始人，其学说深深影响近代西方哲学，并开启了德国唯心主义和康德主义等诸多流派。

[9] 驾说：指传布学说。竖义：指立义，阐明义理。

[10] 锒铛：亦作"锒铛"。指铁锁链，拘系罪犯的刑具。

[11] 朒：指亏缺，不足。

[12] 婆罗门：婆罗门教和印度教的祭司。婆罗门教将人分为四个种姓，婆罗门是印度四姓中最高级种姓，为古印度一切知识核心人群，祭司和学者的阶级。

[13] 无由：指没有门径，没有办法。

[14] 考道穷神：指研求应遵之道，穷究事物之神妙。

【译文】自然规律既然如此难以理解，而自古以来，根据所谓上天的旨意创立教派的宗教家，其本意是为了拯救世人。所以，如果把人的意识推崇为上天的旨意，认为上天是创造万物的始祖，一定不会像人为统治这样混乱，这样就有为上天申冤的必要了。

人们献上祭品在郊外举行祭天大典，用蓍草和龟甲来占卜问天，那么上天本来就无所不在。阐释自然灾害和异常现象的诸多教派，虽有君子和小人的差别，但他们都认为天运法则的昭示，必定与人世间的事互为表里。只要观察这些教派对天意的阐释，就会发现其中观点的牵强附会与改变无常，让人们左右两难，无法判断孰是孰非。人们受到这些观点的蒙蔽，各持己见，残酷激烈地互相残杀，导致天下大乱，甚至假借上天的名义来做不该做的事。

宋元以来，西方国家的科学事业日益发展，宗教的祸乱渐渐消除。具有深远见地的人士，深入揭示事物原理，研究事物的精微本质，公开提出自然法则不可知论，以告诫世上那些崇尚古代学说、过于自信的人。古代如古希腊的波尔仑尼，近代的如洛克、休谟、康德等哲学家，反复推论证明，都是出自这个目的。而古印度一个名叫佛陀的圣人，则认为这些都是不足以用来传播的学说和不值得树立的教义。他对自然法则有另一套解释，于是产生了轮回、因果的佛家学说。

那么什么是轮回、因果的学说呢？用一句话来概括就是：拿可以阐明的道理，引证不可知的事物，借以阐释难以认识的自然法则而已。如今世人固然不能摆脱忧患，而忧患涉及到每一个人，就好像雨露淋洒在草木上一样。从可见的方面来说，上天本来就不曾仔细区分善与恶，并且因此给予奖赏、惩罚、损害、利益。佛家说：这些事有因果关系。这种原因与结果，均是人所造成的，要说上天不曾参与涉及其中，也未尝不可以。人的生命有过去、有现在、有未来，三个时期首尾互相衔接，就像铁链的环节，又像鱼网的网眼。灾祸与福祉的到来，实在应当总合前后的所有事情来统一计算。人们只取当前遭遇的事情，来考核自己的祸福增减，本来就不应该。所以人生在世苦乐的端由，都是自食其果。人世间没有无结果的原因，也没有无原因的结果。现在所享受的一切结果，不是出于现在的原因，就必定出于过去的原因；现在的所作所为，不在现在产生结果，就必定会在未来产生结果。原因与结果得出的值，就如同代数的互相加减，就是集合正、负数值而得到的总和，必定要将正数、负数互相抵消，通过总和化为零，其过程不是一件简单的事。超过零这个界限就有正余数、负余数。所谓原因和结果，不一定都会在现在全部显现，欠下的负数未能偿还，将来总有偿还的那一天。仅以原因和结果的数值来看，有的事看似灾祸却反而使人得到福祉；有的事看似吉利却反而使人得到灾难，人们不知道经过全盘核算相抵之后，因果之数还有很大的亏损。这种伸缩盈亏的定数，哪里是凡夫俗子所能懂得的？

从婆罗门教到佛教，他们替上天申诉的情况就是如此。

这理论虽然精妙，却无从察辨其所说的是真实还是虚妄。如果它是真实的，上天又为何如此固执地不怕麻烦呢？又因什么缘故要这样做呢？这也是人们终将无法知道的了。虽然如此，这又是不是我们所说的持论有据、言之成理的情况呢？一味指责这样的理论为虚妄，而用鲁莽的意见看待，恐怕是不妥当的。并且轮回的学说，原本也是根据人世中可见的事物常理进行推论的，如果在日常的应用实践之中探求，也确实有合理之处。这是那些潜心研究佛学神道的学者所乐于反复阐说的，而其目的在于探求佛学教义的最深底蕴。

种业第七

本文主要介绍、分析了竺乾的“种业”学说。种业亦即“羯摩”。该学说认为，人唯有进入返璞归真的涅槃境界，才能免除生死轮回，永远脱离苦海；并主张注重焚香礼佛，以此改变人的气质，修成佛门正果。本文认为“种业”学说是为了弥补轮回、因果论的不足而迫不得已创立的，认为焚香礼佛未必能改变人的气质而修成正果，从而论证了“种业”也不能自圆其说。严复在按语中认为柏拉图的本性论与印度的三世因果论很相近，并介绍了柏拉图的本性论。

【原文】理有发自古初，而历久弥明者，其种姓[1]之说乎？先民有云：子孙者，祖父之分身也。人声容气体之间，或本诸父，或禀诸母。凡荟萃此一身之中，或远或近，实皆有其由来。且岂惟是声容气体而已，至于性情为尤甚。处若是境，际若是时，行若是事，其进退取舍，人而不同者，惟其性情异耳，此非偶然而然也。其各受于先，与声容气体无以异也。方孩稚之生，其性情隐，此所谓储能者也。浸假是储能者，乃著而为效实焉。为明为暗，为刚为柔，将见之于言行，而皆可实指矣。又过是则有牝牡之合，苟具一德，将又有他德者与之汇以深浅酡醽[2]之。凡其性情与声容气体者，皆经杂糅以转致诸其胤。盖种姓之说，由来旧矣。

顾竺乾之说，与此微有不同者。则吾人谓父母子孙，代为相传，如前所指。而彼则谓人有后身，不必孙、子。声容气体，粗者固不必传，而性情德行，凡所前积者，则合揉剂和，成为一物，名曰喀尔摩，又曰羯摩[3]，译云种业。种业者不必专言罪恶，乃功罪之通名，善恶之公号。人惟入泥洹[4]灭度[5]者，可免轮回，永离苦趣[6]。否则善恶虽殊，要皆由此无明[7]，转成业识[8]，造一切业，熏为种子；种必有果，果复生子，轮转生死，无有穷期，而苦趣亦与俱永。

□ 同乐　清代　佚名

佛教讲求因果报应，认为行善也是一种修功德的方式，多行善事，就容易得道；相反，作恶多端就会下地狱，所以佛教要求信徒广结善缘、积德行善。这张清代的绘画描绘的是几位罗汉与生灵同乐的情景。对万物生灵平等待之，亦是一种善行。

生之与苦，固不可离而二也。盖彼欲明生类舒惨[9]之所以不齐，而现前之因果，又不足以尽其所由然，用是不得已而有轮回之说。然轮回矣，使甲转为乙，而甲自为甲，乙自为乙，无一物焉以相受于其间，则又不足以伸因果之说也，于是而羯摩种业之说生焉。所谓业种自然，如恶叉聚者，即此义也，曰恶叉[10]聚者，与前合揉剂和之语同意。盖羯摩世以微殊，因夫过去矣。而现在所为，又可使之进退，此彼学所以重薰修[11]之事也。薰修证果[12]之说，竺乾以此为教宗，而其理则尚为近世天演家所聚讼[13]。夫以受生不同，与修行之得失，其人性之美恶，将由此而有扩充消长之功，此诚不诬之说。顾云是必足以变化气质，则尚有难言者。世固有毕生刻厉，而育子不必贤于其亲；抑或终身慆淫[14]，而生孙乃远胜于厥祖。身则善矣，恶矣，而气质之本然，或未尝变也；薰修勤矣，而果则不必证也。由是知竺乾之教，独谓薰修为必足证果者，盖使居养[15]修行之事，期于变化气质，乃在或然或否之间，则不徒因果之说，将无所施，而吾生所恃以自性[16]自度[17]者，亦从此而尽废。而彼所谓超生死出轮回者，又乌从以致其力乎？故竺乾新旧二教，皆有薰修证果之言，而推其根源，则亦起于不得已也。

复案：三世因果之说，起于印度，而希腊论性诸家，惟柏拉图与之最为相似。柏拉图之言曰：人之本初，与天同体，所见皆理，而无气质之私。以有违误，谪遣人间。既被形气，遂迷本来。然以堕落方新，故有触便悟，易于迷复，此有夙根人所以参理易契也。使其因悟加功，幸而明心见性，洞识本来，则一世之后，可复初位，仍享极乐。使其因迷增迷，则由贤转愚，去天滋远。人道既尽，乃入下生。下生之中，亦有差等。大抵善则上升，恶则下降，去初弥远，复天愈难矣，其说如此。复意希、印两土相近，柏氏当有沿袭而来。如宋代诸儒言性，其所云明善复初诸说，多根佛书。顾欧洲学者，辄谓柏氏所言，为标己见，与竺乾诸教，绝不相谋。二者均无确证，姑存其说，以俟贤达取材焉。

【注释】［1］种姓：指宗族。

［2］酴：指酒醋味厚；味浓烈的酒。醨：薄酒。

［3］羯摩：梵语为karma，佛教术语。僧团中的议事规则，举凡授戒、说戒、忏悔，乃至各种僧团公共事务的处理所应遵行的一定程序，统称为羯摩。

［4］泥洹：涅槃，佛教用语，源自古印度婆罗门教，是佛教全部修习所要达到的最高理想，一般指熄灭生死轮回后的境界。 也作为死亡的美称。

［5］灭度：指灭烦恼，度苦海。涅槃的意译。

［6］苦趣：佛教指地狱、饿鬼、畜生这三种“恶道”。均为轮回中的受苦之处。趣，同“趋”。

［7］无明：梵语的意译，指痴愚无智慧。

［8］业识：佛教语，指十二因缘中的行缘识。指人投胎时心动的一念。

［9］舒惨：表示“苦乐”“好坏”“阴晴”“丰歉”等两个对立概念并举的词语。

［10］恶叉：树名，其子必三颗同一蒂。佛教以此比喻惑、业、苦。见《楞严经》卷一。

［11］薰修：佛教用语。指焚香礼佛，修养身心。

［12］薰修证果：佛教用语。谓佛教徒经过长期修行而悟入妙道。

［13］聚讼：指众说纷纭，久无定论；众人争辩，是非难定。

［14］慆：指贪。慆淫，指享乐过度，怠慢放纵。

［15］居养：居移气，养移体。出自《孟子・尽心上》：“孟子自范之齐，望见齐王之子，喟然叹曰：‘居移气，养移体。大哉居乎！夫非尽人之子与？’”

［16］自性：指诸法各自具有的不变不灭之性。

［17］自度：指济渡自身，超越苦难。

【译文】如果说有一种理论发源自远古，随着时间流失却越来越显而易见，大概要数种姓遗传学说吧？古代圣贤曾经说过：儿子、孙子是从他祖父、父亲的身体分化出来的。人的声音、容貌、气质、形体之中，有的来自于父亲，有的秉承于母亲，凡是会集于人的身体之中的，或远或近，其实都是有来源的。不仅声音、容貌、气质、形体是这样，性情更是如此。人们身处同一环境、生活在同一时代。做着同一件事，为人处世的方法却各不相同，区别就来自于他们性情的差异。这并不是偶然，而是必然，都是各自从先祖那里承袭下来的，与声音、容貌、气息、形体一样，性情也是从先祖处继承而来的。

一个人刚出生时，他的性情是隐藏着的，这就是我们通常所说的“储能”。如果储藏的能量显露成为实际性情，不论是外向还是内向，不论是刚强还是柔顺，都将在他的言语行为中表现出来，而且都可以实际指认。这一时期之后，经过婚姻上的结合，将本身具有的特性与配偶的特性相交汇，但二者占比不同，各有浓淡深浅。人的性情与声音、容貌、气质、形体，都是经过这样杂交糅合之后转而遗传给后代的。

种姓遗传的学说，由来已久，而印度佛教的学说，与此略有不同。我们所说的父母子孙，是一代代延续相传，正如前文所讲的那样。而印度佛教则认为人有来世转生，不一定要靠子孙延续。声音、容貌、气质、形体等粗略的形态，固然不一定会延续传递，但性情、德行等，凡是属于先前代代积存下来的东西，则可以糅合调和，变成为一种物质，名叫“喀尔摩”，又叫“羯摩”，可以译为“种业”。所谓“种业”，不是专指罪恶，而是功德与罪孽的通用称谓，善良与邪恶的共同名号。人只有达到返本归真的涅槃境界，才可以免除轮回，彻底脱离痛苦。否则，善良与邪恶虽有不同，但一旦动了心念，便转而引起执着，影响熏染出因果的种子。种子必定会结出果实，果实又再生成种子，轮回转换的生与死，没有穷尽的一天，而苦难也同样与之永存。生命与痛苦，本来就是不可分离成为两种东西的。印度佛学想要阐明众生命运的幸福与悲惨之所以不一致的原因，才产生了先前阐述过的原因与结果之说，但又不足以完全自圆其说，因此不得已而创造轮回的理论。然而轮回即使将甲转变成为乙，但甲自然还是甲，乙自然还是乙，没有一种物质能够联系二者，这又不足以说明因果论，于是“羯摩种业”学说便产生了。所谓善恶自然为苦乐的种子，如同恶叉树上象征惑、业、苦的三子同蒂，就是这个含义。这里所说的恶叉树上三子同蒂，与前面所说的糅合调和、代代积存的意思相同。因为过去的行为，“羯摩”在代代流传的过程中产生差异，而现在的行为又可以使其向好坏的不同方向增减，这就是印度佛学教派之所以注重焚香礼佛这类事的原因。

焚香礼佛以修成正果的学说，古代印度佛教以此作为本源正宗，但其中的道理却仍然被近代进化论学者们争辩不休，久无定论。

因为天生的禀性不同，修行的得失也不同，那么此人禀性的好坏，将因此而有扩大、充实、增减、盛衰等结果。这决非虚妄欺人之说。不过，要说这必定能改变转化人的身体和精神，则值得商榷。世上本就有毕生严于约束自己的人，但其生养的孩子就不一定比父母贤明；有的人终生放纵淫乐，但其子孙的品格却远胜于先祖。人自身既有善良的一面又有邪恶的一面，而身体和精神的本身，或许从来不曾变化。勤于焚香礼佛的修行，但却不一定能修成正果。

□ **阿秘特尊者　唐卡　18世纪**

佛教认为，上天并未认真区分善恶，更无所谓的奖罚。人的生命分为过去、现在和未来，这三个时期相互衔接，环环相扣。人们对于降临在身上的灾祸与福祉，都应当总合前后的所有事情来统一计算。而人生在世所有苦乐的端由，都是自食其果，既无没有结果的原因，也无没有原因的结果。图中的主尊为十六罗汉之第十六位阿秘特尊者。

由此可知，古代印度的佛教，特别强调焚香礼佛必定可以实证佛门正果，并让人们清居，静养修行，以期改变转化人们的身体和精神，其可靠性似是而非，无法确定。这样看来，不仅因果学说难以实行，而且人们所倚仗的，能够用来发掘自我性格及改变自我特点的东西，也将会从此失去效力。而佛教所说的超越生死、脱出轮回的事物，又如何来发挥它的力量呢？所以古代印度新旧两大教派，都有焚香礼佛才能修成正果的说法，而究其根源，则是因为需要自圆其说，不得已而产生的。

〖**严复按语**〗

前世、现世、后世三世因果报应之说，起源于古印度，而在古希腊研究性理的诸位学者中，只有柏拉图的观点与之最为相似。

柏拉图的话是这样说的：“人类起源的初期，是自然的一部分，所显现的都是自然的理性而无心理和生理上的私欲，因为有违背和延误上天旨意的行为，被贬谪到尘世间。人类既然拥有了肉体与精神，就迷失了原来的本性。然而由于人类堕落不久，所以有所触动便可觉悟，迷失的本性容易恢复。这是具有前世灵根的人研究理论容易领会的原因。因为他们根据自己的悟性加上研修的功夫，有幸通过内省自心而发现真理，深切认识了人类原来的本性，这样一生走完之后，人便可回复到最初的自然状态，仍然能享受最大的快乐。假如一个人因为迷失本性而增添了迷惑，那么就会由贤明转变为愚钝，更加远离上天，在历尽人的生死之后，就降到下等生命世界。下等生命世界之中，也有等级差别，大概就是善良的人向上升迁，邪恶的人再往下降，与本来状态更加远离，要回复到上天原本给予的状态就更加困难了。”柏拉图的学说就是如此。

我个人认为，古希腊、古印度两国相隔较近，柏拉图的学说应当有可能是沿袭印度佛学而来。就好像宋代诸儒家学者论说性理，所说的省悟人性本善，从而回复人之本心的学说，也有不少根据佛学原理而来。欧洲学者总是认为柏拉图的学说是表述他本人的见解，与印度佛学各教派绝无关联。无论是否有关联，两种说法均无确切证据，姑且对二者均持保留意见，以供各位贤达之人参考。

冥往第八

本文主要介绍了印度婆罗门教的“冥往”之说。冥往指静心修行。婆罗门教认为，人们只有放弃一切思想、感情、欲望，甚至放弃田宅、亲人、礼法、社会，退出生存斗争，静坐于密室，保持无思虑状态，专心修炼，个人的灵魂才能彻底解脱烦恼与痛苦，从而达到与宇宙合为一体的境界。

【原文】考竺乾初法，与挽近斐洛苏非[1]（译言爱智）所明，不相悬异。其言物理也，皆有其不变者为之根，谓之曰真、曰净。真、净云者，精湛常然，不随物转者也。净不可以色、声、味、触接。可以色、声、味、触接者，附净发现，谓之曰应、曰名。应、名云者，诸有为法，变动不居，不主故常[2]者也。宇宙有大净曰婆罗门，而即为旧教之号，其分赋人人之净曰阿德门[3]。二者本为同物，特在人者，每为气禀所拘，官骸[4]为囿，而嗜欲哀乐之感，又从[5]而为其一生之幻妄，于是乎本然之体，乃有不可复识者矣。幻妄既指以为真，故阿德门缠缚沉沦，回转生死，而末由自拔。明哲悟其然也，曰：身世[6]既皆幻妄，而凡困苦僇辱[7]之事，又皆生于自为之私，则何如断绝由缘，破[8]其初地[9]之为得乎？于是则绝圣弃智，惩忿窒欲[10]，求所谓超生死而出轮回者，此其道无他，自吾党观之，直不游于天演之中，不从事[11]于物竞之纷纶已耳。夫羯摩种业，既借薰修锄治而进退之矣，凡粗浊贪欲之事，又可由是而渐消，则所谓自营为己之深私，与夫恶死蕲[12]生之大惑，胥可由此道焉而脱其梏也。然则世之幻影，将有时而销；生之梦泡，将有时而破。既破既销之后，吾阿德门之本体见，而与明通公溥[13]之婆罗门合而为一。此旧教之大旨，而佛法未出之前，前识之士，所用以自度之术也。顾其为术也，坚苦刻厉，肥遁陆沈[14]。及其道之既成，则冥然罔觉，顽尔无知。自不知者观之，则与无明失心者无以异也。虽然，其道则

□ 婆罗门怙主 19世纪

印度社会的宗教气氛比较浓郁，人们信奉祭司，称其为“婆罗门”。“婆罗门”意为“祈祷”，而祈祷的语言具有咒力，能使善人得福，恶人受罚，因此人们将执行祈祷的祭司称作“婆罗门”。图为婆罗门怙主，其为婆罗门教的善相护法之一，集福德和力量于一身。

自智以生，又必赖智焉以运之。譬诸炉火[15]之家，不独于黄白铅汞之性，深知晓然；又必具审度之能，化合之巧，而后有以期于成而不败也。且其事一主于人，而于天焉无所与。运如是智，施如是力，证如是果，其权其效，皆薰修者所独操，天无所任其功过，此正后人所谓自性自度者也。

由今观昔，乃知彼之冥心孤往[16]，刻意修行，诚以谓生世无所逃忧患；且苦海舟流，罔知所届[17]。然则冯生[18]保世，徒为弱丧[19]而不知归，而捐生蕲死[20]，其惑未必不滋甚也。幸今者大患虽缘于有身，而是境悉由于心造，于是有姱心[21]之术焉。凡吾所系悬于一世，而为是心之纠缠者，若田宅、若亲爱、若礼法、若人群，将悉取而捐之。甚至生事之必需，亦裁制抑啬[22]，使之仅足以存而后已。破坏穷乞，佯狂冥痴，夫如是乃超凡离群，与天为徒也。婆罗门之道，如是而已。

【注释】［1］斐洛苏非：哲学。

［2］不主故常：指不拘守旧套常规。

［3］阿德门：梵文，指灵魂。

［4］官骸：指身躯，形体。

［5］丛：指聚集。

［6］身世：指自身与世界。

［7］僇：同“戮”。僇辱：杀戮污辱。

［8］破：指揭穿，使真相露出。

［9］初地：佛教用语，指修行过程十个阶位中的第一阶位。

[10] 惩忿窒欲：指克制愤怒，杜绝情欲。

[11] 从事：指追随，奉事。

[12] 蕲：同“祈”。

[13] 明通公溥：出自北宋理学鼻祖周敦颐《通书·圣学二十》“静虚则明，明则通；动直则公，公则溥”。

[14] 肥遁陆沈：陆沈即陆沉，比喻隐居。

[15] 炉火：指道士炼制丹药。

[16] 冥心：指泯灭俗念，使心境宁静。孤往：指独自前往，喻指归隐。

[17] 届：指极限，穷极。

[18] 冯生：指恃矜其生，贪生。

[19] 弱丧：指年少而失其故居。

[20] 捐生蕲死：指舍弃生命，祷求速死。

[21] 姱：指漂亮，美好。姱心：修心养性。

[22] 裁制：指制止，抑止。抑：指强迫。

【译文】只要考证印度佛学最初的说法，就会发现它与近代“斐洛苏菲”（中文翻译为“哲学”）所阐明的，没有多大差异。它所说的事物规律，都有不会变化的东西作为根本，称之为“真”“净”。“真”“净”的意思是说，始终保持精纯净洁，不随别的事物转化。净不能被观察、倾听、嗅闻、接触，而能被观察、倾听、嗅闻、接触的事物，须依附于“净”之上才能被感知，这称之为“应”“名”。“应”“名”的意思是说，所有由因缘造作而成的事物，是变化运动不定的，不会墨守成规的。

宇宙世界有大“净”名叫“婆罗门”，这就是印度旧教的称号，它分别赋予每个人的“净”叫作“阿德门”。“婆罗门”和“阿德门”二者本是同一事物，但体现在人身上，因为气质禀赋的束缚，受器官身躯所限制，而人们嗜好、欲望、哀伤、快乐的情感，又萌发而成为一生的幻思妄想，于是乎人本来的“净”就不可能再被认识到了。幻思妄想既然被指认为真实，于是“阿德门”就会被纠缠束缚，沉沦于这种幻思妄想中，在生死轮回中不能自拔。深明事理的哲人才能参悟出其中的缘故，懂得人的身世都是幻梦虚妄，困苦、耻辱的事情，又都产生于自己的私心，那么如何能够断绝其根源，找到破除虚妄的方法呢？于是就有人拒绝圣明，放弃智慧，戒止愤怒，克制欲望，追求所谓超越生死、脱出轮回的境界。这种做法没有什么特别的，从我辈角度来看，只是他们不愿置身于进化的历程之中，不想参与纷纭繁杂的生存竞争而已！

关于善恶因果，苦乐报应，既然可以依靠焚香礼佛，洒扫修行来改变，凡是粗俗、混浊、贪婪、欲望等类事情，又可以由此而渐渐被消除，那么我们所说的专为自己打算的深重私欲与害怕死亡祈求长生的巨大苦恼，都可以用这种方法得到解脱。然而人世虚幻的影子，将有消失的时候；人生梦幻的泡沫，将有破灭的时候。在它们破灭消失之后，我们人类的“阿德门”的本体便出现了，而且与英明显贵、公正广大的“婆罗门”融合成一体。这就是佛门旧教的主要思想。而在释迦牟尼宣扬的佛门道理出现之前，它是先觉贤士用来济渡自身以超度苦难的方法。

这种方法，需要坚毅、耐苦、刻意、严厉的意志，隐居避世进行修炼。等到道行功成圆满，就会变成恍惚愚昧、蠢笨无知的样子，以不知情者的眼光看来，就跟疯傻之人没有什么两样。虽然如此，其道行却是从智慧中产生出来的，必须依赖智慧加以运用。这就好比炼丹术士不仅需要深知明了金银铅汞的性质，还必须具备把握火候的能力、炼丹化合的技巧，才能期望炼丹成功而不致失败。并且这种事完全依赖人来主持，与上天没有什么联系。运用如此的智慧，实施如此的功夫，求证如此的结果，其权力和效果全由烧香修行的人独自掌握，上天不会为他们承担任何功过。这正是后人所说的，自己的性情只能由自己发心改变。

从现在的角度观察过去，才能体会到他们如何泯灭俗念，一意孤行，费尽心思苦修，他们确实认为人的生死无法逃避忧患，并且这种忧患如同苦海行舟，不知道会航向什么地方。既然如此，贪生怕死，保全家业，也只是将会徒然地流离失所，不知归处，而抛弃生命只求死亡，人们的苦恼也未必不会更加深重。

所幸的是，现在的大患是由人们自身带来的，且这种境地都是由于人心所造成。于是有人想出了修炼心性的方法，即：凡使我们心中牵挂，又与人世间相关联，使这份牵挂不断纠缠心灵的事物，诸如田地房产、亲情爱人、礼仪法规、人情社会等，都将其拿来抛弃。甚至人生活所必需的东西，也要加以裁减限制，使它仅仅能够维持生存就行了。破产败家，贫困行乞，装疯卖傻，像这样就能超凡脱俗，与上天为伍了。婆罗门的道行，如此而已！

真幻第九

本文阐述了宗教及古代哲学家关于真与幻的论说观点。婆罗门教把“无形体、无方相，冥灰枯槁”作为最高境界；而佛教则认为一切皆幻，连婆罗门最高境界的存在也要消灭，才是真正的“幻”。文章进而详细阐述了古希腊及欧洲哲学家“无真非幻”和“幻还有真”两种观点。阐述这两种观点多属严复引申发挥，他以履、迹因果之喻和穆勒认识橘子的例子，论证“幻还有真”是“无从指实”的，充分体现了他的不可知论观点。严复在按语中介绍了笛卡尔的唯心哲学观，认为赫胥黎的不可知论是对笛卡尔的发展，更以“红圆石子”的四种特性为例，充分表达了他唯心论的认识论。

【原文】迨乔答摩肇兴天竺（乔答摩或作侨昙弥，或作俱谭，或作瞿昙，一音之转。乃佛姓也。《西域记》本星名，从星立称。代为贵姓，后乃改为释迦），誓拯群生。其宗旨所存，与旧教初不甚远。独至缮性反宗[1]，所谓修阿德门以入婆罗门者，乃若与之迥别。旧教以婆罗门为究竟[2]，其无形体，无方相，冥灭[3]灰槁[4]，可谓至矣。而自乔答摩观之，则以为伪道魔宗，人入其中，如投罗网。盖婆罗门虽为玄同止境，然但使有物尚存，便可堕入轮转。举一切人天苦趣，将又炽然而兴。必当并此无之，方不授权于物。此释迦氏所为迥绝恒蹊[5]，都忘言议者也。往者希腊智者，与挽近西儒之言性也，曰：一切世法，无真非幻，幻还有真。何言乎无真非幻也？山河大地，及一切形气思虑中物，不能自有，赖觉知而后有。见尽色绝，闻塞声亡。且既赖觉而存，则将缘官为变，目劳则看朱成碧，耳病则蚁斗疑牛。相固在我，非著物也，此所谓无真非幻也。何谓幻还有真？今夫与我接者，虽起灭无常，然必有其不变者以为之根，乃得所附而著，特舍相求实，舍名求净，则又不得见耳。然有实因，乃生相果。故无论粗为形体，精为心神，皆有其真且实者不变长存，而为是幻且虚者之所主。是知造化必有真宰，字曰上帝；吾人必有真性，称曰灵魂，此所谓幻还有真也。前哲之说，可谓精矣！

□《达摩六代祖师像》（局部） 明 戴进

乔达摩创立佛教的目的是拯救众生。他指出，世间一切，包括婆罗门教的最高境界在内，皆为幻灭，主张世人应将一切贪欲消除干净，即人性应该回归最初的真情本性，方能脱离苦海。此幅画作描绘的是佛教禅宗六代祖师的形象，他们依次分别为初祖达摩、二祖神光、三祖僧璨、四祖道信、五祖弘忍、六祖慧能。

然须知人为形气中物，以官接象，即意成知，所了然者，无法非幻已耳。至于幻还有真与否，则断断乎不可得而明也。前人已云：舍相求实，不可得见矣。可知所谓真实，所谓不变常存之主，若舍其接时生心者以为言[6]，则亦无从以指实。夫所谓迹者履之所出，不当以迹为履，固也，而如履之卒不可见何？所云见果知因者，以他日尝见是因，从以是果故也。今使从元始以来，徒见有果，未尝见因，则因之存亡，又乌从察？且即谓事止于果，未尝有因，如挽近比圭黎所主之说者，又何所据以排其说乎？名学家穆勒氏喻之曰：今有一物于此，视之泽然而黄，臭之郁然而香，抚之挛然而员，食之滋然而甘者，吾知其为橘也。设今去其泽然黄者，而无施以他色；夺其郁然香者，而无畀[7]以他臭；毁其挛然员者，而无赋以他形；绝其滋然甘者，而无予以他味，举凡可以根尘[8]接者，皆褫之而无被以其他，则是橘所余留为何物耶？名相固皆妄矣，而去妄以求其真，其真又不可见，则安用此茫昧[9]不可见者，独宝贵之以为性真为哉？故曰幻之有真与否，断断乎不可知也。虽然，人之生也，形气限之，物之无对待而不可以根尘接者，本为思议所不可及。是故物之本体，既不敢言其有，亦不得遽言其无。故前者之说，未尝固也，悬揣微议，而默于所不可知。独至释迦，乃高唱大呼，不独三界[10]四生[11]，人天魔龙，有识无识，凡法轮之所转，皆取而名之曰幻。其究也，至法尚应舍，何况非法。此自有说理以来，了尽空无，未有如佛者也。

复案：此篇及前篇所诠观物之理，最为精微。初学于名理未熟，每苦难于猝喻，顾其论所关甚巨。自希腊倡说以来，至有明嘉靖、隆、万之间，其说始定。定而后新学兴，此西学绝大关键也。鄙人谫陋，才不副识，恐前后所翻，不足达作者深旨，转贻理障[12]之讥。然兹事体大，所愿好学深思之士，反复勤求，期于必明而后措，则继今观理，将有庖丁解牛之乐，不敢惮烦，谨为更敷其旨。法人特嘉尔[13]者，生于一千五百九十六年。少羸弱，而绝颖悟。从耶稣会神父学，声入心通，长老惊异。每设疑问，其师辄穷置对。目睹世道晦盲，民智僿野，而束教囿习之士，动以古义相劫特，不察事理之真实。于是倡尊疑之学，著《道术新论》，以剽击旧教。曰："吾所自任者无他，不妄语而已。理之未明，虽刑威当前，不能讳疑而言信也。学如建大屋然，务先立不可撼之基。客土[14]浮虚，不可任也。掘之穿之，必求实地。有实地乎，事基于此；无实地乎，亦期了然。今者吾生百观，随在皆妄；古训成说，弥多失真，虽证据纷纶，滋偏蔽耳。借思求理彼[15]谬之累，即起于思；即识寻真，而迷罔之端，乃由于识。事迹固显然也，而观相乃互乖；耳目固最切也，而所告或非实。梦，妄也，方其未觉，即同真觉；真矣，安知非梦妄名觉？举毕生所涉之涂，一若有大魅焉，常以荧惑人为快者。然则吾生之中，果何事焉，必无可疑，而可据为实乎？原始要终，是实非幻者，惟意而已。何言乎惟意为实乎？盖意有是非，而无真妄。疑意为妄者，疑复是意，若曰无意，则亦无疑。故曰惟意无幻，无幻故常住。吾生终始，一意境耳。积意成我，意自在，故我自在。非我可妄，我不可妄，此所谓真我者也。"特嘉尔之说如此。

后二百余年，赫胥黎讲其义曰："世间两物，曰我、非我。非我名物，我者此心。心物之接，由官觉相，而所觉相，是意非物。意物之际，常隔一尘。物因意果，不得迳同。故此一生，纯为意境。特氏此语，既非奇创，亦非艰深。人倘凝思，随在自见。设有圆赤石子一枚于此，持示众人，皆云见其赤色，与其圆形，其质甚坚，其数只一。赤圆坚一，合成此物，备具四德，不可暂离。假如今云，此四德者，在汝意中，初不关物，众当大怪，以为妄言。虽然，试思此赤色者，从何而觉？乃由太阳，于最清气名伊脱者，照成光浪，速率不同，射及石

□《罗汉图》 清代 丁观鹏

罗汉为阿罗汉的简称，梵名，有杀贼、应供、无生三层意思。十八罗汉为释迦摩尼的得法弟子修证最高的果位。传说释迦摩尼为了使佛法在佛灭度后能流传后世，使众生永世有听闻佛法的机缘，便嘱派十八罗汉永住世间，分居各地弘扬佛法，利益众生。

子，余浪皆入，独一浪者不入，反射而入眼中，如水晶盂，摄取射浪，导向眼帘。眼帘之中，脑络所会，受此激荡，如电报机，引达入脑，脑中感变，而知赤色。假使于今石子不变，而是诸缘，如光浪速率，目晶眼帘，有一异者，斯人所见，不成为赤，将见他色。（人有生而病眼，谓之色盲不能辨色。人谓红者，彼皆谓绿。又用干酒调盐，燃之暗室，则一切红物皆成灰色，常人之面，皆若死灰。）每有一物当前，一人谓红，一人谓碧。红碧二色，不能同时而出一物，以是而知色从觉变，谓属物者，无有是处。所谓圆形，亦不属物，乃人所见，名为如是。何以知之？假使人眼外晶，变其珠形，而为圆柱，则诸圆物，皆当变形。至于坚脆之差，乃由筋力。假使人身筋力，增一百倍，今所谓坚，将皆成脆。而此石子，无异馒首。可知坚性，亦在所觉。赤、圆与坚，是三德者，皆由我起。所谓一数，似当属物，乃细审之，则亦由觉。何以言之？是名一者，起于二事，一由目见，一由触知，见、触会同，定其为一。今手石子，努力作对眼观之，则在触为一，在见成二。又以常法观之，而将中指交于食指，置石交指之间，则又在见为独，在触成双。今若以官接物，见、触同重，前后互殊，孰为当信？可知此名一者，纯意所为，于物无与。即至物质，能隔阂者，久推属物，非凭人意。然隔阂之知，亦由见、触，既由见、触，亦本人心。由是总之，则石子本体，必不可知。吾所知者，不逾意识，断断然矣。惟意可知，故惟意非幻。此特嘉尔积意成我之说所由生也。非不知必有外因，始生内果。然因同果否，必不可知。所见之影，即与本物相似可也。抑因果互异，犹鼓声之与击鼓人，亦无不可。是以人之知识，止于意验相符。如是所为，已足生事。（此庄子所以云心止于符也。）更骛高远，真无当也。夫只此意验之符，则形气之学贵矣。此所以自特嘉尔以来，格物致知之事兴，而古所云心性之学微也。”（然今人自有心性之学，特与古人异耳。）

【注释】［1］缮性：涵养本性。反宗：返本。

［2］究竟：佛教用语。犹言至极，即佛典里所指最高境界。

［3］冥灭：佛教用语。指寂灭，涅槃。

［4］灰槁：灰心槁形，谓意志消沉，形体枯槁。

［5］迥绝恒蹊：不落窠臼。

［6］为言：指诈伪之言。为，通“伪”。

［7］畀：指给予。

［8］根尘：佛教用语。佛家谓眼、耳、鼻、舌、身、意为六根，色、声、香、味、触、法为六尘。色之所依而能取境者谓之根；根之所取者，谓之尘。合称根尘。

［9］茫昧：指模糊不清，不可揣测。出自魏晋时期杂史杂传类志怪小说《汉武故事》“神道茫昧，不宜为法”。

［10］三界：佛教指众生轮回的欲界、色界和无色界。

［11］四生：佛教分世界众生为四大类：一、胎生，如人畜；二、卵生，如禽鸟鱼鳖；三、湿生，如某些昆虫；四、化生，无所依托，唯借业力而忽然出现者，如诸天与地狱及劫初众生。

［12］理障：佛教用语，指由邪见等理惑障碍真知、真见。后指诗作中陷于说理而少情趣的现象。

［13］特嘉尔：笛卡尔（1596—1650年），近代法国哲学家、物理学家、数学家。

［14］客土：指外地运来的泥土。

［15］伎：指偏颇，邪僻。

【译文】到乔达摩在印度创立的佛教兴起之时（乔达摩，或叫憍昙弥，或叫俱谭，或叫瞿昙，是同一读音的转译，就是佛的本姓。《西域记》中说，这本来是星座的名称。以星座的名称立为称号，代表贵族的姓氏，后来才改称为“释迦”），他立誓要拯救众生。乔达摩所创的宗旨，初始时与旧教的没有太大的差别。只有谈到人性应该回归最初的真情本性这一点，即所说的修炼阿德门而融入婆罗门时，才好像与旧教迥然不同。旧教把婆罗门作为最高境界，它没有形体，没有神像，修行者远离尘世，灭除杂念而心如死灰形同槁木，才能说是达到最高境界。但乔达摩却认为这不是真正的修行方法，而是歪门邪道，人陷入其中，就好像自投罗网。修行婆罗门虽然能达到天人合一的境界，但只要还有事物存在，修行者还是将掉入轮回，人间天上的所有苦难，又将像烈火燃烧一样兴起，因此一定要将任何事物的存在都消除干净，才不会把控制人自身的权力授予外物。这就是释迦牟尼所创佛学迥然不同于常理之处，这都是无须多用言语来说明评论的。

过去古希腊的哲学家与近代西方的学者在讨论性理时，都认为世间的一切法则，既不是真实也不是虚幻的，而是虚幻之中还存有真实。

“既不是真实也不是虚幻”怎么讲？山河大地以及一切有形体、气息、思维的物体，是不能独自存在的，要被感觉闻知到之后才能存在；视觉失去则色彩消亡，听觉闭塞则声音不存。事物既然依赖感觉而存在，那么也将随人的感觉器官的变化而变化，双目劳累了就会把红色看成绿色，耳朵生病了就会把蚂蚁争斗疑为斗牛的响声。形象本来就在于人的感觉，并非附着于外物。这就是所谓的“既不是真实也不是虚幻”。

“虚幻之中存有真实”又怎么讲？现在我们所接触的事物，虽然其产生、消亡没有固定的常规，但一定有它不会变化的东西作为其根本，才会有相应的附着物显露出来，一旦不求表象而求实质，不求虚名而求纯净，那么这些附着物就得不到体现了。然而有了真实作为原因，才产生表象作为结果，所以无论粗糙的形体还是精细的心神，都有它真实的性质，这些性质不会变化而且始终存在，并且成为虚幻的主宰。由此可知天地自然必有真实主宰，名字叫“上帝”；我们人类必有真实性情，称之为“灵魂”。这就是所谓“虚幻之中存有真实”。

过去圣哲的学说，可以说很精辟了，然而人是拥有形体气息的物类，凭借感官接触物象，依靠意识形成知觉，所能够明白了解的，没有不是虚幻的。至于虚幻之中是否还存有真实，那是绝对不可能知道得很明白的。

从前的哲人曾说，不通过形象而求实质，就不能见到真实。由此可知所谓的真实、所谓的不会变动始终存在的根本，如果撇开接触事物时所产生的感觉而言，那也无从指明其实际情况。我们所说的足迹，是鞋子所踏出来的，不应当把足迹当成为鞋子，但如果到头来鞋子本身也无法观测，又作何解释呢？人们说见了结果就知道原因，是因为过去曾经见到过这种原因引出了这种结果的缘故。现在假设一开始就只见到结果，不曾见到过原因，那么又怎能考察其原因是否存在呢？况且即使说事物的变化终止于结果，不曾有过原因，如遇到像近代学者贝克莱所主张的学说，又有什么根据可以排斥它呢？

□ **《迦密山的圣母玛利亚和炼狱中的灵魂》**
意大利 提埃坡罗

哲学家们认为，世间法则，是“虚幻之中存有真实”。即所谓的视觉、听觉、触觉等一切感觉，都是真正的实体的反映，如果没有实体，这些感觉是根本不存在的。换句话说，虚幻被实体所主宰。图画中的圣母和灵魂，正是“虚幻中有真实”的写照。

逻辑学家穆勒打了一个比喻：现有一物在此处，看起来有金黄色的光泽，闻起来有浓郁的芳香，用手触摸能感到它呈圆形，吃在嘴里感觉汁液甘甜，我就知道它是橘子。假设去掉它金黄色的光泽，又不用其他色泽涂上；剥夺它浓郁的芳香，又不给予其他气味；毁掉它浑圆的形状，又不赋予它别的外形；断绝它甘甜的汁液，又不让它有其他味道，凡是感官可以接触感知的所有方面，全都将其剥夺掉，同时又不用其他东西作为替代，则这样的橘子还有什么残留下来呢？名称与形象固然都是虚妄，但去掉虚妄来求其真实，这真实又不可显现，那么怎能唯独把这种迷茫昏暗、不可显现的东西当成真实，并视为珍宝呢？所以说虚幻之中是否有真实，是断不可得知的。

虽然如此，人的生命受形体气息的限制，那些无法相对比较且不可用感官接触的事物，本来就是不可思议的。因而事物的本体，既不敢说有，也不可轻言没有，所以前面所说的，未必可靠。

尽管有这样的揣测猜想和精奥论说，但对于不可知的事物却只能沉默。唯独到释迦牟尼时才高声倡导，不仅仅是“天、地、人”三界，“胎、卵、湿、化”四生，天人、凡人、魔人、非人，有形之物和无形之物，凡是无边佛法所能影响的，都可称之为“幻”。最终，就连至高无上的“法”也应该抛弃，何况那些不是“法”的东西呢？这是自从有了佛理阐述以来，就算做到“空无”，也没有能够接近佛的原因。

〖严复按语〗

这篇以及前一篇文章所诠释的观察事物的道理，最为精深。初学的人对于逻辑推理还不熟悉，时常为难于以一下子弄明白事理而苦恼。然而这类学说所涉及的道理很重大，从古希腊哲学家兴起这种学说以来，直到明代嘉靖、隆庆、万历年间，才最终得以确定。确定之后，新的学派才发展起来，这是对西方学术起到了极大推动作用的关键因素。

我个人知识浅薄，才学与所见识的东西不相称，恐怕前后翻译的这些文字不足以表达作者深刻的思想，反而遗留下理论不通的笑柄。然而此事本身关系重大，希望喜爱学习善于思考的人士，反复勤加研究，达到透彻明白的程度方能实践。从此以往，探寻其道理，将会有像庖丁解牛那样的乐趣。我又岂敢觉得麻烦呢？所做的工作仅是为了谨慎地传达原文的主旨而已。

法国哲学家笛卡尔，出生于1596年，小时候身体瘦弱但绝顶聪明，跟随耶稣会神甫学习，神甫讲学的话音一入耳他就心领神会，耶稣会长老对此非常惊异。笛卡尔常常提出一些问题，他的老师总是无法解答。他目睹当时社会昏暗混浊，人民的思想性情愚昧粗野，而那些受旧教束缚、知识领域受到局限的人士时常强迫人们接受古学教义，不审察事理的真实性等情况，于是开始提倡具有怀疑精神的学术方法，著有《方法论》一书，以批判驳斥旧教。

笛卡尔说："我所自信的东西没有别的，就是不胡言乱语而已。在学理未阐明之前，即使把最严厉的刑罚置于我面前，我也决不忌讳疑问而轻言信服。学问如同建造大厦，首先必须建立不可动摇的基础。从别处来的泥土质地疏松，不可信赖。要将其挖穿，寻找坚实的土地。如果掘到了坚实的地面，就将它作为基础；如果没能发现坚实基础，也要把事情弄明白。现在我们生活的时代看到的种种现象，随处都是虚妄，古代的训教和现成的学说，很多都失去了其真实性，虽然证据纷杂繁多，也只是徒增偏见和蒙蔽而已。凭借思想探求学理，而邪说和谬论的日益积累，就是人的思想引起的。凭借认识来寻求真理，而分歧与迷惘的发端，也源于人的认识。事情的迹象也许很明显，而我所见到的东西可能与实情互相背离。人的耳目本来是最真切的，但它们告诉我们的东西有时候并不真实。梦境是虚妄的，但人们梦中的感觉，就像真实的感觉一样；而所谓的真实，又岂知这并非梦中的虚妄和表象的感觉呢？回想起自己的毕生历程，就像有巨大的妖魅，常常以迷惑人为快乐。然而我一生之中真有什么事，一定无可怀疑而能够据此作为真实吗？自始至终，是真实而非虚幻的，唯有意识而已。为什么说只有意识才是真实的呢？这是因为意识只有正确与否而没有真实或虚妄之分，怀疑意识为虚妄的人，他的怀疑也是属于意识，如果说没有意识，那也就没有怀疑意识为虚妄的必要了。所以说，唯有意识并非虚幻。没有虚幻就没有生灭变迁。我一生的始终，只是意识的一种境界而已。积累意识就成了我，意识自然存在，我就自然存在，不必怀疑我是否存在，因为我对此产生怀疑时便已经不是虚妄。这就是我所说的真实的‘我’。”笛卡尔的学说就是如此。

200余年之后，赫胥黎解释笛卡尔学说的大意："世间只有两种东西，一种叫作‘我’，一种叫作‘非我’。‘非我’称之为物质世界，‘我’则指人的内心世界，内心世界与物质世界是连接在一起的。人由感官感觉物相，而所感觉到的物相，是意识而非物质。意识与物质之间，只有一线之隔；物质是原因，意识是结果，是不能径直等同的。所以这样一来，人纯粹生存在意识的境界之中。”

□ **笛卡尔**

笛卡尔曾提出“我思故我在”的理论，即“思考中的我”的真实性，是毋庸置疑的。他认为，世间万物皆不可知，我们所感知的，绝对不会超出我们的意识。也就是说，意识是可以被认识的，也只有意识不是虚幻的。根据赫胥黎的总结即为："人由感官感觉物相，而所感觉到的物相，是意识而非物质。意识与物质之间，只有一线之隔；物质是原因，意识是结果，是不能径直等同的。所以这样一来，人纯粹生存在意识的境界之中。"

笛卡尔这番话既不是奇特的创造，也不艰深难懂。如果凝神思考，就很容易发现。假设有一枚红色的圆石子放在这里，把它拿给大家看，大家都会说看到它是红色的和圆形的，它的质地很坚硬，它的数量只有一枚。红色、圆形、坚硬、一枚，集合成这个物体。石子完全具备这四种特性，不能有哪怕是暂时的分割。假如现在说这四种特性，在你的意识之中存在，本与这物体无关。大家听了定当大为奇怪，认为是虚妄之言。虽然如此，但试想这红色从哪里感觉而来？原来是由太阳在一种名叫“以太”的最清纯的气体中照射成的光波而产生，几种光波传播速度不同，照射到石子上，其他的光波都射入石子，只有一种光波不射入石子而被反射进入人的眼中。人的眼睛像一个水晶盂，吸收石子反射进来的光波，引导进入眼帘。眼帘之中，脑筋脉络会集之处，受到光波的刺激，如同电报机一般，将光波引导到达人的大脑，大脑感受这种光波的刺激，发生变化而感知红色。假如现在石子本身不变，而这诸多条件，如光波的速度、眼帘内的晶体等，有一样发生变化，那么人所看到的石子，就不成为红色，而将看到其他的颜色（有的人一出生就患有眼病，叫作“色盲”，不能分辨颜色。别人说是红色，而他都说成绿色。又如干酒加入盐，在暗室之中燃烧，则所有的红色物都变成灰色，平常人的面孔都像死灰之色）。每把一种物体放在人们面前，一个人说是红色，另一个人说是绿色。而红绿二色不可能同时出现在同一个物体上，所以由此可知颜色是随着感觉变化的，说颜色是物体的属性，是不正确的。

我们通常说的圆形，也不是物体的属性，而是人见到这种形状，就取如此名称。我们怎么知道是这样呢？假如人眼睛的水晶体，变其圆珠形状为圆柱形状，那么所有的圆形物体都会改变形状。

至于坚硬与松脆的区别，却是来自人体自身的力量。假如人自身的力量增加一百倍，现在所说的坚硬，都将变成松脆，而这石子就与馒头没有什么两样了。由此可知坚硬的特性，也在于人的感觉。

红色、圆形与坚硬，这三种特性，都是由于我们的感觉而引起的。

所谓“一枚”这个数量，似乎应当属于物体的特性，但细细审思，却也是由感觉引起的。为什么说是这样呢？这种称为“一”的数量，起源于两方面：一方面是由于眼睛看见，另一方面是由于接触感知。视觉与触觉交汇于同一个物体，就将其定称为“一”。现在拿起石子，努力用对眼看它，那么在手上接触到的是“一”，而在眼中看到的则是“二”。再用通常的办法看它，而将中指和食指相交，把石子置于相交两指之间，那么所看到的是“单”，所接触到的反而是“双”。现在如果用感官接触物体，看到的与接触到的同样重要，而前后感觉互相不同，那么哪一种感觉才是可信的呢？由此可知这种称为“一”的特性，纯系人的意识所造成，与物体无关。

即便谈及物质，能够区分它们的，首推物体的属性了，而并不是凭人的意识。然而察觉到物体之间区别的方法，也是源于人的视觉、触觉，既然是由于人的视觉、触觉，也本就是人的心理。由此总的来说，石子本身必定是不可认知的，我们所能感知的，不会超越意识，一定是这样的。唯有意识可以被认识，所以唯有意识不是虚幻。这是笛卡尔“由思而知在”学说产生的缘由。

我们并不是不知道一定有外在原因，才能产生内在的结果。然而结果是否与原因必然相似，则是一定不可预知的。原因与结果可以如同物体和它的影子一样相似，但如果像鼓声与击鼓的人一般毫不相同，也没有什么不可以。所以人的知识，只限于意识与经验相符合的范围内。像这样做，就足以感受世界了（这就是庄子所说的“心的功用仅在于与外界事物相结合”），再要追求高远的认识，那就真不适当了。仅就意识与经验相符的方面，生物学就显示出可贵之处。这就是从笛卡尔以来，自然科学事业日益兴起，而古代宗教所说的心性学说日渐衰落的原因（然而现在的人自有他们的心性学说，只不过与古人不同而已）。

佛法第十

本文主要介绍释迦牟尼所证知的法界真谛，即佛法。文章把佛法与婆罗门教义进行对比介绍，从而得出了佛法与婆罗门教义不同的几个方面，使佛法的要义更加清晰。严复的按语部分，详细地阐述了他对佛教“不可思议”之说的理解和认识，认为“不可思议”是天下一切事理的最高境界。

【原文】夫云一切世间，人天地狱，所有神魔人畜，皆在法轮中转，生死起灭，无有穷期，此固婆罗门之旧说。自乔答摩出，而后取群实而皆虚之。一切有为，胥由心造。譬如逝水，或回旋成齐[1]，或跳荡为汩，倏忽变现，因尽果销。人生一世间，循业发现[2]，正如絷[3]犬于株，围绕踯躅，不离本处。总而言之，无论为形为神，一切无实无常。不特存一己之见，为缠著可悲，而即身以外，所可把玩者，果何物耶？今试问方是之时，前所谓业种羯摩，则又何若？应之曰：羯摩固无恙也。盖羯摩可方慈气，其始在慈石也，俄而可移之入钢，由钢又可移之入镉[4]，展转相过，而皆有吸铁之用。当其寓于一物之时，其气力之醇醨厚薄，得以术而增损聚散之，亦各视其所遭逢，以为所受浅深已耳。是以羯摩果业，随境自修，彼是转移，绵延无已。

顾世尊一大事[5]因缘，正为超出生死，所谓廓然空寂无有圣人[6]，而后为幻梦之大觉[7]。大觉非他，涅槃是已。然涅槃究义云何？学者至今，莫为定论。不可思议，而后成不二门也。若取其粗者诠之，则以无欲、无为、无识、无相，湛然寂静，而又能仁[8]为归。必入无余[9]涅槃而灭度之，而后羯摩不受轮转，而爱河苦海，永息迷波，此释道究竟也。此与婆罗门所证圣果，初若相似，而实则敻[10]乎不同。至于薰修自度之方，则旧教以刻厉为真修，以嗜欲为稂莠[11]。佛则又不谓然，目为揠苗助长，非徒无益，抑且害之。彼以为为道务澄其源，

□《地狱十殿阎王图》 高丽佛画 日本静嘉堂藏

在佛教、印度教中皆有地狱观念，它指的是囚禁和惩罚生前罪孽深重的亡魂之地，即人死后灵魂受苦的地方。婆罗门的旧教认为，地狱处于轮回中，永无尽头。阎王则原为印度神话里的阎魔王，在早期佛教和印度教神话中，他是冥界唯一的王；而在后来的佛教神话中，他却成了地狱第十殿殿主。

苟不揣其本，而惟末之齐，即断毁支体，摩顶放踵，为益几何？故欲绝恶根，须培善本；善本既立，恶根自除。道在悲智[12]兼大，以利济群生，名相两忘，而净修三业[13]。质而言之，要不外塞物竞之流，绝自营之私，而明通公溥，物我一体而已矣。自营未尝不争，争则物竞兴，而轮回无以自免矣。婆罗门之道为我，而佛反之以兼爱。此佛道径涂，与旧教虽同，其坚苦卓厉，而用意又迥不相侔者也。此其一人作则，而万类从风，越三千岁而长存，通九重译而弥远。自生民神道设教[14]以来，其流传广远，莫如佛者，有由然矣。恒河沙界，惟我独尊，则不知造物之有宰；本性圆融，周遍法界，则不信人身之有魂；超度四流，大患永灭，则长生久视之蕲，不仅大愚，且为罪业。祷颂无所用也，祭祀匪所歆[15]也，舍自性自度而外，无它术焉。无所服从，无所争竞，无所求助于道外众生，寂旷虚寥，冥然孤往。其教之行也，合五洲之民计之，望风[16]承流[17]，居其少半。虽今日源远流杂，渐失清净本来，然较而论之，尚为地球中最大教会也。呜呼！斯已奇尔。

复案："不可思议"四字，乃佛书最为精微之语。中经稗贩妄人，滥用率称，为日已久，致渐失本意，斯可痛也。夫"不可思议"之云，与云"不可名言""不可言喻"者迥别，亦与云"不能思议"者大异。假如人言见奇境怪物，此谓"不可名言"；又如深喜极悲，如当身所觉，如得心应手之巧，此谓"不可言喻"；又如居热地人，生未见冰，忽闻水上可行，如不知通吸力理人，初闻地圆对足底之说，茫然而疑，翻谓世间无此理实，告者妄言，此谓“不能思议”。至于不可思议之物，则如云世间有圆形之方，有无生而死，有不质之力，一物同时能在两地诸语，方为“不可思议”。此在日用常语中，与所谓谬妄违反者，殆无别也。然而谈理见极时，乃必至不可思议之一境，既不可谓谬，而理又难知，此则真佛书所谓“不可思议”。而“不可思议”一言，专为此设者也。佛所称涅槃，即其不可思议之一。他如理学中不可思议之理，亦多有之。如天地元始，造化真宰，万物本体是已。至于物理之不可思议，则如宇如宙。宇者，太虚也（庄子谓之有实而无夫处。处，界域也。谓其有物而无界域，有内而无外者也）。宙者，时也（庄子谓之有长而无本剽。剽，末也。谓其有物而无起讫也。二皆甚精界说）。他如万物质点，动静真殊，力之本始，神思起讫之伦，虽在圣智，皆不能言，此皆真实不可思议者。

今欲敷其旨，则过于奥博冗长，姑举其凡，为涅槃起例而已。涅槃者，盖佛以谓三界诸有为相，无论自创创他，皆暂时诉合[18]成观，终于消亡。而人身之有，则以想爱同结，聚幻成身。世界如空华[19]，羯摩如空果[20]，世世生生，相续不绝，人天地狱，各随所修。是以贪欲一捐，诸幻都灭。无生既证，则与生俱生者，随之而尽，此涅槃最浅义谛也。然自世尊宣扬正教以来，其中圣贤，于泥洹皆不著文字言说，以为不二法门，超诸理解。岂曰无辨，辨所不能言也。然而津逮[21]之功，非言不显，苟不得已而有云，则其体用固可得以微指[22]也。一是涅槃为物，无形体，无方相，无一切有为法。举其大意言之，固与寂灭真无者，无以异也。二是涅槃寂不真寂，灭不真灭。假其真无，则无上正偏知之名，乌从起乎？此释迦牟尼所以译为空寂而兼能仁也。三是涅槃湛然妙明，永脱苦趣，福慧两足，万累都捐，断非未证斯果者所及知、所得喻，正如方劳苦人，终无由悉息肩时情况。故世人不知，以谓佛道若究竟灭绝空无，则亦有何足慕。而智者则知，由无常以入长存，由烦恼而归极乐，所得至为不可言喻。故如渴马奔泉，久客思返，真人之慕，诚非凡夫所与知也。涅槃可指之义如此。第其所以称“不可思议”者，非必谓其理之幽渺难知也。其不可思议，即在“寂不真寂，灭不真灭”二语。世界何物乃为非有非非有耶？譬之有人，真死矣，而不可谓死，此非天下之违反而至难著思者耶！故曰“不可思议”也。

此不徒佛道为然，理见极时，莫不如是。盖天下事理，如木之分条，水之分派，求解则追溯本源。故理之可解者，在通众异为一同，更进则此所谓同，又成为异，而与他异通于大同。当其可通，皆为可解。如是渐进，至于诸理会归最上之一理，孤立无对，既无不冒，自无与通。无与通则不可解，不可解者，不可思议也。此所以毗耶一会，文殊师利菩萨，首唱不二法门之旨，一时三十二说皆非。独净名居士不答一言，斯为真喻。何以故？不二法门与思议解说二义相灭，不可同称也。其为“不可思议”真实理解，而浅者乃视为幽敻[23]迷罔之词，去之远矣。

【注释】［1］齐：通“脐”，即肚脐。

［2］循业发现：据南怀瑾《楞严大义今释》，指依循众生身心个性的业力而发生作用。

［3］絷：指拴，捆。

［4］镉：这里指镍。

［5］一大事：谓佛陀出现于世间之唯一大目的，是开显人生之真实相，此即所谓一大事。

［6］廓然空寂无有圣人：大悟之境界无凡圣之区别，既不舍凡，亦不求圣。

［7］幻梦之大觉：佛教用语，指正觉，意指真正之觉悟。

［8］能仁：梵语的意译，即释迦牟尼，意为有能力与仁义的智者。

［9］无余：佛教用语，指“生死”的因果泯灭，不再受生于三界。

［10］敻：通假“远”，指辽远，距离遥远的。

［11］稂莠：泛指对禾苗有害的杂草，常比喻害群之人。

［12］悲智：佛教语，即慈悲与智慧。智者，上求菩提，属于自利；悲者，下化众生，属于利他。

［13］三业：佛教用语，指身业、口业、意业。佛教认为造业将引生种种果报。

［14］神道设教：指利用神鬼之道进行教化。

［15］歆：指飨，嗅闻。古代指祭祀时鬼神享受祭品的香气。

［16］望风：指远望，仰望。

［17］承流：指接受和继承良好的风尚传统。

［18］䜣：指说破，打开天窗说亮话，引申为欣喜。䜣合，指受感而动，和合融洽。

［19］空华：亦作“空花”，佛教语，指隐现于病眼者视觉中的繁花状虚影。比喻纷繁的妄想和假相。

［20］空果：指虚空之果实，以譬无法。

［21］津逮：比喻引导（后学）。

［22］微指：指精深微妙的意旨。

［23］幽敻：指幽深，深邃。

【译文】说到世间一切东西，人间、天上、地狱，所有神灵、魔怪、人类、畜生都在法轮中转动轮回，出生、死亡、兴起、灭亡，没有穷尽的一天。这本来是婆罗门的旧教的说法。自从乔达摩出现之后，他将各种物体都看成是虚幻的。人类的一切所作所为，都是由内心造成的，就好比流逝的江水，有时回旋成旋涡，有时奔腾荡漾成洪流，片刻间就改变现状，这是由于原因没有了，结果就自然消失。人生一世之中，有什么所做所行，就会有什么结果显现，就正如被拴在树干上的狗，围绕树干周围来回奔走，却离不开绳索拴着的范围。总而言之，不论是形体或精神，一切事物都没有实体、没有常态，不仅固执己见是可悲的，就连除自身以外可以把控的东西，也不知道还有些什么了。

试问当这个时候，前面所说的“业种羯摩”，又要如何解释呢？这个问题的答案是：羯摩本身并不会受到什么影响。羯摩就好比磁石的引力，这种引力最开始在磁石上存在，旋即就可以转移到钢铁中，又可从钢铁转移到镉中，这样经过互相反复转移，几种金属就都有了吸附铁的作用。当磁力寄存于一件物体之上时，其引力的大小强弱，可采用技术而使它增强或减弱、聚合或散失，这当然也要看各自所遇到的具体情况，依此才能确定其吸引力的大小。所以羯摩的因果和业障要依随环境自行修炼，彼此互相转移，绵延不停。

不过释迦世尊开导众生领悟佛理的因缘，正是为了使众生超越生死，即达到所谓空灵的境界，明白世上没有什么圣人，然后才能从梦幻中彻底觉醒。这种觉醒不是别的什么，就是“涅槃”而已。然而“涅槃”所说的究竟是什么意思呢？到现在为止学者们还争论不休。佛经中说涅槃是一种“不可思议”的境界，领悟到这种境界之后才能进入“不二法门”。如果用通俗的意思来解释它，就是以无欲望、无作为、无见识、无形相，心神非常安静无杂念而又能归依于仁慈有能的境界。一定要进入完美无缺的“涅槃”状态才能灭除烦恼，超度苦海，然后“羯摩”才不受轮回转动，从而永远平息爱河苦海迷波的诱惑。这就是佛家最高深的道理。

这与婆罗门所求证的正果，初看时似乎很接近，但实际上是大不相同的。至于

□《释迦牟尼佛涅槃图》
日本镰仓时期 美国大都会艺术博物馆藏

释迦摩尼引导世人参透佛理，是为了帮助他们脱离苦海，从人生虚无的梦境中彻底觉醒。而这种觉醒，非“涅槃”不可实现。何为“涅槃”？简单说来，就是无欲望、无作为、无见识、无形相，心神宁静毫无杂念而又能归依于仁慈有能的境界。佛经中称这是一种“不可思议”的境界。严复则认为，此为世间最高深的境界。

烧香修行自我超度的方法，旧教则把刻意磨砺作为真修行，把嗜好欲望看作害人的东西。而佛教却不以为然，把旧教的这种修行方法看成是拔苗助长，非但没有好处，反而还有害处。佛教认为修道必须正本清源，如果不注重根本而只想着做好细枝末节的事情，就算持续苦行参悟直至身体毁坏、肢体残缺、从头到脚都伤痕累累，又能够得到多少好处呢？所以要想灭绝罪恶的根源，就必须培育善良的本性；善良本性一旦确立，罪恶根源就自然消除了。佛道就在于慈悲与智慧的兼容广大，才有利于普度众生，使众生忘掉事物的名字与表象而净心修炼“三业”。实在地说，其要点不外乎阻塞生存竞争的潮流，断绝自身造作的私欲，从而达到明净通达公平广大、外界与自我融为一体而已。只要为自己打算就不会没有斗争，有斗争则生存竞争就产生，那么轮回自然就无法免除了。婆罗门的道义是为自我一人，而佛教则反而普度众生。这就是佛教修行的途径与旧教虽然相同，修行时也同样坚韧艰苦、卓绝自砺，但其中的用意却是迥然不同的原因。所以，佛祖一人作出了榜样，万众则如风一样追随他，他的学说经历三千年而长存不衰，通过多种语言翻译而广为传播。自从人类创造神灵产生宗教以来，论及流传之广泛久远，没有哪一派能与佛教相比，这自是有原因的。

大千世界芸芸众生之中，唯有佛最尊贵，而不知上天有造物的主宰；它本性完满融通，其周围遍布各种事理，但不相信人自身有灵魂；它超度四海众生，让尘世俗欲永久灭绝，所以对长生不老的祈求，不仅是极端愚昧的，而且也是一种罪恶。既不用进行祈祷祝颂，也不用给神灵佛尊祭献供品，除了以自我本性来自我超度之外，不再需要别的方法。不存在服从，不存在竞争，也不求助于佛门之外的众生，只需寂静、空旷、虚无、空阔，沉寂本心、一意孤行。佛教的流行，总合全世界的人来计算，那么瞻仰佛祖风采接受佛法传播的，就占了全世界人口总数的一小半。虽然现在因其渊源久远，分支杂乱，渐渐失去了它清静的本来面目，但与其他宗教相比较而言，佛教还是地球上最大的教会。啊，这真是奇迹！

〖**严复按语**〗

“不可思议 ”四个字，是佛法经书中最为精妙深奥的词语，但经过一些以佛法牟利、欺世盗名的人长时间地胡乱运用和草率解说，致使其逐渐失去了本意，真是痛心！

“不可思议”之说，与说“不可名言”“不可言喻”等迥然不同，也与说“不能思议”有更大差异。假如有人说看到了奇境怪物，这就叫做“不可名言”。又比如十分喜悦和极度悲伤、身临其境的感觉、得心应手的技巧，这叫作“不可言喻”。又比如居住热带地方一生从未见过冰雪，突然听说水面结冰可在上面行走；比如不通晓地心吸引力道理的人，第一次听到脚底下的大地是圆形的说法，定会茫然不可理解而心怀疑问，反而说世间没有这种道理和事实，是告诉他的人在胡言乱语，这叫作“不能思议”。至于“不可思议”的事例，就好像说世间存在圆的方形，存在没有经过出生的死亡，存在不依附质量的力量，一个物体同时能出现在两个地方等说法，才称为“不可思议”。这在日常用语中与通常说的谬误、荒诞、违背违反事理等说法，大概差不多。然而在阐述事理体现到极点时，就必定会达到“不可思议”这一境界，既不可说它荒谬，而其道理又难懂，这就真是佛法经书中所说的“不可思议”，而“不可思议”这一词语则是专为这种情况设置的。佛所称道的“涅槃”境界，即是“不可思议”的一种。其他如性理学说中“不可思议”的道理，也多有存在，比如“天地元始”“造化真宰”“万物本体”都是如此。至于说到自然物理中的“不可思议”，就有比如“宇”、比如“宙”。“宇”指的是太空（庄子说它有实体但没有处所。处所，是指有一定界限的地域，是说太空有物质实体而没有地域的界限，有里面而没有外面）；“宙”指的是时间（庄子说它有长短而没有本剽。剽是指末端。说时间有物质存在而没有起点和终点存在。这两种都是非常精确的定义）。其他的比如“万物的质点”“运动和静止的真实性与差异性”“力的本始”“精神思想的起止”等类，即使有圣哲的智慧，都不能说明白道理。这都是真实的“不可思议”。

如果现在想要展开陈述它的意旨，本文就会过于深奥、博大、冗长，此处姑且举出它的大致意思来，作为“涅槃”的起例而已。

“涅槃”这个概念，佛用以说明如下道理：三界之中承载因缘的事物表相，不论是自己创造的还是创造予他人的，均是在相互交融中营造出昙花一现的景观，终归是要消亡的。然而人自身所能够占有的，不过是把自己的思念与爱欲共相结合，聚集

□ **斯瓦扬布婆罗门成为僧侣　印度壁画**

婆罗门旧教与佛教教义大不相同。前者提倡刻意吃苦，将贪欲视为可耻之事；但后者对此并不苟同。佛教主张，修道者应该首先正本清源，培育善良的本性——罪恶的根源便将消灭于无形——只有慈悲为怀，摒弃私念，才能修得正果。总的说来，婆罗门的道义是为了私我，而佛教则追求普度众生。

种种幻影成为身躯，世界就像虚幻的花朵，羯摩就像虚幻的果实，世世代代延续不断。身处凡尘、天堂还是地狱，就看各自修行的程度而定，所以贪欲一旦捐弃，所有幻象都会散灭，“无生”既已得到证明，那么与生俱来的一切，都随之而消失。这就是“涅槃”最浅显的含义。但自从释迦牟尼宣扬佛门正教以来，其中的圣贤僧人对“涅槃”都不用文字语言表露，他们认为“不二法门”是超越理解范围以外的东西。难道说是他们口才不好的原因吗？只不过是因为就算用语言也无法表达而已。然而如果要领悟学习佛法理论，不使用语言是无法实现的，如果一定要用语言描述，那么它的本体和作用当然也可以被文字揭示出来。一是“涅槃”作为一种物体，没有形体，没有表象，也没有一切因缘作为的法度。举出它的大意而言，就是它本来就与寂静、消失、真正的“无”没有区别。二是“涅槃”的寂静不是真正的寂静，消失也不是真正的消失。假如它是真正的“无”，那么“无上”“正偏知”的称号又从何而产生呢？这就是“释迦牟尼”之所以翻译为“空寂但又兼有智慧仁慈之心”的原因。三是“涅槃”清澄、美妙、明净，永远脱离了苦海，幸福与智慧两者足具，一切忧患全都尽弃，断不是那些没有验证这种结果的人所能知晓、所能领悟的，正如一直辛苦劳作的人始终无从体会休息时候的情况一样。所以世人对此并不了解，还说如果佛门法理的尽头只有空幻虚无，那又有什么令人羡慕的呢？但是智慧聪明的人就明白从“无常”达到“常存”，以及由烦恼返归极乐的道理，其所得到的最为不能以言语表明，因此他们就像干渴的马儿奔向甘泉、长久客居他乡的人急切想返回家乡一样，已经大彻大悟之人的追求，的确不是凡夫俗子所能理解的。“涅槃”所能够用语言说明的意义就是如此。

但“涅槃”之所以称为“不可思议”，未必是说它的道理深奥难懂。它的“不可思议”，就在于“寂静不是真正的寂静，消失也不是真正的消失”二句话。世界上有什么物体既存在同时又不存在呢？比如有人真的死了，但又不能说他死了，这岂不是违反天下常理而最叫人难以理解的吗？所以这就叫“不可思议”。

不仅是佛理才这样，其他理论发展到极点时也无不是如此。天下的事理就像树木分成枝条，江水分成支流一样，要求得领悟就要追溯它的本源。所以可以领悟的理论，在于将不同理论贯通成为统一理论，再进一步发展，则这个统一理论又与更高一级的不同理论产生分歧，进而融合成为更大的共通理论。只要诸多道理能够贯通，都是可以领悟的，如此渐渐发展，以至于各种理论汇合归结成最高一级的理论，它独自存在而再没有别的理论与它相对。既然再无别的理论可以触犯它，那自然就没有别的理论能够与之贯通了；无可贯通就不可领悟，不可领悟的，就是“不可思议”。

这是在毗萨尔的一次会议上，文殊师利菩萨首先提倡的“不二法门”的主要意思。当时对此有32种阐释，都被认为不正确，唯独净名居士不对此发表哪怕一句话的意见，这才是真正的领悟了。这是什么原因呢？“不二法门”与“不可思议”的解说，二者的意义相克相灭，不可同等并称。这就是对“不可思议”的真实理解。而见识肤浅的人认为是晦涩难懂、蛊惑人心的东西，这种认识离它的本意就更远了。

学派第十一

本文主要介绍了古希腊的学术成就，评述了赫拉克利特、苏格拉底、亚里士多德、德谟克利特等几位著名哲学家、思想家的学说，以及昔尼克、斯多葛等学术流派。严复在按语中进一步作了较为详细的补充介绍，原文提到了柏拉图，但未作评述，按语中作了补充评述。

【原文】今若舍印度而渐迤以西，则有希腊、犹太、义大利[1]诸国，当姬汉之际[2]，迭为声明文物之邦。说者谓彼都学术，与亚南诸教，判然各行，不相祖述。或则谓西海所传，尽属东来旧法，引绪分支。二者皆一偏之论，而未尝深考其实者也。为之平情而论，乃在折中二说之间。盖欧洲学术之兴，亦如其民之种族，其始皆自伊兰[3]旧壤而来。追源远支交，新知踵出，则冰寒于水，自然度越前知。今观天演学一端，即可思而得其理矣。希腊文教，最为昌明。其密理图学者[4]，皆识斯义，而伊匪苏[5]之额拉吉来图为之魁。额拉生年，与身毒释迦之时，实为相接。潭思著论，精旨微言，号为难读。挽近学者，乃取其残缺，熟考而精思之，乃悟今兹所言，虽诚益密益精，然大体所存，固已为古人所先获。即如此论首篇，所引濯足长流诸喻，皆额拉氏之绪言。但其学苞六合，阐造化，为数千年格致先声，不龂龂[6]于民生日用之间，修己治人之事。洎夫数传之后，理学虑涂，辐辏雅典。一时明哲，咸殚思于人道治理之中，而以额拉氏为穷高骛远矣。此虽若近思切问，有鞭辟向里[7]之功，而额拉氏之体大思精，所谓检押[8]大宇，隐括[9]万类者，亦随之而不可见矣。盖中古理家苏格拉第与柏拉图师弟[10]二人，最为超特。顾彼于额拉氏之绪论遗文，知之转不若吾后人之亲切[11]者。学术之门庭各异，则虽年代相接，未必能相知也。苏格氏之大旨，以为天地六合之大，事极广远，理复繁赜，决非生人智虑之所能周。即使穷神

□ **赫拉克利特（左）和德谟克利特**

赫拉克利特作为欧洲哲学史中的重要人物，提出了“万物都在变化着”的观点，被人们广为认识的“人不能两次踏入同一条河流”的思想便出自于他。严复称他为“天演”学说的传世人，这也是赫拉克利特在中国近代被广泛接受的开始。赫拉克利特的另外一个著名思想是“生命起源于火”。这里的“火”指代一种本源规则，这个规则支持万物不断发生着变化。

竭精，事亦何裨于日用。所以存而不论，反以求诸人事交际之间，用以期其学之翔实。独不悟理无间于小大，苟有脊仑[12]对待，则皆为学问所可资。方其可言，不必天难而人易也。至于无对，虽在近习，而亦有难窥者矣。是以格致实功，恒在名理气数之间，而绝口不言神化。彼苏格氏之学，未尝讳神化也，而转病有伦脊可推之物理为高远而置之。名为崇实黜虚，实则舍全而事偏，求近而遗远。此所以不能引额拉氏未竟之绪，而大有所明也。夫薄格致气质之学，以为无关人事，而专以修已治人之业，为切要之图者，苏格氏之宗旨也。此其道，后之什匿克宗[13]用之。厌恶世风，刻苦励行，有安得臣[14]、知阿真尼[15]为眉目。再传之后，有雅里大德勒[16]崛起马基顿[17]之南。察其神识之所周，与其解悟之所入，殆所谓超凡入圣，凌铄古今者矣。然尚不知物化迁流，宇宙悠久之论，为前识所已言。故额拉氏为天演学宗。其滴髓真传，前不属于苏格拉第，后不属之雅里大德勒。二者虽皆当代硕师，而皆无与于此学。传衣所托，乃在德谟吉利图[18]也。顾其时民智尚未宏开，阿伯智拉[19]所倡高言，未为众心之止。直至斯多葛[20]之徒出，乃大阐径涂，上接额拉氏之学，天演之说，诚当以之为中兴，条理始终，厘然具备矣。

独是学经传授，无论见知私淑[21]，皆能渐失本来。缘学者各奋其私，迻传失实，不独夺其所本有，而且羼以所本无。如斯多葛所持造物真宰之说，则其尤彰明较著者也。原夫额拉之论，彼以火化为宇宙万物根本，皆出于火，皆入于火；由火生成，由火毁灭。递劫盈虚，周而复始，又常有定理大法焉以运行之。故世界起灭，成败循还，初不必有物焉，以纲维张弛之也。自斯多葛之徒兴，于是宇宙冥顽，乃有真宰，其德力无穷，其悲智兼大，无所不在，无所不能。不仁而至仁，无为而体物；孕太极而无对，窅然[22]居万化之先，而永为之主。此则额拉氏所未言，而纯为后起之说也。

复案：密理图旧地，在安息（今名小亚细亚）西界。当春秋昭定之世[23]，希腊全盛之时，跨有二洲。其地为一大都会，商贾辐辏，文教休明。中为波斯所侵，至战国时，罗马渐盛，希腊稍微，而其地亦废，在今斯没尔拿地南。

伊匪苏旧壤，亦在安息之西。商辛[24]、周文之时，希腊建邑于此，有祠宇，祀先农神[25]知安娜[26]最著号。周显王十三年，马基顿名王亚烈山大[27]生日，伊匪苏灾，四方布施，云集山积，随复建造，壮丽过前，为南怀仁[28]所称宇内七大工之一[29]。后属罗马，耶稣之徒波罗[30]宣景教于此。曹魏景元、咸熙间[31]，先农之祠又毁。自兹厥后，其地寖废。突厥兴，尚取其材以营君士但丁[32]焉。

额拉吉来图，生于周景王十年，为欧洲格物初祖。其所持论，前人不知重也。今乃愈明，而为之表章者日众。按额拉氏以常变言化，故谓万物皆在“已”与“将”之间，而无可指之今。以火化为天地秘机，与神同体，其说与化学家合。又谓人生而神死，人死而神生，则与漆园[33]彼是方生之言[34]若符节矣。

苏格拉第，希腊之雅典人。生周末元、定之交[35]，为柏拉图师。其学以事天修己、忠国爱人为务，精辟肫[36]挚，感人至深，有欧洲圣人之目。以不信旧教，独守真学，于威烈王二十二年，为雅典王坐以非圣无法杀之，天下以为冤。其教人无类，无著作。死之后，柏拉图为之追述言论，纪事迹也。

柏拉图，一名雅里大各，希腊雅典人。生于周考王十四年，寿八十岁，仪形魁硕。希腊旧俗，庠序间极重武事，如超距[37]、搏跃之属，而雅里大各称最能，故其师字之曰柏拉图。柏拉图汉言骈胁[38]也。折节为学，善歌诗，一见苏格拉第，闻其言，尽弃旧学，从之十年。苏以非罪死，柏拉图为讼其冤。党人雠之，乃弃乡里，往游埃及，求师访道十三年。走义大利，尽交罗马贤豪长者。论议触其王[39]讳，为所卖为奴，主者心知柏拉图大儒，释之。归雅典，讲学于亚克特美园[40]。学者裹粮挟贽，走数千里，从之问道。今泰西太学，称亚克特美，自柏拉图始。其著作多称师说，杂出己意。其文体皆主客设难，至今人讲诵弗衰。精深微妙，善天人之际。为人制行纯懿，不媿其师。故西国言古学者，称苏、柏。

□ **苏格拉底与弟子讨论哲学　13世纪土耳其缩影手稿**

苏格拉底为柏拉图的老师。他认为宇宙浩瀚无边，自然界万物神秘莫测，无须花费太多精力去做不必要的探求。因此，他的学说把自然道理放在一边，专门探讨自我修养、社会治理等问题。其思想主要体现在心灵、灵魂和真理等方面，被后人广泛地认为是西方哲学的奠基人。

什匿克者，希腊学派名，以所居射圃而著号。倡其学者，乃苏格拉第弟子名安得臣者。什匿克宗旨，以绝欲遗世，克己励行为归。盖类中土之关学[41]，而质确之余，杂以任达，故其流极，乃贫贱骄人，穷丐狂倮，谿刻自处，礼法荡然。相传安得臣常以一木器自随，坐卧居起，皆在其中。又好对人露秽，白昼持烛，遍走雅典，人询其故，曰：吾觅遍此城，不能得一男子也。

斯多葛者，亦希腊学派名，昉于周末考、显间。而芝诺称祭酒，以市楼为讲学处。雅典人呼城闉[42]为斯多亚，遂以是名其学。始于希腊，成于罗马，而大盛于西汉时。罗马著名豪杰，皆出此派，流风广远，至今弗衰。欧洲风尚之成，此学其星宿海[43]也，以格致为修身之本。其教人也，尚任果，重犯难，设然诺，贵守义相死，有不苟荣不幸生之风。西人称节烈不屈男子曰斯多葛，盖所从来旧矣。

雅里大德勒（此名多与雅里大各相混，雅里大各乃其师名耳）者，柏拉图高足弟子，而马基顿名王亚烈山大师也。生周安王十八年，寿六十二岁。其学自天算格物，以至心性、政理、文学之事，靡所不赅。虽导源师说，而有出蓝之美。其言理也，分四大部：曰理、曰性、曰气，而最后曰命，推此以言天人之故。盖自西人言理以来，其立论树义，与中土儒者较明，最为相近者，雅里氏一家而已。元、明以前，新学未出，泰西言物性、人事、天道者，皆折中于雅里氏。其为学者崇奉笃信，殆与中国孔子侔矣。洎有明中叶，柏庚起英，特嘉尔起法，倡为实测内籀之学，而奈端[44]、加理列倭[45]、哈尔维[46]诸子，踵用其术，因之大有所明，而古学之失日著。谫[47]者引绳排根[48]，矫枉过直，而雅里氏二千年之焰，几乎熄矣。百年以来，物理益明，平陂往复，学者乃澄识平虑，取雅里旧籍考而论之，别其芜颣[49]，载其菁英，其真乃出，而雅里氏之精旨微言，卒以不废。嗟乎！居今思古，如雅里大德勒者，不可谓非聪颖特达，命世之才也。

德谟吉利图者，希腊之亚伯地拉[50]人，生春秋鲁、哀间。德谟善笑，而额拉吉来图好哭，故西人号额拉为哭智者，而德谟为笑智者，犹中土之阮嗣宗[51]、陆士龙[52]也。家雄于财，波斯名王绰克西斯至亚伯地拉时，其家款王及从者甚隆谨。绰克西斯[53]去，留其傅马支[54]（古神巫号）教主人子，即德谟也。德谟幼颖敏，尽得其学，复从之游埃及、安息、犹太诸大邦，所见闻广。及归，大为国人所尊信，号“前知”。野史稗官，多言德谟神异，难信。其学以觉意无妄，而见尘非真为旨，盖已为特嘉尔嚆矢[55]矣。又黜四大之说，以莫破质点言物，此则质学种子，近人达尔敦演之，而为化学始基云。

【注释】［1］义大利：意大利（英文Italy）。

［2］姬汉之际：从周朝到汉朝的历史时期。

［3］伊兰：伊朗。古代波斯人自称为“伊兰”，伊朗就是“伊兰”的译音，在古波斯语中为“光明”之意。

［4］密理图学者：米利都学派。希腊城邦米利都是一座富饶的港口和商业中心，产生了三位重要的思想家：泰勒斯、安纳克西曼德和安那西梅尼斯。他们创立了米利都学派，时间大约在公元前6世纪。它是前苏格拉底哲学的一个学派，被誉为是西方哲学的开创者。其观点是朴素的唯物主义，即认为万物之源为水，水生万物，万物又复归于水。其开创了理性思维，试图用观测到的事实而不是用古代的希腊神话来解释世界，对后世影响深远。

［5］伊匪苏：以弗所。基督教早期最重要的城市之一，以弗所在古代安纳托利亚是一座爱奥尼亚希腊城邦，在公元前10世纪由雅典殖民者建立。罗马时代以弗所是亚细亚省的首府和罗马总督驻地。

［6］龂龂：指争辩的样子。

［7］鞭辟向里：指深入剖析，使靠近最里层，形容探求透彻，深入精微。出自明代王守仁《寄邹谦之书》："随处体认天理之说，大约未尝不是，只要根究下落，即未免捕风捉影，纵令鞭辟向里，亦与圣门致良知之功，尚隔一尘。"

［8］检押：指规矩，法度。

［9］隐括：出自《荀子·性恶》"枸木必将待檃栝烝矫然后直"。檃栝即隐括，引申为标准、规范。

［10］师弟：指老师和弟子。

［11］亲切：指真切，确实。

［12］脊仑：出自《诗经·小雅·正月》"有伦有脊"。脊仑即脊伦，指道理，条理。

［13］什匿克宗：古希腊犬儒学派，即对世界不信任并对任何事物抱消极态度的学派。该学派否定社会与文明，提倡回归自然，清心寡欲，鄙弃俗世的荣华富贵；要求人克己无求，独善其身，近于中国的道家。

［14］安得臣：安提斯泰尼（又译为安提西尼），古希腊犬儒学派的奠基人，苏格拉底的弟子。

［15］知阿真尼：第欧根尼，古希腊犬儒学派的代表人物，安提西尼的弟子。

［16］雅里大德勒：亚里士多德。

［17］马基顿：马其顿王国（约公元前800—前146年），是古希腊西北部的一个王国。其史上最辉煌的时刻，也就是亚历山大帝国，是由国王亚历山大大帝开创。

［18］德谟吉利图：德谟克利特。

［19］阿伯智拉：阿夫季拉（又译为阿布德拉），位于今希腊克桑西州，德谟克利特的出生地。

［20］斯多葛：斯多葛学派，也称斯多亚学派，是塞浦路斯岛人芝诺于公元前300年左右在雅典创立的唯心主义哲学学派。因在雅典集会广场的廊苑（英文stoic，来自希腊文stoa，stoa原指门廊，后专指斯多葛学派）聚众讲学而得名。

［21］私淑：指未能亲自受业但敬仰某人并承传其学术而尊之为师之意。出自《孟子·离娄上》"予未得为孔子徒也，予私淑诸人也"。

［22］窅然：指精深、深远貌。

［23］昭定之世：鲁昭公（公元前560—前510年），春秋时期鲁国第二十四位国君，公元前542—前510年在位。鲁定公（公元前556—前480年），鲁国第二十五位君主，公元

前509—前495年在位。

[24] 商辛：商纣王 。子姓，名受（又名受德），谥号纣，世称殷纣王、商纣王，号帝辛，商朝末代君主。

[25] 先农神：指古代传说中最先教民耕种的农神。我国先农神的代表人物是炎帝。

[26] 知安娜：狄安娜，古罗马神话中的月亮与狩猎女神。后来与古希腊神话中奥林匹斯十二主神之一、月亮女神阿尔忒弥斯混同。

[27] 亚烈山大：亚历山大大帝（公元前356—前323年），古代马其顿国王，亚历山大帝国皇帝，世界古代史上著名的军事家和政治家。

[28] 南怀仁：公元1623—1688年，字敦伯，又字勋卿，比利时人，传教士、天文学家、科学家。他是清初最有影响的来华传教士之一，为近代西方科学知识在中国的传播做出了重要贡献，他是康熙皇帝的科学启蒙老师，精通天文历法、擅长铸炮，是当时国家天文台（钦天监）业务上的最高负责人，官至工部侍郎，正二品。

[29] 宇内七大工之一：指亚底米神庙，又称阿尔忒弥斯神庙、狄安娜神庙，古代世界七大奇迹之一。位于今土耳其以弗所，经过一百二十年的建造，于公元前550年建成。由吕底亚王国的克罗索斯始建，后来在波斯的阿契美尼德帝国时建成。后来，被一位利欲熏心的古希腊青年黑若斯达特斯于公元前356年7月21日纵火烧毁。

[30] 波罗：保罗，又称扫罗，外邦使徒，不在圣经十二使徒之列。

[31] 曹魏景元、咸熙间：亚底米神庙于公元前323年开始重建，规模超过以前。公元246年又被哥特人毁坏。景元（260—264年）、咸熙（264—265年）先后是三国时期曹魏末代皇帝魏元帝曹奂在位期间的两个年号，即公元260年到265年，公元246年不在这个时期，所以时间并不对应。

[32] 君士但丁：君士坦丁，阿尔及利亚东北部城市，君士坦丁省省会。北非历史名城，四周砌有石墙。迦太基人称为卡尔塔，罗马人改称锡尔塔，公元311年左右被毁损后，在罗马皇帝君士坦丁大帝时修复，故名。

[33] 漆园：代指庄子。庄子因崇尚自由而不应楚威王之聘，生平只做过宋国地方漆园吏，史称“漆园傲吏”，被誉为地方官吏之楷模。

[34] 方生之言：见于《庄子・内篇・齐物论》。

[35] 周末元、定之交：周元王，公元前476年至前469年在位；周贞定王，公元前468年至前441年在位。

[36] 肫：指真挚，诚恳。

[37] 超距：跳跃，指古代练习武功的一种活动。

[38] 骈胁：指肌肉健壮，不显肋骨。

[39] 其王：指狄翁（公元前408—前354年），西西里岛叙拉古僭主狄奥尼西奥斯二世之姻兄。公元前357年至公元前354年间统治叙拉古。

[40] 亚克特美园：Akademia，即Academy。公元前387年，柏拉图在朋友的资助下在雅典城外西北角的阿卡德摩（Academus）建立学园。此地原为阿提卡英雄阿卡德摩的墓地，设有花园和运动场。这是欧洲历史上第一所综合性传授知识、进行学术研究、提供政治咨询、培养学者和政治人才的学校。以后西方各国的主要学术研究院都沿袭它的名称叫Academy。

[41] 关学：萌芽于北宋庆历之际的由儒家学者申颜、侯可、张载等人创立的一个理学学派。关学是儒学重要学派，因其实际创始人张载是关中（函谷关以西、大散关以东，古代称关中）人，故称“关学”。又因张载世称“横渠先生”，因此又有“横渠之学”的说法。就关学的内涵性质而言，它属于宋明理学中“气本论”的一个哲学学派。

[42] 闉（yīn）：古指瓮城的门，亦泛指城郭。

[43] 星宿海：地名，位于今青海省果洛藏族自治州玛多县。藏语称为“错岔”，意思是“花海子”。古人以之为黄河的发源地。这里指学派的渊源。

[44] 奈端：艾萨克·牛顿（1643—1727年），爵士，英国皇家学会会长，英国著名的物理学家，百科全书式的“全才”，被誉为“近代物理学之父”，著有《自然哲学的数学原理》《光学》。

[45] 加理列倭：伽利略（1564—1642年），意大利数学家、物理学家、天文学家，科学革命的先驱 。伽利略发明了摆针和温度计，在科学上为人类做出过巨大贡献，是近代实验科学的奠基人之一。被誉为“近代力学之父”“现代科学之父”。

[46] 哈尔维：威廉·哈维（1578—1657年），英国17世纪著名的生理学家和医生。他发现了血液循环的规律，奠定了近代生理科学发展的基础。著有《关于动物心脏与血液运动的解剖研究》。

[47] 谢：攻讦，指揭发别人的阴私。

[48] 引绳排根：出自《汉书·灌夫传》“及窦婴失势，亦欲倚夫引绳排根生平慕之后弃者”。比喻合力排斥异己。

[49] 颣（lèi）：缺点，毛病。芜颣：指芜杂而有疵病。

[50] 亚伯地拉：指前文的阿伯智拉。

[51] 阮嗣宗：阮籍（210—263年），三国时期曹魏诗人，字嗣宗。陈留（今属河南）尉氏人。竹林七贤之一，是建安七子之一阮瑀的儿子。曾任步兵校尉，世称阮步兵。崇奉老庄之学，政治上则采取谨慎避祸的态度。阮籍是“正始之音”的代表，著有《咏怀》《大人先生传》等，其著作收录在《阮籍集》中。

[52] 陆士龙：陆云（262—303年），字士龙，吴郡吴县（今江苏苏州）人，西晋文学家，东吴丞相陆逊之孙，东吴大司马陆抗第五子。与其兄陆机合称“二陆”，曾任清河内史，故世称“陆清河”。

[53] 绰克西斯：薛西斯一世（约公元前519—前465年），又译为泽克西斯一世或泽尔士一世，是波斯帝国的皇帝。

[54] 马支：“magi”的音译，古波斯祭司阶层的称号。

[55] 嚆矢：响箭。因发射时声先于箭而到，故常用以比喻事物的开端；犹言先声。

【译文】现在如果不谈印度而把目光转向西方，就会看到希腊、犹太、意大利等国家。在中国周代、汉代时期，它们相继成为文明发达、繁荣昌盛的国家。评论家们有的说这些国家的学术知识与南亚各宗教学说完全各行其道，不互相效法推崇。有的则说西方所流传的学说，都是来自东方的旧教法理，是东方旧教学说的分支。这两种说法都是偏颇之论，而且未曾深入探讨西方学术与东方宗教学说的实际。平心而论，折中两种说法更为恰当。

欧洲学术的兴起，大致也像欧洲人的民族发展一样，最先都源自伊朗故土。经过较长时期的发展交流，新的学说接连出现，就像冰比水更寒冷一样，自然而然地超越了先前的学说。现在只要看看进化论这一学说，就可以思考得出其中的道理。古希腊的文化教育是最昌盛文明的，其中米利都学派的学者们，均对进化学说有了解，在他们之中，以弗所的赫拉克利特是一位领军人物。

赫拉克利特的生活年代，与古印度释迦牟尼时期实际上是互相承接的。他们深思熟虑的论著，意义精深的语句，使许多人感叹难以读懂。近代学者断取其中的一部分，经过周详的考证和精心的思索，才悟出一个道理，即现代的学说，虽然的确比早期更严密精深，但保留下来的主要意义，本来就早已被古人所认识到了。就如本书第一篇文章中所引用的在流水中洗脚等比方，都出自赫拉克利特学说的绪言。仅他的学说就涵盖了天地四方，阐释了自然现象，是数千年自然科学最早的倡导者，却并不在人们的生活、日常资财、自我修养、社会治理等问题上与别人争辩。直到流传了几个世纪之后，学者们为商讨理学发展的途径，齐聚雅典。一时间著名的哲学家们，都在社会伦理法则上殚精竭虑，而认为赫拉克利特的学说太过高深而且离现实太远。虽然像这样着眼当下、寻细节，有切实深透的功夫，但赫拉克利特学说的博大体系和思想精髓，即我们所说的宇宙法则、自然规律等内容，也随之看不到了。

□ **苏格拉底之死　法国　雅克·达维特**

公元前399年，苏格拉底被指控不接受既定的雅典信条，经陪审团表决后被雅典法庭判处死刑。苏格拉底的死引起了民众对雅典民主制度的质疑。图片描绘了苏格拉底被罚用毒药处死的情景，他一手指天，认为天国是他最终的归宿。画家借此歌颂了苏格拉底“为信仰而死，虽死无憾”的精神。

中古时期的哲学家苏格拉底和柏拉图师生二人，最为卓越非凡。但观察他们所遗存下来的论文，对赫拉克利特的绪论了解得反而不如我们后世之人那样深切。学术的门类派别各有不同，虽然其年代互相承接，但未必能互相了解各自的见解。

苏格拉底学说的主要意义，认为自然宇宙实在太大，其间的事物极其宽广深远，事物的道理复杂玄妙，绝非人类的智慧能够探讨周全的。即使费尽心神竭尽精力去探索，对于日常生活又能有何裨益呢？所以苏格拉底的学说把自然道理放在一边不去探讨，转而探讨人际交往和事情变化之间的现象，以使他的学说达到详尽真实的目的。只不过他不懂事理没有大小的区别，只要以有理论的方式对待，都可以对研讨学问有所帮助。只要可以用语言阐释，不一定就是自然道理艰深而人世道理容易。至于自然道理无法具体地讨论这一情况，就算是身边熟悉的事物，也有难以窥见其中道理的时候。所以自然科学的实际功用，常在于现象、理论、历法、计量之中，而绝口不说什么天地造化。苏格拉底的学说，并没有讳避过神秘莫测的造化，却反而挑剔那些具有科学推论的自然规律太过高深远僻，进而弃置一边，名义上是崇尚真实废黜虚妄，实际却抛开全面而片面行事，求走捷径而摒弃艰苦的科学道路。这就是他之所以不能把赫拉克利特未完成的学说继承过来并发扬光大的原因。

轻视自然科学理论，认为它与人类社会事理无关，而专门把自我修养、社会治理作为最迫切最重要的事来做，就是苏格拉底学说的宗旨。这一条学术之道，为后来的昔尼克学派所运用。这一学派厌恶当时的社会风气，刻苦磨砺个人品行；其代表人物有安提西尼、第欧根尼等。再传到后来，有亚里士多德崛起于欧洲马其顿南部。他全面而神奇的见识和对所见事物的理解领悟，大概可以说是达到超凡入圣的地步了。然而他还是不了解“生物随时间推移日渐进化，宇宙起源年代久远”的学说，已被以前的哲学家提出过。所以如果以赫拉克利特为进化论的始祖，得其学说精髓真传的，往前不过是苏格拉底，往后不过是亚里士多德。这二人虽然都是当时的大师，但他们与进化学说没有关联。赫拉克利特学说的衣钵传人，应是德谟克利特。

然而当时人类的智慧尚未有较大进步，德谟克利特所宣扬的高明理论，没有停留在人们心中。直到斯多葛的门徒出现，才开始大力阐释这个学说的脉络途径，往上承接了赫拉克利特的学说。进化论确实应是在这个时候得到复兴，自始至终有条有理，理论体系基本具备。但凡学说经过相互传授，不论是口传身授，还是私下研究，都可能会渐渐失去本来面目。因为学者们各自张扬个人见解，辗转传播之后可能会失真，不仅丧失了原有的意义，而且掺杂了原本没有的东西，比如斯多葛学派所主张的造物主的观点，就是一个特别明显的例子。

原本赫拉克利特的学说，是以火的化合作为万物的根本的：万物都是火的产物，又都能与火反应，由火而生成，又由火而毁灭，在一个接一个的劫数中重复着充盈与萧条，周而复始，也存在着一系列固定规律和重大法则推动它运行。所以世界的产生与毁灭、发展与衰败的循环，最初不一定有什么物质基础，而是由张弛变化的规律和法则来推动。

自从斯多葛学派兴起之后，这一学派认为宇宙愚暗无知，于是产生出了真神主宰；他的德行和力量无穷无尽，他的悲悯和智慧神通广大；他无所不在，无所不能；他不仁慈却又最仁慈，放任自流却又最体恤天下万物；他孕育混沌的元气从而无与伦比，远远位居于万物之上成为永恒主宰。这就是赫拉克利特所没有说过，而纯系后来兴起的观点。

〖**严复按语**〗

米利都最初所处的地方，在安息（现在称为“小亚细亚”）西面。在春秋鲁昭公、鲁定公之际，古希腊处于全盛的时期，地域横跨欧、亚两洲，米利都成为一个大都市，商业人口云集，文明教化美好清明。发展中期曾被波斯侵略骚扰。到战国时期，古罗马帝国日渐强盛，古希腊渐渐衰落，米利都也就荒废了，原址在今天伊兹密尔的南面。

以弗所的旧址，也在安息的西面。商纣王、周文王时期，古希腊在此建立了城市，并建有最著名的祭祀丰产女神狄安娜的神庙。周显王十三年，马其顿著名的国王亚历山大过生日时，以弗所遭受自然灾难，各地捐助的救灾物资纷纷云集，堆积如山，随即重建以弗所城，其雄伟壮丽的程度超过受灾以前，被比利时耶稣会传教士南怀仁称为世界历史上七大奇迹之一。以弗所后来归属古罗马。耶稣门徒保罗曾在此传播基督教。三国曹魏时的景元、咸熙年间，神庙被毁。自此以后，以弗所渐渐荒废。到土耳其兴起的时候，还到这里取用材料去建造君士坦丁堡。

赫拉克利特出生于周景王十年，是欧洲自然科学的鼻祖。他所持的理论观点，前人不重视，现在才越来越明白它的重要性，而且推崇宣扬其理论的人越来越多。按照赫拉克利特的理论以常变的观点谈论造化，所以他认为万物都处在“已经”和“将要”之间，而不能指实确定。现在把火的化合作为推动自然界变化的隐秘机制，认为与精神是同为一体的，这一学说与化学家的观点比较符合。他说人出生则精神死去，人死亡则精神复生，这与庄子“彼是方生”的说法就像符节相合一样完全一致。

苏格拉底是古希腊雅典人，出生于东周战国初期周元王、周贞定王之交的年代，是柏拉图的导师。他的学说以信奉上天、自我修养、忠于国家、仁爱人民为主要思想，精辟挚信，感人至深，有“欧洲圣人”之称。因他不信旧教，独守真实的学说，于周朝威烈王二十二年被雅典国王以诽谤圣教、不遵王法的罪名杀掉了。天下人认为他死得冤枉。他教育学生时不分等级地位，本人也没有著作传世。他死之后，柏拉图记录整理了他的言论，记载了他的生平事迹。

柏拉图，又叫“雅里大各”，古希腊雅典人，出生于周考王五十四年，活了80岁。他仪表魁梧，身材高大。古希腊古代习俗，学校里非常重视武术体育，比如跳跃、搏击之类，而柏拉图被称为最强高手，所以他的老师给他取名字叫“柏拉图”。“柏拉图”的汉语意思是“强壮之人”。后来他改变志向而学习文理，善于诗歌写作。他一遇见苏格拉底，听了苏格拉底的演讲，就彻底放弃了以前的学业，跟随苏格拉底学习10年。苏格拉底因诽谤罪被处死后，柏拉图为他申冤。苏格拉底的敌人因此而仇视他，柏拉图就离开古希腊雅典，前往古埃及，寻师游学13年。后来到意大利，专门结交贤才豪杰和德高望重的人。由于他的言论触犯了意大利国王的忌讳，被国王当作奴隶发卖。柏拉图当奴隶时的主人心里明白他是一位大学者，就释放了他。柏拉图回到雅典，在亚克特美学园讲学。求学的人自带粮食携带礼品，不远千里前来跟随柏拉图研习哲学之道。现代西方的大学叫做“亚克特美”，就是从柏拉图开始的。

□ 亚里士多德和亚历山大大帝

亚里士多德是柏拉图最优秀的学生之一，也是马其顿国王亚历山大大帝的老师。他是一位全能型的科学家，在伦理学、形而上学、心理学、经济学、神学、政治学、自然科学等方面都颇有建树，他的著作构建了西方哲学的第一个广泛系统，他本人也因此被马克思称为古希腊哲学家中最博学的人物，被恩格斯称为“古代的黑格尔”。

他的著作多是借其老师的名义，其中夹杂写出他个人的见解，其文体全部采用主客互相问答的形式，直到现在，人们讲解、诵读他的文章的风气还经久不衰。他的理论精妙深刻，尤以研究自然与人的关系见长。柏拉图为人志趣高雅、品行纯美，并不逊色于他的老师，所以西方国家只要谈到古代学者，必称道苏格拉底和柏拉图。

昔尼克是希腊一个学派的称呼，因其在昔尼克体育场讲学而得名。主张这一学说的人，是苏格拉底的学生安提西尼。昔尼克学派的宗旨是以禁绝欲望、抛弃尘世、克制自身、激励品行为根本，类似于中国宋代的理学。昔尼克学派在讲求对事物的质正核实之余，还夹杂着品行上的放纵不羁，所以当这一学派发展到极致，常出现一些虽然贫贱却矜傲无比的人物，他们像疯癫的乞丐一般衣不蔽体，对自己极尽刻薄，完全不拘世俗礼法。传说安提西尼随身携带一个木器，打坐、睡觉、生活起居都在这个木器中，又喜欢对人展露出粗鄙不堪的一面，还曾在白天手持蜡烛，走遍雅典城。别人问他为什么这样做，他说：“我寻遍雅典全城，却看不到一个真正的男人。”

斯多葛也是希腊一个学派的名称，产生于东周战国时期的周考王、周显王年间，出生于季蒂昂的芝诺是该学派的首要代表人物，以市井楼台作为其讲学的场所。因为雅典人把城门外的曲城称为“斯多葛”，于是就用这个称呼命名其学派。斯多葛学派兴起于古希腊，形成于古罗马时期，而在中国西汉时达到鼎盛。古罗马的著名杰出人物都出自这一学派。该学派流传广泛、影响深远，至今不衰，是欧洲社会风气形成的根源。它以自然科学作为自我修养的根本，教人崇尚责任果敢，敢于面对困难险阻，重守信用，推崇舍身取义的行为，有不苟且于虚荣、不苟活于人世的风尚。西方人称节操刚烈不屈的男子为“斯多葛”，就是由此常年流传而来。

亚里士多德（这名字多与亚里大各相混淆，亚里大各是他老师的名字）是柏拉图最优秀的学生，又是马其顿国王亚历山大大帝的老师。他出生于周安王十八年，活了62岁。他的学说从天文、数学等自然科学到心理、政治、文学等社会科学方面，无所不涉，虽然其学说是从他老师那里推导而出，但有青出于蓝而胜于蓝的美称。他的哲学分为四大部分：事物的规律、事物的性质、人的精神，最后是生命现象，并由此推导自然和人类的关系与因由。自从西方人开始谈论哲学以来，其建立的论述和树立的理义体系，与中国儒家学者相比较，最为明显接近的，只有亚里士多德一人而已。中国元代、明代以前，新科学没有出现，西方研究物理性质、社会事理、自然规律的学者们都以亚里士多德的理论作为准则，他被学者们所推崇、尊奉、笃信的程度，大概与中国的孔子差不多。到了中国明代中期，英国出现了培根，法国出现了笛卡尔，他们倡导实验、猜想和归纳推理的科学方法，而牛顿、伽利略、哈维等科学家，沿用这些科学方法，取得了巨大的科学成就，使古代学说的错误日益显露。反对者们开始一致排斥古代学说，矫正其错误常常超出了必要的限度，使亚里士多德学说二千年来的光辉几乎熄灭。百年以来，自然科学日益发达，在经过了否定与肯定的反复波折之后，学者们才平静思考、澄清认识，重新考证评价亚里士多德原有的著作，甄别出其中的缺点错误，保留其精华英明之处，其真正的学术价值就显示出来，而亚里士多德学说的精妙意义和精彩言论终于得以保存。啊！身居现代思考古代，像亚里士多德这样的人，不能不说是特别聪颖的旷世奇才。

德谟克里特是希腊阿布特拉人，出生于春秋鲁哀公年间。德谟克里特爱笑，而赫拉克利特爱哭，所以西方人称后者为“哭哲学家”，而称前者为“笑哲学家”，就犹如中国的阮嗣宗和陆士龙。德谟克里特家财雄厚，波斯著名国王绰克西斯到阿布特拉的时候，他家隆重严谨地款待了国王及随从人员。绰克西斯国王离开时，留下自己的老师马支（古代神巫的名称）教育德谟家的儿子，这个儿子就是德谟克里特。德谟克里特小时就很聪明机敏，他学得了老师的全部学问。之后他跟随老师游历埃及、安息、犹太等国家，所见所闻很广泛。回到希腊后，大受国人尊崇和信奉，被称为“先知”。野史和民间流传多说德谟克里特异常神奇，令人难以置信。他的学说以人的感觉、意识不是虚妄，看到的尘世也并非真实为主旨，这后来成为了笛卡尔学说的先导。他又摒弃了亚里士多德四大命题学说，以不可分的质点来阐释物质原理。这成为了现代化学的萌芽，近代科学家道尔顿进行了实验推演，从而为现代化学的形成奠定了基础。

天难第十二

本文主要批驳了斯多葛门徒克利西蒲斯、蒲柏等人的“上天无过”之说。文章以天降灾难给人间造成无数痛苦的事实，以一连串的诘问进行批驳，并指出了“斯多葛、蒲柏之道”使人“愿望都灰，修为尽绝，使一世溃然萎然，成一伊壁鸠鲁之豕圈而后可”的消极后果，鲜明地否定了上天。按语部分，严复介绍了古希腊哲学家伊壁鸠鲁。

【原文】学术相承，每有发端甚微，而经历数传，事效遂钜者，如斯多葛创为上帝宰物之言是已。夫茫茫天壤，既有一至仁极义，无所不知、无所不能、无所不往、无所不在之真宰，以弥纶[1]施设于其间，则谓宇宙有真恶，业已不可；谓世界有不可弥之缺憾，愈不可也。然而吾人内审诸身心之中，外察诸物我之际，觉覆载徒宽，乃无所往而可离苦趣。今必谓世界皆妄非真，则苦乐固同为幻相。假世间尚存真物，则忧患而外，何者为真？大地抟抟，不徒恶业炽然，而且缺憾分明，弥缝无术，孰居无事，而推行是？质而叩之，有无可解免者矣。虽然，彼斯多葛之徒不谓尔也。吉里须布[2]曰：一教既行，无论其宗风[3]谓何，苟自其功分趣数[4]而观之，皆可言之成理。故斯多葛之为天讼直也，一则曰天行无过；二则曰祸福倚伏，患难玉成；三则曰威怒虽甚，归于好生。此三说也，不独深信于当年，实且张皇于后叶，胪[5]诸简策[6]，布在风谣[7]，振古如兹，垂为教要。

往者朴伯[8]（英国诗人）以韵语赋《人道篇》数万言，其警句云：“元宰有秘机，斯人特未悟。世事岂偶然，彼苍审措注。乍疑乐律乖，庸知各得所。虽有偏沴灾，终则其利溥。寄语傲慢徒，慎勿轻毁诅。一理今分明，造化原无过。”如前数公言，则从来无不是上帝是已。上帝固超乎是不是而外，即庸[9]有是不是之可论，亦必非人类所能知。但即朴伯之言而核之，觉前六语诚为精理名言，

□《马赛大瘟疫》　法国　米歇尔·塞尔

斯多葛派主张上帝创造万物。对于天地间的种种灾难和缺陷，他们坚持认为这并非是上帝的错，并指出：灾祸中孕育着福祉，福祉里隐藏着灾祸，患难是助人成就功业的途径，上天发威虽猛，却是十分爱惜生灵的。图为18世纪初爆发于马赛的一场鼠疫场景，约有十万人在这场瘟疫中丧生。

而后六语则考之理实，反之吾心，有蹇蹇[10]乎不相比附者。虽用此得罪天下，吾诚不能已于言也。盖谓恶根常含善果，福地乃伏祸胎，而人常生于忧患，死于安乐，夫宁不然。但忧患之所以生，为能动心、忍性、增益不能故也；为操危虑深者，能获德慧术知[11]故也。而吾所不解者，世间有人非人，无数下生，虽空乏其身，拂乱所为，其能事决无由增益；虽极茹苦困殆，而安危利菑，智慧亦无从以进。而高高在上者，必取而空乏、拂乱、茹苦、困殆之者，则又何也？若谓此下愚虫豸，本彼苍所不爱惜云者，则又如前者至仁之说何？且上帝既无不能矣，则创世成物之时，何不取一无灾、无害、无恶业、无缺憾之世界而为之，乃必取一忧患纵横、水深火烈如此者，而又造一切有知觉、能别苦乐之生类，使之备尝险阻于其间，是何为者？嗟嗟！是苍苍然穹尔而高者，果不可问耶？不然，使致憾者明目张胆，而询其所以然，吾恐芝诺、朴柏之论，自号为天讼直者，亦将穷于置对也。事自有其实，理自有其平，若徒以贵位尊势，箝制人言，虽帝天之尊，未足以厌其意也。且径谓造物无过，其为语病尤深。盖既名造物，则两间所有，何一非造物之所为。今使世界已诚美备，无可复加，则安事斯人毕生胼胝[12]，举世勤劬[13]，以求更进之一境？计惟有式饮庶几[14]，式食庶几，芸芸以生，泯泯以死。今日之世事，已无足与治；明日之世事，又莫可谁何。是故用斯多葛、朴柏之道，势必愿望都灰，修为尽绝，使一世溃然萎然，成一伊壁鸠鲁之豕圈而后可。生于其心，害于其政，势有必至，理有固然者也。

复案：伊壁鸠鲁，亦额里思人。柏拉图死七年，而伊生于阿底加。其学以惩忿瘠欲，遂生行乐为宗，而仁智为之辅。所讲名理治化诸学，多所发明，补前人所未逮。后人谓其学专主乐生，病其恣肆，因而有豕圈之诮。犹中土之讥杨、墨，以为无父无君，等诸禽兽。门户相非，非其实也。实则其教清净节适，安遇乐天，故能为古学一大宗，而其说至今不坠也。

【注释】［1］弥纶：指经纬，治理。

［2］吉里须布：克利西波斯（公元前280—前207年），于公元前232年继任斯多葛学派领袖，是此派哲学之集大成者。

［3］宗风：原指佛教各宗系特有的风格、传统，多用于禅宗。有时也用以泛指道教或文学艺术各流派独有的风格和思想。

［4］趣数：指节奏短促急速。

［5］胪：指传语，陈述。

［6］简策：简册。由竹简编连而成，后指史籍、典籍。

［7］风谣：指谣传，未经证实的消息。

［8］朴伯：亚历山大·蒲柏（1688—1744年），18世纪英国最伟大的诗人，杰出的启蒙主义者。

［9］庸：副词，或许，大概。

［10］蹇：音jiǎn，通“謇”，平直貌。

［11］德慧术知：指德行、智慧、道术、才智。出自《孟子·尽心上》“人之有德慧术知者，恒存乎疢疾”。

［12］胼胝：俗称“老茧”，指手掌脚底因长期劳动摩擦而生的茧子。

［13］劬：指过分劳苦，勤劳。

［14］式饮庶几：式，应为发语词。庶几，希望，但愿。出自《诗经·小雅·车舝》“虽无旨酒，式饮庶几；虽无嘉殽，式食庶几”。

【译文】学术互相传承，常有开始的时候影响很小，而经过数次流传之后，其影响和效果才变得巨大的情况，比如斯多葛学派创立的上帝主宰万物的学说就是如此。

在茫茫无际的天地间，如果真有一位最为仁义、无所不知、无所不能、无处不在的上帝主宰，统摄万物并设立天地纲领，那么说宇宙中存在真正的罪恶，就已经不恰当了；说世界存在不可弥补的缺憾，就更加不恰当了。然而当我们人类向内审视自我身心之中，向外观察人事交际之间，就会发觉天地虽大，却没有可以脱离苦海的去处。如今一定要说世间一切都是虚妄、并非真实的话，那么痛苦与快乐也就都是虚幻了。假使世界还存在有真实的东西，那么除了忧患之外，还有什么东西是真实的呢？放眼大地，不但邪恶行径如野火一般狂烈，这个世界也缺陷重重，无法弥补。是谁闲极无聊，造出如此一个世界呢？质疑叩问之下，便会发现这是一个无解的问题。

虽然如此，但那些斯多葛的门徒们却不这样认为。克利西蒲斯说："一个宗教既然已经推行，无论这个宗教的风气是什么，只要细数其功用，都可以讲出道理来。"所以斯多葛学派要替天申冤，第一要说上天的作为没有过错；第二要说灾祸中孕育着福祉，福祉里隐藏着灾祸，患难也能够成就功业；第三要说上天的威严怒气虽然很猛烈，但终归是爱惜生灵的。这三种说法，不只是当年的人们深信不疑，而且后世更加如此，人们把它著述在书本里，谱写在歌谣中，从古至今，已流行成为教育人的重要内容。

过去有个叫蒲柏（英国诗人）的人用韵文写成数万言的《人道篇》，其中有警策人心的诗句说：

"上帝掌握主宰万物的神秘权力，
人间凡尘只是不能够细心领悟；
世上所有事情难道是如此偶然？
苍天自会采取措施来审视关注。
忽然觉得音乐旋律已失去节奏，
难道不知它们早已经各得其所？
虽然存在意想不到的不利水灾，
河水终究带给人类的利益广博。
寄传话语给那些狂傲轻慢之徒，
言语谨慎不要轻易地诋毁骂诅！
如今这一道理已经是澄清分明，
上帝造化万物原本就没有过错。"

□《庞贝城的末日》 俄国 布留洛夫

针对斯多葛派的主张，赫胥黎发问道：穷困之苦、行事颠倒，这并不能使世间万物增长本事；灾难痛苦也不能使万物增长智慧，那么，高高在上的神明为什么还要让其饱受穷困、错乱、痛苦、艰险呢？图片描绘的是公元79年维苏威火山爆发时，罗马古城庞贝城陷入火海，人们争相逃难的场景。大火之后，这里变成了一片废墟。

这段诗句的意思正如前面诸公所说，上帝从来就没有过错。上帝本来就超越“是”与“不是”之外，就算真的有“是”与“不是”可以议论，也一定不是人类所能了解的。但是就蒲柏的诗句进行核实，觉得前六句确实是至理名言，但考察后六句时，我仔细思考了其理论与实际的区别，认为它们并不能相互印证。虽然说这样的话会得罪天下人，但我实在不能不说。

人们常说邪恶的根常包含善良的果子，福祉里就暗藏祸胎，人在忧患中生存发展，而在安乐中走向灭亡，难道不是这样吗？然而忧患之所以能使人生存，就在于它不但能鼓动人的心境、坚定人的意志、使人增长才干，还能让那些为危难操心、思虑深远的人获得品德、智慧、本领、知识。而我所不能理解的是，世间存在人类、非人类和无数低等生物，虽然让他们受尽穷困之苦，让他们的行为颠倒错乱，其能力本事也不会因此增长；虽然让他们处在极端的痛苦和困难中，经历安全与危险、顺利与灾祸，但其智慧也无法由此而长进。而高高在上的神明一定要使其穷困、错乱、痛苦、艰险，又是为什么呢？假如说这些低贱的愚人、虫豸本来就是上天所不爱惜的生灵，那么又怎样解释前面提到的神明最为仁慈的说法呢？并且神明既然无所不能，那么祂在创造世界形成万物的时候，何不给他们创造一个无灾无害、没有恶业、没有缺憾的世界，却一定要创造一个如此忧患纵横、水深火热的世界，还要创造出一切有知觉能辨别痛苦快乐的生命，使他们在这个世界中备尝险阻，这又是为什么呢？唉唉！是上苍果真不能质问吗？不然让那些心感不平的人公开大胆地质疑上天为什么这样创造世界，我恐怕芝诺、蒲柏之类自称替天申冤的人，也将无言以对吧！

事物自然有它的实质，道理自然有它的准绳。如果仅仅以尊贵的地位权势来限制人们的言论，虽然贵为上天或帝王，也未必能完全压制住人们的意愿。而且直说上天没有过错，这种说法本身就有很大的毛病。上天既然称为造物主，那么天地之间一切事物，哪一样不是造物主所创造的呢？现在假定世界已经十分完美，完美得不能再好了，那么人们为何还要从事劳动，手脚长满老茧，一世辛勤劳苦，以求得更好的生活境地呢？人们每日盘算着食物和饮水，用以维持生计，庸庸碌碌地活着，浑浑噩噩地死去。如今人世间的事情已经没有办法治理，将来人世间的事情又有谁可以奈何呢？所以用斯多葛学派、蒲柏的道理，势必会使人们美好的愿望都灰飞烟灭，自我修为全部断绝，使一个世代衰败如江河决堤、如草木枯萎，成为伊壁鸠鲁的猪圈而后已！从心里产生出来的“上天无过”之说，是有害于政事的，情势必然会发展至此，其道理本身就是这样。

〖**严复按语**〗

伊壁鸠鲁也是古希腊人。柏拉图死后的第七年，伊壁鸠鲁才在阿提喀出生。他的学说以戒止愤怒、节制欲望、平顺生活、谨慎取乐为主要宗旨，而以仁慈智慧为次要内容。他所讲的逻辑推理、治理教化等学问，多是他自己研究发现的见解，弥补了前人未能涉及到的空白。后人评论他的学说是专门宣扬享乐，指责他放纵人生随波逐流的理论。因而讥讽他的学说是“猪圈”理论，就犹如中国学者讥讽杨朱、墨子宣扬不孝父亲、不尊君王，把人等同于禽兽一般。这是不同学术门派的互相非难，其实伊壁鸠鲁的学说不是这样的。事实上他的理论所讲的是清心净欲、节制适当、随遇而安、乐天知命，所以才成为古代学术的一大门派，而他的学说至今没有衰落。

论性第十三

本文主要分析了斯多葛学派的“率性为生”之说。文章认为：如果把此“性”理解为天道法则，则将使人类一直退化到原始时代，这是不可取的；如果把此“性”理解为人性，则有积极意义，人性有精有粗，而“精且贵”的人性中，以“清净之理”即纯粹理性为最高，斯多葛学派把它称为“群性”，即社会性；人类有了这种社会性，则能“与物为与，与民为胞，相养相生”，促进社会发展。按语部分，严复认为中国宋代理学与此相近，故作简单介绍，以为参照。

【原文】吾尝取斯多葛之教与乔答摩之教，较而论之，则乔答摩悲天悯人，不见世间之真美；而斯多葛乐天任运，不睹人世之足悲。二教虽均有所偏，而使二者必取一焉，则斯多葛似为差乐。但不幸生人之事，欲忘世间之真美易，欲不睹人世之足悲难。祸患之叩吾阍[1]，与娱乐之踵吾门，二者之声孰厉？削艰虞[2]之陈迹，与去欢忻之旧影，二者之事孰难？黠者纵善自宽，而至剥肤之伤，断不能破涕以为笑，徒矜作达，何补真忧。斯多葛以此为第一美备世界。美备则诚美备矣，而无如居者之甚不便何也？又为斯多葛之学者曰：“率性以为生。”斯言也，意若谓人道以天行为极则，宜以人学天也。此其言据地甚高，后之用其说者，遂有倜然[3]不顾一切之概，然其道又未必能无弊也。前者吾为导言十余篇，于此尝反覆而觇缕[4]之矣。诚如斯多葛之徒言，则人道固当扶强而抑弱，重少而轻老，且使五洲殊种之民，至今犹巢居鲜食而后可。何则？天行者，固无在而不与人治相反者也。

然而以斯多葛之言为妄，则又不可也。言各有攸当，而斯多葛设为斯言之本旨，恐又非后世用之者所尽知也。夫性之为言，义训非一。约而言之，凡自然者谓之性，与生俱生者谓之性。故有曰万物之性，火炎、水流、鸢飞、鱼跃是已；

有曰生人之性，心知、血气、嗜欲、情感是已。然而生人之性，有其粗且贱者，如饮食男女，所与含生之伦同具者也；有其精且贵者，如哀乐羞恶，所与禽兽异然者也。（按：哀乐羞恶，禽兽亦有之，特始见端而微眇难见耳。）而是精且贵者，其赋诸人人，尚有等差[5]之殊；其用之也，亦常有当否之别。是故果敢辩慧贵矣，而小人或以济其奸；喜怒哀乐精矣，而常人或以伤其德。然则吾人性分之中，贵之中尚有贵者，精之中尚有精者。有物浑成，字曰清净之理。人惟具有是性，而后有以超万有而独尊，而一切治功教化之事以出。有道之士，能以志帅气矣，又能以理定志，而一切云为动作，胥于此听命焉，此则斯多葛所率为生之性也。自人有是性，乃能与物为与[6]，与民为胞，相养相生，以有天下一家之量。然则是性也，不独生之所恃以为灵，实则群之所恃以为合；教化风俗，视其民率是性之力不力以为分。故斯多葛又名此性曰“群性”。盖惟一群之中，人人以损己益群，为性分中最要之一事，夫而后其群有以合而不散，而日以强大也。

□《快乐的小丑》法国 卢梭

拿佛教教义与斯多葛派教义作比较就会发现，佛教悲天悯人，看见的是人间疾苦；斯多葛派则乐于天道安排，听任命运摆布，看见的是人间美好。二者无疑都是片面的，但若要让人选择其一的话，恐怕更多的人会倾向于斯多葛派，因为没有人愿意直面苦难。此幅作品秉承了卢梭一贯的“质朴、纯真”画风，表现出自然界和谐美好的一面。

复案：此篇之说，与宋儒之言性同。宋儒言天，常分理气为两物。程子[7]有所谓气质之性。气质之性，即告子所谓生之谓性，荀子所谓恶之性也。大抵儒先言性，专指气而言则恶之，专指理而言则善之，合理气而言者则相近之，善恶混之，三品之，其不同如此。然惟天降衷有恒矣，而亦生民有欲，二者皆天之所为。古“性”之义通“生”，三家之说，均非无所明之论也。朱子主理居气先之说，然无气又何从见理？赫胥黎氏以理属人治，以气属天行，此亦自显诸用者言之。若自本体而言，亦不能外天而言理也，与宋儒言性诸说参观可耳。

【注释】［1］阍：指宫门。

［2］虞：指忧患，忧虑。艰虞，指艰难忧患。

［3］僩（xiàn）然：亦作“僴然”，狂妄貌，自大貌。

［4］覼（luó）缕：指原原本本，形容详细陈述。

［5］等差：指等级次序，等级差别。

［6］与：指结交，交往，交好。

［7］程子：程颐（1033—1107年），字正叔，洛阳伊川（今河南省洛阳市伊川县）人，世称伊川先生，出生于湖北黄陂（今湖北省武汉市黄陂区），北宋理学大师和教育家。与其胞兄程颢共创“洛学”，为理学奠定了基础。

【译文】我曾经把斯多葛学派的学说与乔达摩的教义进行比较论说，乔达摩悲哀天时多艰，怜悯人生苦难，看不见人世间有真实的美好；而斯多葛学派则乐于天道安排，听任命运摆布，看不到人世间充满悲惨。这二种学说虽然都存在片面性，但假使一定要选择二者中的一种，那么斯多葛学派似乎要稍微受人喜欢些。但不幸的是，在人间万事中生存，想要忘掉世间真正的美好是容易的，而想要不看到世间充满的悲惨就很难。如果祸患与安逸相继叩响我的大门，这两个声音哪一个更大？消除艰难忧患的陈迹与去掉欢欣的旧影，这两种事情哪一种更难？聪慧的人纵然善于自我宽慰，但遭到切肤之痛，决不可能破涕为笑。空自矜持，故作豁达，对真正的忧虑有何补益！斯多葛学派把“乐于天道安排，听任命运摆布”作为最完美的世界，完美倒是完美了，但以后按此生活在这个世界上的人哪一个不感到十分不便呢？另一位斯多葛学派的学者说：“要依据自己的性情作为生活的原则。”这句话的意思，好像是说做人的规范要以天运法则作为最高准则，应该让人学习上天。这句话的见地很高深，后世信奉这学说的人，竟有勇猛不顾一切实行到底的气度。然而这样的学说未必就没有弊端。我曾写过十余篇导言，对斯多葛学派的完美世界反复逐条详尽地表达了我的观点，如果像斯多葛学派的门徒所说的那样做，那么人们将错误地扶持强者而压制弱者，看重年少的而轻视年老的，这将使世界上五大洲的人民停滞在筑巢而居、茹毛饮血的野蛮时期。为什么这样说呢？因为天运法则无不与人道治理相违背。然而把斯多葛学派的学说称为荒谬的话，却又是不可以的。言论各有其适当之处，而斯多葛学派门徒为这句话所设立的本意，恐怕又不是后世使用这句话的人所能全面理解的。

“性”作为言辞，它的意义与解释各有不同，简而言之，凡是天然的叫做“性”，与出生一同产生的也叫做“性”。所以万物皆有本性，如火的炽热、水的流动、鸟的飞翔、鱼儿的跳跃等等；活人也有其秉性，如理智、血气、嗜欲、情感等等。人的本性，有的粗糙卑贱，如食欲、性欲，是与所有生物共同具有的；有的精妙高贵，如悲哀、欢乐、羞耻、憎恶，是与禽兽等生物不同的（悲哀、欢乐、羞耻、憎恶，这些性情禽兽也具有，不过只能看到最基本的端倪，而难以得见其细微之处）。而这些精妙高贵的秉性，每个人所被赋予的尚有不同，人们对其的运用和表现也有得当与不得当的差别。因此果断勇敢、妙语巧言是高贵的，但小人却往往用来干奸邪的坏事；喜怒哀乐是精妙的，但一般人往往会被其损害品德。这样在我们人类的人性之中，高贵之中还有更高贵的，精妙之中还有更精妙的。有一种浑然一体不见雕琢的东西，名称叫作“纯粹理性”，人只有具备了这种东西之后才得以超越万物而独尊，那么一切治理功用和教育感化的事情才得以出现。有品德的人士能够用意志驾驭精神感情，又能用理智坚定意志，而他的一切言行都听命于他的理性。这就是斯多葛学派所说的“率性为生”的“性”。

□《孤独》 俄国 马克·夏加尔

万物皆有本性，人类有与飞禽走兽一样的粗陋本性，如食欲、性欲等；也有与其不同的高贵秉性，如欢乐、哀愁、孤独、憎恶等。而人与人的差别，则是由每个人对自己的高贵秉性的运用和表现造成的。比如孤独，有人在孤独中消沉堕落，有人却在孤独中悟出人生真理。总之，一切都在于人的理智对本性的掌握。

人只要有了这种“性”，才能同万物为朋友，以所有人为同胞，相互供养依存，才有视天下为一家的气量。然而这种“性”，不只是人类要依靠它来作为灵魂，实际上社会也要依靠它来进行聚合。人类教化和社会风俗的进程，要以人们依靠这种“性”行事的力度来区分，所以斯多葛学派又把这种性叫作“社会性”。在社会之中，只有人人都愿意损害自己而有益社会并将其看作自身本性中最重要的一件事，这个社会才能不断聚合不散而日益强大。

〖**严复按语**〗

这篇文章的论点，与宋代儒家所阐说的“性”是相同的。宋代儒家所说的“天”，通常分为“理”和“气”两类东西。程颢、程颐有所谓“气质之性”的说法，“气质之性”就是战国时墨家告子所说的先天资质之“性”、荀子所说的邪恶之“性”。大概儒家前辈谈论“性”的情况，专指“气”而言的都认为人性本恶，专指“理”而言的则都认为人性本善，把“理”和“气”合论的则综合两种观点，将善恶混合在一起谈论。这三种观点，其差别就是如此。然而上天降给人间的福祉是永恒的，而人类天生就拥有欲望，二者都是上天造成的。

古时“性”的意义通“生”字，三种学说，都不是没有道理。朱熹宣扬“理居气之先”的学说，然而无“气”又从何处见“理”？赫胥黎认为“理”可以人为控制，“气”属丁天运法则，这也明显是从实用角度来说的。如果从事物根本来说，也不能把“天”排斥在外而来谈“理”，这种观点可与宋代儒家有关性理方面的学说互为参考。

矫性第十四

本文主要阐述人类发展中“矫性”的过程。文章首先分析了斯多葛学派从不信创世说、不信天道恒常，到意识到“欲证贤关，其功寸乎矫拂”的演进过程；然后分析了古印度和古希腊人民由尚武好斗演变到静修性情的过程。严复在按语中分析了我国周、秦、汉、唐、南宋各时期的教化，又以当时的日本、欧洲民族作为对照，慨叹晚清“隐忧之大，可胜言哉”，其忧心愤恨之情，溢于言表。

【原文】天演之学，发端于额拉吉来图，而中兴于斯多葛。然而其立教也，则未尝以天演为之基。自古言天之家，不出二途：或曰是有始焉，如景教《旧约》所载创世之言是已；有曰是常如是，而未尝有始终也。二者虽斯多葛言理者所弗言，而代以天演之说。独至立教，则与前二家未尝异焉。盖天本难言，况当日格物学浅，斯多葛之徒，意谓天者，人道之标准，所贵乎称天者，将体之以为道德之极隆，如前篇所谓率性为生者。至于天体之实，二仪之所以位，混沌之所由开，虽好事者所乐知，然亦何关人事乎？故极其委心任运之意，其蔽也，乃徒见化工之美备，而不睹天运之疾威，且不悟天行人治之常相反。今夫天行之与人治异趋，触目皆然，虽欲美言粉饰，无益也。自吾所身受者观之，则天行之用，固常假手于粗且贱之人心，而未尝诱衷[1]于精且贵之明德。常使微者愈微，危者愈危。故彼教至人，亦知欲证贤关，其功行存乎矫拂[2]，必绝情塞私，直至形若槁木，心若死灰而后可。当斯之时，情固存也，而必不可以摇其性。云为动作，必以理为之依。如是绵绵若存，至于解脱形气之一日，吾之灵明，乃与太虚明通公溥之神，合而为一。是故自其后而观之，则天竺、希腊两教宗，乃若不谋而合。特精而审之，则斯多葛与旧教之婆罗门为近。而亦微有不同者，婆罗门以苦行穷乞，为自度梯阶，而斯多葛未尝以是为不可少之功行。然则是二土之教，其始本同，其继乃异，而风俗人心之变，即出于中，要之其终，又未尝不合。读印度四

□《婆罗门驱赶二子》 隋朝 敦煌莫高窟第419窟

婆罗门主张刻意受苦，将吃苦修行、贫穷行乞作为自我超度的阶梯。在敦煌莫高窟的壁画中，有许多婆罗门的故事场景。比如《太子须达·经》便是以弘扬自我牺牲为主题，表现出极其强烈的悲壮情调。图为《太子须达·经》中“婆罗门驱赶二子”的情景。太子将自己的两个孩子施舍给无子的婆罗门。两个孩子以绳绕树，哭着不肯离开，后遭到婆罗门的鞭笞，才大哭着随之而去。

韦陀之诗[3]，与希腊鄂谟尔之什[4]，皆豪壮轻侠[5]，目险巇[6]为夷涂[7]，视战斗为乐境。故其诗曰：“风雷晴美日，欣受一例看。”[8]当其气之方盛壮也，势若与鬼神天地争一旦之命也者。不数百年后，文治既兴，粗豪渐泯，藐彼后贤，乃忽然尽丧其故。跳脱飞扬之气，转以为忧深虑远之风。悲来悼往之意多，而乐生自憙[9]之情减。其沉毅用壮，百折不回之操，或有加乎前，而群知趋营前猛之可悼。于是敛就新懦，谓天下非胜物之为难，其难胜者，即在于一己[10]。精锐英雄，回向折节，瘖瘵诚求，专归大道。提婆[11]、殑伽[12]两水之旁，先觉之畴，如出一辙，咸晓然于天行之太劲，非脱屣[13]世务，抖擞精修，将历劫沉沦，莫知所届也。悲夫!

复案：此篇所论，虽专言印度、希腊古初风教之同异，而其理则与国种盛衰强弱之所以然，相为表里。盖生民之事，其始皆敦庞[14]僿野，如土番猺獠，名为野蛮。洎治教粗开，则武健侠烈、敢斗轻死之风竞。如是而至变质尚文，化深俗易，则良懦俭啬、计深虑远之民多。然而前之民也，内虽不足于治，而种常以强；其后之民，则卷娄濡需，黠诈惰窳，易于驯伏矣。然而无耻尚利，贪生守雌[15]，不幸而遇外雠，驱而縻之，犹羊豕耳。不观之《诗》乎？有《小戎》《驷驖》[16]之风，而秦卒以并天下。《蟋蟀》《葛屦》《伐檀》《硕鼠》之诗作，则唐、魏卒底于亡。周秦以降，与戎狄角者，西汉为最，唐之盛时次之，南宋最下。论古之士，察其时风俗政教之何如，可以得其所以然之故矣。至于今日，若仅以教化而论，则欧洲、中国优劣尚未易言。然彼其民，好然诺，贵信果，重少轻老，喜壮健无所屈服之风；即东海之倭，亦轻生尚勇，死党好名，与震旦[17]之民大有异。呜呼！隐忧之大，可胜言哉！

【注释】［1］诱衷：天意保佑。出自《左传·僖公二十八年》“今天诱其衷”。

［2］矫拂：拂逆，违背。出自《文子（《通玄真经》）·上礼》“为礼者雕琢人性，矫拂其情，目虽欲之禁以度，心虽乐之节以礼”。

［3］韦陀：吠陀，又译为韦达经、韦陀经、围陀经等，是婆罗门教和现代的印度教最重要和最根本的经典。它是印度最古老的文献材料，主要文体是赞美诗、祈祷文和咒语，是印度人世代口口相传、长年累月结集而成的。“吠陀”的意思是“知识”“启示”的意思。“吠陀”用古梵文写成，是印度宗教、哲学及文学之基础。四韦陀之诗：指《梨俱韦陀》《耶柔韦陀》《娑摩韦陀》《阿达婆韦陀》。

［4］鄂谟尔：荷马。什：诗篇之意。

［5］轻侠：指轻生重义而勇于急人之难的人。

［6］巇（xī）：指险恶，险峻。险巇：指崎岖险恶。

［7］夷涂：指平坦的道路。

［8］“风雷”句：出自英国维多利亚时代最受欢迎及最具特色的诗人丁尼生的诗作《尤利西斯》。

［9］憙：同“喜”，指喜悦。自憙即自喜，指自乐，自我欣赏。

［10］“其沉毅用壮”至“即在于一己”句：出自唐代韩愈《秋怀诗》之五“敛退就新懦，趋营悼前猛”。趋营，指奔走钻营。

［11］提婆：指台伯河（Tiber River），意大利语称特韦雷河（Fiume Tevere），是仅次于波河和阿迪杰河的意大利第三长河。源出亚平宁山脉富默奥洛山（Fumaiolo）西坡，向南穿过一系列山峡和宽谷，流经罗马后，于奥斯蒂亚（Ostia）附近注入地中海的第勒尼安海。

［12］殑伽（jìng jiā）：古印度河名，即今恒河。

［13］脱屣（xǐ）：比喻看得很轻，无所顾恋，犹如脱掉鞋子。

［14］敦庞：指敦厚朴实。

［15］守雌：出自《道德经》第二十八章“知其雄，守其雌，为天下溪”。元代杰出理学家吴澄注解：“雄，谓刚强；雌，谓柔弱。”后遂以守雌指以柔弱的态度处世。

[16] 驖（tiě）：赤黑色的马。驷驖，指驾一车之四匹赤黑色马。

[17] 震旦：又称震丹、真丹、真旦、振旦、神丹，汉传佛教经典中，对中国的称呼。这个称呼可能源自中亚或古印度。

【译文】进化论的学说，起源于赫拉克利特，而重新复兴于斯多葛学派。但是他们树立其教化时，却不是以进化论作为基础。自古以来研究天运法则的学者，不外乎有两条途径：有的认为宇宙世界有其起源，基督教《圣经·旧约》中所记载的创造世界的说法就是如此；有的认为宇宙恒定，不曾有什么起源和终结。这两种观点虽然斯多葛学派研究"理"的学者没有说过，而用进化的学说代替，但直到创立学派之后，才与前二类学者的观点产生差异。天运法则本来就很难讲清楚，况且当时的科学水平还不发达，斯多葛学派的门徒认为天道是人道的标准，天道既然被人们尊贵地称为"天"，它就应该是道德的最高境界，正如前文所说的"依循自己的性情作为生活的原则"一样。至于天体的本质、天地阴阳怎样定位、混沌元气从何开端，虽然是喜欢这类事的人所乐于了解的，但又与人类的事情有什么关系呢？所以穷究这种随心所欲听天由命的思想其中的意图，就会发现它的弊病在于只看到造化功能的完美，而看不到天运法则的严酷，并且领悟不到天运法则与人道治理是常常相反的。

如今天运法则与人道治理日趋不同，到处都能看到这样的现象，就算用动听的语言来粉饰太平，也是没有好处的。从我个人的亲身感受来看，天运法则的施行，本来就常借助粗糙卑贱的人心，而不一定降临在精妙高贵的美德上，却往往使低微的东西更加低微、危险的东西更加危险。所以斯多葛学派的圣人们也知道，要想悟出成为圣贤的途径，其修行的功德在于纠正自身，一定要禁绝情欲、杜绝私心，直到变得形如槁木、心如死灰方可。在这个时候，情欲虽然还存在，但它已不能动摇人的本性了，其言行动作，一定会以理智为依据。如此长久不断地坚持下去，到了解脱形体气息而死亡的那一天，我们的精神就与天上英明通达、公正广大的神灵融合为一体了。

所以从后人的视角来看斯多葛学派的发展，古印度和古希腊教派的本义就不谋而合了。如果更加准确地进行考证审察，则斯多葛学派与旧教的婆罗门比较接近，但也稍有不同之处：婆罗门把吃苦修行、贫穷行乞作为自我超度的阶梯，而斯多葛学派却不把这种方式作为不可缺少的功德行为。所以这两个国家的教派，在它们创立之初本来是相同的，只是流传发展到后来才产生了差异，而社会风俗、人心变化，就是其中的原因。总而言之，它们最终还是会殊途同归。只要阅读印度四部韦陀经与古希腊的荷马史诗，就会发现它们都很豪放壮阔、轻生侠义，把险峻的重山看成平坦的道路，把战争的场面视为快乐的境界。所以才有这样的诗句：

□ **盲诗人荷马唱诗**

在原始社会，人们崇尚武力，轻视死亡，通过战争维护族群的生存。《荷马史诗》就展现了古希腊文化中的许多波澜壮阔的战争场景。而随着文明的开化，人们的习性变得温良，战争也不再频发。据此，严复指出，虽然尚武时代的人类社会治理不那么完善，但是种族却一直保持旺盛。反倒在接受文明教化以后，人们的性格变得懦弱，对外来侵略毫无招架之力。

“不论风啸雷鸣，
还是美妙晴空，
看来俱是佳景，
欣然搂进怀中。”

可见其气概正当强盛威壮，这气势简直就如同要与鬼神、天地争夺一天的生命一样！

只几百年之后，文明的治理教化就已经兴起，粗犷豪放的风气渐渐泯灭，后世贤士世代更迭，很快彻底丧失了以往的状态，社会风尚从轻率、张扬等转变成忧患深重、思虑深远，悲愁未来、怀念过去的情绪多起来，而享受人生、自娱自乐的情形减少了。对于沉稳坚毅、勇猛壮烈、百折不回的节操，虽然也有比从前更加看重它们的人，但社会更趋向于认为从前那些勇猛强烈的作风是可悲可叹的。所以人们对这种情绪加以约束，形成了新的懦弱作风，认为天下的难事并不是战胜外物，真正的难事在于战胜自己。那些群体中的优秀人才和英雄豪杰，反而改变作风，日夜虔诚探索，专心追求回归正道。在意大利台伯河、印度恒河两江之畔，先觉们的这类行为如出一辙。他们心中都明白天运法则非常强劲，不挣脱世俗事务、抖擞精神潜心修炼，将会遭历劫难，沉沦于痛苦，而不知向何处去。这将是多么悲哀啊！

〖**严复按语**〗

这篇文章的论点，虽然专门谈论印度、希腊古代最初风俗教化的异同，但其中

□《张议潮出行图》 敦煌壁画

严复由欧洲民族粗犷风气的泯灭，联系到我国周、秦、汉、唐、南宋各时期，人民习性也随着文明的教化变得软弱，大表忧心愤恨之情。在他看来，勇武精神对一个民族的强大兴盛起着至关重要的作用。图为晚唐名将张议潮领导河西人民发动了反抗吐蕃暴政的大起义。

的道理与一个国家种族的盛衰、强弱的道理互有密不可分的关联。

有关人类的事情，在原始时代都很质朴粗野，如同土著蛮人一样，这也叫做“未开化”。治理教化开始实施的初期，那些威武强健、豪侠刚烈、勇敢好斗、轻视死亡的习气竞相兴起，然后逐渐改变性质崇尚文明，到了教化深入习俗转变时期，善良温顺、俭朴节省、计划周全、打算长远的人才多起来。但以前的人，虽然社会内部的治理不足，其种族却时常保持强盛。后来的人，虽然形态佝偻、苟且偷安、奸诈狡猾、性情懒惰，且容易被驯服，但又不守廉耻一心贪利，贪生怕死自甘懦弱，如果不幸被外来强敌入侵，将会被驱赶四散而遭到俘虏，犹如猪羊一样！没有读过《诗经》吗？能够写出《小戎》《驷驖》这种风格的诗篇，秦国就是以这些诗篇中表现的风尚终于一统天下；而唐风、魏风中出现《蟋蟀》《葛屦》《伐檀》《硕鼠》等诗篇，则唐、魏两国最终灭亡。

周朝秦代以后，与西戎北狄争夺疆土的战争，以西汉时期为最强硬，其次是盛唐时期，而南宋时期最为软弱。研究古代历史的人士通过考察当时社会的风尚、政治和教化情况，就可以了解这些朝代在对外政策上有所区别的原因。

至于现在，如果仅以教化而论，则欧洲与中国的优劣一时还难以说清楚。然而欧洲民族爱好承诺，看重诚信果断，重视青壮，轻视老弱，推崇威武雄壮而无所屈服的精神。即使东海的日本民族也轻视死亡崇尚勇武精神，愿为集体利益献身，重视忠义名分，与如今中国的人民有很大差别。哎！这潜在的忧患之大，能用言语表达得了吗？

演恶第十五

本文的核心是探讨人类如何避恶趋善的问题。其中既有赫胥黎的观点，又有严复的观点。原作者赫胥黎认为人类的善恶是“好丑”演进的结果，嘉奖美善的人，使天道法则日渐消退，而人人安居乐业，是人们最紧迫的事。而译者严复认为，应当用进化论的原理，使统治者明白用什么方法才能使人民日益向善，用什么机制会使人民日益趋恶。按语部分，严复介绍分析了斯宾塞的学说，认为赫胥黎的观点是对斯宾塞关于“民群任天演之自然，则必日进善而不日趋恶”观点的片面理解。

【原文】意者四千余年之人心不相远乎？学术如废河然，方其废也，介然两崖[1]之间，浩浩平沙，莽莽黄芦而止耳。迨一日河复故道，则依然曲折委蛇，以达于海。天演之学犹是也。不知者以为新学，究切言之，则大抵引前人所已废也。今夫明天人之际，而标为教宗者，古有两家焉：一曰闵世之教，婆罗门、乔答摩、什匿克三者是已。如是者彼皆以国土为危脆，以身世为梦泡；道在苦行真修，以期自度于尘劫[2]。虽今之时，不乏如此人也。国家禁令严，而人重于远俗[3]，不然，则桑门[4]坏色之衣，比邱[5]乞食之钵，什匿克之蓬累[6]带索[7]，木器自随，其忍为此态者，独无徒哉？又其一曰乐天之教，如斯多葛是已。彼则以世界为天园，以造物为慈母；种物皆日臻于无疆，人道终有时而极乐；虎狼可化为羊也，烦恼究观皆福也。道在率性而行，听民自由，而不加以夭阏。虽今之时，愈不乏如此人也。前去四十余年，主此说以言治者日众，今则稍稍衰矣。合前二家之论而折中之，则世固未尝皆足闵，而天又未必皆可乐也。

夫生人所历之程，哀乐亦相半耳。彼毕生不遇可忻之境，与由来不识何事为可悲者，皆居生人至少之数，不足据以为程者也。（案：赫胥黎氏此语，最蹈谈理肤泽之弊，不类智学[8]家言，而于前二氏之学去之远矣。试思所谓哀乐相半诸语，二氏岂有不

□《美德》 18世纪 意大利皇家宫殿油画

人的天资各有差异，有的人天资卓越，有的人天资有限，但卓越的人并非就能功成名就，平凡之人未必就一无所成。只要人们愿意努力，不断修正言行，培养智慧，人性中的善就会增加，恶就会相对减少。一旦拥有美德，天运法则的威力便会逐渐减弱，人们也能从此安居乐业。

知，而终不尔云者，以道眼观一切法，自与俗见不同。赫氏此语，取媚浅学人，非极挚之论也。）

善夫先民之言曰：天分虽诚有限，而人事亦不足有功；善固可以日增，而恶亦可以代减。天既予人以自辅之权能，则练心缮性，不徒可以自致于最宜，且右挈左提[9]，嘉与[10]宇内共跻美善之途，使天行之威日杀，而人人有以乐业安生者，固斯民最急之事也。格物致知之业，无论气质名物、修齐治平，凡为此而后有事耳。至于天演之理，凡属两间之物，固无往而弗存，不得谓其显于彼而微于此。是故近世治群学者，知造化之功，出于一本；学无大小，术不互殊。本之降衷固有之良，演之致治维和之极，根荄华实，厘然备具，又皆有条理之可寻，诚犁然[11]有当于人心，不可以旦莫[12]之言废也。虽然，民有秉彝[13]矣，而亦天生有欲。以天演言之，则善固演也，恶亦未尝非演。若本天而言，则尧、桀、夷[14]、跖[15]，虽义利悬殊，固同为率性而行、任天而动也，亦其所以致此者异耳。用天演之说，明殃庆之各有由，使制治者知操何道焉而民日趋善；动何机焉而民日竞恶，则有之矣。必谓随其自至，则民群之内，恶必自然而消，善必自然而长，吾窃未之敢信也。且苟自心学之公例言之，则人心之分别，见用于好丑者为先，而用于善恶者为后。好丑者其善恶之萌乎？善恶者其好丑之演乎？是故好善恶恶，容有未实；而好好色、恶恶臭之意，则未尝不诚也。学者先明吾心忻好厌丑之所以然，而后言任自然之道，而民群善恶之机，孰消孰长可耳。

复案：通观前后论十七篇，此为最下。盖意求胜斯宾塞，遂未尝深考斯宾氏之所据耳。夫斯宾塞所谓民群任天演之自然，则必日进善，不日趋恶，而郅治必有时而臻者，其竖义至坚，殆难破也。何以言之？一则自生理而推群理，群者生之聚也。今者合地体、植物、动物三学观之，天演之事，皆使生品日进。动物自孑孓蠉蠕[16]，至成人身，皆有绳迹[17]，可以追溯，此非一二人之言也。学之始起，不及百年，达尔文论出，众虽翕然，攻者亦至众也。顾乃每经一攻，其说弥固，其理弥明。后人考索日繁，其证佐亦日实。至今外天演而言前三学者，殆无人也。夫群者生之聚也，合生以为群，犹合阿弥巴[18]（极小虫，生水藻中，与血中白轮[19]同物，为生之起点）而成体。斯宾塞氏得之，故用生学之理以谈群学，造端比事[20]，粲若列眉[21]矣。然于物竞天择二义之外，最重体合。体合者，物自致于宜也。彼以为生既以天演而进，则群亦当以天演而进无疑，而所谓物竞、天择、体合三者，其在群亦与在生无以异。故曰任天演自然，则郅治自至也。虽然，曰任自然者，非无所事事之谓也。道在无扰而持公道。其为公之界说曰："各得自由，而以他人之自由为域。"其立保种三大例曰：一、民未成丁，功食为反比例率；二、民已成丁，功食为正比例率；三、群己并重，则舍己为群。用三例者群昌，反三例者群灭。今赫胥氏但以随其自至当之，可谓语焉不详者矣。至谓善恶皆由演成，斯宾塞固亦谓尔。然民既成群之后，苟能无扰而公，行其三例，则恶将无从而演；恶无从演，善自日臻。此亦犹庄生去害马以善群[22]，释氏以除翳为明目之喻已。又斯宾氏之立群学也，其开宗明义曰：吾之群学如几何，以人民为线面，以刑政为方圆，所取者皆有法之形，其不整无法者，无由论也。今天下人民国是，尚多无法之品，故以吾说例之，往往若不甚合者。然论道之言，不资诸有法固不可（此指其废君臣、均土田之类而言）。学者别白观之，幸勿讶也云云。而赫氏亦每略其起例而攻之，读者不可不察也。

【注释】［1］崖：同"涯"。

［2］尘劫：佛教称一世为一劫，无量无边劫为尘劫。后亦泛指尘世的劫难。

［3］远俗：指避世，远离世俗。

［4］桑门：指佛教僧侣，"沙门"的异译。

［5］比邱：即"比丘"，梵语的音译。佛家指年满二十岁，受过具足戒的男性出家人，俗称和尚。

［6］蓬累：指飞蓬飘转飞行，转停皆不由己，比喻人之行踪无定。

[7] 带索：指以绳索为衣带。形容贫寒清苦。

[8] 智学：指文化、科学的各门学科。

[9] 右挈左提：形容相互扶持或从各方面帮助，也形容父母对子女的照顾。出自司马迁《史记·张耳陈余列传》“夫以一赵尚易燕，况以两贤王左提右挈，而责杀王之罪，灭燕易矣”。

[10] 嘉与：指奖励优待，奖掖扶助。

[11] 犁然：指明察、明辨貌。

[12] 莫：同“暮”。

[13] 秉彝：指持执常道。原典出自《诗经·大雅·烝民》“民之秉彝，好是懿德”。

[14] 夷：指伯夷。商纣王末期孤竹国第七任君主亚微的长子，子姓，名允，是殷商时期契的后代。与其弟叔齐在君父去世后，互让国君之位。周灭商后，忠于商朝，不食周粟，归隐首阳山，采薇而食。伯夷和叔齐，被后世视为忠臣义士的典范。

[15] 跖（zhí）：盗跖，原名展雄，姬姓，展氏，名跖（一作“蹠”），又名柳下跖、柳展雄。在先秦古籍中被称为“盗跖”和“桀跖”。

[16] 孑孓（jié jué）：指蚊子的幼虫。蠉（xuān）：指虫子屈曲爬行或飞。蠉蠕：蠉飞蠕动，指昆虫飞翔、爬行，亦指飞翔、爬行的昆虫。

[17] 绳迹：指衍化踪迹。

[18] 阿弥巴：指阿米巴原虫，又称食脑虫。

[19] 白轮：指白细胞。

[20] 比事：指连缀性质相同的事类，并以此为比拟。

[21] 列眉：两眉对列，指真切无疑。

[22] 去害马以善群：出自《庄子·杂篇·徐无鬼》“夫为天下者，亦奚以异乎牧马者哉？亦去其害马者而已矣”，成语“害群之马”即出于此。

【译文】也许有人认为，4000余年来，人心应该会相差很远吧？但学术如同干涸的河床，当河道废弃之后，分立于河道两岸的山崖之间，只剩下广阔平坦的沙地和茂密生长的黄芦苇。只要有一天河水重新流进这河道里，就依旧可以曲折绵延奔涌向前，直达大海。进化论学说就是这样。不了解的人以为这是一门新的学科，仔细考究之后再来谈论它，则能够发现，现在的进化学说大都是引用阐述前人已经废弃的观点。

现在我们知道，以阐明自然与人类的关系来划分的学术流派，古代时期有两种。其中一种教派怜悯世人，婆罗门、乔达摩、昔尼克三家属于这个流派。他们都认为国土是危险脆弱的东西，把人的身世当作梦幻泡影，把刻苦修行真诚修炼作为根本，以希望在尘世劫难中达到自我超度的目的。即使现在，也有不少这样的人。国家发布命令严禁这种行为，流传已久，如果不是这样，那些身穿暗色袈裟、持钵乞讨化缘的佛教僧侣，和漂泊困苦、居住在木器中的昔尼克门徒，他们生活如此坚忍艰苦，难道不会没有同伴吗？另一种教派则乐于天道，斯多葛就属于这一派。这个流派把世界当作天堂乐园，把上天造物主当作慈母，认为一切物类都毫无界限地蒸蒸日上，人生最后都能达到极乐境界，虎狼可以变成温顺的绵羊，烦恼追根究底都能成为福祉。人生之道就在于依循自己的性情行事，听任人们自由自在而不加以限制约束。即使在当今的时代，这样的人也是越来越多。从40余年前以来，主张以这种学说来谈论社会治理的人日渐增多，如今只是稍有衰退而已。

□《美德与邪恶的寓言》（细节）　意大利　洛伦佐·洛托

虽然善与恶都由自然演化而来，但严复借用斯宾塞的理论观点指出，在人类形成社会之后，如果能够任凭社会自然进化，即保持公正地推行三大定律（见本节按语），社会就一定会日趋向善而不会日益向恶，最繁荣昌盛的政治环境也一定能够达到。

把以上两个流派的观点综合起来看，这个世界并不是全都需要怜悯，但又未必都是令人快乐的事。人生历程，悲伤与快乐各占一半。那些毕生都遇不到欢欣境界和从来不知道什么叫悲伤的人，均占人类的极少数，不足以作为衡量世人的依据（按：赫胥黎这番话犯了谈论道理最肤浅的毛病，不是一个哲学家应该说的话。这与前两个流派的学说相比就差得太远。试想他所说的“悲伤与快乐各占一半”等话语，前文两个流派的学者们岂会不明白？但他们始终不这样说，并以他们智慧的眼光去观察一切事理，自然就与一般人见解不同。赫胥黎这番话，只会讨学识浅薄的人喜欢，不是中肯的言论）。

古人说得好：人的天资诚然有限，但只要努力也足以成就功业。善良可以一天天增长，邪恶也可以一代代减少。既然上天赋予人类自我修正的权利和能力，那么培养智慧、修炼性情不仅可以使自我达到最佳境界，还能使人们互相帮助扶持，把好处授予全世界共同追求美好善良境界的人，使天运法则的威力逐渐减弱，让人人都能安居乐业，这才是人类最急迫的大事。科学方面的事业，不论是精神、物质、名称、特征等自然科学方面的性质，还是修身、齐家、治国、平天下等社会科学方面的问题，都总要先解决好这件大事之后才谈得上其他事情。

至于进化的理论，凡是天地间存在的物类，都无法避开，不能说在某一物种上体现明显而在另一物种上体现不明显。所以近代的社会学家，明白造化的功力出自同一本源，其学问没有大小之分，方法也互无悬殊区别。人天生善良，社会演化才能达到最完美的境界，就像根须、花朵、果实样样齐备，又都有条理可循，清楚分明地符合人心，切不可因一时的否定言论而废弃。

虽然人们可以遵循常理，但也有天生的欲望。从进化的角度而言，善良固然可以是演化发展而来，但邪恶也未尝不是演化发展而来。如若依据天性而言，那么唐尧与夏桀、伯夷与盗跖两两之间虽然道义、功利悬殊，但他们都是同样依循自己的本性、任凭天命在自然行事，这也是造成他们如此差异的原因所在。运用进化论的学说，阐明产生祸殃和福祉的不同原因，让统治者明白采用什么办法才能使人民日趋向善，动用什么心机就会使人民竞相变恶，如此才能有应对之策。假如一定要说任人民自行发展，社会内的邪恶就一定会自然消除，善良一定会自然增长的话，我个人是不敢相信的。并且从心理学的一般原理而言，人心理上分辨事物时，先有美与丑方面的区别，然后有善与恶方面的区别。美与丑，是善与恶的萌芽吗？善与恶，是美与丑的演化发展吗？所以喜爱善良、痛恨邪恶的心理，可能不一定真实，但喜好美色、讨厌臭气的心理却未尝不诚恳。哲学家们要先弄明白我们喜欢美、厌恶丑的心理原因，然后再谈论放任人民自然行事的方法，最后才可能明白人类社会的善与恶在什么情况下会消失或增长的机制。

〖**严复按语**〗

通观前后17篇论文，这一篇文章是最差的。作者的意图在于想要批驳斯宾塞，于是没有深入研究斯宾塞理论的依据。

斯宾塞说，如果任凭人类社会自然进化，就一定会日趋向善而不会日益向恶，而最繁荣昌盛的政治环境一定能够达到，他的理论立意非常坚固，很难找到破绽。为什么这样说呢？一是他从生物原理进而推导社会原理。社会，是生命的汇聚。如今综合地质、植物、动物3门科学来考察，进化使生物不断发展，动物从孑孓昆虫，直至形成人身，都承袭演化的痕迹，可以向前追溯，这并不是一两个人的观点。现代科学的兴起还不到百年，达尔文进化学说的出现，虽然得到了众人的一致称颂，但攻击他的人也很多，而每经历一次攻击，他的学说却更加稳固，其原理更加明晰，后来的学者考证探索其学说的越来越多，得到的证据也日渐充分。到如今，将进化论排除在外来研究前面提到的地质、植物、动物3门科学的，恐怕没有人了。

社会是生命的汇聚。聚合生命而为社会，就像聚合“变形虫”（非常微小的一种虫子，生长在水藻类植物中，与血液中的白细胞属于同一类有机物，它是生命的原始起点）而形成身躯一样。斯宾塞获知这个道理，所以就用生物学的原理来研究社会学，以此为开端进行阐释，他的观点条理清晰，如双眉并列一样鲜明清楚。然而在“物竞”“天择”这两个原则之外他最重视“体合”。“体合”就是生物自身与生存环境相适应的能力。他认为生命既然以进化方式发展，那么社会无疑也应当以进化的方式向前发展。而他所说的“物竞”“天择”“体合”三方面，在社会中的体现与在生物中的体现是没有差别的，所以他才说，放任社会自然进化，则最繁荣昌盛的政治环境自会到来。虽然如此，但他所说的放任社会自然进化，并不是指什么事也不做，其方法就在于不加干涉地保持公正。他为公正所下的定义是：“各自都保有自由，但以他人的自由为界线。”他为保护种族所制定的三大定律是：“一、人没有成年的时候，其能力与所获资源成反比例；二、人成年之后，其能力与所获资源成正比例；三、在社会与个人同等重要的情况下，则舍弃个人之需保证社会之需。”遵循这三大定律，社会就昌盛；违背这三大定律，社会就衰亡。

现在赫胥黎只以“任其自行到来”当作斯宾塞理论的全部，可以说他的这种解释是不全面的。至于说善与恶都由自然演化而成，斯宾塞原本也是这样说的，然而人类在形成社会之后，假如能够不受干扰而保持公正地推行三大定律，那么邪恶将无法演进，邪恶无法演生，则善良自然就会日趋完善。这也犹如庄子“除去害群之马而使马群完善”、释迦牟尼“除去白内障而使眼睛明亮”的比喻一样。

此外，斯宾塞在创立社会学之初就曾说：“我的社会学如同几何学，以人民作为线条、平面，以刑律政令作为方形、圆形，所采取选用的都是有规则的形状，只要是不规整和不规则的，都是无从拿来讨论的。现在世界人民和国家大计，还有很多不合规则的东西存在，所以以我的学说来制定规则，往往是不太合适的。然而论说规则的言论，不以各种规则为依据就固然不可行（此处是以指他废除君臣、平均田地之类的主张而言）。诸位学者请注意分辨明白，更不要为理论与实际难以契合而感到惊讶。”但赫胥黎却每每忽略斯宾塞其理论的前提和背景就对他进行攻击，读者们不可不明察。

群治第十六

本篇的主旨是阐述人类社会的治理之道。文章认为，生物能适应现时的环境，但未必能适应未来的变化。不同环境各有能够与之适应的生物，不会以人的意志为转移；而且人类社会的治理，应是由"德贤仁义"者倾全力创造全体人民能够适应的社会环境，从而达到"合群制治"，不被天道法则所肆虐。文章进而认为所有社会成员均应为此承担义务和责任，共同促进社会发展。严复两则按语进一步阐述了正文未尽之理，认为社会治理应该"以其明两利为利，独利为不利"。

【原文】本天演言治者，知人心之有善种，而忘其有恶根，如前论矣，然其蔽不止此。

晚近天演之学，倡于达尔文。其《物种由来》[1]一作，理解新创，而精确详审，为格致家不可不读之书。顾专以明世间生类之所以繁殊，与动植之所以盛灭，曰物竞、曰天择。据理施术，树畜之事，日以有功。言治者遂谓牧民进种之道，固亦如是，然而其蔽甚矣。盖宜之为事，本无定程，物之强弱善恶，各有所宜，亦视所遭之境以为断耳。人处今日之时与境，以如是身，入如是群，是固有其最宜者，此今日之最宜，所以为今日之最善也。然情随事迁，浸假而今之所善，又未必他日之所宜也。请即动植之事明之，假今北半球温带之地，转而为积寒之墟，则今之梗、楠、豫章[2]皆不宜，而宜者乃蒿蓬耳，乃苔藓耳。更进则不毛穷发，童然[3]无有能生者可也。又设数千万年后，此为赤道极热之区，则最宜者深菁长藤，巨蜂元蚁，兽蹄鸟迹，交于中国而已，抑岂吾人今日所祈向之最善者哉！故曰宜者不必善，事无定程，各视所遭以为断。彼言治者，以他日之最宜，为即今日之最善，夫宁非蔽欤！

人既相聚以为群，虽有伦纪法制行夫其中，然终无所逃于天行之虐。盖人理虽异于禽兽，而孳乳寖[4]多。则同生之事无涯，而奉生之事有涯，其未至于争者，特早晚耳。争则天行司令，而人治衰，或亡或存，而存者必其强大，此其所谓最宜者也。当是之时，凡脆弱而不善变者，不能自致于最宜，而日为天行所耘，以日少日灭。故善保群者，常利于存；不善保群者，常邻于灭，此真无可如何之势也。治化愈浅，则天行之威愈烈；惟治化进，而后天行之威损。理平之极，治功独用，而天行无权。当此之时，其宜而存者，不在宜于天行之强大与众也。德贤仁义，其生最优，故在彼则万物相攻相感而不相得，在此则黎民于变而时雍；在彼则役物广己者强，在此则黜私存爱者附。排挤蹂躏之风，化而为立达保持之隐[5]。斯时之存，不仅最宜者已也。凡人力之所能保而存者，将皆为致所宜，而使之各存焉。故天行任物之竞，以致其所为择；治道则以争为逆节[6]，而以平争济众为极功。前圣人既竭耳目之力，胼手胝足，合群制治，使之相养相生，而不被天行之虐矣。则凡游其宇而蒙被庥嘉[7]，当思屈己为人，以为酬恩报德之具。凡所云为动作，其有隳交际，干名义，而可以乱群害治者，皆以为不义而禁之。设刑宪，广教条，大抵皆沮任性之行，而劝以人职之所当守。盖以谓群治既兴，人人享乐业安生之福。夫既有所取之以为利，斯必有所与之以为偿。不得仍初民旧贯[8]，使群道坠地，而溃然复返于狉榛[9]也。

□ **《物种起源》的诞生**

1831年，22岁的达尔文登上英国海军舰艇“小猎犬号”，从普利茅斯港出发，开始长达五年的环球航行。在航行中，他把大部分时间花在对大量的地理现象、化石和生物标本进行考察和记录上。1842年，基于此次环球旅行所得，他写出了《物种起源》（论述生物进化）的简要提纲。这本巨著直到1859年11月才得以完成并出版。因达尔文在书中提出的全新生物进化思想，推翻了“神创论”和“物种不变”理论，此书很快成为19世纪最具争议的著作。

复案：自营一言，古今所讳，诚哉其足讳也。虽然，世变不同，自营亦异。大抵东西古人之说，皆以功利为与道义相反，若薰莸[10]之必不可同器。而今人则谓生学之理，舍自营无以为存。但民智既开之后，则知非明道[11]则无以计功，非正谊[12]则无以谋利。功利何足病，问所以致之之道何如耳，故西人谓此为开明自营。开明自营，于道义必不背也。复所以谓理财计学，为近世最有功生民之学者，以其明两利为利，独利必不利故耳。

又案：前篇皆以尚力为天行，尚德为人治。争且乱则天胜，安且治则人胜。此其说与唐刘、柳[13]诸家天论之言合，而与宋以来，以理属天，以欲属人者，致相反矣。大抵中外古今，言理者不出二家，一出于教，一出于学。教则以公理属天，私欲属人；学则以尚力为天行，尚德为人治。言学者期于征实，故其言天不能舍形气；言教者期于维世，故其言理不能外化神。

赫胥黎尝云：天有理而无善，此与周子[14]所谓"诚无为"、陆子[15]所称"性无善无恶"同意。荀子性恶而善伪之语，诚为过当，不知其善，安知其恶耶？至以善为伪，彼非真伪之伪，盖谓人为以别于性者而已，后儒攻之，失荀旨矣。

【注释】［1］《物种由来》：指《物种起源》。

［2］楩（pián）：黄楩木。枏（nán）：楠木。豫章：樟木。

［3］童然：指山岭、田地无草木。

［4］寖（qīn）：指渐渐，逐渐增多。

［5］隐：同"稳"。

［6］逆节：指叛逆的念头或行为。

［7］庥嘉：休嘉，指美好嘉祥。

［8］旧贯：指原来的样子。

［9］狉榛（pī zhēn）：同"狉獉"，指原始野蛮。

［10］莸（yóu）： 薰莸，指香草和臭草；比喻善恶、贤愚、好坏等。

［11］明道：指阐明治道，阐明道理。

［12］正谊：指辨正意义。

［13］刘、柳：刘禹锡、柳宗元。

［14］周子：周敦颐（1017—1073年），北宋理学大师，学界公认的理学鼻祖，世称"周子"。

［15］陆子：陆九渊（1139—1193年），南宋著名的理学家，宋明两代"心学"的开

山之祖。

【译文】根据进化科学原理来研究社会治理的学者，只了解人心具有善良的本性，而忘记了人心还有邪恶的根源，正如前面所讨论的那样。然而他们对进化原理没有了解明白的还不止这些。

近代进化论这门科学，是由达尔文倡立的。他的《物种起源》一书，不仅对进化原理作出了创新解析，同时精确详实，是科学家们不可不读的一本书。虽然他专门以这本书来阐明，世界上的生物之所以具有多样性和差异性，动植物之所以兴盛和灭亡，都是因为生存竞争、自然选择的结果，但如果按照这样的规律行事，种植畜牧方面的事业固然可以日益进步并取得成就，不过如果研究社会治理的学者因此认为治理人民、优化种族也可以按照这个原理，问题就十分严重了。

“合适”这件事本来就没有固定的章法。生物的强壮与弱小、善良与邪恶，各有自身不同的适应性，这要看它们各自所处的环境而定。人处在现在的时代和环境中，以特定的自身进入特定的社会，确实有最是两相适宜的情况，只要身处此时最适宜的环境，就可以说这一环境是此时对他们而言最好的。然而事情总是随着环境的变化而变化，现今最好的环境，他日再看，又未必是最适宜的了。如果用动植物的例子来加以说明，那么假如令北半球温带地域转变成为积雪寒冷的地带，则现在的楠木、樟木等树种都不适合在此生长，适合生长的就将会是蒿蓬、苔藓之类的植物；如果此处更加寒冷，成为不毛之地，那么就没有能在这里生存的植物了。又假设数千万年之后，这里又变成最热的赤道地区，那么最适合生存的是树丛、长藤、巨蜂、元蚁，野兽的足迹、飞鸟的行踪在这一地区的最深处交错纵横。这难道是我们现在所祈求向往的最优环境吗？所以，合适的不一定是最好的，事情没有固定的章程，要看各自所处的环境而定。那些研究社会治理的人把最适合将来的环境作为对目前来说最好的环境，这难道不是对进化论原理的片面理解吗？

人类既然汇聚而成为社会，虽然有伦常纲纪、法规礼制作为规范，但终归逃避不了天运法则的肆虐。人类的法则虽然与禽兽不同，但随着人类生育的后代渐渐增多，共同生存生活虽然没有限度，但供养人类生存生活的资源却是有限度的。人类现在还没有到达相互竞争的地步，但那只是早晚的事。人类一旦相互竞争，则天运法则就会对人类发号施令，人类文明就会衰退，一部分人类将会灭亡，而另一部分将得以生存。生存下来的必定是强大的种群，这就是所谓最适应环境的人。这时，

□ **赫胥黎与《进化论与伦理学》**

达尔文的《物种起源》出版之后，立刻遭到一些人的质疑和攻击，而英国皇家学会会员赫胥黎却自诩“达尔文的斗犬”，竭力传播进化学说。1893年，赫胥黎在牛津大学作了一场名为“进化论与伦理学”的演讲，并于一年后增写导论将其以同名出版。在书中，赫胥黎将自然选择作为生物进化的原理，强调人类社会必须与生存竞争作斗争；并用进化论解释人类社会的道德现象，指出宇宙过程与伦理过程是相背而行的，人类通过自身的努力，使伦理过程逐渐取代宇宙过程。

脆弱又不善改变自己的人无法使自己最为适应环境，就会被进化慢慢淘汰而逐渐减少、灭亡。所以善于保护社会的，常有利于生存；不善于保护社会的，常濒临灭亡。这真是不可改变的自然发展趋势。社会治理教化越粗浅，天运法则的威力就越强烈。唯有使社会治理教化深入进行，然后天运法则的威力才会减弱；社会治理达到极为公平的时候，其治理的功效就会显示出独特的作用，那时天运法则对人类就不再是权威。在这个时候，最适应生存的，不再是适应于天运自然法则的强大和多样之人，贤德仁义的人才是最优秀的生存者。所以，在自然界万物互相攻击影响而不能互相融合，在人类社会则是人们随着社会变化而达到和谐；在自然界是彼此控制资源扩充自己从而使自己强大，在人类社会则是废除私欲保存爱心才能使万众归附，而排斥异己、蹂躏他人的风尚将转变成为建立社会通达、保持社会稳定的信心。这时候生存下来的，不仅只有适应能力强的人，凡是社会力量所能够保护而生存的，都将有适应的环境而使他们各自得以生存。

所以天运法则任凭物类竞争，是为了达到选择的目的。社会治理之道则把竞争视为一种背离人道的规则，而把平息竞争、救助大众作为最高功绩。过去的圣人们既然已经竭尽耳听眼看之所能，亲自辛勤操劳，整合社会并加以控制治理。让人们相互供养、依存，从而不被天道法则所肆虐。那么生活在这样的国家里而享受福祉的人，应该思考怎样舍己为人，以具体行为来回报社会。凡是言语行为，只要是破坏社会交往、侵犯他人名誉利益、危害扰乱社会治理的，都应视为不义行为而加以禁止。设置刑罚法律，广颁教育信条，大都是为了遏制纵情任性的行为，劝勉人们应当遵守自己的职责。这就是所谓的社会治理兴起将使人人享有安居乐业的福祉。社群从个人身上取得利益，也同时需对有所付出的人给予补偿，不能沿袭原始时期人类的旧习惯，使社会道德堕落崩溃，倒退回原始时代。

〖严复按语〗

私欲这一言辞，从古至今都很受人忌讳，这确实是应该忌讳的！虽然如此，世道变化不同，人的私欲也有差异。大概东、西方古代学者的学说，都把功利一词视为道义的对立面，就好像香草与臭草一定不可以放进同一器具内。而现代学者则认为：生物学的原理是生物舍弃私欲就无法得到生存。不过，一旦人类的智力得到开发，则懂得不明白事物法则就无法规划功业，不讲求事物的辨证意义就无法谋求利益。功利的欲望有什么值得担忧的？只须注意是用什么方法取得功利就行了。所以西方人称这为“开明的私欲”，开明的私欲一定是不违背道义的。我认为近代经济学是对人类最有功劳的学说，因为这个学说阐明了公、私两利才是真正的利益，单方面的利益肯定不是真正利益的道理。

又按：前几篇文章都认为天运法则崇尚力量，社会治理崇尚道德；社会因竞争而动乱就是自然界的胜利，社会安定而且太平就是人类的胜利。这种观点与唐代刘禹锡、柳宗元等大学问家阐述天道的观点相符合，而与宋代以来把理性归属于天性，把欲望归属于人性的观点则完全相反。大概中外古今研究理学的不外乎两个流派：一个流派出自宗教，另一个流派出自学术。宗教流派把公理归属于天，把私欲归属于人；学术流派则把崇尚力量作为天道法则，把崇尚道德作为社会治理原则。研究学术的学者注重实验，所以他们谈论天道时不排斥具体物质和抽象精神；研究宗教的人希望维护人世，所以他们谈论理性时不把造化神灵排除在外。赫胥黎曾经说：“天有法则但没有善心。”这与北宋周敦颐所说的“诚心寂然不动”、南宋陆九渊所称的“人性没有善恶之分”是同一意思。荀子“人性本恶而善是人为的教化”之说，确实有些过头了，如果不知人性善良的一面，又怎么知道人性邪恶的一面呢？至于把“善”说成“伪”，那并不是“真伪”的“伪”，而是说“人为”，以此同“人性”区别开来而已。后来的儒家学者攻击荀子这句话，其实是误解了荀子思想的本来意义。

进化第十七

本文首先否定了斯多葛学派“天行无过，任物竞天择之事，则世将自至于太平”的论调，然后提出了“与天争胜”的主张，即人类以自己的力量，研究和掌握自然、社会的规律，从而征服自然，推动社会发展，并以欧洲近百年来突飞猛进的发展来证明这是能够实现的。文章进而提出了“与天争胜”必须依靠现代科学技术，并且需要坚持不懈的努力来实现。

【原文】今夫以公义断私恩者，古今之通法也；民赋其力以供国者，帝王制治之同符也；犯一群之常典者，群之人得共诛之，此又有众者之公约也。乃今以天演言治者，一一疑之。谓天行无过，任物竞天择之事，则世将自至于太平。其道在人人自由，而无强以损己为群之公职，立为应有权利之说，以饰其自营为己之深私。又谓民上之所宜为，在持刑宪以督天下之平，过此以往，皆当听民自为，而无劳为大匠[1]斫。唱者其言如纶，和者其言如綍[2]。此其弊无他，坐不知人治、天行二者之绝非同物而已。前论反覆，不惮冗烦。假吾言有可信者存，则此任天之治为何等治乎？嗟乎！今者欲治道之有功，非与天争胜焉，固不可也。法天行者非也，而避天行者亦非。夫曰与天争胜云者，非谓逆天拂性，而为不祥不顺者也。道在尽物之性，而知所以转害而为利。夫自不知者言之，则以藐尔之人，乃欲与造物争胜，欲取两间之所有，驯扰驾驭之以为吾利，其不自量力，而可闵叹，孰逾此者。然溯太古以迄今兹，人治进程，皆以此所胜之多寡为殿最[3]。百年来欧洲所以富强称最者，其故非他，其所胜天行，而控制万物，前民[4]用者，方之五洲，与夫前古各国最多故耳。以已事测将来，吾胜天为治之说，殆无以易也。是故善观化者，见大块[5]之内，人力皆有可通之方；通之愈宏，吾治愈进，而人类乃愈亨。彼佛以国土为危脆，以身世为浮沤[6]，此诚不自欺之说也。然法士巴斯噶尔[7]不云乎：“吾诚弱草，妙能通灵，通灵非他，能思而已。”以蕞尔之一茎，蕴无穷之神力。其为物也，与无声无臭、明通公溥之精为类，故能取天所行，而弥纶爕理[8]之。犹佛所谓居一芥子，转大法轮也。凡一部落、一国邑之为聚也，将必皆有法制礼俗系夫其中，以约束其任性而行之暴慢；必有罔罟[9]、牧畜、耕稼、陶渔之事，取天地之所有，被以人巧焉，以为养生送死之资。其治弥深，其术之所加弥广。直至今日，所牢笼弹压，驯伏驱除，若执古人而讯之，彼将谓是鬼神所为，非人力也。此无他，亦格致思索之功胜耳。此二百年中之讨索，可谓辟四千年未有之奇。然自其大而言之，尚不外日之初生，泉之始达，来者方多，有愿力者任自为之，吾又乌测其所至耶？是故居今而言学，则名、数、质、力为最精。纲举目张，可以操顺溯逆推之左券，而身心、性命、道德、治平之业，尚不过略窥大意，而未足以拨云雾睹青天也。然而格致程途，始模略[10]而后精深，疑似参差，皆学中应历之境，以前之多所抵牾[11]，遂谓无贯通融会之一日者，则又不然之论也。迨此数学者明，则人事庶有[12]大中至正之准矣。然此必非笃古贱今之士之所能也。天演之学，将为言治者不祧[13]之宗，达尔文真伟人哉！然须知万化周流，有其隆升，则亦有其污降[14]。宇宙一大年也，自京垓亿载以还，世运方趋，上行之轨，日中则昃，终当造其极而下迤。然则言化者，谓世运必日亨，人道必止至善，亦有不必尽然者矣。自其切近者言之，则当前世局，夫岂偶然。经数百万年火烈水深之物竞，洪钧[15]范物，陶炼砻磨[16]，成其如是。彼以理气[17]互推。此乃善恶参半。其来也既深且远如此，乃今者欲以数百年区区之人治，将有以大易乎其初。立达绥动之功虽神，而气质终不能如是之速化，此其为难偿虚愿，不待智者而后明也。然而人道必以是自沮焉，又不可也。不见夫叩气而吠之狗乎？其始狼也。虽卧氍毹[18]之上，必数四回旋转踏，而后即安者，沿其鼻祖山中跆藉[19]之习，而犹有存也。然而积其驯伏，乃可使牧羊，可使救溺，可使守藏，矫然[20]为义兽之尤。民之从教而善变也，易于狗。诚使继今以往，用其智力，奋其志愿，由于真实之途，行以和同之力，不数千年，虽臻郅治可也。况彼后人，其所以自谋者，将出于今人万万也哉。居今之日，借真学实理之日优，而思有以施于济世之业者，亦惟去畏难苟安之心，而勿以宴安媮[21]乐为的者，乃能得耳。欧洲世变，约而论之，可分三际为言：其始如侠少年，跳荡粗豪，于生人安危苦乐之殊，不甚了了。继则欲制天行之虐而不能，侘憏[22]灰心。转而求出世之法，此无异填然鼓之之后，而弃甲曳兵者也。吾辈生当今日，固不当如鄂谟所歌侠少之轻剽，亦不学瞿昙黄面，哀生悼世，脱屣人寰，徒用示弱而无益来叶也。固将沉毅用壮，见大丈夫之锋颖[23]，彊立不反，可争可取而不可降。所遇善，固将宝而维之；所遇不善，亦无慬焉。早夜孜孜，合同志之力，谋所以转祸为福，因害为利而已矣。丁尼生之诗曰："驱挂沧海，风波茫茫。或沦无底，或达仙乡。二者何择，将然未然。时乎时乎，吾奋吾力。不竦不戁[24]，丈夫之必。"吾愿与普天下有心人，共矢斯志也。

【注释】[1]大匠：称学艺上有大成就而为众人所崇敬的人。

[2]绋（fú）：指绳索。

[3]殿最：古代考核政绩或军功，下等称为"殿"，上等称为"最"。

[4]前民：出自《易经·系辞上》"是以明于天之道，而察于民之故，是兴神物以前民用"。后以"前民"指引导人民。

[5]大块：指大自然，大地。

[6]浮沤：指水面上的泡沫。因其易生易灭，常用来比喻变化无常的世事和短暂的生命。

[7]巴斯噶尔：布莱兹·帕斯卡尔（1623—1662年），法国数学家、物理学家、宗教哲学家、散文家。其代表作有散文集《思想录》。

[8]燮（xiè）：指谐和，调和。燮理：指协和治理。

[9]罟（gǔ）：罔罟，指渔猎的网具。

[10]模略：指大略，大概。

[11]抵牾（dǐ wǔ）：指互相矛盾。出自北宋司马光《进书表》"自治平开局，迨今始成，岁月淹久，其间抵牾，不敢自保，罪负之重，固无所逃"。

[12]庶有：指庶类，万物。

[13]祧（tiāo）：家庙中除始祖外，辈分远的要依次迁入祧庙；永不迁移的叫作"不祧"。

[14]污降：隆污，指高与低。比喻盛衰兴替。

[15]洪钧：指天。

［16］陶炼：指陶冶锻炼。砻磨：指磨治锻炼。

［17］理气：中国哲学的一对基本范畴。“理”指事物的条理或准则，“气”指一种极细微的物质。

［18］氍毹（qú shū）：毛织或毛与其他材料混织的毯子。

［19］跆藉：指践踏。

［20］矫然：坚劲的样子。出自西汉桓宽《盐铁论·褒贤》“文学高行，矫然若不可卷”。

［21］婾（yú）：同“愉”，指苟且寻乐。

［22］侘傺（chā chì）：同“侘傺”，指失意而神情恍惚的样子。出自屈原《楚辞·九章·涉江》“怀信侘傺，忽乎吾将行兮”。

［23］锋颖：比喻卓越的才干，凌厉的气势。

［24］戁（nǎn）：恐惧。

【译文】以公义作为判定私人恩德的标准，已是古今通用的法则。民众以自身能力供养国家需用，是帝王们掌握统治权的共同凭证。如果有人触犯一个社会通常的制度，社会的成员就得共同讨伐他，这是社会公约的一种。但现在用进化原理来研究社会治理的人，对此一一提出了质疑，并认为天运法则没有过错，只要放任物竞天择的规律发展下去，人世间将自行达到太平的境界，其办法是人人自由自在，又不把克己奉公的公共职责强加于身。他们以此创立个人应有权利的学说，以掩饰他们营私利己的深重私心。他们还认为统治者应该做的，只在于执行刑罚法律用以督促天下公平，超过这事以外的，都应当听凭民众自行其是，而不需要劳烦官员来管理。提倡这种言论的人大肆鼓吹他们的理论，而附和这种学说的人也言之凿凿地将其推行。这种学说的弊病不是别的，就在于他们不明白社会治理与天运法则二者绝不是同一类事物。

这个问题在前文里已经不嫌冗长烦琐地反复谈论过了。假如我的论说有可信之处存在，那么这任随天道的治理又将是什么治理呢？哎呀！现在的人想要治理之道有所成效，若不与天道自然竞争获得胜利，就是不可能的。效法天道法则不可行，而避开天道法则也不可行。这种与天道自然竞争获胜的说法，不是说要违背天运法则和自然规律而去做不吉祥不和顺的事情，其办法在于透彻了解事物的性质，才能明白怎样化害为利。对不了解这个道理的人而言，就会认为，凭渺小的人类去与上

□ 第二次工业革命

赫胥黎总结说，人治要想获得成效，就必须与天道自然竞争并获得胜利。这不是教人违背天运法则和自然规律，而是要利用人类的智慧趋利避害。他同时指出，当今欧洲国家中遥遥领先者，其成功的法门就在于，这些国家战胜了天道并控制万物为人民所用。而对于19世纪末20世纪初的欧洲来说，人类的胜利无疑是完成了第二次工业革命。

天争胜，并想要取得天地之间所有东西，进行驯服控制而成为人类的利益，还有什么能比这种自不量力的行为更加可悲可叹呢？然而回顾自远古以来到现在，人治进程都是凭与天争斗时获胜的多少来作为评判功劳大小的标准。近百年来欧洲最以富强而为人称道的国家，其成因不是别的，在于这些国家战胜了天道并控制万物为人民所用。这是他们同全世界以及古代各国相比，得到成就成果最多的缘故。根据过去的事预测未来，我所提出的战胜自然以成就人类治世的学说，恐怕是确凿的。

所以善于观察变化的人就能看到，自然界之内，人的力量都有可以通达的方法，人的力量越通达，我们人类的治理就越向前发展，人类自身发展就更加顺利。释迦牟尼把国土视为危险脆弱之物，把人生在世视为水上泡沫，这的确不是自欺之谈。然而法国学者帕斯卡尔也说过：“我们确实脆弱如草芥，但能够巧妙地，通达神灵这种能力不是因为别的，就在于能够思考而已。”在我等人类微不足道的“草茎”中，蕴涵着无穷的神奇能力，它的性质与无声无味、英明通达、公正广大的神灵为同类，所以能取来天运法则进行统摄和协调，就犹如释迦牟尼所说，居住细微草种之中，也可用佛法碾碎一切烦恼。

凡是一个部落、一个国家城邑形成的群体，都必将有法制礼俗在其中维系，用以约束那些任性胡为的凶暴傲慢之徒；必定要从事张网捕鸟、牧放牲畜、耕种庄稼、制陶打鱼等生产劳动，取得自然界的各种物资，以人力加工后，作为供养生活、葬送亡人的资用。这些治理越深入，人类改造自然的技术所推广的领域就越广。直到现在，人们改造天地整顿河山，驯养降伏家畜，赶走毒虫猛兽，这些成果如果拿来向古人演示，他将会说这一切都是鬼神干出来的成就，不是人力所能办到的。其实人类取得的这些成就，也只是科学探索所取得的胜利而已。近200年来的探讨探索，可以说是开创了4000年来前所未有的奇功。而从更大的方面来说，现在人类所取得的成就还只是像初升的太阳、刚涌出的泉水，未来的成就会更多，有愿意为此效力的人可凭借自己的能力而有所作为，我又怎么能预测未来人类社会所能达到的发展程度呢？

因此，生活在现代而研究学问，则以逻辑、数学、物理、力学为最精要，掌握了这些精要就可以带动其他学问，就可以充分把握住顺向归纳、逆向推理的学术研究方法；而生理、心理、伦理、政治等学科，现今的学术水平只能算是略知其大意，而不足以达到拨开云雾见青天的程度。然而科学事业的道路，最初都是从粗略的模式起步，然后日渐丰富精深。疑惑不明和似是而非，都是研究学问中要经历的过程。因先前所遇到的多种矛盾抵触，于是就判定科学研究没有融会贯通的那一天，这也是不正确的言论。直到把前文所说的这几门学问阐明了，那么人类的事情差不多就有了最恰当正确的准则。然而这肯定不是那些厚古薄今的人所能做到的。

进化的学说，将作为研究社会治理的人不可废弃的基础理论。达尔文真是伟大的人物！然而我们须知万物造化是循环变化的，有它上升的时候，也有它下降的时候。宇宙是一个不断新生与毁灭交替循环的时空，自亿万年以来，它的气运正向前趋进，就像太阳升起的轨道，但太阳当顶就会西斜，宇宙也终有登峰造极而开始下落的时候。然而研究自然界变化的人，认为宇宙的气运一定日益亨通顺畅，人类社会定会达到至善的境界。其实情况也未必全是如此。从最近的时期而言，当前的世界局势绝不是偶然形成的。经历了数百万年水深火热的生存竞争，上天造物经过陶冶、锻炼、砥砺、琢磨，才形成了现在这个样子。而人类一方面以“理”“气”来互相推测，另一方面又以“善恶参半”来互相评判，争论的由来是如此的深远。然而现在的人要想以区区数百年的社会治化，来使人类达到与原先大不相同的成果，虽然可以表面上有快速成效，但人类自身的素质却不会如此快速地改变。这是难以实现的空想，就算没有圣哲的指点也可以领悟。

但说人类社会一定会因此而停滞不前，却也不尽然。没有见过那汪汪吠叫的狗吗？狗的祖先是狼。现在的狗躺卧在地毯上之前，一定先要数次来回转圈踏步之后才能安躺下来，这是从狼祖先处沿袭下来的在山中筑窝的习性。然而日积月累的驯服，使它能够放牧羊群、救助落水者、看守仓库，其强勇的样子使它成为最优秀的义兽。人类服从教化而善于变化，比驯养狗容易得多。假使从现在开始，利用人类的智力，振奋人类的志愿，在真正切合实际的方面加以运用，协调共同的力量而行动，在数千年内，达到最完美的盛世是可能的。况且后世之人，他们自己的智谋，将超过我们现代人万万倍。生活在当今的时代，真正实在的科学理论日益进步，凭借这样的优越条件，在思考救济人世的事业时，则必须去除害怕艰难、苟且偷安的心理，不以贪图安乐为目的，才能有所成就。

欧洲社会的变化，简而言之，可以分为三个阶段：最初的阶段如同侠义的少年，跳荡放纵、粗犷豪放，对人生安危苦乐的不同情况不很了解；第二阶段则是想要控制天运法则的肆虐但又无能为力，怅然灰心；第三阶段转变而寻求脱离尘世的修行方法，这无异于战鼓敲响之后丢盔卸甲的逃兵。我们这一代人既然生活在当今的时代，本来就不应当像荷马所歌颂的矫健勇猛的少年那样，也不应当像释迦牟尼那样苦心修炼而面黄肌瘦，却还要哀叹人生、哀悼世界、远离人世、徒劳示弱，但又无益于后世。我们本应该沉稳坚毅，展现威武男儿的锋芒，坚强不屈、义无反顾、勇于争取、不可投降。如果遇到优良的环境，定像宝物一样珍惜；如果遇到不好的环境，也不气馁。日日夜夜孜孜不倦，汇聚志同道合之人的力量，以谋求变祸为福、变害为利的大计。丁尼生的诗句说得好：

“高挂风帆渡沧海，
风啸波涌茫茫来；
恐惧无力沧海底，
奋勇则能登仙台。
生死选择在眼前，
犹豫不决是为害。
时光稍瞬不可待，
奋力拼搏不懈怠。
无惧无畏心如磐，
七尺男儿豪情在！”

我愿与普天下的有心人，共同立下忠于此志的誓言！

严复传略

“何曾贞下起元来，不独怜君且自哀。未得一邱供啸傲，更无歧路可徘徊。情知乱世身为患，谁向颓流首重回。惟有少时腾掷处，梦中突兀见南台。”

——严复《再和步溪》

□ 严复

严复（1854—1921年），原名宗光，字又陵，后改名复，字几道，福建侯官人。严复在留学英国期间，受达尔文、斯宾塞、赫胥黎等人的进化论思想的影响，后将进化论等思想翻译、介绍到中国，是清末民初很有影响的资产阶级启蒙思想家、翻译家和教育家。

风云巨变，“民智者，富强之原”！一个振聋发聩的声音在中国最不堪回首的那段历史中响彻。“物竞天择，适者生存”，国人恍若重生，世界原来竟可以是这样！历史从来不会忘却，那个曾经在黑暗中取火的身影，为愚昧的国人送来了西方第一道启蒙之光。无疑，作为中国最早的启蒙理论先驱，严复在中国思想史上有着深远的影响。作为一位交汇着中西方文化、体现了中国历史转型时期矛盾的复杂人物，他的一生极富个性色彩。在他的身上，最典型地反映了中国知识分子在强权以及传统文化面前的深刻悲哀与无奈。当他以大胆激进的思想掀起了革新浪潮之后，却又企图以怯懦而守旧的行为向民众宣告传统思想的胜利，人们由此对他褒贬不一。三千年的历史积淀以及社会转型期的巨大矛盾，相对于一个“儒士”软弱的肩膀来说，似乎过于沉重。但，革新也好，守旧也罢，原因都只有一个，那就是他对祖国、文化深沉的爱与眷恋。无论他是以哪种方式来表达他自己，爱国主义精神始终贯穿在他的整个人生之中，这是他之所以获得无数后人景仰的主要原因。如今，让我们走近严复，不求精解其复杂的思想，只希望能了解他曲折的一生，以还原一个生逢末世的爱国者的本来面目。

幼贫失怙

19世纪，是中国最不堪回首的一段历史时期，那是三千年封建制度走到末了的必然结果。当西方国家大力发展资本主义并取得了辉煌成就时，中国国力却江河日下。对外，清王朝长期实行闭关政策，严重地阻碍着中国对外贸易和社会、政治、经济的发展；对内，“四书”“五经”禁锢了人们的思想，吏治腐败，军备废弛。日趋腐败的统治使国内阶级矛盾日益激化，曾经盛世的中国，此时从内到外都已经腐朽透顶，如同一只毫无抵抗力的肥羊，引来了西方列强的觊觎。鸦片战争、太平天国运动、第二次鸦片战争……国家在经历着耻辱，人民在经受着炮火。世界变了，往昔的繁荣已不再，剩下的只是苦难。我们的主人公严复就诞生在这个动荡变幻，新旧交割的痛苦的历史洪流之中，他一生的命运与际遇也与此紧紧相连。

1854年1月8日（咸丰三年癸丑十二月十日），严复出在生今福建省福州市苍山区盖山镇阳岐村一个中医世家，乳名体乾，谱名传初。严家祖籍侯官县，曾祖父严焕然中过举人，曾任松溪县学训导。后父祖两代都以行医为生，悬壶济世。父亲严振先从小就跟着严复的祖父学医，积累了多年的临床经验。在他继承父业之后，就因医术高超而声名鹊起，有“严半仙”之美称。当时，南台岛一方乡人遇有疑难病症，无不踵门求医。严振先为人善良，宽厚疏财，如果是穷苦人家急症求诊，他多是先行诊治后计报酬，有时竟代付药费，有还就收，不还也不索讨。他每天出诊各乡，途中须经过一座石桥，附近贫苦病人听闻他乐善好施的美名，经常群集桥头，等到他的轿子到来后便请求施诊，后来竟成惯例。父亲的仁义之举在严复心中印象十分深刻，这无疑影响到他后来的为人处世。

严复最初的启蒙教育是父亲严振先给予的。除了医术高超以外，严振先还有深厚的国学造诣，算是一位儒医。对家中唯一的儿子严复，严振先寄予了厚望，也有意栽培，希望他有朝一日能像曾祖父那样，通过科举仕途而飞黄腾达，光宗耀祖。严复6岁时，严振先将他送入私塾学习四书五经，他开始逐渐了解儒学文化。学至9岁时，父亲又将他送回家乡阳岐，在胞叔严厚甫的私塾里读书习字。严

□ **吸鸦片的国人**

18世纪初期，英国将鸦片贩运至中国。鸦片的泛滥，影响了民众的身心健康，使吏治败坏，白银外流，政府财政收入短缺。据统计，当时大约近一亿中国人不同程度地染上了鸦片瘾。图为当时吸食鸦片的人。严复也曾染上烟瘾，后来他后悔不已，直到晚年才强行戒除。

复幼年早慧，记忆超常，胞叔严厚甫很快就无书可教。11岁那年，严复回到了省城，师事义序黄宗彝（字少岩）。黄少岩“为学汉宋并重”，学识渊博，为闽省宿儒。著有《闽方言》一书，熟悉明代东林掌故以及宋、元、明儒学案与典籍。因他平时向严振先求医，二人言谈投机，遂成为好友。严振先倾慕其文才广博，便将儿子严复送到他家里读书。

平日黄少岩督学严厉，其讲学广博，并不局限于经书之中。他有抽大烟（即鸦片）的癖好，严复常侍坐烟榻之侧，于烟雾缭绕之中，饱聆老师谈说宋、元、明学案及典籍（这可能给严复以不良影响，后来他也抽大烟）。在他的指导下，严复的学术视野大大拓展，并陶冶了情操。尤其是东林党人不畏权奸、刚直不阿的气节和天下兴亡匹夫有责的胸怀与气度，令严复肃然起敬、终身铭记。从黄少岩那里，严复学到了较多的中国儒家传统知识，为后来的学术研究打下了基础。黄先生去世之后仍由其子孟修即黄增来家就馆，教授严复学问。应该说，从4至12岁期间，严复所接受的是较为系统的传统启蒙教育，这种教育潜移默化地影响着他的一生。严复后来的很多行为特征都表明了这些幼年难以抹去的痕迹。他那种骨子里的忧患意识，毕生信奉的中庸之道，对旧式礼法的谨守，莫不因此而来。

在晚清的福州，儿女时兴早娶早嫁。严复13岁时，就秉承父母之命与同邑布衣王道亮之次女王氏结亲。1866年春天，两人完婚。这年6月，严复家中发生了巨变。父亲因抢救霍乱病人，受到传染，不治而亡。严振先生前有一劣根，素好赌博。由于赌术欠佳，逢赌必输，结果弄得囊无余钱。当他死时，家当尽皆卖光，此外还有余债，光是经办丧葬就难为了孤儿寡母。人走茶凉，亲族中谁也不肯借钱，幸而严振先在生前曾帮助过的一些病家闻讯纷纷送了些钱来，才解决了燃眉之急。严复在那时就意识到了世态炎凉，人情冷暖。由于家道中落，严复一家生活都难以为继，当然更无力为他续聘塾师。于是，他们被迫举家搬回老家阳岐。在上岐一处狭窄的河边，尚有祖屋一座供他们居住。此后，严复母亲和妻子王氏替人家绣花缝纫，得些工钱来维持生计，艰难度日。此时严复两个妹妹年仅十一二岁，王氏也只有十四五岁。幼年失怙的辛酸苦痛，让严复刻骨铭心，终身难忘。

民国初年，严复曾为周养庵的《篝灯纺织图》题了一首诗，诗的前半段是对他幼年失怙的酸楚回顾。“我生十四龄，阿父即见背。家贫有质券，赙钱不充债，陟冈则无兄，同谷歌有妹。慈母于此时，十指作耕耒。上掩先人骸，下养儿女大。富贵生死间，饱阅亲知态。门户支已难，往往遭无赖。五更寡妇哭，闻者堕心肺。……”（《严复集·愈懋堂诗集》卷下）这样凄凉的诗句，的确是发自肺腑，令人闻之无不伤感叹息。

□ **私塾教育**

严复6岁入私塾，学习四书五经，接受传统的启蒙教育。这一阶段所受的教育对严复影响非常大，他系统地掌握了儒家传统知识，为后来的学术研究打下了坚实的基础。晚年严复评点了《老子》和《庄子》等古籍。

少年求学

父亲的去世，不仅使严复的家庭在经济上陷入困境，也使得严复无法像寻常子弟那样，走科举入仕的道路，后来他竟将此引为终身憾事。在严复一家搬回家乡居住几个月后，就听说了“船政学堂”招生的事情。当时，洋务派大臣左宗棠和沈葆桢等人，在福州创办了造船厂。为了培养造船和驭船人才，又设立了“船政学堂”。根据学堂的章程规定，凡考入该学堂的学生，伙食费全免，另外每月给银4两，贴补家庭费用；3个月考试1次，如果成绩优等，还可得赏洋银10元；5年学习期满毕业后，不仅可以在政府中得到一份差事，还可以参照从外国聘请来的职工待遇标准，优给薪水。船政学堂学的大都是“洋务”，相对于正统的儒家教育而言是“不登大雅之堂”的，一般家境稍好的子弟都以考取功名为目标，多不屑报名应试。而像严复这样的贫困家庭，船政学堂的这些条件，则是很有吸引力的，他的母亲和妻子也都认为这是一条出路。但是，要入船政学堂除具备一些必需条件外，还须有一位绅商出具保结。在严家，只有胞叔严厚甫是乡绅，严复母子便去求他，岂料这位叔父竟不顾叔侄之情予以拒绝。在无可奈何的时候，族中一前辈给他们想了个办法，即瞒着这位叔父将其名讳、职业和功名经历照填保结，加私印呈送上去。后来此事终还是被严厚甫发现，大怒之余扬言要具禀退保。母子二人为此痛哭跪求，才告平息。可见，严复进入船政学堂也殊为不易。

□ 选派留学的幼童

洋务运动的领导者曾国藩和李鸿章主张，除了修建新式学校外，还应派人到西方直接学习先进技术。1872年，曾、李联合上书，要求选派幼童赴美留学，为中国培养国内急需的新式人才。几年后，严复、刘步蟾、林泰曾和萨镇冰等被送往英国，学习驾舰指挥。图为早期选送留学的幼童。

1866年冬天，船政学堂正式对外招生，13岁的严复同福建和广东一带的许多贫家子弟都前来报考。说来也巧，入学考试的题目是《大孝终身慕父母论》。严复恰逢父亲去世不久，想到家中母亲含辛茹苦支撑门户，他满腹追思深情油然而生，数百言洋洋洒洒一挥而就。该篇文章情文并茂，深得福建船政大臣沈葆桢的赞赏。放榜以后，严复竟以第一名被录取。这对于刚刚失去父亲的家庭来讲，当然是一个大喜讯。14岁那年，他改学名为宗光，字又陵，正式进入该校学习。入学后，他按月将4两纹银的津贴分为两份，以2两供应家庭，2两留着自用，一家大小勉强过着清贫的生活。

船政学堂第一次招生录取学生几十名，除严复外，还有后来北洋海军主要将领刘步蟾和方伯谦，另从香港招来有一定英语基础的邓世昌、林国祥等人，总计105人。但后来因种种原因，到1873年时只剩39名在学，最后完成学业的只有14人。这些学子入学时的年龄约为12至15岁，日后都成了北洋水师的栋梁之材。船政学堂以培养洋务人才为重点。学校的课程设置中虽然也有“圣谕广训、孝经，兼习策论，以明文理”等内容，但最主要的还是以造船和驭船的相关科学技术。船政学堂分为两个班：前学堂和后学堂。前学堂主要学习造船之术，以培养“良工”；后学堂学习驭船之术，以培养“良将”。严复被分在后学堂，换句话说，他一开始就是被当作“良将”来培养的。对于严复来讲，“塞翁失马，焉知非福”用在他身上再贴切不过了。在这里他虽没有学到与科举相关的八股文，却系统地学习了外语、算术、几何、代数、物理学、化学、地质学、天文学、航海学、光学、电学、电磁学、声学和热学等课程。这些都是当时由西方资本主义国家输入的新知识、新学问，与严复此前在私塾中所学的四书五经等绝然不同。求知的欲望，再加上少年时代的好奇心，使他对这些课程非常感兴趣，学习成绩也因此一直名列前茅。到19岁那年，严复以最优等的终考成绩从船政学堂毕业了。当时洋务官员沈葆桢以及一些教官都十分看好严复，认为他是个不可多得的人才。所以毕业之后，他马上被派到军舰上实习。严复先随“建威”号南下新加坡、槟榔屿等地，再北至中国东部海面的渤海湾和北部的辽东湾等地。次年，福州造船厂又成功地自制“扬武”等5艘巡洋舰，他又被改派到“扬武”号上实习，巡历中国的黄海及日本长崎、横滨等各地。1874年，严复又随“扬武”舰去台湾，测量台东背、莱苏屿各海口，历时月余。在整整5年的跟船实习中，严复遍历了中国附近的海域，世界在他眼前展现出别样的色彩，这是埋首于四书五经中的旧式书生绝不可能见识到的。这种丰富的游历对于青年严复来说实为幸矣！殊不知，在大洋的彼岸，另有一番世界正在等待着他去探寻。

严复在出海台湾期间，偶有机会回家探望，他与王氏的长子严璩即于此时出生。发妻王氏年龄与严复相仿，是一个虔诚的佛教徒。这一对由“父母之命，媒妁之言”而结成的夫妻，一生之中相聚的时间并不多，由于王氏目不识丁，故相互之间也没有书信交流。但严复感念她在他尚且年幼之时与母亲一起支撑门户的艰辛，加之她后来照顾母亲与儿子，对她颇有一分尊重。这种情分一直持续到王氏过世之后。严复在日记中时常提起亡妻的忌辰与生日，以显示两人之间的情分。1921年夏天，在他过世前的两三个月，还亲手为王夫人抄写《金刚经》一部。他在写给儿子的信中说道：“老病之夫，固无地可期舒适耳。然尚勉强写得《金刚经》一部，以资汝亡过嫡母冥福。”此外，严复在生前即安排好死后与王夫人合葬，然而他的第二、第三夫人却无此待遇。此举或许是遵从惯例和礼法，但严复对王夫人的情分由此可见一斑。

对于这段早婚经历，严复认为只是依循中国旧法，“承继祀，事二亲，而延

□ 同文馆

为了培养翻译人才，总理衙门在1862年设立了中国最早的外语学校——同文馆，由外国人担任教师。同文馆的设立，标志着中国新式教育的开始。

嗣续”罢了（《严复集》）。当他后来学有所识后，更深刻体会到了早婚给人们带来的弊端。子嗣过多，养育欠佳，导致恶性循环，以至于“谬种流传，代复一代”（《严复集》）的地步。在《法意》按语中，严复又说“中国沿早婚之弊俗，当其为合，不特男不识所以为夫与父，女不知所以为妇与母也。甚且舍祖父余荫，食税衣租而外，毫无能事足以自存”（严复译《法意》）。总之，严复从亲身经历中认识到，过早结婚无论对个人、国家与民族都是不好的。

留学英伦

1873年底，陕甘总督左宗棠、船政大臣沈葆桢、闽浙总督李鹤年、福建巡抚王凯泰联名上奏朝廷，建议选派船政学堂优秀毕业生，前往英、法两国留学深造；此举得到洋务派大臣李鸿章与恭亲王奕䜣的大力支持，当时由于一些原因耽误而未能马上实施。1876年夏，李鸿章前往烟台，就“马嘉理案”与英国代表举行谈判（后签订了《烟台条约》）。在此次谈判期间，李鸿章多次应邀参观了在烟台海面上停泊的英、法、德等国的军舰；当他注意到英国军舰上竟有日本青年军官在随舰接受训练时，更坚定了派遣学生出洋的决心，当即在烟台就详细拟订了派遣海军留学生出国培训的计划和章程。计划确定派遣30名学生留洋3年，预算经费30万两银，由李凤苞担任华监督，清政府雇佣的法国军官日意格担任洋监督。在第一批留洋的海军学员中，除严复外还有刘步蟾、林泰曾、萨镇冰等等。

1877年5月7日，这批留着长辫子的中国留学生乘船到达法国马赛。在这里，留学生分为两支，学习船舶制造的人留在法国，其余学习驾舰指挥的学生则前往英国首都伦敦。这一年，严复23岁，正是青春大好、抱负满怀之际。来到英国后，严复先进普茨茅斯（Portsmouth）大学学习，后来又以优异的成绩考入格林威治皇家海军学院学习。在这里，他主要学习高等数学、化学、物理、海军技术、海战公法以及枪炮营垒等课程。经过考试，他各门功课的成绩，都是“屡列优等”。为什么英国等西方国家要比中国更强？这是他心中一直以来的疑惑。每每到了课堂之外或是茶余饭后，他就开始研究西方政治学说以及英国资本主义制度。他希望通过种种途径来探讨其强盛之由，进而为中国的出路寻求良策。他经常进出图书馆，或到法院旁听，由此接触到了亚当·斯密的古典经济学说、边沁的功利主义、约翰·斯图尔特·穆勒的实证论哲学和逻辑学、达尔文的《生物进化论》和《物种起源》等先进书籍。1878年夏，当听闻法国大革命给法国带来的变革时，他亲历法国考察，深入了解法国启蒙思想。其中孟德斯鸠的《论法的精神》，以及卢梭的自由、民主思想给了他深刻的启迪。在这些完全西化的文化熏陶下，他感到西方思想家的学说，不同于中国传统的“经训”或辞章，而是重观察、轻推理，很能切合实际。通过对西方学术著作的大量阅读，严复的世界观开始改变。他身上那些迂腐的中国旧式经学气息被这些耳目一新的知识冲淡了，一股革命的激情开始在他年轻的血液中涌动。

严复的思想变化可从他后来的回忆中看到，“犹忆不佞，初游欧时，尝入法庭，观其听狱，归邸数日，如有所失……谓英国与诸欧之所以富强，公理日伸，其端在此一事。”他感到英国的富强并不是如洋务派官僚们所说的只是“坚船利炮”，而是在于它有一个使“公理日伸”的政治和立法制度。国家法律体现了百姓的利益，因而老百姓也乐于遵守，于是，偌大一个英国一切治理得井井有条，“莫不极治缮葺完”。而反观中国，动乱不止，饥民遍野，法自钦定官尊民卑。

□ **青年严复**

1878年夏，受法国大革命的启发，严复亲自到法国深入了解法国启蒙思想。在此期间，孟德斯鸠、卢梭等的自由、民主思想深深地启迪了他，使他意识到当时中西方的差距在于政治体制的差别。自此，他逐渐接受来自西方的新知识，革命的激情也就此萌发。图为1878年，严复摄于巴黎，时年24岁。

□ 李鸿章

严复提倡西学，反对洋务派提出的“中学为体，西学为用”，曾以激烈的言词批评李鸿章等洋务大臣，因此而影响了他在仕途上的发展，多年后才被升为“选用知府”的小官。

英国法律人人平等，囚犯不论贫富贵贱，一律按照法律程序审判，不得严刑拷问。对照当时中国严刑拷打当事人和审判后当事人匍匐下堂的惨状，严复感到了一种从未有过的愤怒。他逐渐清醒地认识到：中国与英国之所以不同，就在于政治体制的差别。专制制度下的中国由于不能上下一心，平民只是当政者的“苦力”；而立宪制的英国，则有“议院代表之制，地方自治之规”，所以能“和同为治”，上下同心，平民都不再是“苦力”而是“爱国者”。于是，严复发出“夫率苦力以与爱国者战，断无胜理也”的感概。所以，中国要改变落后的局面就必须从制度革新上下手，才可让全国的“苦力”们变作“爱国者”。他的想法是正确的，中国的当务之急就是要彻底变革清朝腐朽的制度，可是，作为一个大清朝培养的知识分子，严复的革新思想十分有限，他并未想到从根本上改变大清朝，而是从渐进式的改良出发，来把中国封建制度改变成英国模式的君主立宪制度。但，国家制度之变化又岂是个人之力可改变的？理想与现实的落差，困惑了严复的整个后半生。

在英国留学期间，24岁的严复与中国驻英公使郭嵩焘相结识并成为忘年之交。每逢周末或假期，他总是到使馆参加郭嵩焘举办的宴会，与郭嵩焘“论析中西学术异同，穷日夕勿休”；有时也为郭嵩焘等人演示摩擦生电和声光传递对比实验。郭嵩焘思想开明，乐于听这位后学对于英国政治制度的见解。他还认为，严复的英语水平比专业翻译人员的译文更透彻，当水师军官是大材小用。1878年，郭嵩焘因受到弹劾回国，英国《泰晤士报》就此发表了文章。严复把这篇文章译成了中文，译文文字流畅、义理清晰，道出了英国人对郭嵩焘的留恋之情。这篇译文是严复翻译生涯的开始。1879年，严复回国时，郭嵩焘向总理各国事务衙门保荐严复。他在举荐信中说："出使兹邦，惟严君能胜其任。如某者不识西文，不知世界大势，何足当此任！"可惜，这次举荐因没受到重视而作罢。

1879年6月，严复因学业屡考优等，派到英舰"纽卡斯尔"舰实习半年，当他即将上舰船之际，船政大臣以福州船政学堂需教习为由，先期调他回国内母校福建船政学堂当教习。就这样，严复结束了两年多的留洋生涯，时年26岁，学富五车，中西贯通，他的心中充满了革新救国、去除旧弊的激情，正是旧中国转型期中亟需的引进西方启蒙文化的人才俊杰。后来，他不负众望地以他的革新思想与惊世译作给这个落后愚昧的旧中国带去了一盏认清方向的明灯！

官场沉浮

话说严复归国之后，即被洋务派官员聘为他的母校福州船政学堂的后学堂教习。此时，他将原有名字宗光改为复，字几道。复，带有复兴中国、复兴家族之意，对于这个踌躇满志的青年来说，这个名字与他的志向十分吻合。当时，洋务派官僚李鸿章在天津开办了北洋水师学堂。为了扩充势力，网罗洋务、西学精英，1880年，他将沈葆桢、郭嵩焘等人一向赏识的严复调到了天津任北洋水师学堂总教习。在福州船政学堂任教习不足一年，他就被调任到天津。从此开始了远离故乡，长年在外的生活。从此，严复在这里任职长达20年，直到1900年义和团运动发生，北洋水师学堂被烧毁他才离开这里。

□ 北洋水师学堂

严复成绩优异，还未毕业就被调遣回国担任母校教习，不久又被调至北洋水师学堂当教习，直到1900年水师学堂被烧毁。由于严复没有科举功名，不能担任更高的官职，为了学以致用，完成其救国抱负，他在30岁以后仍然参加了科举考试，但屡试不第。

在北洋水师任职时，严复兢兢业业地培养人才，成绩斐然。本来早就应升任总办（校长）之职，但按当时官场惯例，总教习之类官职

□ 甲午海战

1894年，中日甲午海战爆发，号称亚洲第一舰队的北洋舰队与日本联合舰队在鸭绿江口大东沟附近的黄海海面展开一场激烈的海战。结果，北洋水师全军覆没，严复水师学堂的同窗刘步蟾、林泰曾、邓世昌和林永升等壮烈殉国。

须以具有府道资格者充任，严复当时官阶仅是武职都司，所以虽一直行总办之责，但却无总办之名。以严复的才识，本来能胜任更重要的职位，但在封建时代里，一个受过西方教育而没有科举功名的人是仕途无望的。他为自己没能参加科举考试耿耿于怀。严复的长子伯玉在《侯官严几道先生年谱》中述道："府君自游欧东归后，见吾国人事事守旧，鄙夷新知，于学则徒尚词章，不求真理，每向知交痛陈其害。自思职微言轻，且不由科举出身，故所言每不见听。欲博一第入都，以与当轴周旋，既已入其彀中，或者其言较易动听，风气渐可转移。"可见，严复以自己官微言轻为憾事，认为自己的救国抱负还是要走科举进仕之路才为上策。他下定决心：趁自己还年轻，一定要考取功名，不再受制于人。在他32岁时，参加了福建的乡试；36岁至37岁的时候，曾两次参加北京的顺天乡试；直到40岁时，他再次参加福建乡试。结果，一次都没有考中。为什么这样一个博学之士却屡屡不中呢？这与当时官场的腐败以及机遇有很大的关联，有些饱学之士直考到头发花白都有不中的。

科场的失败令严复受到了很大的打击，在他长达9年的任总教习之职期间，都郁郁而不得志。他在与家人的通信中写道："自来津以后，诸事虽无不佳，亦无甚好处，公事更是有人掣肘，不得自在施行。至于上司，当今做官，须得内有门马，外有交游，又须钱钞应酬广通声气……置之不足道也。"形象地描绘出他不受重用的情形。另外，还有一个更深刻的原因在于，严复个性"狂易"，曾以激烈的言词批评李鸿章等人所倡导的洋务依然充满着官场的腐朽习气，名为"中兴"，实则一塌糊涂。并言，不出30年，中国的领土将被列强吞食殆尽。这些言论不仅使在场的人们听得心惊肉跳，更是惹得李鸿章等一班洋务大臣很不高兴。

“北洋当差，味同嚼蜡”，这是严复对自己任职北洋的评价。他不但得不到李鸿章的重用，同僚中又有严重的派系之争。他这个既无亲信又无出身的小小都司必定是受压制的。为了摆脱这种困境，他甚至一度与人在河南合办煤矿。但是，这种私人性质的资本主义企业，并不能帮助他实现救国家于危难的政治抱负。万般无奈之下，他对自己的生平所学产生了怀疑：“当年误习旁行书，举世相视如髦蛮。”深深的挫折感围绕着他，他不明白自己为什么始终不得志，并把这一切都归结到自己未走科举仕途之路。其实，怀才不遇的原因是多方面的，究其主要原因还是一千多年的封建科举制度本身对人们思想上的禁锢，而严复其时对封建制度的主张是渐进式改良，而不是彻底的革命，所以他在认识上是有限的，始终未能走出旧式科举的怪圈。在怀才不遇与几番科考失败的挫折下，严复竟然染上了鸦片，这或许是为了寻求一种精神上的解脱，但这对于他而言无异于是堕落。在1889至1890年，严复与四弟的信中说道：“兄吃烟事，中堂亦知之，云，‘如此人才，吃烟岂不可惜！此后当仰体吾意，想出法子革去’，中堂真可感也”（《严复集》）。可见，连李鸿章也为他抽鸦片之事而感到十分惋惜。后来，当他终于意识到鸦片的危害之后，才痛心疾首悔不当初。

1889年，严复36岁，他连捐带保，才好不容易有了“选用知府”的官衔。这样，他才被李鸿章升为该校会办（相当于副校长）。次年，严复终于被提升为总办，并由选用知

□ **签订《马关条约》**

甲午战争战败后，中国被迫与日本签订了丧权辱国的《马关条约》，割地赔款，使帝国主义势力扩张到内地。《马关条约》是自1860年中英、中法等签订的《北京条约》以来，外国侵略者强加给中国的一个最苛刻的不平等条约。图为李鸿章与伊藤博文签订《马关条约》时的情景。

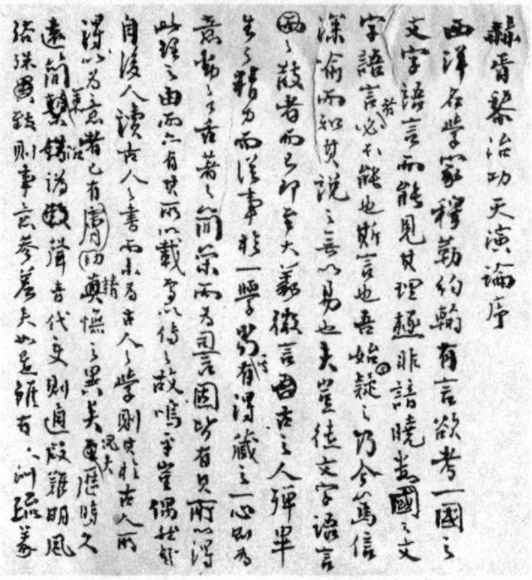

□ **严复《天演论》手稿**

甲午战争的失败，加深了中国知识分子的忧患意识。继康有为、梁启超创办《实务报》宣传西学后，严复与人创办《国闻报》，并开始翻译英国博物学家赫胥黎的《天演论》。《天演论》译出后，人们争相阅览，严复也成为中国思想界的风云人物。图为严复翻译的《天演论》手稿。

府升为选用道员。就这样，他开始以一个四品官衔的北洋水师学堂总办身份，慢慢地为京、津一带的官僚所熟悉。但面对整个腐朽的清廷，区区总办又能如何呢？这对于他救国治国的远大抱负来说，还远远不够。在此期间，他的母亲陈氏与妻子王氏相继去世，中年失偶，加之国事蜩螗，自己又怀才不遇，用心亦苦，神力交瘁。这年，他娶了年仅15岁的福州女子江莺娘为妾。她后来为严复生下二子（1893年生瓛，1897年生琥）、一女（璸，1899年生）。所有了解严复生活的人都知道他有一个脾气不太好的侍妾。莺娘不识字，个性内向寡言、脾气亦欠佳。而严复是一个恃才自傲之人，“气性太涉狂易”（据郭嵩焘的记载）。显见，两人脾气并不匹配。在1910年，严复曾这样写到他与莺娘之间不甚融洽的关系：“在天津，哪一天我不受她一二回冲撞。起先尚与她计较，至后知其性情如是，即亦不说罢了……此人真是无理可讲，不但向我漠然无情，饥寒痛痒不甚关怀”（《严复集》）。想必这些矛盾在严复家经常发生，究其原因很可能是双方面的，一方面严复在外受到各种挫折，另一方面的确是二人个性不合所造成。严复期望的是那种个性活泼的伴侣，“能言会笑”，“方不寂寞”（《严复集》），而莺娘显然不是此类女子。不和谐的婚姻令本就郁闷的严复更加郁闷。在1893年，他在四十不惑的时候竟然又返回福建原籍参加乡试，然而结果仍是落第。这表明，科考对于严复来说已经非功利性质的了，而是他心中一直未圆的一个梦想，与今人定要有张大学文凭方才像样的感觉是一样的。

正当他流连于科场的时候，1894年中日甲午战争爆发了，战争以中国的失败而告终，清廷被迫与日本签署了丧权辱国的《马关条约》。严复曾经在船政学堂的同学刘步蟾、邓世昌、林泰曾、林永升等等，全部在这场战争中命丧大海。严复被眼前的惨祸震撼了，他血管中积蓄已久的爱国思想终于奔涌而出，他决定不再沉迷于科考，积极投身到救亡图存的伟大洪流中去。

救国斗士

甲午战争之后，以康有为、梁启超为首的爱国知识分子发起了一场轰轰烈烈的维新变法运动。严复当然也是倡导维新变法的一员，所不同的是，他是以维新派思想家身份出现的。1895年，严复先后在天津《直报》上发表《论世变之亟》《原强》《辟韩》《救亡决论》等文，宣传变法维新，提倡“新学”。同样是救国政论文章，严复与康、梁等人相比较，有着鲜明的不同。他的文章意新而语古，在当时独树一帜。由于所受教育经历不同，康、梁二人皆是以中国旧学为武器，从儒家的“托古改制”立场，来论述维新的重要性，故不时有牵强附会之处，这一点连梁启超自己也是承认的；而严复所用的则是近代西方的资产阶级政治理论学说，这些学说无异是全新且更具战斗力的武器。所以在当时，严复拥有大量的读者。

“呜呼！观今日之世变，盖自秦以来未有若斯之亟也。”这是严复在第一篇政论文章《论世变之亟》开篇中发人深省的慨叹。接着他写道“夫世之变也，莫知其所由然，强而名之曰运会。运会既成，虽圣人无所为力……”认为人类社会的历史发展中有一个不变的规律“运会”，正是这个“运会”导致了西方列强对中国的侵略，而“运会”既不可变，则只有讲求救国自强才是出路。他又写了中西方的不同，“中国最重三纲，而西人首明平等；中国亲亲，而西人尚贤；中国以孝治天下，而西人以公治天下；中国尊主，而西人隆民……”道出了西人富强的原因。进而，他对保守的封建专制提出了这样的批判：“盖谋国之方，莫善于转祸而为福，而人臣之罪，莫大于苟利而自私。夫士生今日，不睹西洋富强之效者，无目者也。谓不讲富强，而中国自可以安；谓不用西洋之术，而富强自可致；谓用西洋之术，无俟于通达时务之真人才，皆非狂易失心之人不为此。”这是多么痛快淋漓而又深刻的批判。

□ 梁启超

梁启超（1873—1929年），字卓如，号任公，别号饮冰室主人、饮冰子、哀时客、中国之新民等，近代思想家，戊戌维新运动领袖之一。受康有为的影响，梁启超积极投身于宣传新思想、启发民众等活动中，先后创办《实务报》《知新报》等刊物，参与“公车上书”。晚年致力于学术研究，著有《清代学术概论》《墨子学案》《中国历史研究法》《中国近三百年学术史》《先秦政治思想史》《中国文化史》等。

在《原强》中，严复全面地阐述了自己的救国理论。他提出的三个主要救国办法是：“一曰鼓民力，二曰开民智，三曰新民德。”所谓鼓民力，主要指禁烟，禁缠足；开民智则指废除八股文，提倡西学；新民德最主要的指创立议院，用西方资产阶级的民主、自由、平等，来代替中国封建社会的宗法制度和伦理道德。读者不难看出，这些政论极具进步性、针砭时弊，且在当时相当大胆，表明了那时的严复充满了一个斗士的勇敢的革新精神。与前面几篇文章相比，《辟韩》一文则集中地抨击了中国的封建君主专制思想。他写道：“自秦以来，为中国之君者，皆其尤强硬者也，最能欺夺者也。”他们窃取了国家人民的权力，而韩愈却把这些看作是“天之意、道之原”，于是他发出强烈的质疑“天之意固如是乎？道之原固如是乎？”这篇文章是严复反封建专制的最重要檄文，也是中国近代最早猛烈批判封建君主专制、提倡民主的政论文章。1895年3月，洋务官员李鸿章被清廷派往日本，准备接受日本强加给中国人民的“和约”。面对危急的形势，严复在该月月底发表了《原强续篇》一文，表明了他主战的坚决立场。指出“和之一言，其贻误天下，可谓罄竹难书矣”，而“今日之事，舍战固无可言”，“盖和则终亡，而战可期渐振。苟战亦亡，和岂遂免”。文章不仅痛斥了清政府腐败无能和对外屈膝投降的政策，还洋溢着强烈的反帝爱国思想。

报纸是宣传维新思想的重要战地。从1896年开始，严复积极赞助梁启超等人在上海创办《时务报》，他的上述重要政论文章都多次在该报上转载。1897年11月，他与王修植、夏尊佑等人，在天津正式创办《国闻报》。其办报宗旨在于

“通上下之情”，即让改革得到政府同情；“通中外之情”，即让国人逐渐了解外情，吸取西方知识以“开民智”。严复在该报上针砭时事，多次揭露并批判了清廷的腐朽。《国闻报》在当时中国北方产生了很大的影响，严复逐渐成为受人关注的政论名人。

为了开民智，严复决定将西方的政治经济著作译成中文，使中国的读者认识到这些发人深省的经典之作。这年夏天，他开始着手准备英国著名生物学家赫胥黎《进化论与伦理学》的翻译工作。这是一本他在英国时期接触到的、令他十分倾服笃信的书，严复决心一定要译好它。为了遵循他自己制订的“信、达、雅”三个标准，他常“为一名之立，而旬月踌躕”。为什么他译得这么辛苦？原因在于严复在文风上的复古思想。他素喜桐城派文笔古雅，对梁启超的批评（梁对《原富》的评价“其文笔太务渊雅，刻意摩仿先秦文体，非多读古书之人，一缗殆难索解”）并不以为然。他认为研究精深学理之书，必定不能以通俗之词表达，“窃以为文辞者，载理想之羽翼，而以达情感之音声也。是故理之精者不能载以粗犷之词，而情之正者不可达以鄙俗之气”。是以，他的《天演论》是用古文的形式翻译出来的。虽是文言却朗朗上口，典雅优美，加之思想内容切合时代潮流之趋势，故十分吸引人。在译书的过程中，他的好友桐城派后期名儒吴汝纶对其帮助甚多，严复常根据吴汝纶所提的意见进行修改。当得知吴汝纶同意给《天演论》作序时，严复十分感激。1902年，吴汝纶与严复同在京师大学供职，共事期间关系亲密，相约共进退。但吴汝纶在日本考察后不久就病死桐城。严复听后悲痛万分，做诗《挽吴挚父京卿》以资纪念。

《天演论》的核心思想是“物竞天择，适者生存”。在众多的按语中，严复把达尔文优胜劣汰的进化观点运用到社会进步当中，即“落后就要挨打”。谁最强有力，谁就是优胜者，谁就能立于不败之地，求得生存，求得发展，否则，就有亡国灭种的危险。而我们被侵略的中国则正是“劣者”！《天演论》以自然科学的许多事实，论证了生物界物竞天择、适者生存的客观规律。它像振聋发聩的警钟声，塑造出19世纪末中国知识分子发奋图强的资产阶级世界观，产生了前所未有的震撼效果。1898年，《天演论》出版，可谓有惊世骇俗之效，受到了当时中国知识界极大的赞许与肯定。梁启超评价它为“中国西学第一者也”，康有为认为“眼中未见此等人”，连封建士大夫吴汝纶也被它激昂的爱国言词所感动，“得吾公雄笔，合为大海东西奇绝之文，爱不释手”。

“适者生存”“优胜劣汰”的口号，不仅直接影响了康有为和梁启超等人，推进了维新变革思想与实践；同时也一直流传到后世，无论是资产阶级革命家，还是无产阶级革命家，如陈天华、邹容、秋瑾、孙中山、鲁迅、吴玉章、朱德、董必武、毛泽东等人，都自称受到过《天演论》的影响。据不完全统计，《天演论》自译作问世后曾有30多种版本，居当时西书译作之首，足见该书影响之大。严复从此成为全国范围内名震一时的风云人物。

末世巨匠

1898年起，严复为了阐述他的变法主张，起草《拟上皇帝书》，刊于《国闻报》上。希望从治标与治本两个方面入手，使中国成为一个英国式的君主立宪制国家。正在主持百日维新的光绪皇帝闻其盛名，便宣他来京觐见。在觐见的过程中，光绪命他将此前发表在《国闻报》上的《拟上皇帝书》抄录呈上。回家后，激动不已的严复觉得他的救国策略将要实现，便赶紧誊写文稿，准备进呈光绪皇帝。岂料，这篇上书还没有呈送到光绪那里，戊戌政变就开始了。光绪被囚，严复也连忙返回了天津。而他所撰写的这篇上书，则在1901年更名为《上今上皇帝万言书》，并予以刊印。因他未曾在变法中担任一官半职，也没有直接参与变法活动，只是以思想理论家身份出现，由此逃过一劫。

戊戌政变使严复感到无限的悲愤。虽然他与康有为、梁启超有着不同的变法方针（他强调治本，以教育民众为基础，而康梁则提倡直接改变国制），但回到天津后，他仍在《国闻报》上发表了他对六君子被害和光绪被囚称病的愤懑之情。他在《戊戌八月感事》中写道：“伏尸名士戮，称疾诏书哀。”提笔之时，他的手是颤抖的，那是哀痛、惋惜还有后怕而发出的颤抖。之后，他的《国闻报》便因此而被清廷勒令停刊了。

此时，严复的学术思想已经发展到了顶峰。他开始有意识地翻译西方哲学政治著作，以图从根本的认识论和方法论上来武装国人的头脑。之所以说他与康有为、梁启超不同，就是在于他的革新方法是以教育民众为根本。他认为西方之所以富强，是有近代以来的各种基本理论科学（包括自然科学和社会科学）作为基础和依据，而这些是建立在认识论上的。只从传统的“古训”和教条出发，“不实验于事物”，才是中学不如西学的根本所在。所以，严复针对中国封建社会的“旧学”，大力提倡逻辑归纳和唯物论的经验论。以西洋新学的“实”来打倒中国旧学的“虚”。他的这种眼光和才学实力，在当时的确是凤毛麟角。

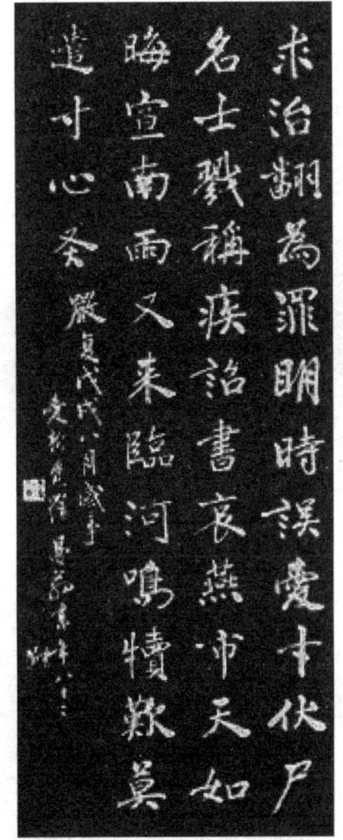

□ **严复手书痛斥戊戌政变的诗**

《戊戌八月感事》写于1898年9月21日戊戌政变之后。此时光绪帝被幽禁，谭嗣同等6人被杀害，康有为、梁启超等遭缉捕，维新派官员黄遵宪等数十人被罢免，推行了103天的“戊戌变法”失败，诗人对此满腔悲愤。诗为：求治翻为罪，明时误爱才。伏尸名士戮，称疾诏书哀。燕市天如晦，宣南雨又来。临河呜犊叹，莫遣寸心灰。

“以自由为体，以民主为用”是他这一时期的又一个重要思想。“夫自由一言，真中国历古圣贤之所深畏，而从未尝立以为教者也，彼西人之言曰：唯天生民……得自由者，乃为全爱。故人人各得自由，国国各得自由，……而其刑禁章条，要皆为此设耳。”他认为，中国封建社会最为害怕和最为反对的，也就民众的“自由”。封建的各种制度都是要禁锢这个自由。他主张：“故今日之治，莫贵乎崇尚自由，自由则物各得其自致，而天择之用存其最宜，太平之盛，可不期而自至。”他的“自由”言论与同一时期康有为、梁启超的“平等”“博爱”的口号，构成了当时反封建、反专制的最强音。

在《天演论》之后，严复不辞劳苦地继续从事翻译工作，经年不改。尽管他知道用古文的方式来翻译英文是一件很困难的事，但他仍发出“有数部书，非仆为之，可绝三十年中无人为此者”的豪言。也即，就对西文的水平及其真理的明了深度而言，只有他才可以译得到位，而此间三十年中都无有出其右者。很多人觉得严复说话太“狂易”，后来的事实证明，严复对自己的判断是正确的。严复治学向来严谨，正如前文所说，常常“为一名之立，而旬月踌躕”，“步步如上水船，用尽气力，不离旧处；遇理解奥衍之处，非三易稿，殆不可读”。经过长期艰苦的翻译，他终于完成了大量的西方学术著作，其中主要有亚当·斯密的《原富》（原名直译是《国民财富的性质和原因的研究》）、斯宾塞的《群学肄言》、穆勒的《权己界权论》和《名学》、甄克思的《社会通诠》、孟德斯鸠的《法意》、耶芳斯的《名学浅说》等，译文和按语合计170多万字。蔡元培曾评论严复的译书工作云：“五十年来，介绍西洋哲学的，要推侯官严几道为第一。”与此前翻译的《天演论》一起，被后人称之为“严译八大名著”。这些译著没有辜负严复的期望，它们的确影响到了后来的几代知识分子精英，对中国近代文化思想建设产生了重要影响。

老年彷徨

1900年是严复生命中的又一个转折点。这年天津水师学堂在义和团事件中为炮火摧毁，他携家眷仓皇逃到上海，从此，脱离了他工作近20年之久的海军界。这一年，他才不过50岁，然而世事的沧桑却让他有“年鬓亦垂垂老矣”之感，对个人的前途，感到十分渺茫。因他的名望，各种社会团体常邀请他参加一些社会活动，多数情形下，他的参与是非自愿的被动行为。如参加中国国会、担任开平矿务局总办等职务。

严复在家中扮演的是封建宗法家长的角色。在上海，他结识了第三任夫人朱明丽。明丽是个受过教育的城市女子，在思想感情上与严复颇能沟通。婚后严家大小事情都由她来管理，分隔两地时严复与她三五天即通一封信，可见二人感情深厚。自她进门之后，莺娘对此尤其不满，而严复总是劝明丽要与莺娘和好（《严复集》）。但是在金钱安排、儿女教养等方面莺娘与明丽仍时有冲突。他大叹“世间惟妇女最难对付”。在给明丽的信中他写道：“至汝来后，（莺娘）更是一肚皮牢骚愤懑，一点便着，吾暗中实不知受了多少闲气。此总是前生孽债，无可如何，只得眼泪往肚里流罢了”（《严复集》）。为了避免妻妾纠纷，他在外地供职时，总是带走莺娘，留下明丽照顾家庭及黄包车生意，并希望她“家中照管门户；教束儿女……非不得已不要常出门也”。直到1910年，他与莺娘再次闹翻，才终于决定与她诀别，说“吾今日即算与伊永别，不但今生不必见面，即以后生生世世，亦不必窄路相逢罢了”（《严复集》）。即使莺娘后来有意返家，严复也断然拒绝，以每月“付姨太四十元”（《严复集》），而只求清静了事。自此，他才将明丽与子女都接到北京，此后多半的时间明丽都伴随在侧。除了操持家务教育子女外，明丽的另一项重要工作就是为严复购买鸦片。这时他的病痛益多，烟瘾也越发强了。在家信中，他这样写道：“药膏一日尚是三遍，夜间多筋跳，睡不着。昨晚直到三点尚不能睡，吃药丸吃睡药都无用”（《严复集》）。此时，他才认识到鸦片的毒害，可惜已经难以戒掉了。鸦片毒害了他的身心，病痛与烟瘾消磨了他的意志，使得他的思想渐趋保守起来。

□ **严复与海军同窗**

1900年，义和团运动爆发，天津水师学堂毁于兵火，结束了严复的军界生活，他携家眷逃至上海。这一年，他在上海开名学会，讲授名学；译完了《天演论》，开始翻译约翰·穆勒的《名学》；又娶了第三任夫人朱氏。图为1899年，严复（第三排中坐者）携家眷在大沽口访问旧友，与海军同窗在军舰上留影。

1905年，严复因办公事在英国伦敦与孙中山相遇。孙中山向他介绍了自己的革命主张，可严复却反对进行社会革命，仍主张以渐进式的改良为主，教育大众方能治本。见此状，孙中山说：“君为思想家，鄙人乃实行家也”，并高度评价了他在思想理论工作方面的贡献。当他自英国回到上海后，马相伯正在筹办复旦公学（复旦大学前身）。因他的教育主张与严复十分吻合，于是严复便大力帮助他创立复旦公学，并于次年当了第二任校长，但因诸多原因只做了几个月便辞职了。在辛亥革命之前，摇摇欲坠的清廷为了拉拢影响巨大的严复，相继授以许

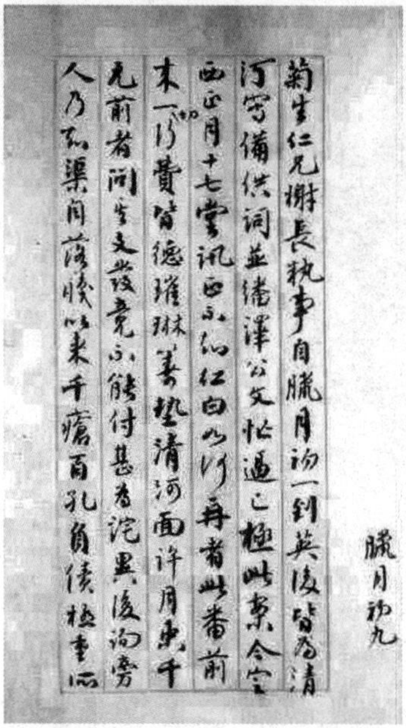

多他以前想都想不到的高官职位。如1908年被聘为审定名词馆总纂、清理财政处咨议官、福建省顾问官、赐文科进士出身，1910年以“硕学通儒”资格被征为资政院议员、海军部“协都统”，1911年被特授海军第一等参谋官。严复虽然担任了一个又一个的职务，参加了一系列的政治活动，但对于他本人来讲，他都没有尽心为之。在这10多年间，他用力最深、用功最勤的还是他的翻译事业。可笑的是，当他获赐文科进士后，他“却愿复科制……垂老飞冲天！”足见，严复此时的思想与早期的豪情壮志已相去甚远。

□ 严复信札

严复是思想界的名人，经常有人写信给他，探讨学术上的问题。图为严复回张元济的书信，商量译稿出版的问题。张元济是维新运动的支持者，维新运动失败后被清廷革职，后进入商务印书馆，是近代出版事业的奠基人。

辛亥革命后，革命果实很快为袁世凯所窃取。面对这个昔日共事的官友，如今竟然成了皇帝，严复的心情十分复杂。1912年2月，大总统袁世凯任命他为北京大学校长，又兼文科学长。任职期间，他曾为北大四处奔走筹措经费，但诸多困难令他于年底便辞去了校长职务。旋即，袁世凯又聘他为公府（总统府）顾问（法律外交顾问）。此后，他一直以报纸和政治活动的方式为袁世凯复辟而大作宣传。他在《庸报》上发言，“现在一线之机，存于复辟”。消息一出，众皆哗然。人们很难想象那个当初为自由、民主而奔走呼号的进步启蒙家竟然成为了封建宗法制度的卫道者！这似乎太不可思议。这是他一生之中作为一个政治启蒙家的最大败笔。年过六旬的他，竟然在这个关乎全局的大事上迷失了方向，给自己的一生留下了难以回避的历史遗憾。1913年6月，严复领衔发起立孔教会，在中央教育会演说《读经当积极提倡》。1915年8月中旬，严复参加了为袁世凯复辟而组织的“筹安会”，位列第三。此举成为他一生中最大的污点，虽说他后来给友人熊纯如的信中自责道“虚声为累，列在第三，此则无勇怯懦，有愧古贤而已”，但历史只能对已经发生过的事实做出评价，“金无足赤，人无完人”，更何况是这位生活在社会转型期的老人呢？

严复对西学有一种爱恨交加的态度。第一次世界大战消息传来后，他迷惘了。他曾经极力歌颂的自利、自由、自治、法制、竞争等西方理念，如今在西方社会竟也显露了败绩。他在1915年给熊纯如的信中写道：“渠生平极恨西学，以为专言功利，致人类涂炭。鄙意深以为然”而“回观孔孟之道，真量同天地，泽被寰区”。西方的战乱，使他开始重新审视中国儒家传统文化，试图在儒家思想反功利的特质中寻求救世灵丹，而这正好与他此时的心意相契合。他彻底回到传统士大夫的老路上，在晚年他写下这样的诗句：“从来殉国者，不必受恩深。为有君臣义，人间无所逃”（严复《题黄石斋先生临难自书诗卷》）。当1919年的五四爱国运动发生后，这位保守的老人开始指责了。他说“从古学生干预国政，自东汉太学，南宋陈东，皆无良好效果”。又说蔡元培“人虽良士，亦……归于神经病一流而已”。他的态度，使人们觉得他前后转变判若两人，是复杂的社会所造成的后果，还是他本人复杂的思想矛盾在作怪？这种深刻的复杂性，连今人都还在争论不休呢！

叶落归根

从1915年起，严复的哮喘症日益加重，病痛之中他只好靠吸食鸦片来舒缓身体的不适。此时，他显然已经感受到了鸦片的危害，但已无力拔除了。在痛悔之时他写道：“以年老之人，鸦片不复吸食，筋肉酸楚，殆不可任，夜间非服睡药尚不能睡。嗟夫，可谓苦已！恨早不知此物为害真相，致有此患，若早知之，虽曰仙丹，吾不近也”（严复：《与熊纯如书》）。直到1919年，从上海转到北京，在协和医院甘医生的帮助下，才彻底戒掉了烟瘾。他心有余悸地说道：“寄语一切世间男女少壮人，鸦片切不可近。世间如有魔鬼，则此物是耳”（《严复集》）。出院之后，严复搬家至大院府胡同新屋，号“愈壄草堂”，自称“愈壄老人”。这时，他愈发怀念起家乡阳岐来。在答陈石遗的诗作中，他写道：“乡思如潮不可缄，连床何限语诂谳。即今除夕非佳节，莫向桃符署旧衔”（《严复

□ 晚年严复像

1918年末，严复因病回到阔别多年的故乡。此时，国家多难，自己又抱病在身，晚年的严复处于内忧外患之中，常在百感交集中进行诗词创作，作品多为伤感与消沉的基调，流露出他对家国身世的喟叹。除了诗词，他还写下了大量的书序信札，大部分传世至今。

集·愈懋堂诗集》卷下）。回福州成为严复晚年的第一等心愿。在阳岐村鳌头山上，长子严璩（字伯玉）在清朝任福建财政正监理官时就为父母卜择了一块牛眠吉地。严复因事未得回闽，只得亲自写了“清严几道先生寿域”一块墓碑寄往福州。“人老则思归”，严复决定返乡安度晚年，去看看他的墓地，顺便替三儿子严琥（字叔夏）操办婚事。

严复在家里是位难得的好父亲。三位夫人的子女他都一视同仁，不分彼此。一次，长子严璩为生母王夫人忌辰设坛祭拜，三子严琥等以破除迷信为由，不肯磕头，令严璩难堪不已。严复得知后，规劝严琥等：“汝等以不迷信为由，说三道四，使大哥伤心，这是很不应该的。”接着又对严璩说：“做大哥的就应该当面加以耐心说服才对，而容忍不言，骨肉之中过于世故，也是不妥的。”终使兄弟回心转意，和好如初。由于严复以爱护、宽容、平等的心态对待儿女，儿女都乐于向他敞开心扉，倾吐心曲，并昵称他为“大大”。幼子严玷在家调皮不用功，严复写信劝抚他：“切要听话学好，不然，大大就不疼吾儿了。”舐犊深情跃然纸上。在他的悉心教导下，几个儿子后来都学有所成，不负父望。长子严璩留学英国，是财政专家，曾任北洋政府财政部次长；三子严琥在文、史、哲方面功力深厚，任大学教授，解放后被选为福州市副市长。

1918年末，严复抱病回到阔别多年的故乡。当他见到阳岐的故人时，忍不住老泪横流。严琥与林慕兰的亲事，是由他的挚友陈宝琛保媒，因此他十分钟意。回家没过几天，便在老家阳岐买下一幢“玉屏山庄”，一对有缘分男女的就这样走到一起了。严复主张婚姻要遵古制，认为婚姻的目的，主要在于“承祭祀，事二亲，延嗣续，故必须承父母之命”。长子严璩和三子严琥都是在他的主持下结的婚。在他返乡之时，福建督军李厚基送了福州南后街三坊七巷中的郎官巷的一座颇具古闽风情的住宅，供严复一家下榻。它闹中取静，少有车马之喧，宜于养疴。住宅为双层小楼，楼上有走廊栏杆，可凭栏看云听雨；楼前有花木、假山装点的小庭院，可信步闲庭，别有洞天。在肺病、肠疾的折磨下，严复已无力再撰写鸿文巨著了，但他的心境更为冷静超脱，“踉跄归福州，坐卧一小楼，足未尝出户也”，“却是心志恬然，委心任化”。在小楼上，他仍然写下题材涵盖纪事、题咏、唱和、感赋的诗词和书序信札等近百篇。

“坐卧一小楼，看云听雨……稍稍临池遣日。自谓从前所喜哲学、历史诸书，今皆不能看。亦不喜谈时事。槁木死灰，惟不死而已。长此视息人间，亦有何用乎?”这是严复寄给熊纯如的信中文字，表达出他此时黯然沮丧的心境。国家多难，身躯多病，内忧外患之中，他百感交集。这一时期的诗歌作品多透露着伤感与消沉，渗透着他对家国身世的喟叹。有时，严复也写些条幅分赠友人。那苍劲俊逸的书法，令友人赞赏不已，认为写得比病前更好，他苦笑道：“更好吗？只怕我的这双手和尘泥更加接近了。”对生死，他已淡然。然而对国家、对儿孙，他却有一份割舍不下的深情。1921年秋，重病之中的严复一面关心在侧的严琥，催促他早日北上觅寻就业门路，一面却对前来探病的亲友说：“我的寿命只能以日计算了，请你不要让我的媳妇和儿女知道。”一颗慈父的心，让儿女们感动不已。随后，他自知将不久于人世，嘱咐孙儿：“太平如有象，莫忘告乃翁”，大有陆游《示儿》诗的爱国心境。

□ **严复书法四条屏**

严复不但在翻译学和教育学方面颇具影响力，其书法造诣也非同凡响。他的书法秉承晋唐宋明诸大家的体格风韵，行草楷书主要取法王羲之、王献之、颜真卿、苏东坡等，端庄飘逸，蕴藉幽深，极具君子高怀。

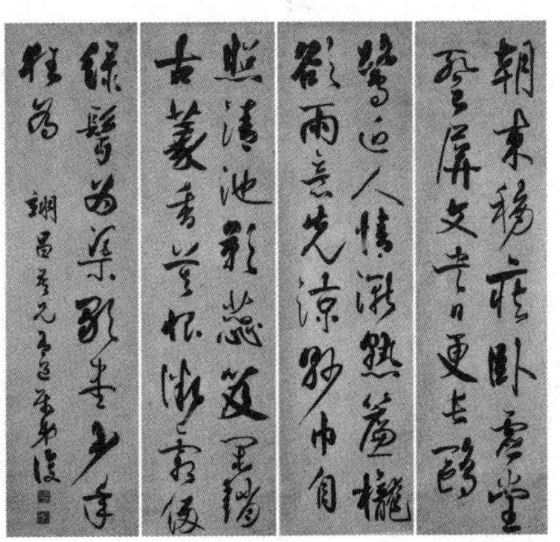

1921年10月27日，严复安然驾鹤西去。时年68岁，诸子均未在侧，仅次女严璆（字华严）随侍。在福州这条如今看上去极不起眼的老巷中，一位对中国近代思想界产生过深远影响的老人永远合上了眼睛。他把救国治民的任务交托给了后来者，只留下二百多万字的思想译著，激励着后人们去研究。

严复先生生平年表

年 代	年 龄	事 记
1854年	1岁	1月8日（夏历甲寅年十二月初十）生于今福建省福州市仓山区盖山镇阳岐村。初名传初，乳名体乾
1859年	6岁	开始进私塾读书，先后从师数人，其中曾从五叔父严厚甫（名熿昌）读书习字
1863年	10岁	在家馆从师宿儒黄宗彝读经
1865年	12岁	黄宗彝去世。改从其子黄增读书
1866年	13岁	春，娶王氏夫人。6月，父殁，家贫，不再从师读书。冬，参加福州马尾船厂附设的船政学堂（原名“求是堂艺局”）入学考试，名列第一
1867年	14岁	正式进入船政学堂，学习英文、数学、物理、化学、地质、天文、航海术等。入学后改名宗光，字又陵
1871年	18岁	在福州船政学堂毕业，考列优等。被派往“建威”舰上实习。曾前往新加坡、槟榔屿等地
1872年	19岁	在福州船政局制成的“扬武”号军舰上实习，曾前往日本长崎、横滨等地
1874年	21岁	随“扬武”舰去台湾，测量台东背、莱苏屿各海口，历时计月余。长子严璩出生，字伯玉
1876年	23岁	被派往英国学习驾舰指挥
1877年	24岁	初入普茨茅斯学校，后入格林威治皇家海军学院，课程有高等数学、物理、化学、海军战术、海战公法及海军炮堡建筑术等。留学期间，研讨西方哲学、社会科学著作甚勤，并曾去法国考察
1878年	25岁	在英留学。夏季，曾往法国巴黎游历
1879年	26岁	学成归国，任教于马江船政学堂。改名复，字几道
1880年	27岁	被李鸿章调往北洋水师学堂，任总教习（教务长）
1881年	28岁	初读英国学者斯宾塞著《群学肄言》
1885年	32岁	回原籍福建参加乡试，落第
1888年	35岁	赴北京参加顺天乡试，落第
1889年	36岁	再去北京参加顺天乡试，落第。李鸿章委任北洋水师学堂会办（副校长）。10月，其母陈氏卒
1890年	37岁	任北洋水师学堂总办（校长）
1892年	39岁	读英国传教士宓克著《支那教案论》，始译此书。其夫人王氏卒，旋娶江氏

续表

年代	年龄	事记
1893年	40岁	再回原籍福建参加乡试，落第。次子严瓛出生
1895年	42岁	先后在天津《直报》上发表《论世变之亟》《原强》《辟韩》《救亡决论》等文，大力宣传变法维新，提倡“新学”
1896年	43岁	奉李鸿章之命办“俄文馆”，任总办。协助张元济在北京办“通艺学堂”，提倡西学，培植维新人才 赞助梁启超在上海创办《时务报》，《原强》《辟韩》等文在该报重刊
1897年	44岁	开始翻译英国学者赫胥黎《天演论》（即《进化论与伦理学》）一书，撰写《天演论》自序
1898年	45岁	译亚当·斯密《原富》（未完），寄吴汝纶商榷。所译《天演论》由湖北沔阳卢氏慎始基斋木刻出版，天津嗜奇精舍石印出版，吴汝纶作序。起草《拟上皇帝万言书》，刊于《国闻报》。光绪帝召见严复，询问对变法的意见。在北京通艺学堂演讲“西学门径功用”。戊戌政变后，作《戊戌八月感事》《哭林晚翠》《古意》等诗
1899年	46岁	续译《原富》，寄请吴汝纶审定。译英国约翰·穆勒《群己权界论》（即《自由论》）
1900年	47岁	娶朱氏。译《原富》完 离津赴沪，结束了北洋水师学堂总办的职务。在上海“名学会”，讲演名学（即逻辑学） 7月，上海维新人士在英国租界张园成立“中国国会”，挽救时局，严复当选为副会长。始译约翰·穆勒《名学》
1901年	48岁	应张翼（即张燕谋）招请，赴天津主持开平矿务局工作。致书吴汝纶，请其为《原富》作序，撰《原富》“译事例言”。张元济、郑孝柽编《中西编年、地名、人名、物义诸表》附在《原富》译本后
1902年	49岁	由管学大臣张百熙聘为京师大学堂编译局总办。《原富》由上海南洋公学译书院出版。译约翰·穆勒《名学》半部（八篇） 在张元济主编的《外交报》上发表《致〈外交报〉主人书》，针对“中学为体，西学为用”，强调“分则两立，合则两亡” 续译《群学肄言》，年底完成，凡三易稿 《与梁任公论所译〈原富〉书》在《新民丛报》上发表 9月所译《群己权界论》由商务印书馆出版 10月，译完英国学者甄克思《社会通诠》一书 应熊季廉之请，编写《英文汉诂》，以汉文言述英文文法

续表

年代	年龄	事记
1904年	51岁	辞去编译局职，离京赴沪。所译《社会通诠》由商务印书馆出版
1905年	52岁	协助马相伯创办复旦公学 春，张燕谋以开平矿务局讼事约请严复赴英。在伦敦会见孙中山，两人围绕改造中国途径，意见不合。顺途游历法国、瑞士、意大利等地 5月，所著《英文汉诂》由商务印书馆出版 8月，所著《评点老子道德经钞》一书由熊季廉在日本东京出版。同年，所译约翰·穆勒《名学》由蒯氏金粟斋刻成
1906年	53岁	任上海复旦公学第二任校长，不久辞职 在上海青年会发表讲演，后以《政治讲义》为题，由商务印书馆出版 8月，所译孟德斯鸠《法意》脱稿，由商务印书馆出版 9月，清政府考试留学毕业生，被派为同考官，前往北京。被安徽巡抚恩铭聘为安庆高等学堂监督（校长）
1907年	54岁	夏，离开安庆高等学堂
1908年	55岁	应直隶总督杨文敬之聘赴津，途中手批王荆公（安石）诗自遣 7月，为女学生吕碧城讲解《名学浅说》 被学部尚书荣庆聘为审定名词馆总纂
1909年	56岁	被派充宪政编查馆二等咨议官及清理财政处咨议官、福建省顾问官。《名学浅说》由商务印书馆出版。受赐文科进士出身
1910年	57岁	以“硕学通儒”资格被征为资政院议员 冬，海军部成立，被授予“协都统”头衔
1911年	58岁	清廷特授海军第一等参谋官 武昌起义爆发后，特作《民国初建，政府未立，严子乃为此诗》，表达其对民国的渴望心情
1912年	59岁	2月，被临时大总统袁世凯任命为北京大学校长，并兼文科学长。对于北大的计划是：“将大学经（经学）文（文字）两科合并为一，以为完全讲治旧学之区，用以保持吾国四五千载圣圣相传之纲纪、彝伦、道德、文章于不坠。” 8月，海军部设编译处，被任命为总纂，负责翻译外国海军图籍 年底，辞去北大校长职。被袁世凯聘为公府（总统府）顾问（法律外交顾问） 拟续译约翰·穆勒《名学》未果
1913年	60岁	6月，领衔发起立孔教会。在中央教育会演说《读经当积极提倡》

续表

年代	年龄	事记
1914年	61岁	1月，被推为"约法会议"议员。作《〈民约〉平议》，刊登在梁启超主编的《庸言报》第25、26期上 5月，被袁世凯任命为参政院参政。译卫西琴《中国教育议》，刊登于《庸言》第3、4期上 12月，海军部设海军编史处，被聘为总纂，负责编辑海军实纪
1915年	62岁	第一次世界大战爆发后，曾将外国报刊上的消息和社论译成中文，刊于《居仁日览》供袁世凯浏览 7月，被袁世凯指令为中华民国宪法起草委员之一 8月，被列名为筹安会发起人，不置可否 是年，哮喘病发作
1916年	63岁	袁世凯死后闲居家中，仍领学部、海军部、币制部三处薪水。手批《庄子》 哮喘病加剧
1917年	64岁	冬，入北京东交民巷法国医院诊治哮喘病
1918年	65岁	秋返福州家乡，入冬气喘加剧 致信学生熊纯如，表示反对苏俄十月革命；称赞孔孟之道"真量同天地，泽被寰区" 拟续译穆勒《名学》，未果
1919年	66岁	春末，到上海红十字医院治疗哮喘病；秋末，回北京进入协和医院。搬家至大阮府胡同新屋，号"愈懋草堂"，自称"愈懋老人"
1920年	67岁	8月，回福州避寒
1921年	68岁	10月27日（旧历九月二十七日）在福州去世。临终前曾立下遗嘱，内列三事："一、中国必不亡，旧法可损益，必不可判。二、新知无尽，真理无穷。人生一世，宜励业益知。三、两害相权，己轻群重。" 12月20日，与王夫人合葬于闽侯阳岐鳌头山。曾与严复交谊甚笃的晚清内阁学士陈宝琛为他撰写《清故资政大夫海军协都统严君墓志铭》

严复著译要目

（一）翻译

1.《天演论》　湖北沔阳卢氏慎始基斋1898年4月木刻版；侯官嗜奇精舍1898年10月石印版；富文书局1901年石印版；商务印书馆1905年排印版。

2.《支那教案论》　上海南洋公学译书院1899年4月版。

3.《原富》　上海南洋公学译书院1901—1902年版。

4.《群己权界论》　上海商务印书馆1903年9月版。

5.《社会通诠》　上海商务印书馆1904年1月版。

6.《英文汉诂》　上海商务印书馆1904年版。

7.《穆勒名学》　金陵蒯氏金粟斋1905年木刻版；上海商务印书馆1912年版。

8.《法意》　上海商务印书馆1904—1912年版。

9.《名学浅说》　上海商务印书馆1909年版。

10.《中国教育议》　载《庸言报》第2卷第3、4期，1914年；上海文明书局1914年版。

11.《欧战缘起》　载《居仁日览》，1915年。

12.《严译名著丛刊》　包括《天演论》《原富》《群学肄言》《群己权界论》《社会通诠》《法意》《名学》《名学浅说》八种。商务印书馆1930—1931年版；商务印书馆1981年再版。

（二）专著

《政治讲义》　上海商务印书馆1906年版。

（三）古籍评点

1.《〈老子〉评语》　日本东京1905年12月版；商务印书馆1931年版。

2.《〈庄子〉评语》　出版年代不详。

（四）诗文集

1.《侯官严氏丛刻》（四册） 熊元锷编，南昌读有用书之斋校印，1901年木刻本。

2.《侯官严氏丛刻》（五卷） 上海书局1902年石印本。

3.《严侯官文集》（一册） 徐锡麟编，上海支那新书局1903年版。

4.《严侯官全集》（十四册） 中国愿学子辑1903年版。

5.《严几道诗文钞》（六册） 贡少芹、蒋贞金编，上海国华书局1922年铅印本。

6.《严复诗文选》 周振甫选注，人民文学出版社1959年版。

7.《严几道先生遗著》 南洋学会研究组编，新加坡南洋学会1959年版。

8.《严复集》（五册） 王栻主编，北京中华书局1986年版。

（五）论文

1.《论世变之亟》 天津《直报》光绪二十一年正月初十至十一日（1895年2月4—5日）。

2.《原强》 天津《直报》光绪二十一年正月初八至十三日（1895年3月4—9日）。

3.《辟韩》 天津《直报》光绪二十一年二月十七至十八日（1905年3月13—14日）。

4.《原强续编》 天津《直报》光绪二十一年三月初四日（1895年3月29日）。

5.《救亡决论》 天津《直报》光绪二十一年四月初七至十四日（1895年5月1—8日）。

6.《有如三保》 《国闻报》光绪二十四年四月十五、十六日（1898年6月3、4日）。

7.《保教余义》 《国闻报》光绪二十四年四月十九、二十日（1898年6月7、8日）。

8.《保种余义》 《国闻报》光绪二十四年四月二十三、二十四日（1898年6月

11、12日）。

9.《论治学治事宜分二途》　《国闻报》光绪二十四年六月初十、十一日（1898年7月28、29日）。

10.《论译才之难》　《国闻报》光绪二十四年七月十六日（1898年9月1日）。

11.《西学门径功用》　《国闻报 》光绪二十四年八月初七至初八（1898年9月22、23日）。

12.《〈日本宪法义解〉序》　《日本宪法义解》（日本伊藤博文著，沈纮译）金粟斋1901年铅印版，是书卷首有此序。

13.《〈与外交报〉主人书》　《外交报》1902年第9、10期。

14.《主客平议》　《大公报》光绪二十八年五月二十一至二十三日（1902年6月26—28日）。

15.《京师大学堂译书局章程》　《大公报》光绪二十九年七月初七至初九日（1903年8月29—31日）。

16.《论国家于未立宪以前有可以行必宜行之要政》　《直隶教育杂志》第一年13、14期，光绪三十一年九月初一、十五日（1905年9月29日、10月13日）。

17.《论教育与国家之关系》　《中外日报》光绪三十一年十二月十六日（1906年1月10日）。

18.《一千九百五年寰瀛大事总述》　《外交报》第133、134、135期，光绪三十二年正月廿五、二月初五、二月十五日（1906年2—3月间）。

19.《论南昌教案》　《外交报》光绪三十二年三月初五日（1906年3月29日）。

20.《续论教案及耶稣军天主教之历史》　《外交报》第138、139、140期，光绪三十二年三月十五日至四月初五日（1906年4月8—28日）。

21.《论小学教科书亟宜审定》　《中外日报》光绪三十二年三月十四日（1906年4月7日）。

22.《实业教育》　《中外日报》光绪三十二年五月十一日（1906年7月2日）。

23.《述黑格唯心论》 《寰球中学国学生报》第2期，光绪三十二年（1906年）七月。

24.《论英国宪政两权未尝分立》 《外交报》第153—158期，光绪三十二年七月十日至九月初五日（1906年9月3日—10月22日）。

25.《〈阳明先生集要三种〉序》 载于《阳明先生集要三种》卷首，上海明明学社光绪三十三年（1907年）铅印本。

26.《〈也是集〉序》 《也是集》英华著。天津《大公报》光绪三十三年（1907年）夏刊行，卷首有此序。

27.《〈英华大字典〉序》 《英华大字典》商务印书馆光绪三十三年（1907年）初版，内有严复手书的序文。

28.《〈蒙养镜〉序》 《蒙养镜》吴燕来据日文重译，天津教育图书局光绪三十四年（1908年）八月铅印，卷首有此序文。

29.《泰晤士〈万国通史〉序》 收入王栻主编《严复集》第二册，据《严复日记》云，作于宣统元年二月初六日（1909年2月25日）。

30.《〈涵芬楼古今文钞〉序》 《涵芬楼古今文钞》，吴曾祺以涵芬楼藏书编选而成，序文末署宣统二年（1910年）正元，收入王栻主编《严复集》第二册。

31.《〈普通百科新大词典〉序》 上海国学扶轮社编，北京图书馆藏扶轮社宣统三年（1911年）再版铅印本，卷首有此序。

32.《论今日教育应以物理科学为当务之急》 原件藏中国历史博物馆，收入王栻主编《严复集》第二册。

33.《说党》 北京《平报》1913年3月6日—5月4日。

34.《天演进化论》 北京《平报》1913年4月12日—5月2日。

35.《思古谈》 北京《平报》1913年4月21—22日。

36.《论国会议员须有士君子之风》 北京《平报》1913年5月21日。

37.《“民可使由之不可使知之”讲义》 北京《平报》1913年9月5—6日。

38.《〈民约平议〉》 《庸言报》第25、26期合刊，1914年2月。

39.《严几道与熊纯如书札节钞》 《学衡》第6—20期（1922—1923年）。

译者师友来函

吴汝纶致严复书

一

丙申七月十八日（1896年8月26日）

前接惠书，文艺至高。不鄙弃不佞，引与衷言，反复诵叹，穷于置对，因此久稽裁答。抑执事之微旨，何其深远而沈郁也。时局日益坏烂，官于朝者，以趋跄应对，善候伺，能进取，软媚适时为贤。持清议者，则肆口妄诋諆，或刺取外国新闻，不参彼已、审强弱，居下讪上以钓声誉，窃形势，视天下之亡，仅若一絣盆之成若毁，泊然无与于其心。其贤者或读儒家言，稍解事理，而苦殊方绝域之言语文字，无从通晓；或习边事，采异俗，能言外国奇怪利害，而于吾土载籍旧闻，先圣之大经大法，下逮九流之书，百家之异说，瞑目而未尝一视，塞耳而了不一闻。是二者，盖近今通弊，独执事博涉，兼能文章。学问奄有东西数万里之长，子云笔札之功，充国四夷之学，美具难并，钟于一手，求之往古，殆邈焉罕俦。窃以谓国家长此因循不用贤则已耳，如翻然求贤而登进之，舍执事其将谁属？然则执事后日之事业，正未可预限其终极。即执事之自待，不得不厚，一时之交疏用寡，不足芥蒂于怀，而屈、贾诸公不得志之文，虞卿魏公子伤心之事，举不得援以自证。尚望俯纳刍荛，珍重自爱，以副见慕之徒之所仰期。幸甚，幸甚！

尊译《天演论》，计已脱稿，所示外国格致家谓顺乎天演，则郅治终成。赫胥黎又谓不讲治功，则人道不立，此其资益于自强之治者，诚深诚邃。某以浅陋之识，妄有论献，亦缘中国士人，未易遽与深语，故欲以外国农桑之书，遍示人人，此亦迂谬之妄见也。尊意拟译穆勒氏之书，尤欲先睹为快，献书称官，此自古法，奈何欲易之。惟鉴察不宣。

二

丁酉二月初七日（1897年3月9日）

吕临城来，得惠书并大著《天演论》，虽刘先主之得荆州，不足为喻。比经手录副本，秘之枕中。盖自中土翻译西书以来，无此宏制。匪直天演之学，在中国为初凿鸿濛，亦缘自来译手，无似此高文雄笔也。钦佩何极！抑执事之译此书，盖伤吾土之不竞，惧炎黄数千年之种族，将遂无以自存，而惕惕焉欲进之以人治也。本执事忠愤所发，特借赫胥黎之书，用为主文谲谏之资而已。必绳以舌人之法，固执事之所不乐居，亦大失述作之深旨。顾蒙意尚有不能尽无私疑者，以谓执事若自为一书，则可纵意驰骋；若以译赫氏之书为名，则篇中所引古书古事，皆宜以元书所称西方者为当，似不必改用中国人语。以中事中人，固非赫氏所及知，法宜如晋宋名流所译佛书，与中儒著述，显分体制，似为入式。此在大著虽为小节，又已见之例言，然究不若纯用元书之为尤美。区区谬见，敢贡所妄测者，以质高明。其他则皆倾心悦服，毫无间然也。惠书词义深懿，有合于《小雅》怨诽之旨。以执事兼总中西二学，而不获大展才用，而诸部妄校尉，皆取封侯，此最古今不平之事，岂亦天演学中之所谓天行者乎？然则执事故自有其所谓人治者在也。

大著恐无副本，临城前约敝处读毕，必以转寄。今临城无使来，递中往往有遗失，不敢率尔。今仍命小婿呈交，并希告之临城为荷。近有新著，仍愿惠读。肃颂道履，不宣。

三

戊戌二月廿八日（1898年3月20日）

接二月十九日惠书，知拙序已呈左右，不以芜陋见弃，亮由怜其老钝，稍宽假之，使有以自慰。至乃以五百年见许，得毋谬悠其词已乎。鄙意西学以新为贵，中学以古为贵，此两者判若水火之不相入，其能熔中西为一冶者，独执事一人而已。其余皆偏至之诣也。似闻津中议论，不能更为异同，乃别出一说，以致其娼妒之私，曰：严君之为人，能坐言而不能起行者也。仆尝挫而折之曰：天下有集中西之长，而不能当大事者乎？往年严公多病，颇以病废事，近则霍然良已，身强学富识闳，救时之首选也，议者相悦以解。传闻南海张侍郎，因近日特科之诏，举执事以应，诚侍郎之爱执事。顾某以为特科徒奉行故事耳，不能得真才。得矣，亦不能用。愿执事回翔审慎，自重其才，幸勿轻于一出也。卓见何如？

前读尊拟万言书，以为王荆文公上仁宗书后，仅见斯文而已。虽苏子瞻尚当放出一头地，况余子耶？况今时粗士耶？独其词未终，不无遗憾。务求赓续成之，寄示全璧。虽时不能听，要不宜惩羹吹齑，中作而辍。篇中词意，往复深婉，而所言皆确能正倾救败之策，非耳食诸公胸臆所有。某无能裨益山海，承诱掖使言，则一得之愚，谓宜将所云计臣筹数千万之款，及航海西游之赀，用扬榷而言之，使读者知所筹皆切实可行，乃不为书生空谈。又如前幅所治之学，与所建白，有异于古，非陛下与内外大臣疆吏所尝学，无以知其才而区别贤否，此某所以决特科之为奉行故事，不能得真才，而劝执事之慎于一出者为此。虽然，此不可形之封事中，以为不知己者之诟厉。彼大臣虽万不能知，万不能区别，而有一人揭其不能之隐，则恨之次骨，此绛、灌所以腐心于贾生也。则吾虽明知其不能，而必且遁为他说，以使之容纳吾言，而无中其所忌。此在凡上言者皆尔。况执事精通西学，奈何使谗间者得太阿之柄，而谓我自炫所长，以历诋公卿乎？此虽近于不直，要有合于与上大夫訚訚之指，亦用世者周身之防，似亦不宜不一厝意也。愚见如此，未审有当否。

斯密氏《计学》稿一册，敬读一过，望速成之，计学名义至雅训，又得实，吾无间然。《天演论》凡己意所发明，皆退入后案，义例精审，其命篇立名，尚疑未慊。卮言既成滥语，悬疏又袭释氏，皆似作所谓能树立不因循者之所为。下走前钞福（副）本，篇各妄撰一名，今缀录书尾，用备采择。吕君已视事，想少清暇商榷文字矣。

四

戊戌七月初七日（1898年8月23日）

惠书并新译斯密氏《计学》四册，一一读悉。斯密氏元书，理趣甚奥赜，思如芭蕉，智如涌泉，盖非一览所能得其深处。执事雄笔，真足状难显之情，又时时纠其违失，其言皆与时局痛下针砭，无空发之议，此真济世之奇构。执事虚怀谦挹，勤勤下问，不自满假。某识浅，于计学尤为梼昧，无以叩测渊懿，徒以期待至厚，不敢过自疎外，谨就愚心所识一孔之明，记之书眉，以供采择。其甘苦得失，则惟作者自喻，非他人所能从旁附益也。

尊著万言书，请车驾西游，最中肯綮，又他人所不敢言。其文往复顿挫，尤深美可诵，自宜续成完书，不宜中途废止。所示四事，皆救时要政，国势险夷，万法坐敝，条举件论，不可一二尽。又风俗不变，不惟满汉畛域，不能浑化，即乡举里选，亦难免贿赂请托、党援倾轧之弊。而土著为吏，善则人地相习，不善则亲故把持。此皆得半之道，非万全之策，似不如不复枚举。但以劝远巡为一篇归宿，斟酌今日财政，于何筹此巡游经费，便是佳文。若国政之因革损益，似尚非一篇中所能尽具也。尊论利济之说，一人功成，必千因万缘，与之为辅，断无举世乖违，而能成事，最为通识。至于舟壑潜移，牛哀化虎，则尤有不忍言者，近日议法之家，皆自奋其室中之见。楚中所议科举，尤为难行。今之秀孝，虽未必果材，然国家一切屏弃不齿，恐亦有不测之忧。吾恐西学不兴，而中国读书益少，似非养育人才之本意也。《国闻报》中有治事治学为两途之论，几道所为无疑，他人无此议也。

五

己亥正月三十日（1899年3月11日）

惠示并新译《计学》四册，斯密氏此书，洵能穷极事理，镵刻物态，得我公雄笔为之，追幽凿险，抉摘奥赜，真足达难显之情，今世盖无能与我公上下追逐者也。谨力疾拜读一过，于此书深微，未敢云有少得，所妄加检校者，不过字句间眇小得失。又止一人之私见。徒以我公数数致书，属为勘校，不敢稍涉世俗，上负谆诿高谊。知无当于万一也。独恐不参谬见，反令公意不快尔。某近益老钝，手蹇眼滞，朝记暮忘，竟谆谆若八九十。心则久成废井，无可自力。因思《古文辞类纂》一书，二千年高文，略具于此，以为六经后之第一书，此后必应改习西学。中学浩如烟海之书，行当废去，独留此书，可令周孔遗文，绵延不绝。故决计纠资石印，更为校勘记二卷，稍益于未闻，俟缮写再呈请是正。元著四册奉缴，不具。

六

己亥二月廿三日（1899年4月3日）

得二月七日惠示，以校读尊著《计学》，往往妄贡疑议，诚知无当万一，乃来书反复齿及，若开之使继续妄言，诚谦挹不自满假之盛心，折节下问，以受尽言，然适形下走之盲陋不自量，益增惭恧。

来示谓新旧二学当并存具列，且将假自它之耀以祛蔽揭翳，最为卓识。某前书未能自达所见，语辄过当。本意谓中国书籍猥杂，多不足行远，西学行则学人日力夺去太半，益无暇浏览向时无足轻重之书，而姚选古文则万不能废，以此为学堂必用之书，当与六艺并传不朽也。若中学之精美者，固亦不止此等，往时曾太傅言六经外有七书，能通其一，即为成学，七者兼通，则闲气所钟，不数数见也。七书者，《史记》《汉书》《庄子》《韩文》《文选》《说文》《通鉴》也。某于七书，皆未致力，又欲妄增二书，其一姚公此书，余一则曾公十八家诗钞也。但此诸书，必高才秀杰之士，乃能治之，若资性平钝，虽无西学，亦未能追其涂辙。独姚选古文，即西学堂中，亦不能弃去不习，不习，则中学绝矣。世人乃欲编造俚文，以便初学。此废弃中学之渐，某所私忧而大恐者也，区区妄见，敬以奉质。

别纸垂询数事，某浅学不足仰副明问，谨率陈臆说，用备采择。欧洲文字，与吾国绝殊，译之似宜别创体制，如六朝人之译佛书，其体全是特创。今不但不宜袭用中文，并亦不宜袭用佛书，窃谓以执事雄笔，必可自我作古。又妄意彼书固自有体制，或易其辞而仍其体似亦可也。不通西文，不敢意定，独中国诸书无可仿效耳。来示谓行文欲求尔雅，有不可阑入之字，改窜则失真，因仍则伤洁，此诚难事。鄙意与其伤洁，毋宁失真。凡琐屑不足道之事，不记何伤。若名之为文，而俚俗鄙浅，荐绅所不道，此则昔之知言者无不悬为戒律。曾氏所谓辞气远鄙也，文固有化俗为雅之一法，如左氏之言马矢，庄生之言矢溺，公羊之言登来，太史之言夥颐，在当时固皆以俚语为文而不失为雅。若范书所载铁胫、尤来、大抢、五楼、五蟠等名目，窃料太史公执笔必皆笺箍不书，不然，胜、广、项氏时，必多有俚鄙不经之事，何以《史记》中绝不一见。如今时鸦片馆等，此自难入文，削之似不为过。傥令为林文忠作传，则烧鸦片一事固当大书特书，但必叙明原委，如史公之记平准，班氏之叙盐铁论耳。亦非一切割弃，至失事实也。姚郎中所选文似难为继。独曾文正经文杂抄，能自立一帜，王、黎所续，似皆未善。国朝文字，姚春木所选国朝文录，较胜于廿四家，然文章之事，代不数人，人不数篇，若欲备一朝掌故，如文粹文鉴之类，则世盖多有。若谓足与文章之事，则姚郎中之后，止梅伯言、曾太傅及近日武昌张廉卿数人而已。其余盖皆自郐也。

来示谓欧洲国史略，似中国所谓长编、纪事本末等比，然则欲译其书，即用曾太傅所称叙记、典志二门，似为得体。此二门曾公于姚郎中所定诸类外，特建新类，非大手笔不易办也。欧洲纪述名人，失之过详，此宜以迁、固史法裁之。文无剪裁，专以求尽为务，此非行远所宜。中国间有此体，其最著者，则孟坚所为王莽传。若穆天子、飞燕、太真等传，则小说家言，不足法也。欧史用韵，今亦以韵译之，似无不可，独雅词为难耳。中国用韵之文，退之为极诣矣。私见如此，未审有当否。不具。

七

己亥九月廿七日（1899年10月31日）

往年闻有怨女赋诗云，九月桃花三月菊，大家颠倒作春秋。岂惟怨女！凡中国声利所在，无不尽然。吾安得夫忘言之人而与之言哉。庄生之旨远矣！盛京卿前过此，谈及我公，亦深相敬服。要亦空赞已耳。敬爱无已，忽发狂言。

八

辛丑四月十八日（1901年6月4日）

《原富》大稿，委令作序，不敢以不文辞。但下走老朽健忘，所读各册，已不能省记。此五册始终未一寓目，后稿更属茫然。精神不能笼罩全书，便觉无从措手，拟交白卷出场矣。

惠卿郎中，拟以报馆奉烦，不知张京卿以煤矿相托。窃料此后报馆不致仍前阻挠，其能久持不折阅与否，则全视办理得法不得法。若起手谨慎，渐次拓充，当可自立不败。至报纸议论，下走颇嫌南中诸报，客气叫嚣，于宫廷枢府，肆口谩骂，此本非本朝臣子所宜，但令见地不谬，立言不妨和婉，全在笔端深浅耳。若无微妙之笔，亦不涉议论，但采摭各国议论而译传之，似亦可也。廉郎所以仰烦者，固在报馆主笔，尤欲得大才译英美要册奇书，以为有此一事，足以维持报馆。台端所译，又可压倒东亚。其意如此，能否俯就，专望见教。兹附去报馆章程，乞是正幸甚！

梁启超致严复书

又陵先生：

二月间读赐书二十一纸，循环往复诵十数过，不忍释手，甚为感佩，乃至不可思议。今而知天下之爱我者，舍父师之外，无如严先生；天下之知我而能教我者，舍父师之外，无如严先生。得书即思作报，而终日冗迫，欲陈万端，必得半日之力，始罄所怀。是以迟迟，非敢慢也。

承规各节，字字金玉。数月以来，耳目所接，无非谀词，贡高之气，日渐增长，非有先生之言，则启超堕落之期益近矣。启超于学，本未尝有所颛心肆力，但凭耳食，稍有积累。性喜论议，信口辄谈，每或操觚，已多窒阂。当《时务报》初出之第一二次也，心犹矜持而笔不欲妄下。数月以后，誉者渐多，而渐忘其本来。又日困于宾客，每为一文，则必匆迫草率，稿尚未脱，已付钞胥，非直无悉心审定之时，并且无再三经目之事。非不自知其不可，而潦草塞责，亦几不免。又常自恕，以为此不过报章信口之谈，并非著述，虽复有失，靡关本原。虽然，就今日而自观前此之文，其欲有所更端者，盖不啻数十百事矣。先生谓苟所学自今以往继续光明，则视今之言必多可悔。乌呼，何其与启超今日之隐念相合也！然启超常持一论，谓凡任天下事者，宜自求为陈胜、吴广，无自求为汉高，则百事可办。故创此报之意，亦不过为椎轮、为土阶、为天下驱除难，以俟继起者之发挥光大之。故以为天下古今之人之失言者多矣，吾言虽过当，亦不过居无量数失言之人之一，故每妄发而不自择也。先生谓毫厘之差，流入众生识田，将成千里之谬，得无视启超过重，而视众生太轻耶？以魂魄属大小囟之论，闻诸穗卿，拉丁文一年有成之言，闻诸眉叔。至今自思，魂魄之论，觉有不安。而欧印性理之学，皆未厝治，未能豁然。拉丁文之说，再质之眉叔，固亦谓其不若是之易也。此亦先生所谓示人以可歆，而反为人所借口者矣。

变法之难，先生所谓“一思变甲，即须变乙，至欲变乙，又须变丙”数语尽之，启超于此义，亦颇深知。然笔舌之间，无可如何，故诸论所言，亦恒自解脱。当其论此事也，每云必此事先办，然后他事可办。及其论彼事也，又云必彼事先办，然后余事可办。比而观之，固已矛盾。而其实互为先后，迭相循环，百举毕兴，而后一业可就。其指事责效之论，抚以自问，亦自笑其欺人矣。然总自持其前者椎轮土阶之言，因不复自束，徒纵其笔端之所至，以求振动已冻之脑官，故习焉于自欺而不觉也。先生以觉世之责相督，非所敢承。既承明教，此后敢益加矜慎，求副盛意耳。

《古议院考》，乃数年前读史时偶有劄记，游戏之作。彼时归粤，倚装匆匆，不能作文，故以此塞责。实则启超生平最恶人引中国古事以证西政，谓彼之所长，皆我所有。此实吾国虚侨之结习，初不欲蹈之。然在报中为中等人说法，又往往自不免。得先生此论，以权为断，因证中国历古之无是物，益自知其说之讹谬矣。然又有疑者，先生谓黄种之所以衰，虽千因万缘，皆可归狱于君主。此诚悬之日月不刊之言矣。顾以为中国历古无民主，而西国有之。启超颇不谓然。西史谓民主之局，起于希腊、罗马。启超以为彼之世非民主也。若以彼为民主也，则吾中国古时亦可谓有民主也。春秋之言治也有三世，曰据乱、曰升平、曰太平。启超常谓据乱之世则多君为政，升平之世则一君为政，太平之世则民为政。凡世界必由据乱而升平而太平。故其政也，必先多君而一君而无君。多君复有二种：一曰封建，二曰世卿。故其政无论自天子出，自诸侯出，自大夫出，陪臣执国命，而皆可谓之多君之世（古人自士以上皆称君）。封建之为多君也，人多知之。世卿之为多君也，人恒昧之。其实其理至易明。世卿之俗，必分人为数等，一切事权，皆操之上等人，其下等人终身累世为奴隶。上等之与下等，不通昏姻，不交语，不并坐，故其等永不相乱，而其事权永不相越。以启超所闻，希腊、罗马昔有之议政院，则皆王族世爵主其事。其为法也，国中之人可以举议员者，无几辈焉；可以任议员者，益无几辈焉。惟此数贵族展转代兴，父子兄弟世居要津相继相及耳。至于蚩蚩之氓，岂直不能与闻国事，彼其待之，且将不以人类。彼其政也，不过如鲁之三桓，晋之六卿，郑之七穆，楚之屈景，故其权恒不在君而在得政之人。后之世家不察，以为是实民权。夫彼民则何权欤？周厉无道，流之于彘，而共和执政。国朝入关以前，太宗与七贝勒朝会燕飨皆并坐，饷械虏掠皆并分，谓之八公。此等事谓之君权欤，则君之权诚不能专也；谓之民权欤，则民权究何在也。故启超以为此皆多君之世，去民主尚隔两层。此似与先生议院在权之论复相应。先生以为何如？地学家言土中层累，皆有一定。不闻花刚石之下有物迹层，不闻飞鼍大鸟世界以前复有人类。惟政亦尔。既有民权以后，不应改有君权。故民主之局，乃地球万国古来所未有。不独中国也，西人百年以来，民气大伸，遂尔浡兴。中国苟自今日昌明斯义，则数十年其强亦与西国同，在此百年内进于文明耳。故就今日视之，则泰西与支那，诚有天渊之异，其实只有先后，并无低昂，而此先后之差，自地球视之，犹旦暮也。地球既入文明之运，则蒸蒸相逼，不得不变，不特中国民权之说即当大行，即各地土番野猺亦当丕变。其不变者即澌灭以至于尽，此又不易之理也。南海先生尝言，地球文明之运，今始萌芽耳。譬之有文明百分，今则中国仅有一二分，而西人已有八九分，故常觉其相去甚远。其实西人之治亦犹未也。然则先生进种之说至矣。匪直黄种当求进也，即白种亦当求进也。先生又谓何如？

来书又谓教不可保，而亦不必保。又曰保教而进，则又非所保之本教也。读至此则据案狂叫，语人曰：不意数千年闷葫芦，被此老一言揭破。不服先生之能言之，而服先生之敢言之也。国之一统未定，群疑并起，天下多才士；既已定鼎，则黔首戢戢受治， 苶然无人才矣。教之一尊未定，百家并作，天下多学术；既已立教，则士人之心思才力，皆为教旨所束缚，不敢作他想，窒闭无新学矣。故庄子束教之言，天下之公言也。此义也，启超习与同志数人私言之，而未敢昌言之。若其著论之间，每为一尊之言者，则区区之意又有在焉。国之强弱悉推原于民主，民主斯固然矣。君主者何？私而已矣。民主者何？公而已矣。然公固为人治之极，则私亦为人类所由存。譬之禁攻寝兵，公理也，而秦桧之议和，不得不谓之误国。视人如已，公理也，而赫德之定税则，不能不谓之欺君。《天演论》云：克己太深，而自营尽泯者，其群亦未尝不败。然则公私之不可偏用，亦物理之无如何者矣。今之论且无遽及此，但中国今日民智极塞，民情极涣，将欲通之，必先合之。合之之术，必择众人目光心力所最趋注者，而举之以为的，则可合。既合之矣，然后因而旁及于所举之的之外以渐而大，则人易信而事易成。譬犹民主，固救时之善图也。然今日民义未讲，则无宁先借君权以转移之。彼言教者，其意亦若是而已。此意先生谓可行否，抑不如散其藩篱之所合为尤广也。此两义互起灭于胸中者久矣，请先生为我决之。

南海先生读大著后，亦谓眼中未见此等人。如穗卿言，倾佩至不可言喻。惟于择种留良之论，不全以尊说为然，其术亦微异也。书中之言，启超等昔尝有所闻于南海，而未能尽。南海曰，若等无诧为新理。西人治此学者，不知几何家几何年矣。及得尊著，喜幸无量。启超所闻于南海，有出此书之外，约有二事：一为出世之事，一为略依此书之义而演为条理颇繁密之事。南海亦曰，此必西人之所已言也。顷得穗卿书，言先生谓斯宾塞尔之学，视此书尤有进，闻之益垂涎不能自制。先生盍怜而饷之。

以上所复各节，词气之间有似饰非者，有似愎谏者。实则启超于先生爱之敬之，故有所疑辄欲贡之以自决，不惟非自是之言，抑且非自辨之言也。对灯展纸，意之所及，即拉杂书之。未尝属稿，故不觉言之长。恐有措语不善，类于龂龂致辨也者，不复省察，以负先生厚意。知我爱我如先生，其亦必不以其见疑也。侪辈之中，见有浏阳谭君复生者，其慧不让穗卿，而力过之，真异才也。著《仁学》三卷，仅见其上卷，已为中国旧学所无矣。此君前年在都与穗卿同识之，彼时觉无以异于常人，近则深有得于佛学。一日千里不可量也，并以奉告。启超近为《说群》一篇未成，将印之《知新报》中，实引申诸君子之言，俾涉招众生有所入耳。本拟呈先生改定乃付印，顷彼中督索甚急，遂以寄之。其有谬误，请先生他日具有以教之也。又来书谓时务诸论，有与尊意不相比附者尚多，伏乞仍有以详教。

黄遵宪致严复书

别五年矣。戊戌之冬，曾奉惠书，并《天演论》一卷，正当病归故庐，息交绝游之时，海内知己，均未有一字询问，益以契阔。嗣闻公在申江，因大著作而得一好因缘，辄作诗奉怀，然未审其事之信否也。诗云：一卷生花《天演论》，因缘巧作续弦胶，绛纱坐帐谈名理，以倩麻姑背蛘搔。团拳难作，深为公隐忧，及闻脱险南下，且忻且慰。然又未知踪迹之所在，末由敬候起居，怅怅而已。

《天演论》供养案头，今三年矣。本年五月获读《原富》，近日又得读《名学》，隽永渊雅，疑出北魏人手。于古人书求其可以比拟者，略如王仲任之《论衡》，而精深博则远胜之。此书不足观。然汉以前辨学而能成家者，只此书耳。又如陆宣公之奏议，以体貌论，全不相似。然切理压心，则相同也。而切实尚有过之也。《新民丛报》以为文笔太高，非多读古书之人，殆难索解。公又以为不然。弟妄参末议，以谓《名学》一书，苟欲以通俗之文，阐正名之义，诚不足以发挥其蕴。其审名度义，句斟字酌，并非以艰深文之也，势不得不然也。观于李之藻所谓之《名理探》，索解更难，然后知译者之费尽苦心矣。至于《原富》之篇，或者以流畅锐达之笔行之，能使人人同喻，亦未可定。此则弟居于局外中立，未敢于三说者遽分左右袒矣。公谓正名定义，非亲治其学，通彻首尾，其甘苦末由共知，此真得失心知之言也。公又谓每译一名，当求一深浅广狭之相副者，其陈义甚高。然弟窃谓悬此格以求是，恐求之不可得也。以四千余岁以前创造之古文，所谓六书，又无衍声之变，孳生之法。即以之书写中国中古以来之物之事之学，已不能敷用，况泰西各科学乎？华文之用，出于假借者十之八九，无通行之文，亦无一定之义。即如《郑风》之忌，《齐诗》之止，《楚辞》之些，此因方言而异者也。《墨子》之才，《荀子》之案，此随述作人而异者也。乃至人人共读，如《论语》之仁，《中庸》之诚，皆无对待字，无并行字，与他书之仁与义并诚与伪者，其深浅广狭已绝不相侔，况与之比较西文字乎？今日已为二十世纪之世界矣，东西文明两相接合。而译书一事以通彼我之怀，阐新旧之学，实为要务。公于学界中，又为第一流人物，一言而为天下法则，实众人之所归望者也。仆不自揣量，窃亦有所求于公：

第一为造新字。中国学士视此为古圣古贤专断独行之事，于武曌之撰文，孙休之命子，坐之非圣无法之罪。殊不知《仓颉》一篇，只三千余文，至《集韵》《广韵》，多至四五万，其积世而增益，因事而制造者多矣。即如僧字塔字，词章家用之如十三经内之字矣，而岂知其由沙门桑门而作僧，山鹘图窣堵而作塔，晋魏以前无此事也。次则假借。金人入梦，丈六化身，华文之所无也，则假佛时仔肩之佛而为佛。三位一体，上升天堂，华文之所无也，则假视天如父，七日复苏之义而为耶稣。此假借之法也。次则附会。塞□之变为释□，苾刍之变为比丘，字本还音，无意义也。择其音之相近者而附会之，此附会之法也。次则谜语。单足以喻则单，单不足以喻则兼，故不得不用谜语。佛经中论德如慈悲，论学如因明，述事如唐捐，本系不相比附之字，今则沿习而用之，妄为强凑矣。次则还音。凡译意则遗词，译表则失里。又往往径用本文，如波罗密、般若之类。又次则两合。无一定恰合之音，如冒顿、墨特、阏氏、焉支，皆不合。则文与注兼举其音，俾就冒与墨，阏与焉之间，两面夹出，而其音乃合。此为仆新获之义，无以名之，姑名之曰两合。荀子又言，命不喻而后期，期不喻然后说，说不喻然后辨。吾以为欲命之而喻，诚莫如造新字。其假借诸法，皆荀子所谓曲期者也。一切新撰之字，初定之名，于初见时能包综其义，作为界说，系于小注，则人人共喻矣。

第二为变文体。一曰跳行，一曰括弧，一曰最数，一、二、三、四是也，一曰夹注，一曰倒装语，一曰自问自答，一曰附表附图，此皆公之所已知已能也。

公以为文界无革命。弟以为无革命而有维新，如《四十二章经》，旧体也。自鸠摩罗什辈出，而内典别成文体，佛教益盛行矣。本朝之文书，元明以后之演义，皆旧体所无也，而人人遵用之而乐观之。文字一道，至于人人遵用之乐观之足矣。凡仆所言，皆公所优为。但未知公肯降心以从，降格以求之否?

弟离群索居，杜门四年矣，几几乎以泥水自蔽，一若理乱不知也者。然新字新理，日发我聋而振吾聩，虽目不窥园，若日与海内贤豪相接，使耳目为之一舒，窃自忻幸。而浅学薄材，若河伯之见海，若望洋兴叹，茫无津涯，弥复自愧。加以老而补学，如炳烛之明，余光无几，又自恨也。爱我如公，何以教之。草草布臆，不尽所怀。

夏曾佑致严复书

一

几道先生执事：

得去年十二月一书，今年正月二书，所以奖进之者甚至，以佑之冥想妄作，而得先生以为之援，其幸亦甚矣。然所以反对之者亦众，南海师弟均勿善也。佑近日又有一例，与前例不同，未知其孰是。神州莽莽，大约唯先生能决之。前例言欲改政必先改教，有文一首在《外交报》卅五册，不知公见之否？今以为政若改则教将不攻而破。政出于教者，群之常理，惟孔教则稍有不同，盖神州宗法社会远在孔教之先，孔教之作用幻牵及局外，真不可解。仲宣别图，不知已遂否？窃料此堂社员，将来失据，各与仲宣等，毋徒笑仲宣也。昭扆想已至津，某大令已来沪，决辞综财政之任，此局必归通州，殆无疑也，某大令乖人，宁不知此乎待公夫人。昨来此云及家无恒产，来日方长，不知所出。欲请先生为海澄于矿局图一干俸，俾得稍资衣食。昨张让三有一函来，语亦相同，而语较强，亦附上。待公身后不惟孤贫而已，斗初之纶尚思攫以肥己。遗骨未寒，故人咸在，已出于此，将来之事，宁不寒心。支那人之社会，于饮食谯乐时尚不之觉一观生死荣悴之变，真足令人气尽！教使然耶？政使然耶？俗使然耶？

译稿事闻菊生已有书达左右，不复赘述。《原富》前日全书出版，昨已卖罄，然解者绝少，不过案头置一编以立懂于新学场也。即请著安。

曾佑合十　嘉平初九日

二

又陵先生执事：

在皖先后得手书二通，所以奖进弟子者，可谓至矣。以先生之贤圣而所以许可者如此，弟子于此亦可以自信而自壮。虽然，见许者仅一先生，又以见我社会之不易为力也。弟子于十月杪至皖，此月重至海上赁屋于新拉圾桥北首北长康里第二百号。女已嫁却，子尚在南洋公学读书，家中只一妇，自给亦不难，故从此亦不作他往计也。

《社会通诠》因移居之故属菊生勿寄至沪，始见之而又以位置几案，整此卷帙，劳扰数日，至前日始毕。昨尽一日之力读之，谬为作序一首，其意欲从此书与本社会相资之故著笔，而笔墨潦浇，不复能举，惟神州所以入宗法社会而不能出者，则已初明其故。文既录呈，惟先生教之焉。此文尚未缮就，稍缓即发，又一文亦当附呈。复案非一时所能猝办，鄙意不如此书先出，他日若有所见，当另录一册，名曰附卷，不必以复案名之，如此则可以省重排之劳，然亦不能预决，观书成后体段何如耳。

垂询中国前途与历验小例二端，此事宏大，非浅智所测。窃谓神州建国以来之真历史尚在墨暗之中，未稍发现，实迹与言理均未发现。历史既未明，则前途从何而测，若强为之说，则鄙意以为今日所悬革命、立宪、藩镇之三大问题，可立一义以决之，则凡往事之所经，种智之所有，中材以下之人一言可喻者，其事可成；凡往事之所未经，种智之所未有，中材以下之人不可猝喻者，其事不可成。如此，则吾国自保以用何种方法为易行，不幸归人，以归何种政体为有益，均可决矣。此例似浅，然于社会之现情似不可易。先生以为如何？《社会之原》除《丛报》所印外尚拟作七八篇，其义始完。惟此书与《通诠》不同物，因彼详于治制而此详于宗教也。

南海已归香港，大设坛场，谓以后当改定宗旨，不惟保皇，兼当保后。任公亦归，极得意，所闻如此。此候兴居万胜。

曾佑顿首合十　二月初八日

三

几道先生执事：

别后由汽车至塘沽待舟，六日始能南下，困顿极矣。十三日至上海，又不知所措者数日。今始定明日赴省，然到省后之境界，亦正不自知也。本班无在先者，一有缺出，即可补用。惟现在实缺者均在，闻中有一人以吝于资故，上游拟撤其任，再行拍卖署任，然亦尚未定。养子在京，时见长沙，许以函致皖中，其函缮就，即交小沂寄来，而函迄不至，想已中变，大学堂之变之阻也。试观今日教旨，皆借政体而存，一旦不做八股，则《四书》可以不读矣。其有作宗教之论者，亦均从自保其身起见，无专为宗教者，此非吾族种性之独劣，因其教之宗旨无上帝、无灵魂、无天堂地狱，亦无清净涅槃，毕生所希望皆富贵，外无他物。富贵者，形器上之事，不能不受制于政体，而宗教亦遂不期然而然，而受制于政体矣。故今日但患不得政权，既得政权，则天下之民犹群羊然，视牧人之鞭影而动，不能知牧人将率我以遵何道也。此为中国政教与他国相异之故，而因果之位置与前例反。先生观之将谓孰是？幸有以教正之。

日俄之战，此间昨日有旅顺陷落之语，未知确否？若此信为确，则俄人横生支节之举，殆将不远。惟其若何下手尚不可知。至平易者乃责我不守中立，然兵事万变，彼或使其联盟国由粤入手，以破万国保中国独立之说，亦未可知也？先生以为如何？先生何日首途？极念。此请著安。

曾佑顿首　正月二十九日

与张百熙书二封①

一

家宰执事：

复前在燕谋侍郎客席，见军机大臣传旨，谓京城沟渠失修日久，其应如何通筹缮葺之处，宜令执事与张侍郎察勘具奏者。当是时侍郎语复，谓京师沟渠，瀹自明代，历年修治，虽例发内帑数千金，然欵绌无以及事，徒为吏胥分蚀而已。春夏之交，修沟之匠，各有分段，不合不通，发其中之积秽，罗委道左，郁伊薰蒸。外以待乡农之买以粪田，内以要铺户之贿使早撤，以是为求利之道。至于沟之通塞，非所关矣。又京师官道，经人盗买盗占，岁寸月分，久之益狭，昔为九轨官路，今乃毂击肩摩，道中沟渠，多在庐舍之下，隐状截断，迹察尤难。是故京师沟渠，若道路不修，无可缮葺，强而为之，徒滋烦费，于实事大局，无毫末利益也。

窃谓京师道路之宜修久矣，其窗眣不平，实人人之所共苦，外人观笑，流谤五洲。然其所以至今未图者，亦自有故；守旧之说，犹其后也。盖京邑广大，闾阎且千，一言修道，所费不赀，一也；蚀功中饱，习为故常，所费虽多，实用于工，百不及一，二也；道政繁重，而事须并举者，若水火、沟隍、警务、工局，不一而足，三也；道成之后宜以时修，设其不然，则月日之间，复即败圮，无常经费，四也；道路制有广狭，准有高下，稍不如法，弊端丛生，非得其人，不如勿治，五也；陋制相沿，人觑其利，上至京僚，下至水夫，闻将改贯，群起为难，六也。总此六事，所以京师修路，终成道谋。独至于今，使为得其术，则此六者，皆可无虑，失今不图，将中国第一败象，不识袪于何日。此复所以忘其微贱，敢为执事一借前箸以筹之也。

今夫吾国言变法更始者，年有余矣。顾外人睹听朝廷所为，除一二事外，如前者禁裹足及许满汉通婚之令，皆不悦服者。彼以谓京师道涂，劣败如此，图之其功甚易，成则其利甚溥。且事在迹象之间，为耳目之所日接，乃尚因循，不克振作如此，而其远且大者，庸可冀乎？故朝廷与当轴诸老，欲于此际，树之风声，则庶政诚无有大且急于修道者。况使修之、治之，而于国家有邱山之费，犹可诿之于度支之艰难，虽勿修勿治可也。乃今之术，可使农部水衡不出角尖之费。其所仰于民者，又万万无谤讟之兴。且事成之后，商旅棣通，货币云集，关征旧设者，将有无穷之增。此其事诚有百利而无一害，则又何疑何惮而不为乎？今者，朝廷既以此访之执事与侍郎，则亦不为无意于道里之平治，迎其机而善导之，此百世之盛业也，惟两公勉之而已！

复承两公恩遇之厚，见久大之业，于此时实有可成之机，不忍默默，谨列措办大端，另列别幅呈鉴。至其细目，则成议之时，受其事者，自能详悉。伏祈荩虑宿留，以开物成务自任，天下幸甚！

候选道严复谨上

二

管学尚书大人阁下：

窃闻大学堂前有饬令各省官书局自行刷印教科书目之事，语经误会，以为饬令翻印教科各书，而南洋上海各商埠书坊，遂指此为撤毁版权之据。议将私家译著各书，互相翻印出售，此事于中国学界，所关非尠。因仰托帡幪，奋虑逼亿，窃于版权一事，为执事披沥陈之。

今夫学界之有版权，而东西各国，莫不重其法者，宁无故乎，亦至不得已耳。非不知一书之出，人人得以刻售，于普及之教育为有益而势甚便也。顾著述译纂之业最难，敝精劳神矣，而又非学足以窥其奥者不办。乃至名大家为书，大抵废黜人事，竭二三十年之思索探讨，而后成之。夫人类之精气，不能常耗而无所复也。使耗矣，而夺其所以复之涂，则其势必立竭。版权者，所以复著书者之所前耗也。其优绌丰啬，视其书之功力美恶多少为差。何则？夫有自然之淘汰故也。是故国无版权之法者，其出书必希，往往而绝。希且绝之害于教育，不待智者而可知矣。又况居今之时，而求开中国之民智，则外国之典册高文所待翻译以输入者何限。借非区区版权为之摩砺，尚庶几怀铅握椠，争自濯磨，风气得趋以日上。乃夺其版权，徒为书贾之利，则辛苦之事，谁复为之？彼外省官商书坊，狃于目前之利便，争翻刻以毁版权，版权则固毁矣，然恐不出旬月，必至无书之可翻也。议者或谓文字雅道，著译之士，宜以广饷学界为心，而于利无所取，以尽舍己为群之义。此其言甚高，所以责备著译之家，可谓至矣。独惜一偏之义，忘受著译之益者之所以谓报也。夫其国既借新著新译之书，而享先觉先知与夫输入文明之公利矣，则亦何忍没其劳苦，而夺版权之微酬乎？盖天下报施之不平，无逾此者。湘潭王壬父曰："贤者有益天下，天下实损贤者。"呜呼？何其言之沉痛也。

总之，使中国今日官长郑重版权，责以实力，则风潮方兴，人争自厉。以黄种之聪明才力，复决十年以往，中国学界，必有可观，期以二十年，虽汉文佳著，与西国比肩，非意外也。乃若版权尽毁，或虽未毁，而官为行法，若存若亡，将从此输入无由，民智之开，希望都绝。就令间见小书，而微至完全之作，断其无有。今夫国之强弱贫富，纯视其民之文野愚智为转移，则甚矣版权废兴，非细故也。

伏惟尚书以至诚恻怛之心，疏通知远之识，掌天下之教育，则凡吾民之去昏就明，而中国之脱故为新者，胥执事之措施是赖。窃意版权一事，无损于朝廷之爵位利禄，士所诚求者，不过官为责约而已。则亦何忍而不畀之？其为机甚微，而所收效影响于社会者则甚巨。是用怀不能已，为略陈利害如此，不胜大愿，愿执事有以转移救正之也。自书潦草，无任主臣。

严复顿首上状　四月二十三日

【注释】①与张百熙书两函，第一函原件藏中国历史博物馆。原标题为《上张冶秋大冢宰论京师道涂修治书》。第二函录自《严几道诗文钞》，原标题为《与管学大臣论版权书》。张百熙（1847—1907年），字冶秋，湖南长沙人。同治十三年进士。1901至1905年任吏部尚书，即所谓"冢宰"；1901至1903年又以吏部尚书兼管学大臣。

与肃亲王书[1]

王爷执事：

三月下浣，冶秋尚书与燕谋侍郎有奉旨察勘议修京城沟渠之事。复愚以为不治道涂，则沟渠为无可修；就令可修，亦徒劳费而无益于事实。不自知其谬妄，乃上书二公，言京师道路若略仿关税办法，畀以忠实可靠久食华禄之西人，令集公司筹款，而我与之订合同，立年限，给予水火捐税之权，则国家度支可无出角尖之费，而岁月之后，京城道里不期自治，此最为简当办法也。书上之后，未知二公意见如何。

兹晨敬读邸钞，知王爷有督修街道工程管理巡捕事务之命，且上知事权之不可以不一也，则先有步军统领之补授。逖听风声，不觉以手加额。窃伏惟京师道路宜修久矣，其窅眣不平，实人人之所共苦，外人观笑，流谤五洲。然所以至今未为者，亦自有故。守旧之说，犹其后耳。盖京邑广大，闾阎且千，一言修治，烦费不赀，也；蚀功中饱，习为故常，所费虽多，实用于工，百不及一，二也；路政繁难，水火、沟隍、警务、工局，事须并举，三也；道成之后，宜以时修，否则月日之后，复即败圮，无常经费，四也；制有阔狭，准有高下，稍不如法，弊病丛生，未得其人，不如勿治，五也；陋习相沿，人觎其利，上至京僚，下至水夫，闻将改贯，群起为难，六也。总此六事，所以路政终成道谋，独至于今。诚为得其术，则此六者皆可无虑。失今不图，将吾国第一败象，不识祛于何日？此复所以忘其微贱，而深望此业得王爷而有成也。

今夫中国言变革者，岁有余矣。顾外人倾耳注目以察朝廷之所措施，除一二事，如禁裹足、许通婚而外，皆未甚悦服者。彼谓京师道徒劣恶如此，图之，则其功非难；成之，则其利甚溥。且事在迹象之间，而为人人耳目之所接，乃尚因循，不克振作如此，其他远大之业，庸可冀乎？是故朝廷与今当轴诸老，诚欲树之风声，则修治道涂，乃为当务之急。且使其事为之而于国家有邱山之费，则度支空乏，犹可诿也；乃由今之术，于水衡、大农一无所仰，即其日后所取于赋税者，又不至有谤讟之兴，其事诚百利而无一害，则又何惮而不为乎？夫天下事之宜率作者多矣，顾使朝廷容忍而不为，抑为矣，而所任者非其人，则草野之民，徒俯仰而增叹。乃今者诏书既言此事之亟宜整顿，而所委任者又属之王爷，此诚事机之嘉会，而可决其底于善成者也。以复……

【注释】①原件藏中国历史博物馆，系残稿，标题为《上肃亲王言道路书》。肃亲王，指善耆（1866—1922年），字艾堂，光绪二十四年（1898年）袭爵。曾任奕劻内阁民政，理藩大臣。

与王子翔①书

子翔吾弟执事：

前得惠书，言令弟欲得铁路一席，此事姑勿论难易，但复与杨杏城观察素非熟人，未同而言，古人所讳，用此筹思，不知所答，非敢慢也。

挚甫先生东渡后，鄙处未蒙一书，言动起居，只从报纸得其梗 ，然未敢遂以为实。近者因同行伴侣稍稍先归，于是辇下哗然，谣诼蜂起。其所指为先生罪者，不肯具仪以谒孔像，一也；谓四子六经可以竟废，二也；耸诱留学生以与蔡公使冲突，三也。夫谒像废经二事，借令有之，或先生不为非礼之礼，或为有为之言，特自拘挛者观之，皆足诧怪，而言各有当，先生不任咎也；乃至耸诱学生抵諆使者，则不待辞毕，吾能决知其必无。贤者处世，与其文章正同，大惭则大好，倘不为流俗之所怪，亦不足以为先生矣。正作书间，绍越、千英见过，荣竹、农勋则前数日来，谈间聆其语气，皆有所不足于先生。张治秋尚书告我，言庆邸、荣相亦于先生深相督过。然复之闻此也，不独不为先生忧，且为先生喜。夫大学总教一席，本甚非先生所乐就者，顾张尚书以其名重而要之，造膝长跽，促促卑谨，虽先生始终未尝一诺，然以牵率之殷，事诚有欲辞而不得者，乃今都下要津，皆谓先生不可为师矣。不可为师而去，正其宜耳，是先生终幸脱此桎梏，此吾所以为先生喜也。嗟乎！臧纥祀爰居以鼓钟，叶公见真龙而惊走，吾早知其势之不得长，蚍蜉撼树，乌足为先生病乎？复之初来也，人人自以为得大将，乃今亦少味矣。然窃以是自庆，盖不为时俗所崇拜者，亦不为群小所抵峨也。

欲寄书日本，不知先生之趾何向，吾弟脱有潭报时，望为深致此意，为言首善不足再入也。手此。敬颂

时祺　不宣

某顿首

【注释】①据严群先生抄本。王光鸾，字子翔，据《贺先生（涛）文集》卷三《吴宜人传》，系吴汝纶女婿。

与端方书①二封

一

陶帅钧鉴：

敬禀者，复数次晋谒，仰蒙礼遇，迥异恒常。十四日候舟江干，又承恩遣材官，优加煦拂。方今公卿号为下士，率皆文胜实寡，求如执事，周渥真挚，盖天下一人而已，则无怪士集其门，如众星朝斗，群流归墟也。甚盛甚盛!

复旦公学，蒙月饷二千饼金，加以诸生百五六十人之学费，期六十元，又旧有募款，若综核撙节经用，即有不敷，当亦为恨（有限）。乃本年岁暮，尽（竟）亏短至于五六千金之多，此其故有二：一则学生短缴学费，两学期计三千五六百元；一则庶务叶景莱借用三千元存款，至今屡催不能照缴。复为监督，原有理财用人之责，虽经费出入，向系叶、张二庶务手理，而稽察无方，致令纠纷如此，诚无所逃罪者也。但在校各教员薪水，尚有两月未领，岁事峥嵘，群怀觖望，乃不获已，由复电请恩饬主者，许其探支明年发款，借苏辙鱼。顷承电准预拨正月

经费二千元，感荷莫名!当即交付庶务张桂辛，属其分别缓急应用，俟赢绌如何，再令将本年校帐，据实造报，以重公款。但重有恳者，前在左右，已将复旦监督力辞，未蒙俯准。是明年此校乃属复经理，惟校事经费最重，倾立视之，似应由复收回存号，按月发交会计员撙啬应用，即令于月杪造销，交监督汇报，庶不致再循前此覆辙。至一切章程，亦须重新斟酌，遵照部章厘订，庶成可久之规。至叶景莱、张桂辛二人，一则延欠校款，一则造报稽延，实属都不胜任，应准由复开除，以维校政。是否有当，伏乞垂示遵循，自出不恭，不胜惶悚，待（命）之至，敬请慈鉴。

监督复谨禀

二

陶帅钧座：

窃复前经续上一函，言复旦公学事，想邀冰鉴。

刻该公学自开课以来，诸（事）尚称就绪。内地各处学生，来者日多，达二百余未已，皆以校舍已满，无从收录。刻以二百人为额，分为七班，循序渐进。深知校费为难，故亦未敢禀请宪派斋庶诸长，于干事仅设三员：一监学，一会计，一文案。借资助理。而监学系严教员兼充，会计系教员张汝辑兼充，文案则去年之监学周明经良熙改充。月各给薪五十元，为撙节之地。

复仍隔日到校一次，监视巡阅，但今有下情须向钧座沥禀者，复以望六之年，精神茶短，加以气体素羸，风雨往来，肺喘时作，实万万不胜监督之任，应请我宪早日派人接理，常川驻校，庶校政不至放纷，上辜煦植人才至意。前者夏道敬观到校察看，复已属其将此情形上达钧听，兹郑廉访赴宁，更求其剀切代陈。务望仰体下情，弛其负担，俾得免于罪戾，不胜激切屏营之至。肃此。敬叩

崇安　伏乞霁鉴

职道严复谨上

敬再禀者：

复旦监督一席，若一时难得其人，许复举贤自代，则窃意夏道敬观与此校交涉凡三四次，于其中办理情形极称熟悉，其人亦精明廉干，似可派充。若我宪必求精通西学之人，则复忆去年学部秋试，所得最优等游学美国专门教育之两进士，一熊崇志，一邝富灼，皆广州人，于教育一道实有心得。现经邮部指调差遣，用违其长，未免可惜，若调其一，使之接理，必能胜任愉快。复一为自卸责任，二为学堂发达起见，故敢沥诚布恳，伏乞照察。不宣。

复谨再上状

【注释】①与端方书二函，据严群先生抄本。第一函原题《禀两江总督端》，第二函《上两江总督端缄》。端方（1861—1911年），字午桥，号陶斋，满洲正白旗人。时任两江总督。

与伍光建书四封①

一

日昨得赐缄，循诵怃然。难进易退，贤者素操固然。特通州开平讼事未了，渠自荣文忠去后，撼之者多。一昨颇闻商部初立，有归并矿路之事。傥吾弟毅然拂衣，更失右手矣。

所云译事烦猥，固可觅一能者使分笔墨之劳。再者，尊眷不北，终非久安之计。拟此次晤通州时，为弟谋一寓所，以安梅鹤。若两者均所不能，言去未晚耳。饮食起居寄侯门中，固无便理，家眷得所，则从心所欲矣。临城股折分利一事，昨已缄询匪石，至今尚未回答也。复数日内即当晋都，良晤不远，更细谈也。蔡述堂寓与煤局比邻，数日前续娶；昨夜其长子化去，门庭车马一时阗然。手此率答，晤近不它。

二

多时不见，盛暑，想尊候万福。兹有读者，顷复旦监督夏剑成观察来言：该校算学教习周益卿因病辞馆，一时难得好手弥缝其阙，嘱复寻人，复实无以应之，盖益卿造诣甚深，欲得同等地位人固甚难也。因问尊处夹袋中有如此人否？恳复奉询左右，祈即回信。夏观察于该校维持之意甚殷，惜有贝无贝二者皆甚困难缺乏，据拮可怜。稍能助之，亦一盛德事耳。

三

开岁尚未相见，钦想深极。闻寓中小儿女有痧癣之疾，想均勿药。十六夕六点半钟，敝寓有近局，坐皆我辈人，能一临乎？欣迟欣迟。菊生尚辟谷，未敢邀之，惆怅惆怅。

四

初十日以鄙人初度，蒙赐多珍，并荷惠杠前绥，贲舍称祝，感何可言!寅维体力益佳，公私顺迪，极用为祝。

自大驾莅都以还，复以烦冗，未获与文从细谈。前者议以名词馆一席相辱，台端谦抑，未即惠然。弟愚见以谓，名词一宗虽费心力，然究与译著差殊；况阁下所认诸科，大抵皆所前译，及今编订，事与综录相同，何至惮烦若此？方今欧说东渐，上至政法，下逮虫鱼，言教育者皆以必用国文为不刊之宗旨。而用国文矣，则统一名词最亟，此必然之数也。向者学部以此事相诿，使复计难易而较丰啬，则辇毂之下何事不可问津？而必以此席自累，质以云乎？夫亦有所牺牲而已。获通门下日久，余人即不我知，岂执事而不信此说耶？至于贤者受事必计始终，此说固也；然而量而后入者，亦云力所能为已耳。若夫事变，本所不图。常云执事入世，正如孟郊为诗，其精卓入理处固当使韩豪却步，要其在在如鼠入牛角，愈走愈狭，天高而不敢不局，地厚而不敢不蹐；如今人所谓消极主义者，未始非其人之病也。为此，敬再劝驾。若夫茂宏以元规之尘为污人，右军为怀祖而誓墓，则指趣不同，虽云师生，所不敢强，惟深察。

并呈小诗一首，请正。

初七见邸抄作

自笑衰容异壮夫，岁寒日暮且踟蹰。

平生献玉常遭刖，此日闻韶本不图。

岂有文章资黼黻，耻从前后说王卢。

一流将尽犹容汝，青眼高歌见两徒。

【**注释**】①与伍光建书四函，由严群先生抄寄。伍光建（1866—1943年），字昭扆，广东新会人。严复办理天津水师学堂时的学生，后留学英国。1910年与严复同任海军顾问官。

与高凤谦书四封[①]

一

梦旦吾兄有道：

《论教科书》，倚装草草勉成，不甚慊意。复近来精力极短，文字颇难得佳。此事正须年力，执事富于春秋，当以我为鉴，勿空过也。外上谕抄稿并昨所掷数种书，谨以奉还，祈察人。并有恳者：复于初九日到商务发行所交□方兄印花五千枚，并译利月结手折一只。兄晤□方时，祈属其写一收到印花若干枚收条一纸。译利除正二月已缴外，其三月以后译利若干，请暂统存□方处，俟复回沪时交割。又复与商务定有编译合同，业经画押，此后复到皖，十二日晚上船。局面长短，正未可知，但一切照合同原议办理，请渠放心。

菊生到京后有回信否？如欲寄书，住址何处？祈示。手此。敬颂

纂安

弟复顿首　初十夕泐

二

梦旦吾兄榭长执事：

匆匆归家，尚未造候，辰维起居万福。

兹有极恳者：皖中友人姚叔节先生，先德石甫先生后人也。近者为乡里所众推，将于安庆有开办师范学堂之事。遄来沪上，意主调查各处成法，以为前事之师。颇闻商务印书馆所设师范传习所办法极为扎实，教法亦称中程，甚欲一观，以资甄采。公所居去传习所咫尺，其中管理员、教习等亦稔于复。用不揣冒昧，以此绍介姚先生于公。伏乞破费数小时之功，一邀前往详细察看，是为祷。无限主臣。手此。即颂

纂祺

弟复顿首　二十八晨泐

三

梦旦道兄惠鉴：

伏读二十六日赐书，借悉一一。庐山胜地而避暑疗病，二者自不得兼。桉树叶到，当试焚之，若能止贱喘，则要药也。近经英使馆格医用微菌针作治，云可根本解决，刻已受四针矣。知念，并布。即颂

仁祺

弟复白　二十九

四

梦旦吾兄撰席：

日昨临谭，大快积想。《度量衡新议序》已勉成，特送上，烦转交显廷兄收入。弟年来大有退化之势，执笔伸纸，每形竭蹶。少壮真当努力，年一过往，无可攀援，子桓岂欺我哉？此颂

纂喜

严复顿首　九月四日

【**注释**】①与高凤谦书四函，系上海图书馆顾廷龙先生请高氏家中抄寄。高凤谦（1870—1936年），字梦旦，福建长乐县人。曾任商务印书馆编译所国文部主任、编译所所长、出版部主任及复旦公学监督。

代甥女何纫兰复旌德吕碧城女士书[①]

碧城仁姊有道：

昔岁舅氏至自北方，备述学识之优，品谊之卓，妹神驰左右，匪伊朝夕。嗣以舅氏寓书之便，不自疑外，窃乞吾姊玉容，借伸瞻慕之私。去后中心惶惑，深惧得恩渎之罪于高贤。不图慨然遂以相贶，欢喜、崇拜，有逾恒常，盖百朋之锡，方斯蔑矣。以礼“自敌以下无不报”，乃敢自忘其丑，还駆贱容；而姊氏不惜齿牙，猥与刻画，令人读竟惭生，此真爱惜过差，非其实也。以妹生不逢辰，早失萱荫，长益轗轲，伫苦停辛，远蒙纩言，深邀闵慰，身非木石，安能不铭泐五中乎？吾国屡遭外侮，自天演物竞优胜劣败之说自西徂东，前识之人咸怀复亡之惧，于是教育之议兴于朝野。顾数年以来，男子之学尚未完备，而所谓女学，滋勿暇矣。第自妹观之，窃谓中国不开民智、进人格，则亦已耳。必欲为根本之图，舍女学无下手处。盖性无善恶，长而趋于邪者，外诱胜，而养之者无其术

也。顾受教莫先于庭闱，而勗善莫深于慈母，孩提自襁褓以至六七岁，大抵皆母教所行之时；故曰必为真教育，舍女学无下手处。妹每怀此情，而恨同声者寡。近于舅氏处得睹大著《女子教育会章程》，不觉以手加额曰："意在斯乎，意在斯乎？!"所恨羸弱善病，自客秋到沪，医药殆无断时，近且移住医院中，精茶神疲，致久承尺书，未暇为报。今日差愈，强起执管，以应嘤鸣之求，不识有当高贤否耳？分处南北合并无时，临颖不尽依驰之至。夏暑方新，千万自爱。张子高有言，"心之精微，书不能尽也"。

作于光绪卅三年（一九〇七年）丁未

【注释】①此件由严群先生抄寄。原抄件加注云："吕碧城为严复女弟子，清末进步妇女。辛亥革命后，曾游学欧美，文名颇盛，有诗文集行世。"

与沈曾植书[①]

子培学使执事：

承再损书，若怨仆不相师而委隆谊于草莽者，虽然，公亦未察鄙陋所居事势，有万不得已。何则？斋务长之率职，夫有所受之者，监督是也。故斋务长当位行权，行监督之权。学生恶之，姑无论其当否，岂不宜先告监督？乃今聚众自逐之，是谓监督权废，以复监督已废之权办滋事者，不可为也。且其事不止此。闻逐周之顷，先有讨监督之檄文，后则上海《南方》《神州》各报日日有毁誉监督之论说，皆由皖寄去。复在沪之日，又有阻行之电；直至今日，尚有匿名投所谓公愤书者。公意以此为莫须有之流言，流言固矣。而流言之原因，非莫须有者也。盖其心所欲急击而去之者，监督耳；斋务长已堕之甑，非儿曹之所顾也。夫学生狞犷如是，则其所阴恃可知。乃来教尚欲复超两造之外为裁判主，公之言欲谁欺乎？昨日姚教务长出留闽籍教员，则投匿名揭帖詈之矣；本日有学生陆均者略出公道之言，为此校惜监督之去，则有恫愒使噤者矣。试问校中如此，仆尚可一日安其位乎？犬马之年，五十有五，客气都尽，诚不欲为悻悻之小丈夫，然日望公略料理之后，可以稍安，而无如其不可得也。

公又教以收复师生感情为主义，又云已退五名之外，不可追究，意即以此为收复感情之术。然复闻宥人而其人感者，必其权力之下者也，若吾力所不能制，是乞和解滋益骄耳，尚何感情之与有？肇事之众，不过二十余人，外是皆被胁持者；昨有单呈中丞，度已授公矣，何待函告？公自任为复外护，而于事则使其必不可留如此，复愚，诚不识所以护之者居何等也？闻外界方纷纷，相与逐吾失鹿；大抵知吾决去，则极口挽留；稍示回翔，则攻者更炽，此真其长技也。

明日有便轮东去，吾为万里之鸥矣！公怪吾校不受学官干涉，此非挈论，然窃恐此后将厌事之犀首也；盖监督权废，而学官不之复，则学官之权亦废，羝羊易泰山者，其势渐耳。

【注释】①据《严几道先生遗著》，原题《上提学使书》。时严复任安庆高等学堂监督，沈曾植（字子培）任安徽省提学使。

与严修书[①]

范老宗兄侍郎执事：

复于十九日始病脰风，颇重，于《国民必读》一事极著急。昨日晤朗溪，始悉公有复坟之请。病中默念，《大易》明夷于飞垂其翼之言，为抚枕叹息久之。极欲造宅一拜为别，顾贱恙医言最易感寒，今日幸托荫少愈，特起作数行呈公，以寄无穷之感想，公（当）深察此诚也。复即病愈，年内当不能南。至《国民必读》后卷，幸已了六七，极愿力疾起草，但为医所切戒，只得属馆中能者分了此稿。复所草者，除《电学》一篇，因物理已成五篇，若此篇不勉完，则不配色。恐万不能别有附益矣。病来无时，非敢诿也，知关勤念，并此布闻。即叩

珂安　不具

小弟复谨上　廿三早

【注释】①据天津历史研究所卞慧新先生抄寄，并附说明如下："此札录自原件。一九五七、一九五八年间，书肆以黏本《范孙先生存札》至大津史编纂室。主者不收，因择录其文。"严修，字范孙，直隶天津人。时任学部侍郎，严复任学部名词馆总纂。

与学部书[①]

中堂、尚书、侍郎诸位大人阁下：

敬肃者，□□等前承大部宏奖学风，备员谘议，莫为答效，再历岁年，然而非敢徒嘿嘿也，盖亦深知今日学务之难为。或绌于经费，或艰于师资；又况内地风气晦盲，有时耸于求新，改良未能，而故步已失。此所以数年以来，虽内之大部，外之督抚提学，刻意兴学，课其成效，终未大明。固知变法之事，久道化成，不可旦暮责其近效。顾亦有事在目前，而其后果为人人所共见者，则今日中、小以下学堂之设不复加多，抑且见少之现象是已。夫今世国土种族竞争，其政法之事固亦自为风气，独至教育国民，则莫不以此为自存之命脉。盖不独兵战、实业，事事资于学科；即国家处更张之日，一法令之行，一条教之出，欲其民之无生阻力，谅当事者皆为彼身家乐利而后然，则预教之事，即亦不可以已。今者吾国议立宪矣，立宪者，议法之权公诸民庶者也。然民庶不能尽议法也，则于是乎有国会之设而乡邑有推举代表之权，地方有行政自治之设，凡此皆非不学之民所能胜也，而不识字者滋无论矣。

国家远取近观，知五洲列强，其进步之所以速；夫岂不愿国会早开，使吾上下棣通，君民相保，以成自强不息之局。顾乃回翔审顾，不敢沛然涣然者，亦以斯民程度之或未至耳，则不得已而为预备之说。然而海内喁喁，请愿殷切。预备时期必有所底，他日数过时可，起视草野，颛蒙如故，当此之时，不开国会，则失大信于其民，毅然开之，则又无补于其国。此□□等凄凄之愚，所以不胜大愿，愿大部及此可为之时而加之意也。《记》曰：行远自迩，登高自卑。夫国民教育，其事众矣，顾断未有普浅单简之不图，而遽责其高深完全之能事者。且一国之事，必以大数为之期。但使吾国之民，人人皆具普通知识，即不然，亦略解书数，有以为自谋生计，翕受知识之始基，则聚四百兆之人民，其气象自与今者迥异，故教育不必即行强逼也，要必有所以鼓舞、考成之者，使之日增，亦未必即能普及也，要必以国无不能写读之民为之祈向。□□等身处田亩、市廛之间，耳目较切，亲见近日时世，自科举既废，民气之闭塞益深，国学之陵迟日亟，以为吾国颠危之象，此最可忧。窃冀大部能及是时哀而救之。谨会合同志，恭议推广教育事宜若干条，大抵皆切实易行，而行之必有其效者，以备采择，惟留神裁察，天下幸甚。

另添一条②：

一、推广私塾改良会，以开风气。

乡僻之民非不知使其子弟入学为利益之事，其所以听子弟长而无学者，谋生之急近而易知，教育之利远而难见故也。盖工农子弟，稍长则为长者执役助工，以省雇佣之费。使之入学，其助力之利既亡，而又有束脩书卷之费，使之离乡宿塾，则所费益多。是故欲小民而乐教子弟，强逼之令未行，惟有令乡乡之中必皆有塾，而尤以半日学堂、夜学堂、冬学堂等为易于有济。但乡僻诸塾，合式师范最难，课程虽极简单，恐尚有不如法而不足以收实效者，计惟有县设私塾改良会以为之辅。如此，则虽浅学里儒，亦可以任初等小学之教学，以有人焉为之指授向导故也。该会经费出于募捐，如有身经教育、具师范资格、愿为会董者，许在地方官及提学司衙门注册，年终由县视学考验成绩。如果舆论翕然，所改良、劝导者功效昭著，准予填格记功，积若干年得照兴学例给奖。如此，庶有以利便贫甿，而初级教育亦有进步之可冀。

【注释】①严群先生抄寄，原题为《拟推广教育各条呈学部》。福州文物管理委员会藏有手稿，与此函文字上略有出入，疑为初稿，且缺“另添一条”以后部分。今仍据此函抄件。

②此件当作于1909至1911年作者在学部名词馆任职期间。

与胡礼垣书[①]

冀南先生执事：

辛丑、壬寅之间得读《新政真诠》诸著，洒然异之。嗣又于英君敛之许得悉道履崖略，乃叹先生为当世有心人。常恨南朔分张，如七星十字不得一会合也。比者伏承敛公见示大著《娱老集》两册，借乐府之新词，为文明之前马。写境则极形色之工，抒情则穷微至之思，狮子搏兔，固用全力，漆园有言，道在矢溺。集名《娱老》，而其棒喝指引之功，存夫幼稚，悲智兼运，可以见已。

来教谓平等自由之理，胥万国以同归；大同郅治之规，实学途之究竟，斯诚见极之谈，一往破的。顾仆则谓世界以斯为正鹄，而中间所有涂术，种各不同。何则？以其中天演程度各有高低故也。譬诸吾国大道为公之说，非尽无也，而形气之用，各竞生存，由是攘夺攻取之私不得不有。于此之时，一国之立法、行政诸权，又无以善持其后，则向之所谓平等自由者，适成其蔑礼无忌惮之风，而汰淘之祸乃益烈，此蜕故变新之时，所为大可惧也。愚公移山，先生之志则大矣。王齐反手之说，则窃不敢附和，而欲易以必世后仁也。仆朽腐无用世之具，乃妄有译著，窃附于立言之私，乃高者既不足以谕时，而偏宕者反多以益惑。佛教文字道断，而孔欲无言，真皆晚年见道之语。先生所欢喜赞叹者，无乃以今吾为故吾乎？远辱厚意，愧不敢当。略陈数行，敬答嘤求之雅而已。阙久不报，惟亮宥。不宣。

【注释】①此件据己酉（1909年）九月三十日《大公报》，原题《严又陵先生复胡翼南先生书》。胡礼垣（1848—1916年），字翼南，广东三水县人。曾与何启合著《新政真诠 》。

与毓朗书[①]

月华贝勒殿下：

违侍忽复三月，顷者暑假南行，逖闻晋值纶扉，海内有识，额手称庆。况复素蒙知爱，固不独为国忻幸，抑亦抃舞矣。私以为垂老之年，或有自试之路，使不虚为圣清之民，未可知也。

七、八月晦朔之交，已到学部销假，所未投刺晋谒者，知政务宣劳，未敢造次耳。近更拟移家日下，长托帡幪。惟是长安珠桂，而年垂耳顺之人，又不能过于溪刻。前在京，南北洋皆有津贴，略足敷衍，比者因计部裁减一切经费，皆已坐撤，仅剩学部月三百金，一家三十余口，遂有纳屦决踵之忧。伏念平生僿褊，耻于干禄，顾于殿下向蒙推诚之知，若夫自外，岂足言智？用敢披露情实，上乞煦援。目下京师部院处处皆有人满之忧，无复堪容位置。惟闻外务部游美留学公所，经派丞参行走周自齐主持，但其中尚可置副，而该所经费尚复充裕。无似自审所知，于游学一事，尚有经验，若蒙荐引，不至素餐。但此事大分系外部主持，欲乞齿芬于柜暇，向庆邸、那桐代为缓颊，但使无似蒙大惠得增三四百金之月入，则辇毂之下从此可以久居。此后引维尽愚，庶几有益于时，而于殿下素日积极政策，所欲挽回阳九百六之运，而措宗社于苞桑磐石之安者，未必无土壤细流之助，殿下其有意乎？肃此陈悃，仰求爱煦。何日休暇，敬当一勤求阶前尺地，瞻礼颜色也。 寅叩

崇安 不宣。

严复谨状

【注释】①原件藏中国历史博物馆，此据原稿。原题《与毓月华贝勒书》。贝勒毓朗，字月华。

进化论与伦理学及其他论文

Evolution and Ethics and Other Essays

〔英〕托马斯·赫胥黎 / 著

刘 帅 / 译

FOREWORD | 前 言

重刊在本卷前半部分的《进化论与伦理学》，是我在牛津大学的演讲稿；那是罗马尼斯先生创办年度讲座以来的第二次年度讲座。此刻，当我写下罗马尼斯这个名字，不禁悲从中来。这位挚友在风华正茂之时骤然辞世，令人扼腕叹息。他天性温和，我和他的其他好友都认为他非常亲切可敬。他卓越的研究能力与拓展知识的热忱受到他的同事们的高度评价。我清楚记得自己收到他的一本早期作品时的欣喜若狂。当时我作为皇家学会的一名秘书，欣喜地看到，他这样一位资历非凡的学者加入到我们这支科学工作者的小队伍中来，且他完全有资格在这支队伍中取得卓越地位。

接到牛津大学的正式演讲邀约，我当然十分荣幸。但是，我最终同意来牛津大学进行演讲，其实是因为挚友的催促。但我并非毫无顾虑。我本人当时十分疲惫、嗓音沙哑，这都是多年的演讲造成的。另外，让我颇为在意的是，当初我知晓了一个事实：在我之前进行演讲的，就是我们那个时代最为成就斐然、能言善辩的演讲家。他的声音悦耳且富有穿透力，展现出激情四射的青春活力。

我在这里插入几句对比自己和其他演讲者状态的话，显得颇有点啰唆了。然而，即便忽略自己沙哑的嗓音及虚荣心，我也还有第三个顾虑。近年来，我的研究焦点已转向现代科学思想与道德政治问题的关系，而且我无意改变这一研究方向。再者，我认为如今最重要、最有价值的事情是，引起牛津这一古老闻名的学府关注这个问题，哪怕只是关注。

然而，罗马尼斯基金会规定，演讲者应避开与宗教和政治相关的问题。在我看来，我比大多数人更应该在书面上以及精神上遵守这一规定。但伦理科学在各个方面，都与宗教政治问题息息相关。因此，若伦理科学家演讲时，既不涉及宗教问题，又不涉及政治问题，那他必定得像跳鸡蛋舞的人（在摆放着鸡蛋的地面跳舞）那般不失机警灵活。而且他说不定还会发现，自己的演讲内容若要条理清晰，就必须“政治正确”；当二者发生冲突时，内容的清晰程度就会大打折扣。

我着手准备演讲时，就知道这是一件棘手的工作，但我低估了它的难度。不过令我比较欣慰的是，在所有对我的批判声中，并没有人指责我闯入言论禁区。

在对我提出批评的人中，有很多令我心怀感激——因为他们的细心。他们可能发现我忘记了公众演讲的一条黄金法则，以至于我的演讲有点缩手缩脚，效果大打折扣。我是从演讲大师法拉第先生那里学到这条黄金法则的。一次，某演讲新手要进行一场演讲，但他即将面对的是颇有修养的一流听众。于是，这位新手请教法拉第先生，可以假定听众知道了哪些相关知识；这位已故的演讲大师想也不想地回答道：“听众什么都不知道！”

作为一个已经隐退的演讲老手，我毕生都受益于这句有关演讲策略的金玉良言。然而，让我感到羞愧的是，我在关键时刻把它忘得一干二净。因为，我竟然愚蠢地认为，自己无需重复许多早有定论的观点，以及我在一些场合中早就提出过的未曾遭到反驳的观点。

为了尽量弥补这一失误，我在《进化论与伦理学》这篇演讲前增加了一部分内容，主要涉及一些基础性或重复性的观点，并将之题名为《绪论》。我很希望自己写下的标题既不这么学术化，又足以满足我的行文目的。若有人认为，我在演讲稿这一已有的大厦上加盖的新建筑——《绪论》——过于庞大累赘，那么，我只能辩解道：古代建筑师常常把内殿设计成庙宇最小的部分。

我刚刚已经提过，我有很多批评者。如果我试图回应所有的批判，那么，我都不敢想象内殿门廊的占地面积会有多大。而我现在努力要做的是搬开一块绊脚石，因为事实证明，它成了大多数人的理解障碍。这是个看似自相矛盾的论题：伦理本性，虽源自宇宙状态，但必然与宇宙状态对立。在《绪论》中，我尽量用最浅显的文字来阐述我的观点；除非其中存在一些我无法察觉的瑕疵，否则这一自相矛盾的命题就是一条真理。它平凡而伟大，是道德哲学家应承认的最基本的真理。

如果我们没有继承先人的天性，这种天性受宇宙过程的操纵，那么我们终将一事无成。如果一个社会否定这种天性，那它必然会被外部力量消灭。但是，如果这种天性过多，我们就会茫然失措；如果一个社会由这种天性主导，那它必然会因内部争斗而毁灭。

人生大戏有一个主题：世界上的每一个人，都在寻求一条与个性及环境相适应的中庸之道，即在自行其是和自我约束之间寻找平衡。这出大戏的永恒悲剧在于：我们并不能完全了解眼前问题的一切要素；而且解决这个问题的正确方法，即便只是接近于正确的方法，也很少出现。最终，人生阅历这位老到严肃的批评家，用尽一切理由来对我们所犯下的无法弥补的过错加以幽默的讽刺。

本卷还重刊了“最黑暗的英格兰”阴谋的信件。这是我在1890年12月到1891年1月期间，曾发表在《泰晤士报》上的信件。这些信件在发表后又同一些新增文章一起，以《社会问题与糟糕措施》为题结集出版。之所以重刊这些信件，是因为尽管冲击国家的阴谋已受阻，但布斯先生的常设军队还在活动，且依然保有军队组织所固有的一切为非作歹的能力。我希望我们能明确这一事实，且不要忘记这股势力的存在。希望即使在鼓声和号声趋于和缓的时候，也不要忘记一点：这股势力一旦落入坏人之手，随时都可能被用于作恶。

1892年，“一个专门调查在《最黑暗的英格兰及其出路》一书的呼吁下所筹集款项使用情况的委员会成立了”。委员会成员都是些精明能干、公平公正且值得所有人信赖的绅士。1892年12月，委员会作出报告，称“除了用于建造哈德雷‘营房’的款项部分”外，一切调查款项都“只用于原定用途，资金的使用也符合原定方式，并未用于其他方面”。

然而，委员会的最终结论原文却是：“（4）该‘呼吁书’筹得的不动产和动产适用于1891年1月30日订立的《信托契约》，并受其约束。救世军的任何一位‘总司令’若将财产用于契约规定以外的任何目的，皆属于破坏契约，将遭到民事和刑事起诉。但本报告行文之前，并不存在充分的法律保护措施来阻止财产的滥用。”

上面引文最后一句，为1892年12月19日委员会报告中的部分内容。也就是说，即使在1891年1月30日《信托契约》生效之后，“阻止对财产的滥用”“充分的法律保护措施”也仍是纸上谈兵。那么，直到一周前，即1891年1月22日，我发表在《泰晤士报》上的第十二封信（也是最后一封信）情况如何呢？我曾经指出，没有足够的安全措施来对布斯先生托管的资金进行充分的管理。下面这段委员会报告中的原话就是我的观点最好的证明：

“‘总司令’有可能会因忘记责任而出售资产，并将收益用于个人事务或偿还救世军的所有负债。眼下看来，有且只有‘总司令’有权决定此种售卖行为。为防止这类情况发生，委员会认为适当地进行强制性的检查是十分必要的。”

大家可以重温一下，这份由亨利·詹姆斯爵士起草，由委员会发布的报告，以及1891年的《信托契约》，曾在大众面前大肆炫耀，引起一片哗然。

委员会还对目前这种十分糟糕的状况提出了改进意见；但是，我们应该仔细考虑一下改进意见所带来的实际价值：

“委员会充分了解，即使上述意见能够执行，所包含的一切保护与制约措施，也不能达到杜绝在违背捐赠人意愿的情况下处置不动产和款项的行为的目的。”

事实上，委员会满足于这最微小的愿望，即“如果能够实施改进意见，那么就可以通过设置障碍来制约对不动产和款项进行处置的欺诈行为”。

我不知道委员会的这些意见是否已经实施；另一方面，在此种情况下，我也不能说我很在意其实施与否。事实是，无论这些意见实施与否，也不管“某些”制约障碍存在与否，这位肆无忌惮的“总司令”仍然可以为所欲为。

因此，虽说这个成立于1892年的委员会具有无人质疑的高度权威，但它对自身所关注的问题的判断却很难让民众产生信任感。此外，大家务必记住，委员会只对“最黑暗的英格兰”呼吁募来的款项的管理情况进行了审查。除此之外，“审查救世军这一宗教组织的其他原则、管理、教义和行为方式”的职责却被刻意逃避了。

结果，委员会的审查根本没有涉及我信中讨论的那些最重要的问题。尽管委员会的报告对“最黑暗的英格兰”阴谋赞誉有加，且向捐赠人保证赠款不会被滥用，但正如我在信中提出的，从政治与社会层面，布斯先生建立的是一个专制组织——仍然受到成千上万誓将盲目效忠的被驯化的追随者的反对，这丝毫不会被削弱。“六便士的利益”仍然抵不过“一先令的伤害”；如果事实如此，那么伤害的相关价值或其负价值应该用先令而非英镑来衡量。

委员会的财政委员及法律专家分别就那家知名银行及所谓的“人民代理人”发表了看法。对此，民众难道会保持沉默吗?

赫胥黎
英国，伊斯特本，霍德艾斯利
1894年7月

第一章　进化论与伦理学

绪论（1894年）

一

从我（赫胥黎）如今写作的房间朝窗外看，目之所及，一派村野景象。可以想象，两千年前，当凯撒踏上英国南部，这里也应处于一种所谓的“自然状态”吧。抑或，当时人类并未在此留下明显的印记，仅仅是添了几座坟丘，无意间打破了草丘的流线轮廓。这里高地宽阔，深谷幽狭，皆被葱葱茏茏的植被覆盖，丝毫未受工业的影响。本地野草棘豆一簇簇一丛丛，竞相在这贫瘠的地表土壤上生长。它们同这里恶劣的气候作斗争：夏日干旱，冬日严霜，还有一年四季从大西洋、从北海呼啸而来的狂风，总带着摧枯拉朽的力量；在被地上地下的各种动物横行肆虐之后，它们仍奋力生长着。年复一年，为了生存，这些本土植物无时无刻不在与天争与地斗，然而也只能维持本身物种的数量平衡。毫无疑问，在凯撒到来前的几千年里，这个地区一直处于这样一种自然状态下。而且，如果没有人类的介入，这样的状态还会持续下去。

以人类惯常的时间标准来衡量，这些原生植被就如同其所覆盖的“永恒之山”一般，似乎是亘古不变的。如今，小黄芩在一些地方生长繁盛，它的祖先便是史前被野人践踏、遭燧石工具破坏过的小黄芩。往前追溯，在冰河时期恶劣的气候条件下，小黄芩可能比现在还要繁茂。而与这种卑微植物漫长的生存史相比，人类文明史只不过是一个片断而已。

若以宇宙自由计时的标准来衡量，毋庸置疑，不管自然现在的状态看似多么永恒，也只是无限变化的宇宙的一个转瞬即逝的阶段而已。地球已存在成百上千万年，地表沧海桑田，如今的状态也不过是地表面经历万千变化后的最终态而已。再来看临近海岸五百英尺高的白垩崖顶上曝露的小块草皮和坚实的地基，我们可以判定“永恒之山”所在之处曾经是一片汪洋大海。而附近陆地的植被也不属于今天苏塞克斯丘陵的植物群，却同中非大陆的植被同宗，因此可以肯定的是，在白垩和原始草皮各自形成之间，相隔了几千个世纪。在这个过程中，白垩沉积时代的自然状态不断变化，最终成为今天的模样。其过程之缓慢，在时人看来像是永恒不变的，只有在几代人的来来往往间才得以见证。

还有一点值得肯定：白垩沉积之前还有一段更为漫长的岁月。追溯这段岁月，我们很容易发现生物为了生存而相互竞争、不断改变的各种蛛丝马迹，它们经历了相同的进程。但我们无法追溯到更遥远的过去的时刻，并不是有任何理由认为我们的认知已经抵达起源，而是因为最古老的生命迹象要么未被发现，要么已遭毁灭。

因此，我们一开始所知的植物界的自然状态绝不是永恒不变的。准确地说，自然状态的本质就是暂时性。即便这种自然状态可能已经存在两三万年，甚至在未来同样漫长的时间里，它也不会有显著变化。但如同它是一种迥然不同的自然状态发展变化的结果，它也必将演变为另一种截然不同的状态。永恒不变的不会是生命形态（某一时期）的各种结合，而是宇宙本身形成的过程。在这个过程中，所有结合都只是昙花一现。在生物界，这种宇宙过程最大的特点之一就是生存斗争，或者说生命个体与整体环境的竞争。竞争的结果便是环境所作出的选择，即那些总体上最能适应某一时期各种条件的生命形态的存活。而且，仅从这一方面看，这些生命形态是最适应环境的。（从1862年至今，我坚持且不断重复一个观点：进化理论既须适用于进步的发展，也须适用于同等条件下的无限的持续，还须适用于退化。1862年，我在题为《地质同时性与持续类型》的演讲中，首次给出该观点的古生物学理据。）受宇宙过程的支配，英伦南部丘陵的植被里出现了竞争的最终赢家，即草皮中夹杂的野草与小黄芩。在同样的条件下，众多植被中只有野草与小黄芩在斗争中胜出。它们存活下来，证明它们是最适于生存的。

任何时候，自然状态都只是久远年代的一个暂时阶段，处于不断变化的过程中。古代哲学家在缺乏理据的情况下曾提出过相同的学说，却作出了错误的假设：自然状态的不同阶段形成了一种循环，一丝不苟地重复着过去与未来的轮回。而另一方面，古生物学却为我们提供了确实的理据：若这些最卑微的本土植物的世系进化的所有阶段都能保存下来，并被人类发现，那么整个过程将为我们展示一个不断趋同的生命形态系列。追溯的时间越久远，这些生命形态的复杂性越低；直到回溯到比任何已发现的生物遗迹所处的年代都要久远的地球史的某一时期，这些生命形态会融入动植物界限不明的低等生物群中。

“进化”一词曾有其独特的历史，且在不同的意义上被使用，现在一般应用于宇宙过程。“进化”的通俗意义指前进的发展，即单一的情况逐渐发展演变为较复杂的情况；不过现在其词意已扩大，它的内涵包括退化，即从较为复杂的情况逐渐演变为较单一的情况。

进化作为一种自然过程，排除了创世说以及其他一切超自然力量的干涉。它从性质上来讲，与种子成长为大树，或卵发育为家禽的过程一样。进化还是一种固定秩序的体现，每个阶段都是按照一定规律发生作用后的结果；因此，进化的概念排除了偶然性。但应牢记，进化并非是对宇宙过程的阐释，而仅仅是对该过程的方式与结果的一种概括说明。此外，若有证据表明，宇宙过程最初是由某种力量推动的话，那么这种力量就是宇宙过程及其所有产物的缔造者，即便在其后的进化过程中，超自然力量的干涉仍将被严格地排除在外。

我们把对事物性质的有限揭示称之为科学知识。只要科学知识在不断发展，就会越来越有力地向人类证明：不仅植物界，还有动物界；不仅生物，还有整个地球；不仅我们的地球，还有整个太阳系；不仅太阳及其行星，还有亿万个遍及无垠宇宙时空的、遵循进化秩序的类似天体都在孜孜不倦地按照进化论的既定轨迹发展。

现在，我只讨论有关地球上的生命形态的进化过程。尽管原因尚未确定，但是所有的动植物都表现出了变异的倾向；此为其一。特定时间内的特定生存条件，总是最有利于与它相适应的变种的生存，而不利于其余变种的生存，从而产生了环境选择；此为其二。一切生物都有无限繁衍生息的趋势，然而这种生息繁衍的环境支持却是有限的，因为这些生命繁衍的后代繁多，远远超过其祖先的数量，但在客观要求上，二者的预期寿命却是一样的；此为其三。如果没有第一种趋势，就不会有进化；如果没有第二种趋势，就无法合理解释为什么随着一种生物变体的消失，另一种生物变体占据了整个生存环境；即没有第二种趋势就不会产生环境选择。如果没有第三种趋势，那么自然状态中推动环境选择过程的生存斗争就会消失。

若我们承认以上三种趋势的存在，那么，动植物史的所有事实都将存在于一种理性关联中。而这种理性关联比任何我所知的假设都更值得拥护。比如，有人假设，上古时期，世界处于一片无序的混沌之中。还有人假设，有一种所谓的不活泼的惰性永恒物质，被其主体按照某一原型进行塑造，但并非与原型完全相同。另一种假设认为，有一种超自然力量在瞬间创造出全新的世间万物，并迅速赋予其形态。所有这些假设，不仅得不到我们现有知识的支持，而且相互矛盾。我们的地球曾是浩瀚宇宙混沌的一部分；这种假设不仅有可能，而且可能性极大。然而，我们没有理由怀疑这其中存在着主宰一切的秩序，如同完美的自然物和人类的手工艺品同样需要某种秩序支配一样。每一宇宙混沌必定演变为一个新世界，这个新世界是旧世界消失的必然结果。

二

三四年光阴匆匆消逝，因人类的介入，我在前文中所提及的那一小块草皮所处的自然状态也已不复存在。一堵墙将这一小块草皮与其他土地隔离开来；墙内受保护的区域，原生植物已被除尽，外来植物取而代之。简言之，这块土地被改造成了一个园地。这样一来，这块经过人为改造的土地就呈现出与墙外自然状态迥然不同的景色。园里，树木、灌木丛、草本植物等众多来自遥远之地的作物郁郁葱葱。此外还有大量的蔬菜、水果及花木等，皆在园地所提供的条件下才能生存。因此，这些植物就如同它们的生长之地——温室一样，属于人工作品。这种在自然状态下创造出来的“人为状态”的存在与维持都依赖于人类。如果没有园丁的照料，没有园丁对一般宇宙过程的影响的隔绝和抵制，“人为状态”也许早就不复存在了：年深月久，花园的围墙会坍塌，大门会腐朽。园内美丽的植物除了可能遭到四足或两足动物的吞噬践踏，还有可能遭受鸟类、昆虫的啄食，以及枯萎病、霉菌的恣意侵袭。本地植被的种子会借助风或其他媒介迁徙，这些曾经卑微的野草由于长期适应当地环境，获得了特殊的适应能力，很快扼杀掉外来的竞争植被。一两个世纪之后，除了围墙、温室及温床的地基，园地内人工的痕迹将消失殆尽。宇宙力量在自然状态中发挥了作用，轻而易举地战胜园艺家的工艺对其绝对地位造成的暂时阻碍。

我们必须承认，这个园地同我们所提及的所有人工作品一样，也是一种工艺成品，或者说是艺术品。人体内的某种能力受同样处于人体内的智力的指导，生产出一系列自然状态下无法产生的东西。这种观点适用于所有人类用双手制成的工艺品，从燧石工具到大教堂的精密计时表，无一例外。正因为这样，我们才将人造物品称之为工艺品或艺术品，而将宇宙过程的产物称之为自然物或天然成品，以此区分二者。这种区分已经得到普遍认同，且我本人认为这样的区分是很实用，也很合理的。

三

毫无疑问，我们可以这么说：从严格意义上讲，利用人的体力与智力来建造并维护园地，也就是我所说的“园艺过程”，同样是宇宙过程的重要组成部分。我比任何人都要同意这一观点。从体力、智力及道德观念上讲，人就如同最卑微的杂草一样，是自然的组成部分，也是宇宙过程的产物。事实上，在过去三十年的岁月里，我十分辛苦地坚持这种学说，因为一开始，它备受诟病。

但是有人指出，如果按照上述这种观点，就可能出现这样的矛盾：既然“园艺过程”是宇宙过程本身的一部分，那么宇宙过程不可能与自身的一部分相对立。对此我只能这么回应：如果二者的对立在逻辑上是荒谬的，那么我为这种逻辑感到遗憾。因为我们所见的事实确实如此。园地同其他人类工艺品一样，是宇宙过程通过人的体力与脑力生产的产品；同时，园地同自然状态中创造出的其他工艺品一样，自然状态的作用总有破坏或毁灭它的倾向。无疑，福斯铁路桥和海面的装甲舰，就如同桥底流淌的河水和浮载船舰的海水，归根结底，它们都是宇宙过程的产物。然而，每当有风吹过，福斯铁路桥都会受到一点儿损害；每一次潮汐，桥基都会被腐蚀一点；温度的每一次变化都会使桥体构成部分有些许移动，进而产生摩擦并造成损耗。因此，福斯铁路桥时不时需要修缮，正如装甲舰时不时需要入港停泊一样。原因很简单，人类总从大自然母亲那里借东西来拼装组合，而一般宇宙过程并不喜欢组合的东西，所以，大自然母亲总是会将借出的东西收回。

总而言之，宇宙能量不仅通过人类对植物界的部分发生作用，还通过自然状态发生反作用。甚至可以说，人工与自然之间处处都有对立。即便在自然状态的内部，如果生存斗争不是宇宙过程在生命领域的各种产物的对立，那还能是什么呢?

四

不仅自然状态与园地的人为状态相对立，由人为创造并维持的园艺过程的原理，也同宇宙过程的原理相对立。宇宙过程的典型特征即永不停息的、激烈的生存斗争。园艺过程的特点则是通过消除产生生存斗争的条件来消除斗争本身。宇宙过程倾向于调整植物的生命形态，使之适应当前环境；而园艺过程则倾向于调整生存的条件，使之满足园丁想要培育的植物生命形态的需求。

宇宙过程并不限制生命大量繁衍，它使无数生物为仅够单个生命消耗的空间与养分而竞争。它利用严霜与干旱淘汰弱者及不幸者。生物要想生存，不仅要强大坚韧，还得拥有一点运气。

相反，园丁则限制生命的繁衍数量，给每一株植物都提供充足的空间与养分，为其抵御严霜与干旱。总之，他会竭尽全力改善环境，以使那些最符合自己脑中的实用或审美标准的生物存活下来。

若园地中的水果、块茎、树叶及花朵都达到或十分接近园丁的理想状态，那么，我们没有理由不保持这种现状。只要自然状态大致维持原状，那么，创建园地所需的体力与智力就足以维护园地。然而，人类对自然的掌控十分有限。如果白垩纪环境重现，即便最心灵手巧的园丁也得放弃培育苹果及鹅莓。同样，如果冰河时期回归，用露天苗床来种植芦笋无疑是多此一举，而修剪南墙边最佳位置的果树也纯粹是浪费时间，自找麻烦。

但是，有一点必须指出：如果园丁对园里的产出不满意，即使自然状态保持不变，园丁也会设法让产出更接近他所设想的完美状态。尽管生存斗争可能会停止，但进步不会停歇。奇怪的是，在讨论这些问题的过程中，人们经常会忘记一点：生物改良或进化的必要条件是变异和遗传机制。环境选择作为手段，使某些变异品种受环境的青睐，其后代才得以保存。而生存斗争仅是实现环境选择的手段之一。

人工培育的花、果、根、块茎和球茎的无数变异品种，并非环境通过生存斗争进行选择的产物，而是按照理想的实用标准及审美标准直接选择的结果。在一大片生长在园地的相同位置和培育环境的植物中，变异品种出现了。其中只有那些按照园丁预期方向进化的变种被保存下来，余者则被淘汰。而保存下来的变异品种会继续重复这一过程，直到园丁的目的达成——野甘蓝变成卷心菜，野生三色堇变成珍贵的三色紫罗兰。

五

殖民过程与园地的形成过程类似，这一现象引人深思。假设在18世纪中叶，英国殖民者乘船前往塔斯马尼亚，想在此建立殖民地。登陆马岛之后，殖民者发现自己处于一种自然状态之中，除一般自然条件外，眼前的一切与自己之前所生活的环境全然不同。马岛上常见的植物、鸟类、四足动物都与地球另一端的出发地英国不同。这些殖民者迫切地想要占领土地，便马不停蹄地恣意终结这种自然状态。他们清除本地植被，本着自己的需要对本土动物进行驱逐和杀害，同时采取必要的措施防止动植物回归。他们引进了英国的谷物、果树，英国的狗、羊、牛、马，并按照英国人的方式在此生活。事实上，他们在古老的自然状态中，建立了一种新的动植物体系，引入了新的人种。他们的农场与草场就如同大型园地；他们自己就相当于维护园地的园丁。他们小心翼翼地与“旧王国”对立着。整体而言，殖民地就像是植入原始的自然状态中的一个综合体，进而成为生存斗争的一个竞争者；如果不能取胜，就必然消失。

在一种假设的条件下，如果殖民者能同心协力，那么毫无疑问，他们一定能取得成果。另一方面，如果他们懒惰愚笨，漫不经心，或是将精力耗费在内讧上，那么原始的自然状态很可能就会占据上风：土著野蛮人会消灭外来的文明人；本土动植物会铲除来自英国的动植物；而其他生物则将变成野生状态，融入自然状态中。几十年后，殖民地的一切痕迹终将消失殆尽。

六

现在，我们假设有这么一位行政管理长官。他的才智远远超过常人，如同常人远超家畜一样。他成为殖民地的管理者，处理一切事务，旨在消除所处自然状态的对立因素，成功定居此处。因此，他的管理方法无疑与园丁维护园地相类似。首先，对本地的一切生物，不管是人还是野兽或植物，他都会竭尽所能地赶尽杀绝，隔绝外部竞争的影响。然后，他会像园丁按照理想的实用标准及审美标准来挑选植物一样挑选符合自己标准的殖民者。

其次，由于殖民者之间必定会展开生存竞争，从而削弱殖民地整体与自然状态斗争的效率。因此这位管理当局人员会做好安排，使每一位殖民者都有生存的必需品，并无须担心自己的部分会被精明强壮的同伴夺走。殖民地全民通过法律，借此限制个人的自行其是，以维护殖民地和平。换言之，人类之间的生存斗争，就像宇宙中的生存斗争一样，都将遭到严格的禁止；而借助生存斗争进行的环境选择，则将被完全摈弃，和园地中的情况一样。

与此同时，除了上述的情况之外，殖民者还会创造有利于自身发展的生存条件，来消除所有限制其能力全面发展的其他障碍。为此，他们修建房舍，制作衣物，以抵御酷暑严寒；兴修排水灌溉设施，以防洪抗旱；筑路修桥，开凿运河，造车造船，以克服交通等自然障碍；制造机械发动机，以弥补人畜力量的不足；采取卫生防护措施，以遏制和消除可能引发疾病的自然因素。文明的步伐每向前迈进一步，殖民者独立于自然状态的能力便增长一分。为了达到目的，这位管理者必须充分利用殖民者的勇气、勤劳与集体智慧。显而易见，只有使拥有这些品质的殖民者人数增多，使缺乏这些品质的人员减少，集体利益才能实现最大化。换言之，也就是按照理想标准进行选择。

如此看来，这位管理者很可能想建立一个人间天堂，一个现实版的伊甸园，一切措施都是为了满足园丁的利益。宇宙过程，这种自然状态中的野蛮生存斗争，理应被废除；自然状态应该被人为状态取代；所有植物及低等动物都应符合人类需求，而且都处于人类的管理和保护之下，否则这些生命便会消亡；人类本身也已成为完美社会职能的执行者，因此同样要接受社会效能的选择。这种理想社会不是让人们逐渐适应周遭的环境，而是人工创造适应人类生存的环境。它也不是生存斗争自由进行的结果，而是排除生存斗争、按照管理者理想标准选择的结果。

七

然而，伊甸园里也有毒蛇的存在，这条蛇还异常狡猾。人类同其他生物一样，具有强大的繁衍本能及迅速生殖的倾向，因而也会承受随之产生的后果，即过度繁殖。管理者为实现其目标所采取的措施越强劲，自然状态的淘汰作用便会消除得越彻底，对人类繁衍的制约就会越松懈。

此外，殖民地内部强制和平，人们一律不得恃强凌弱、夺取他人的生存资源，这就消除了殖民者之间的生存斗争。剩下的就是对日用品的争夺，这对人口的增长几乎不起作用。

如此一来，一旦殖民者开始大量繁衍，日用品竞争乃至生存资源竞争就会随之出现，摆在管理者面前的事实就是，宇宙的生存斗争回归到人为状态的殖民地。当殖民地环境承载力达到极限时，管理者就必须设法处理掉多余的人口，否则，激烈的生存斗争将卷土重来，摧毁人为状态对抗自然状态的基础条件，即和平。

假如管理者依照纯科学思维的方式进行管理，那么，他就会像园丁一样，面临人口过剩的窘境，为此必须对冗余人口进行整体消除或整体驱逐。如同园丁拔掉有缺陷的或过剩的植物，饲养员杀死不满意的牲畜一样，管理者将绝症患者、年老体弱者、肢体或智力残障者以及过剩的初生者一律处理掉。对管理者来说，只有强壮健康且完美结合的夫妇，才能孕育出符合他要求的后代。

八

针对近年来出现的很多社会问题和政治问题，许多人尝试用宇宙进化或其他类似的原理来解释。在我看来，他们的理据无非在于：人类社会完全可以凭借自身资源选出我所假设的这种行政管理长官。简而言之，鸽子们将自我化身为约翰·塞伯莱特[1]伯爵。不管是个人专制政府，还是集体专制政府，都应具备超凡的智慧，并且需要政府极度无情——只有这种极端的选择，才能成功地改进社会。

[1] 英国农业学家，因改良家禽和养鸽术而闻名。

我们的生活经验当然无法明确解释个体“社会救赎者”的残暴之处；然而，若以知名格言“团体既无肉体亦无灵魂”为前提，下面这种情况就有可能出现：集体专制，即一群暴徒比起任何一个残暴君王，将残忍无情贯彻得更彻底。因为在传教士的煽动下，他们认为自己拥有上帝赐予的无上权力。然而，智慧却是另一码事。“社会救赎者”热衷暴力，足以充分说明他们缺乏智慧。他们仅存的一点小聪明一般都出卖给了资本家，因为资本家物质资源丰富，而他们得依赖这些资源生存。但是我怀疑，即便有那么一个看人精准的人，如果让他在100个不满14岁的孩子中，判断哪些对社会有利，应当予以保留；哪些懒惰愚笨，道德低下，应当毒杀，恐怕他也很难作出准确判断。比起分辨小狗或短角公牛的好坏，公民好坏的区分更难辨认；因为只有在实际生活中遇到困难，人性的许多特点才会被激发出来。然而，待到那时，激发出来的东西已成事实。而坏种即便只有一个，也已获得繁衍的时间。这样一来，选择便毫无用处了。

九

对于“鸽子爱好者的政治组织”这种产生于进化论思想引导之下的逻辑理想，我有理由担心它根本无法实现。如果没有一位具有严谨科学思维的管理者，人类社会就只能通过独特的纽带来维系，而任何效仿这种管理者来创造完美社会的行为，都将使维系人类社会的纽带发生松动的危险。

社会组织并非人类特有。其他生命形式如蜂群、蚁群等社会组织之所以形成，是因为相互合作使得其族群在生存斗争中更有优势。这些社会组织与人类社会组织相比，其异同之处对人类来说皆富有指导意义。蜂群的社会组织形式与共产主义理想中的“各尽其能、按需分配”极其相似。其生存斗争严格受限。蜂后、雄蜂和工蜂按需享有充足的食物；各尽其能地完成蜂群经济分工的任务，并通力合作，战胜自然状态中采集蜜露花粉的对手，赢得与其他物种的斗争，为整个族群作出应有的贡献。如果说花园或殖民地是人工作品，那么蜂群组织也可视为蜜蜂技艺的工艺品，是宇宙过程作用于膜翅目社会组织的结果。

由于这种社会组织是蜂群生存需要的直接产物，这就迫使每个成员的行为都从集体利益出发。每一只蜜蜂都需要承担责任，却不享有任何权利。那么，蜂群是否有感情，是否有思维呢？对于这个问题我们不能妄下断语。老实说，我更倾向于认为蜜蜂只具有些许意识的萌芽。但是，我们可以作一个有趣的假设：假若有一只雄蜂（工蜂与蜂后太忙碌，无暇思考）颇善于思考，且具有做伦理哲学家的潜质，那么它必定自诩为一个最纯粹的直觉主义伦理家，义正言辞地宣称，工蜂一生任劳任怨，孜孜不倦，也只是为了糊口而已。对此，既不能用亚当·斯密“开明的自利”来解释，也无法用其他功利主义动机来说明。因为工蜂从蜂房孵化出来的那一刻起，就开始工作，它们既无经验，也来不及思考任何东西。因此，对此唯一的解释就是：工蜂天性如此，且永不会改变。此外，通过对独居和群居蜜蜂的生存状态进行长时间的跟踪调查，生物学家发现，蜜蜂是从独居自发走向群居的，这无疑是一个自发的完善过程。在漫长的岁月中，独居蜜蜂的后代不断发生变异，并在经历了一波又一波生存斗争的考验之后，选择了群居。

十

与蜂群组织相同，人类社会形成之初仅是功能需要的产物。这一点我完全赞成。首先，人类家庭组织形成的原因与低等动物形成类似组织的原因相同。其次，随着越来越多的后代为了自我保护与防御而进行合作，这种家庭组织的寿命就会不断延长；家庭组织寿命每延长一次，该家庭组织成员与其他家庭组织成员相比，优势更加明显。此外，如同蜂群一样，家庭组织成员内部的生存斗争也会逐步受限，而外部竞争的效率会显著提升。

但是，蜂群社会同人类社会存在着这样一种巨大的根本性差异：蜂群社会中，个体蜜蜂的身体构造注定了它只能执行一种特定的职能。即便蜜蜂的身体构造使得个体有其他欲望，该个体也只能就职于其身体构造适合的职位。为了集体利益，蜜蜂这样的做法很合理。而只要没有新蜂后出现，蜂群社会组织就不存在对抗与竞争。

人类社会与蜂群社会不同。在社会有机体中，个人没有注定要执行的确切职能。然而，尽管大多数人的智力、情感以及敏感度都存在不同，我们并不能说某人的自身条件决定了他适合做农民，而另一个人就适合做地主，且不可以从事其他工作。此外，尽管人类天资不同，但有一点却是不谋而合的，即人类天性趋于享乐，逃避痛苦。简而言之，人类只做让自己满足的事情，绝不会考虑自身所处社会的整体利益。这种天性是祖先不断进化的结果（原罪说便基于这一现实）。从野兽、类人猿到人类，这种自行其是的天性不断加强，成为赢得生存斗争的条件。这也是所有人类贪欲的原因，或者说是人类存在永不餍足的享乐欲望的原因；而这种天性恰是人类在同外部自然状态斗争中取得胜利的决定性条件之一。然而，若任由此类天性在人类社会自由发展，那么，它就会成为毁灭社会的必然因素。

人类自行其是的自然天性，是人类社会产生的必要条件。制约这种自由则是社会组织进行管理的必然产物，这与蜂群社会构成的管理需要是不同的。这种产物之一就是人类在漫长的婴儿期所培养出的亲子关系。但更重要的是，人类模仿他人类似或相关的行为与感情的倾向不断加强。动物界中，人类是最高超的模仿者；只有人类可以绘画、仿效；同时人类的模仿范围最广、类型最多、准确度最高；人类最擅长模仿动作，但模仿动机仅在于给自身带来快乐。另外，没有动物可以像人类一般，是情绪的“变色龙”。我们可以通过简单的心理反射，接收到周围人的不同的情感表达；或者，感受到与自身不同的情绪色彩。我们所说的同情心理，并非总是要通过“设身处地”来感知他人的开心与痛苦才会产生。事实上，不管我们意愿如何，“同情”让人类“特别仁慈”或“特别残忍”，这往往与我们的正义感背道而驰。不管古代贤人多么冷静理智地看待公共舆论，我都尚未见识过一位能真正做到大敌当前仍泰然处之的智者。事实上，我甚至怀疑从古至今，是否真的存在面对街边儿童的极度蔑视仍毫不动怒的哲人。我们确实无法为亚哈随鲁的大臣哈曼恨不得将蔑视自己的犹太先知摩迪凯吊死在高高的绞刑架上这种行为进行辩护。但是可以想象，每当哈曼进出宫门时，总感受到摩迪凯这个卑微的犹太人对自己毫无敬意，那么他一定怒火中烧[1]。

制约人类反社会倾向的因素并非是对法律的畏惧，而是对同伴舆论的畏惧。只需联系实际，我们便能发现这一点。荣誉产生一定惯例，约束破坏法律、道德及宗教教法的个人。人们为了活命，可以忍受躯体上的极端痛苦；然而，舆论产生的羞耻感却足以让最懦弱的个人放弃生命。

社会每进步一次，就使人际关系变得更加紧密，也使因同情产生的喜悦与痛苦之感变得更为重要。我们的同情心是评价他人行为的标准；而他人的同情心是评价自我行为的标准。从孩童时代起，每天每时每刻，我们都以同情心作为判断他人行为的标准；也以他人的同情心来评判自己的行为，时日渐长，直到我们的某一行为与褒贬的感情之间建立起某种关系，而这种关系就如同语言之间的关系一样牢不可破。不论事件的主体是我们或是他人，我们都无法想象不受主体褒贬的行为。于是，人类开始用习得的道德言辞进行思考。这样，除了自然的人格外，一种人为的人格逐渐建立，也叫“内在人”，即亚当·斯密所说的“良心”。这种人为人格是社会的看门人，负责将自然人的反社会倾向限制在社会利益要求的范围之内。

十一

维系人类社会的原始纽带很大程度上是由情感打造的。而这种情感不断进化，形成一种有组织的人格化同情心理，即我们所说的“良心”。我将这一过程称为伦理过程，它能提高人类社会组织与自然状态及其他社会组织进行生存斗争

[1]《圣经·旧约》的《以斯帖记》中写道：“但是，当哈曼在王宫门口见到摩迪凯时，摩迪凯既不起身迎接，也不为哈曼让道。所以，哈曼十分恼怒……于是，他向众人宣称自己有享用不尽的荣华富贵……国王还许诺赐给他价值连城的宝贝……然而，只要见到犹太人摩迪凯坐在宫门口，这一切带来的荣耀便付诸东流。”这一故事深刻地揭露了人性的弱点。

的效率。由此看来，伦理过程与宇宙过程形成了一种和谐共存的状态。但是，由于法律和道德限制人类社会内部的生存斗争，因此，伦理过程势必与宇宙过程形成对抗状态，而且会制约在生存斗争中最适于取得成功的品质。这一观点也同样正确。

此外，我们还需要作进一步的讨论。尽管自行其是的天性是人类社会在与自然状态的对抗中得以维持的必要条件；但是，若任由此类天性在人类社会中自由发展，它必然会毁灭社会。同样，自我约束是伦理过程的本质，也是每一个社会组织存在的必要条件；但是，若自我约束过度，也会导致社会组织的毁灭。

有这样一些道德家，他们的关注点只集中在理想社会中的人际关系上。然而，不论身处哪个时代，也不论信仰如何，他们都一致认可“推己及人”这一“黄金法则”。换言之，让同情心成为你的行动向导；你得设身处地替他人着想；在某种情况下，你希望别人如何待你，你就应该如何待别人。然而，不管人们认为这条行为准则多么高尚，也不管人们对这条普通人无法充分贯彻其逻辑后果的原则如何充满信心，我们都应该认清这一事实：在这个世界已经存在或能够看见的所有情况下，这一准则产生的逻辑后果与文明状态都是无法相容的。

因为，据我猜想，每一个做错事的人最想做的事便是逃避其错误行为所带来的苦果。如果我遭人抢劫，站在劫匪的立场上，我发现自己最想要的结果是免缴罚款或免于牢狱之灾；如果我脸的一侧被人扇了一巴掌，那么，站在打人者的立场上，我应该庆幸于我没有转过脸被回敬一巴掌。严格地讲，这一“黄金法则”的题中之义包括法律的可谈判性，因为它拒绝动用法律制裁违法者；从社会组织的外部关系来看，这一“黄金法则”拒绝生存斗争的继续存在。因此，只有在否认其本身的社会中，人们才能偶尔遵循这一“黄金法则”。否则，所有遵循该法则的人可能会沦陷于对天堂的向往之中，同时，他们还得面对一个必定的事实，即其他人将成为地球的主宰。

如果园丁清除杂草、蛞蝓、鸟类及其他入侵花园的生物时，也设身处地地为这些生物着想，那么花园会变成什么样子呢?

十二

宇宙过程是自然状态的产物。在前面部分的论述中，我已经对宇宙过程及自然状态的本质特征进行了必要的说明；虽然只是泛泛而谈，但我希望是可靠的说明。我以花园为例，将自然状态与人类智力及体力所创造的人工状态进行了对比；此外我还说明了，所有地方的人工状态的维持，都需要与自然状态进行不断的对抗。另外，我还指出，从原则上讲，“园艺过程”只有对抗“宇宙过程”，才能建立起来。因此可以说，二者几乎是相对立的。因为，园艺过程有限制生存斗争的倾向，其手段即限制繁衍；然而，繁衍又是生存斗争形成的主要原因之一。另一手段则是创造比自然状态现有条件更适合生命存活的人工条件。我还详细说明了以下事实：尽管自然状态中的生存斗争所催生的进步性变化已经终结，但此种变化仍受到选择的影响，这种选择是按照自然状态中的人完全不知道的某种实用标准或审美标准来进行的。

紧接着，我继续进行说明并指出，在一个处于自然状态的国家中所建立起来的殖民地，与花园有相似之处。若我们假设殖民地可以无限扩大，而有一位管理者能力很强，同时愿意像园丁培育花园一样来管理殖民地，那么，为了确保新建的殖民社会组织不断扩大，他会采用某种行动方案。我还指出，如果这位管理者不采用此种方案，那么，殖民地一定会陷入困境；因为如果在有限的土地上，人口无限繁衍增长，那么殖民地内部人员之间迟早会为了生存资源而进行竞争。然而，管理者首先要排除的就是这种内部生存竞争，因为它会破坏社会团结的首要条件，即和平共处。

面对殖民地生存所受到的这一威胁，我还简要地描述了我所知道的立竿见影地解决这一问题的方法。但是，我必须很遗憾地承认一点：进化论这种纯科学方法几乎无法在现实的政治领域使用。不是因为多数人不愿意采用这种方法，而是因为以人类的资质来看，并不能完全挑选出最适合存活下来的人。通过其他论证，我得出了同样的结果。

我已经指出，人类社会起源于功能上的需要，表现为模仿与同情心理。在人类与自然状态及自然状态中的其他社会组织进行生存斗争的过程中，那些逐渐走向密切合作的人群，比起其他人群拥有了更大的优势。但是，由于每个人都与其他同类一样，或多或少地保留了一些欲望，特别是不加节制的自我满足的欲望，因此，社会组织内部的生存斗争的消失是一个渐进的过程。只要欲望还存在，该社会组织就只能继续作为一种不完美的生存斗争工具而存在。因此，该社会组织也会因生存斗争的选择性而不断优化。对于野蛮人部落而言，在其他条件相同的情况下，存活下来的是那些内部纪律严明、秩序井然、安全性强，且在与外部部族的合作中能诚信互助的部族。

维系人类社会的纽带，虽然可以平息社会组织内部的生存斗争，但是当它增长到一定强度的时候，便能够提高社会组织作为一个共同体在宇宙斗争中存活的几率。我将它的增强过程称为伦理过程。此外，我还努力说明一点：当伦理过程发展进步到社会组织中的每个成员都拥有生存所需的资源时，人与人之间的生存斗争其实已经终结。而且，不可否认的事实是，高度文明的社会组织已经达到这一水平，所以对于这样的社会组织而言，生存斗争在其内部已经没有多么重要的作用了。换言之，所谓的在自然状态下产生的进化，是不可能发生的。

在我看来，园艺师及育种者所进行的直接选择，不曾、也不可能在社会进化中发挥重要作用。我进一步分析了这种认知产生的原因。抛开其他不谈，如果没有对维系社会统一体的纽带进行削弱或毁灭，这种选择将如何进行？我突然意识到，有这样一种人，他们总是在策划着如何主动或被动地消灭弱者、不幸者以及多余的人；他们声称这种行为受宇宙过程支配，是保证人类进步的唯一途径。如果他们坚持这样做，那么医学一定会被他们列为妖术，而医生则是不适应环境之人的邪恶守护者。在婚姻问题上，对他们的婚配产生主要影响的是种马原则。因此，他们一生都在修习一门高贵的技艺——如何遏制自然情感及同情心理，当然，对于这类东西，他们自身也不可能保留很多。然而，当人类缺失了这些东西，也就失去了良心，也没有了行为限制。他们就只会算计自身的利益，只会权衡眼前已经明了的利益，以及不确定的未来的辛苦。根据经验，我们知道这样的人生并没有什么价值。每一天，我们都能看到笃信地狱论的神学的信徒犯罪。

当他们冷静下来，便会意识到，自己可能遭受地狱论中所说的永世惩罚。与此同时，他们却在做着截然相反的事，那就是极力遏制对他人的同情心。

十三

文明前进的演化过程就是所谓的“社会进化”。事实上，它与自然状态中的物种进化、人工状态中的变种进化过程有着质的区别。

从都铎王朝统治开始，英国文明发生了巨大变化。然而据我所知，至今尚无任何证据支持下面这种结论：在英国文明的进化过程中，人作为社会进化的主体，不管是在体质还是精神特征方面，都未随之发生改变。我也没有发现任何根据能支持以下结论：今天的英国人与莎士比亚所认识和描写的英国人有什么显著的差别。透过莎翁作品这一伊丽莎白时代的魔镜，我们可以一清二楚地看到自己的模样。

在伊丽莎白王朝到维多利亚王朝的3个世纪里，广大人民群众内部的生存斗争在很大程度上被加以限制（除了一两次短暂的内战），因此生存斗争几乎没有或完全没有发挥选择的作用。至于其他可以视为直接选择的行为，也由于实践范围的狭小而可以忽略不计。对触犯刑法规定的人处以死刑或长期监禁；就这一点来说，刑法可以防止遗传性犯罪倾向肆意滋长。济贫法有可能拆散婚姻，但是当事者的贫穷却是由遗传性的品格缺陷造成的。由此可见，刑法和济贫法无疑属于选择范畴，有利于选出遵纪守法和高效的社会成员。然而，这类法律的影响范围是十分有限的；而且遗传性罪犯及遗传性贫民一般在受到法律惩罚之前就已经繁衍了后代。在绝大多数情况下，犯罪与贫穷和遗传没有任何关系，而是一部分因后天环境造成，一部分由个人的品质决定。在不同的生活条件下，以上这些品质或许还能激起他人的尊重和钦佩。有睿智者曾经说过，垃圾是放错地方的宝贝。这条真理还可以用来解释道德问题。仁慈与慷慨能为富人增辉，也会让穷人更穷；力量与勇气可以使士兵平步青云；沉稳干练与胆大心细能让金融家富甲一方。然而，在完全相反的情况下，这些品质却有可能轻而易举地将他们送上绞刑架，或使他们锒铛入狱。此外，“失败者”的孩子有可能受家族中某一长辈的引导而有所长进，从而走上迥然不同的道路。有时候，我想提醒那些恣意谈论淘汰不适者的人，他本人可曾冷静地思考过自己的人生历程。当然，如果一个人不知道在人的一生中，总会有一两次很容易地沦落到“不适应环境者”的境况，那么他一定是真正的“适者”。

我深信，在过去的四五个世纪里，我们民族天生的品质——无论是体质上的，还是智力或道德品质方面的，都基本没什么变化。如果说生存斗争对我们有什么严重的影响的话（我对此深表怀疑），那也应该是在同其他民族进行的军事战争或工业战争中间接造成的。

十四

通常所说的社会生存斗争（原谅我不够严谨地使用这个术语），是一种竞争，争夺的目标并非生存资源，而是为了取得享受资源。在这场现实的竞争性测验中，胜出的是有权有势的富人；那些所谓的失败者大都处于社会底层，甚至沦为贫民、罪犯等。宽泛地统计一下，我估计前一类人的数量不超过人口总数的2%，而后一种人的数量同样不超过人口总数的2%。为了论述方便，我姑且假设后一种人的数量高达人口总数的5%。

自然状态中的生存斗争只存在于后一种人当中；他们或快或慢地死于饥饿或长期的恶劣生活环境引起的疾病，这种情况只存在于约占人口总数5%的人群中；而且，在他们死亡之前，谁也无法阻止他们繁衍后代。虽然与富人相比，他们的婴儿死亡率更高，但人口增长速度却更快。因此可以清楚地看到，这一阶层的生存斗争对占人口总数95%的阶层没有起到有价值的选择作用。

如果一个养羊人从1000只羊中挑出最差的50只，把它们放逐在贫瘠的公共草地上，等到最虚弱的羊饿死后，再把那些存活下来的羊赶回到羊群中，并对此感到心满意足。敢问，这算什么样的养羊人呢？这个比喻很是形象。因为在大多数情况下，现实中的穷人和犯罪者既非最弱的人，也非最坏的人。

要想赢得享受资源这场斗争的胜利，充沛的精力、勤劳刻苦、心智聪慧、意志坚定是必备的品质，而且至少要有理解他人的同情心。如果愚蠢者及奸诈者在无人干涉的情况下，非但没有沦落到社会底层，反而身居社会顶层，那么在这种竞争中，社会复合体中的个人小单元将会自上而下、自下而上地持续循环。这场竞争的胜出者将构成社会组织的最大群体，他们并非最顶层的“最适者”；而是“中等适者”。因为在数量及繁衍能力方面占有优势，所以他们的数量总是可以超过天赋异禀的少数人。

我想，每个人都必定很清楚一点：不管是从社会的内部还是外部利益来考虑，理想的情形应该是，权力和财富应该掌握在精力最充沛、最勤劳刻苦、心智最成熟、意志最坚定且富有同情心的人手中。只要争夺享受资源的竞争能使这样的人站到财富和权力的顶端，那么这种竞争的过程就有助于造福社会。我们可以看到，这个竞争过程既不同于自然状态下生物适应于现有条件的自然斗争，也不同于园艺师的人工选择。

十五

我们再将其和园艺进行一次对比。现代世界，人类自身的园艺活动并非一种选择过程；它实际受限于园丁的某种职能的履行，即创造出比自然状态的既有条件更利于生存的条件。其目的在于，在与总体利益相协调的前提下，促进公民天生禀赋的自由发展。在我看来，伦理学家和政治哲学家的工作是：采用其他科学工作中被普及了的观察、实验、推理的方法，确定有助于实现以上目的的行动步骤。

假定经过科学论证确定了行动步骤，并且小心翼翼地加以实施，也根本不可能终止自然状态中的生存斗争，对人类适应自然状态也不会有任何帮助。即使整个人类都被纳入一个“绝对政治公平”的庞大社会组织之中，该组织之外的自然状态中的生存斗争却仍会继续，除此之外，由于繁衍过度导致的人类社会内部斗争也将卷土重来，并且这种趋势将一直持续。人类的祖先在自然状态中大获全胜，也因此犯下原罪，并将它遗传给了后人。如果人类不能消除这种原罪，那么每一个婴儿自出生起，就将带着无限度地“自行其是”的本能。然而，消除原罪的方法至今尚未被发现，至少那些不相信超自然力的人是这么认为的。因此，人类必须学会自我约束与克制——虽然这本身不失为一件好事，但它不会是一件快乐的事。

作为一种“政治动物”，人类可以通过接受教育、聆听指导、运用聪明才智来大幅度提升自我，使生活条件能够适应更高的需求。对此，我毫无疑义。然而，只要人类还会犯智力或道德上的错误；只要人类被迫不断地与存在于人类社会内外但其目的与人类截然相反的宇宙力量抗衡；只要人类还深陷于无法磨灭的记忆之中，还备受毫无希望的抱负折磨；只要人类认识到自身智力有限，从而被迫承认自己无力探索存在的奥秘，那么，人类期待一种无忧无虑的幸福生活，或者说向往一种几近完美的状态，在我看来，就如同海市蜃楼，不过是一场幻觉。很多人都有过这样的幻觉。

摆在人类面前的选择，就是通过不断的斗争，维持和改进有组织的社会的“人为状态”，进而与“自然状态”相对抗。在这种有组织的社会中，人类或许能发展一种颇具价值且不断自我改进的文明；直至我们的地球进化开始退行，而宇宙过程将重新成为主宰，“自然状态”再一次在地球上高视阔步。

附注：

早在一个半世纪以前，哈特莱就奠定了智力及道德能力进化论方面的基础，并构建起主要的框架。然而，今人似乎已然忽视了他的贡献。哈特莱将我所说的“伦理过程”称作“我们从利己到牺牲的进步过程”。

罗马尼斯讲座的演讲（1893年）

我经常穿越防线，深入敌营，不是为了逃走，而是去侦察。（塞涅卡《书信集》二，第4页）

一

有一个生动有趣的童话故事，名为《杰克和魔豆》[1]，在座的和我同时代的人可能都熟悉这个故事。不过我们沉稳可钦的年轻人，是在较为严肃的精神食粮的养护下成长起来的。很多人或许只能通过一些关于神话学的入门读物，才知道什么叫作仙境。因此，我想我有必要在此简要介绍一下这个故事的梗概。《杰克和魔豆》是一个关于豆子的传说。豆子不停地向上长啊长，一直长到天际。豆茎也随之枝繁叶茂，铺展成一个巨大的华盖。故事的主人公顺着豆茎向上攀爬，发现繁茂宽阔的枝叶支撑着另一个世界。这个世界的组成元素和地面的世界是一样的，但却是那么新奇。主人公的奇遇我就不多介绍了，但值得肯定的是，他的经历彻底改变了他对事物本质的看法。这个故事既非出自哲学家之手，也不是为哲学家写的，因此其观点也乏善可陈。

我现在所进行的探索，很像故事中敢于冒险的主人公所做的事。请各位跟随我，借助一粒豆子，进入这个会让大多数人大开眼界的世界。正如各位所知，豆子外观简单，平淡无奇。但若种植条件好，再加上足够暖和的温度，那么豆子所迸发出来的活力将十分惊人。豆苗一经破土而出，便疾速成长，同时经历一系列的外形变化。因为我们随时关注到这种变化，所以不会像故事里那样感到惊奇。在不知不觉中，这棵豆苗慢慢长大，它的根、茎、叶、花、果形成了一个巨大而多样的组织结构。它从里到外，每一部分都是依照一种极端复杂而又精密的模型塑造而成。每一个复杂的结构，以及内部最小的组成部分，都蕴藏着一种内在的

[1]“Jack and the Bean-stalk”，又译作“杰克和豆秆”或“杰克和豆茎”，作者为英国著名的民间文学家詹姆士·利维兹。

能量。不同组成部分的能量彼此协作，努力维持整体生命，高效发挥自身在自然系统中应尽的作用。但是，如此精致的大厦，一旦竣工就开始坍塌。植株渐渐枯萎，直至消失在人们的视野中，剩下一些毫不起眼的物体。然而，就像那颗从中蹦出植株的豆子一样，这些看似平淡无奇的物体同样拥有不可小觑的潜能，并重复着类似的循环过程。

这是一个不断向前发展却最终回到起点的过程。我们轻而易举就能找到相似的事物。它就好比抛掷出去的石头先升后降的过程；又如离弦之箭先冲天后落地的运动轨迹。或许可以这样说，生命能量总是先走一段上坡路，再走一段下坡路。或者更为恰当的是：把胚芽成长为成熟的植物的过程，比作折扇打开的过程，或比作滚滚流淌、不断拓宽河道的河流。由此，我们得出“发育”或“进化”的概念。无论是在别处还是在这里，名称都只是识别符号，重要的是要对名称所指的事实有一个明晰的概念。我认为，这里的例子就是一个西西弗斯[1]式的过程。在这一过程中，植物的最初形态是一颗纯粹的种子，但它蕴藏着巨大的潜力，然后逐渐分化为一种完全不同的类型，将其本质完全展现出来，最后却又回到最初的形态。

深刻了解该过程性质的价值在于，它不但适用于种子，也适用于所有生物。动物界也同植物界一样，从非常低级的形式进化到最高级的形式，生命过程呈现同样的循环进化。不仅如此，在这世界中，循环进化在方方面面都有体现。我们看到，水流入大海后又复归来处；天体盈亏圆缺，绕行之后复归原位；人生年岁无情增加，最后归于死亡；朝代和国家更迭不休、兴盛没落——这是文明史最重要的主题。

没有人能两次踏进同一条河流，也没有人能准确判断感性世界中的事物当下所处的状态。当一个人说话的时候，不，当他思索这些话的时候，谓语动词的时

[1] 西西弗斯是希腊神话中的一个悲剧性人物。他是科林斯的建立者和国王，因为触犯了众神，被诸神惩罚去推一块巨石到山顶，但那块巨石太重，每当西西弗斯快将它推到山顶时它又滚下山去，前功尽弃。于是，西西弗斯只得重复着做这件事情。这里用“西西弗斯式”说明进化是一个循环往复、永无止境的过程。

态已不再适用，“现在”已经变成了“过去”，“是”（is）已经变成了“曾是”（was）。我们越了解事物的本质，就越明白，我们所认为的静止，只不过是未被察觉的活动，表面的平静只是无声的激战。在每一个局部，每一个时刻，宇宙状态都只是各种对抗暂时调和的表现，也是斗争的场景之一——所有战士在斗争中依次倒下。局部如此，整体亦如此。自然知识越来越容易得出这样的结论：“天上群星与地面万物”都是宇宙物质进化道路上的某种过渡形式。从星云状的潜能，到太阳、行星和卫星的无限演变，到物质的多样性，到生命和思想的无限变化，也许还要经过一些不可名状又无法想象的存在形态，最后回到初始的潜在状态。如此看来，宇宙最明显的特征就是暂时性。宇宙呈现出的状态与其说是永恒的实体，不如说是变化的过程。在这一过程中，除了能量的流动及遍布宇宙的合理秩序外，没有任何东西是恒久不变的。

二

我们已经顺着豆茎爬到了一个奇境。在这里，普通而熟悉的东西变得新颖奇特。在探索这个象征性的宇宙过程中，人类的最高智慧被发挥到了极致。巨人听候我们使唤；善于冥思的哲学家的精神情感则沉醉于永恒不朽的美中。

宇宙过程像机械结构一样完美，又像艺术品一样美好，但宇宙过程也有它的另一面。只要宇宙能量对感性生命发挥作用，我们所说的痛苦或不幸便会产生。随着动物组织等级的提高，进化过程中产生的消极能量的数量和强度就会增加；及至人类，它就达到了巅峰状态。而且，在仅仅作为动物的人当中，这种情况不会出现；在未开化和半开化的人那里，这种情况也不会出现，只有在作为有组织的社会成员的人那里，才可能到达巅峰状态。当人类试图在充分发展最高贵才能的必要条件下生活，这种结果就会成为必然。

事实上，人类这种动物在感性世界起着主导作用。只是因为在生存斗争中胜出而变成了超级动物。当环境井然有序时，人类通过机体的自我调适，比宇宙斗争中的其他竞争者更容易适应环境。人类的自行其是表现为，不择手段地夺取一切可夺之物；这些构成了生存斗争的本质。在整个未开化时期，人类之所以能够不断取得进步，主要是因为人类具有猿和虎的品质：体质结构特殊，机灵合群，好奇心和模仿力强；一旦被激怒，就会凶猛无情、破坏力极强。

但是，随着人类从无政府状态发展到有社会组织，文明程度逐步提高，上述根深蒂固的品质就变成了缺陷。文明人的所作所为也变得与那些成功人士一样，喜欢过河拆桥，幸灾乐祸于看到“猿与虎[1]死去”的场面。然而，猿和虎偏不遂人愿；人类在火热的青春时期结交的这些亲密伙伴，猝不及防地闯入人类有序的文明生活，将无数难以估量的巨大痛苦与悲哀，加诸在已然承受了宇宙过程所必然带来的巨大痛苦与悲哀的人身上。事实上，文明人给所有猿与虎的本能冲动加以罪名，把源于这些冲动的许多行为，都当成犯罪来加以惩罚。在极端情况下，文明人甚至会处心积虑地使用斧头和绳索把那些自原始时代幸存下来的最适者置于死地。

我已经说过，文明人已达到了这一步。这种说法或许太过笼统。我最好把它表述为：遵循伦理原则的人已经达到了这一步。伦理科学宣扬能为我们提供理性的生活准则，指导我们行为的正误。不管专家们的意见存在何种分歧，他们在一点上达成了共识：猿与虎的生存斗争方式同合理的伦理原则水火不容。

三

故事的主人公又沿着豆茎爬下来，回到了普通世界。普通世界里，生活与工作同样艰难；丑恶的竞争者比美丽的公主更常见；战胜自己比战胜巨人的胜算小得多。我们已经做过类似的事情了。几千年以前，我们数以万计的同类就已发现，他们面对着同样可怕的罪恶难题。他们在那时就已懂得，宇宙过程就是进

[1] 猿与虎的说法源于19世纪英国桂冠诗人丁尼生的诗句，用以指代藏在人类骨子里的兽性。

化，其间充满惊奇和美丽的同时，也充满了痛苦。他们试图探索这些重大事实在伦理学上的意义，确定宇宙行径的道德制裁是否存在。

四

至少在公元前6世纪，倡导进化概念的宇宙理论就已经存在。5世纪时，有关宇宙理论的一些知识，从遥远的恒河河谷及爱琴海亚洲部分的沿岸起源，传到了我们这里。印度斯坦的早期哲学家以及希腊的爱奥尼亚哲学家一致认为，现象世界的突出特征为易变；万物无休无止地流动，从产生到有形的存在，再到不存在，既看不到开始的痕迹，也不见结束的征兆。某些现代哲学的古代先驱者也十分清楚，痛苦是所有生物的标记：它并非偶然产生的伴随物，而是宇宙过程的必然。精力充沛的希腊人，在其生活的“斗争是父、是王”的世界里，也许找到了无尽的欢乐；古老的亚利安人[1]的精神，折服于印度贤人的寂静主义；痛苦之雾笼罩着人类，挡住了人们的视线，使人们看不到任何东西；对人类而言，生命即痛苦，痛苦即生命。

在印度斯坦和在爱奥尼亚一样，在经过漫长的半野蛮斗争时期之后，印度斯坦曾出现过一个相对发达且稳定的文明时期。富足和稳定赋予人们悠闲和教养，随之却遭遇了思想上懒惰的弊病。最初，人类只是为了生存而斗争，这种斗争是永无止境的。虽然对少数幸运者来说，这种斗争有所缓和，并且有些部分得以被隐藏。后来又产生了一种斗争，它的目的是让人们理解生存的意义，使事物的秩序与人类的道德观念协调一致，这种斗争同样是永无止境的。但是，对少数善于思考的人来说，随着知识的一点点增长，随着有意义的人生理想的一步步实现，这种斗争变得更加尖锐了。

二千五百年前，文明的价值已同今天一样了。显然，只有秩序井然的社会花

[1] 亚利安人是远古时期生活在中亚地区的一个部落。

园才能结出人类应该结出的最美好的果实。然而，同样显而易见的是，文化所带来的福祉并不纯粹。园地很容易变成温室。感官的刺激和情感的放纵，为人们提供了寻欢作乐的由头。随着知识领域的不断扩大，为人类所独有的瞻前顾后的能力也开始显山露水。人类不仅关注转瞬即逝的现在，还关注过去的旧世界及未来的新世界。人类进行体验与思考越久，文化水平就越高，感官变得更敏锐，情感变得更纯粹，这为人类带来了无尽的欢乐。而与此同时，人类的痛苦也被相应放大。宗教超凡的想象力创造了新的天堂与新的尘世，但也相应地创造了地狱，让人类对过去充满无益的悔恨，对未来充满病态的焦虑。最后，过度刺激必然导致惩罚，即刺激衰竭，随之，文明之门便朝其大敌——厌倦——敞开。于是所有人，不论男女，对任何事情都提不起兴致，只有死气沉沉、平淡无味的厌倦。世上的一切都变成空虚和困惑，除了逃避死亡的烦扰之外，人们似乎没有了活下去的理由。

就连纯知识的进步，都招来报复。一些问题，原本已经被那些爱动手的野蛮人用粗糙、野蛮的方式解决，现今又重新被人注意，并呈现出未解之谜的样子。怀疑是仁慈的魔鬼，本来藏身于古老信念的坟墓之中，为数众多。如今它现身人间，便从此赖着不走了。原本受到传统的尊崇，并认为永远有益的神圣的习俗，即先辈智者制定的神圣法律，也遭到了怀疑。文化培育的反思能力向这些法律索取证据，并且按照自己的标准对它们作出判断，最后把自己认可的东西归入伦理体系中。这其中的推理不过是用来佐证已经作出的结论的一种体面的托词罢了。

伦理体系最古老、最重要的原理就是正义的概念。如果人们没有一致同意遵守一定的行为准则，那么社会体系是无法形成的。社会的稳定有赖于人们对准则的坚持；如有些许动摇，信任这一维系社会的纽带，就会被削弱和破坏。如果狼群没有达成一个真正的协议（通过默认的方式），即在捕猎时绝不互相攻击，那么它们是无法集体狩猎的。最初级的社会组织，就是依据类似的默认协议或明示协议生活。与狼群社会相比，这种社会组织已取得了非常重大的进步；人们一致同意用集体的力量来对抗违规者，保护守纪者。这种对共同协议的服从，以及随之而来的根据公认的协议进行的赏罚分配，叫作正义；其反面就是非正义。早期伦理学对违规者的动机没有引起关注。但是，如果不对过失犯罪和故意犯罪的案件，以及纯属错误的行为和真正的犯罪行为作严格的区分，文明就不可能有大的发展。不过，随着道德鉴别力的不断加强，因上述区分所产生的赏罚问题在理论和实践中都变得越来越重要。就算杀人需要偿命，我们也应认识到，过失杀人犯不应一概处死。如此，通过对公共正义与私人正义的概念进行折中，我们为过失杀人犯找到了一个避难所，使他免于“以命抵命”者的报复。

如此，赏罚的依据从行为变为动机，正义观念逐步得到升华。正直这种源于正确动机的行为，不仅成了正义的近义词，而且成了清白无罪的绝对要素和善的真正核心。

五

在悟出善的概念后，当古印度及古希腊的先哲们再审视世界时，特别是直面人类生活时，就会跟我们有相同的发现：即便是让进化过程同正义与善的伦理观念的基本要求相符，也是很困难的。

假若世上有一件最明白不过的事情，那就是在一个纯粹的动物世界中，不论是生命的快乐还是痛苦，都不按照赏罚进行分配。因为对于处在较低等级的感性生命来说，得到奖赏和遭受惩罚都是不可能的。如果对人类生活中的现象作一个概括，并且是各个时代和国家的有识之士都认可的，那么无非就是：破坏伦理法则的人常能逃开惩罚；邪恶者就像绿色的月桂树一样欣欣向荣，正直的人却要乞食求生；父辈行恶，受罚的却是子孙后辈；自然领域的过失犯罪与故意犯罪的惩罚同样严厉；千千万万的无辜者因为一个人故意或过失的犯罪行为而饱受折磨。

对这个问题的看法，希腊人、闪米特人[1]和印度人是一致的；《约伯记》[2]

[1] 又称闪族人或闪姆人，起源于阿拉伯半岛和叙利亚沙漠。阿拉伯人、犹太人和叙利亚人都是闪米特人。现在生活在西亚、北非的大部分居民就是阿拉伯化的古代闪米特人的后裔。

[2]《圣经》旧约的一卷。

《工作与时日》[1]和佛教经典是一致的；赞美诗的作者、以色列传道者和希腊悲剧诗人也是一致的。事实上，古代的悲剧作品，除了表现事物本质的深不可测的非正义性之外，还有什么共同的主题呢？除了描写无辜的人自我毁灭，或因他人的致命恶行而惨遭毁灭之外，还有什么更真实深刻的感受呢？诚然，俄狄浦斯是纯洁善良的，而驱使他杀父娶母、令子民遭罪，并最终毁灭自我的，是自然的序列事件，即宇宙过程。我暂且撇开时间的限制，进一步地说，赋予《哈姆雷特》永恒魅力的，除了深刻体会他的经历而产生强烈的感染力之外，还有什么呢？哈姆雷特这个无辜的梦想家，身不由己地被拖进一个混乱脱节的世界，卷入罪恶与痛苦的乱麻之中。而这团乱麻是宇宙过程的基本力量作用于人的结果，并通过人来发挥作用。

因此，如果将宇宙送上道德法庭，它很可能被判有罪。人类的良心十分反感自然对道德的漠视，微观宇宙的原子早就发觉无限的宏观宇宙是有罪的。但是，几乎没有人敢记录下这种判决。

闪米特人对这一争端进行重大审判的时候，约伯用沉默表示屈从，以此求得庇护；印度人和希腊人可能不够明智，他们试图化解这种根本无法调和的矛盾，为被告进行辩护。为此，希腊人提出了神正论，而印度人则提出了宇宙正论（这是人们根据它的终极形式定下的最恰当的名称）。佛教承认有许多神灵、许多主宰，但它们都只是宇宙过程的产物；不管存续的时间多长，都只是永恒的宇宙活动的暂时表现。不管轮回学说源起何时，当婆罗门教徒和佛教徒思考轮回学说的时候，找到了一种得心应手的方法，看似有理地解释了宇宙对待人的方式。如果这个世界充满了痛苦和悲伤，如果不幸和罪恶的雨水同时降落在正义者和不正义者的身上，这是因为不幸和罪恶如同下雨一般，都是无穷的自然因果链中的某个环节。过去、现在和将来通过这个因果链不可分割地联系在一起。因此，无所谓一种情形比另一种情形更不正义。每一个感性生命都在收割自己今生或前生种下的果。

[1] 古希腊流传下来的第一首以现实生活为题材的诗作，作者是古希腊最早的诗人赫西俄德，他是荷马之后。

而这个前生也不过是无数个前生中的一个。因此，善恶的现世分配，是累积起来的正数报应和负数报应的代数总和。或者更确切地说，它取决于善恶账目的这种动态平衡。因为他们认为，随时进行彻底清算是毫无必要的。未结款项可“挂账”延期；一段幸福时光之后就得长期忍受可怕的地狱生活。即便如此，前世作孽的欠债依然无法还清。

经过这样一番辩解之后，宇宙过程较之前是否稍显道德也许还未可知。但这种辩解跟其他理由一样有说服力。只有草率的思想家，才会借口其本身固有的荒谬性而将它摒弃。轮回学说与进化论学说一样，根植于这个真实的世界，并且同样能够像通过类比获得的完美论证那样来寻求支持。

有一些事实，由于天天接触而司空见惯，其实它们都可以归在遗传的名下。我们每个人身上都有家族的或者远亲的明显印记。更为特别的是，一定行为方式形成的总体倾向，即我们所说的“气质”，往往可以追溯到漫长系列的祖先和旁亲。所以我们有理由说，气质，作为一个人道德和智力的实质性要素，确实可以从一个躯体传到另一个躯体、从一代轮回传到另一代。在新生婴儿的身上，血统上的气质是潜伏着的，“自我”只是一些潜能。但这些潜能很快就变成了现实。从童年至成年，这些潜能表现为迟钝或聪颖、羸弱或强健、邪恶或正直。除此，每一特征由于受到另一气质的影响而发生改变。如果不受别的影响的话，这种气质就会传给作为其化身的新生体。

印度哲学家把上面所说的气质称为“业”[1]。正是这种“业”，从一生传到另一生，并以轮回的链条将此生与彼生连接起来。他们认为，“业”在每一生都会发生变化，不仅受血统的影响，还受人自身行为的影响。事实上，印度哲学家都是获得性气质遗传理论的虔诚信徒——眼下，这一理论正处于争议之中。毋庸置疑的是，表现某种气质的各种倾向，在极大程度上受到各种条件的促进或阻碍，其中最重要的条件是是否进行自我修行。但是，气质本身是否会因自我修行

[1] 即因缘，因果报应。

而发生变化，尚不能确定，而同样无法肯定的是，恶人遗传的气质比他得到的气质更差，正直者遗传的气质比他得到的气质更好。然而，印度哲学不容许对这一问题有任何疑义——相信环境、尤其是相信自我修行对“业”的影响，不仅是印度哲学中因果报应理论的必要前提，也是逃脱永无止境的轮回转世的唯一出路。

印度哲学的较早形式，同我们这个时代所流行的理论一样，都假定在变幻不定的物质或精神现象背后，有着一个永恒实在或“本体”。宇宙的本体是“婆罗门”，个人的本体是“阿德门”，后者之所以与前者分离（假如我可以这样说的话），仅仅是由它的皮囊，由包裹着感觉、思想、愿望以及快乐和痛苦等这些构成人生幻境的东西所造成的。无知的人把这一点当作实在，他们的“阿德门”因此永远被幻觉所禁锢，被欲望所牵制，被不幸的鞭子所抽打。但是，觉醒的人们发现，表面的实在只是幻觉，或者如同两千年以后所说的，所谓的善与恶，只不过是思想的产物。如果宇宙“是公正的，而且用由我们的淫乐织成的鞭子来抽打我们”[1]，那么避免我们遗传罪恶的唯一的方法就只能是：铲除让我们在堕落中沉醉不醒的欲望之根，不再充当进化过程的工具，并退出生存斗争。如果“业”通过自我修行得到改变，如果它那源源不断的粗鄙欲望能够被消灭于无形，那么，自行其是的原动力——生存欲望，便将被摧毁。到那时，幻象就会破灭，游荡着的个体的“阿德门”会自行消融于普遍的“婆罗门”之中。

以上似乎是佛教以前的拯救概念，也是那些愿意获救的人所乐于接受的方式。在禁欲方面，再没有比印度的苦行隐士做得更彻底的了——在使人的精神萎靡不振到无感觉的半梦游状态方面，之后的僧侣主义者中尚没有人能够如此地接近成功，如果不是由于它公认的神圣性，实在很难分清它和白痴有什么不同。

我们必须明白一点，这种拯救只能通过知识和基于知识的行为才能获得，就像那些想得到某种物理或化学结果的实验者，必须具有丰富的自然法则知识，以及足以完成所有操作所必需的久经考验的意志。在此意义上，超自然性被直接摒弃了。没有任何外部力量，能够对引起“业”的因果序列产生影响——只有

[1] 出自莎士比亚的剧作《李尔王》。

“业”的主体自身的意志，才能使它终结。

我刚才努力就这一卓越理论作了一个合理概述，在此理论基础之上，只能得出唯一的一条行为准则。如果深沉的痛苦是一种必然，那么继续活下去无疑是愚蠢的，不幸会一直与生命如影随形，而且这种可能性不可阻挡。消灭肉体只会将事情变得更糟。除了通过自愿地阻止灵魂的一切活动来消灭灵魂之外，别无他法。财富、社会关系、亲情、友情，必须被一一舍弃；最本能的欲望即饮食，也必须禁绝，最起码要减到最少，直到一个人心如死灰、无思无虑，成为一个托钵僧，经过自我催眠进入一种如死亡般的沉睡状态。走火入魔的神秘主义者误认为，这样就可以融入婆罗门了。

佛教创始人接受了前人所探究的基本原理。但是，他对含有将个人存在消融于绝对存在——也就是将“阿德门”消融于“婆罗门”的那种完全灭绝的思想不甚满意。看来，对他来说，承认任何实体——哪怕是那种既无质量又无能量而且拥有不可描述属性的“空”——的存在将是一种危险和陷阱。即便将“婆罗门”归结为一种实体性的虚无，它仍然得不到信任；只要实体尚存，它就会充满悲哀，不可避免地重新转动那令人厌倦的变化之轮。乔答摩[1]使用哲学研究者极为感兴趣的形而上学之绝技，清除了始终存在的影子的藏身之处，从而填补了贝克莱主教著名的唯心论主张所留下的那一半空白。

倘若承认这些前提皆是真的，我不知道怎样去避开贝克莱的结论，即物质的“本体”是一个形而上的未知数，存在的本体是不能证明的。对此，贝克莱似乎没有清晰地认识到，一种精神实体的虚无同样是值得怀疑的。不偏不倚地应用他的推理，其结果就是把“一切”归结为现象共存和现象序列，而现象内外的东西，都是不可知的。印度人思想之敏锐最显著的标志就是：乔答摩所看到的，比当代最杰出的唯心主义者更为深刻。尽管必须承认，如果贝克莱将精神本性的一些推论付诸实际，也会得出几乎一致的结论。

---

[1] 即乔达摩·悉达多，印度人的精神领袖和佛教创始人。

流行的婆罗门教教义宣扬：整个宇宙，包括天上的、世间的和地狱的，连同诸多神灵和天上其他的存在，以及众多的感性动物，还有魔罗[1]和他的恶魔们，都在生与死的法轮中无尽地轮转；在每个法轮中，每个人都有自己转世的替身。乔答摩接受了这些教义，进而消灭了一切本体，并将宇宙归结为只是感觉、情绪、意志和思想的流动，而无任何根基。我们看到，小溪的表面有许多波纹和漩涡，只过一会儿，便随产生它们的推动力的消失而消失了，所以，这样看来，个体存在似乎只是绕着一个中心旋转的各种现象的暂时共生体，“如同拴在柱子上的一条狗”。在整个宇宙中没有一样东西是永恒的，既没有精神现象的永恒本体，也没有物质现象的永恒本体。人格是一种形而上学的幻觉。老实说，不光是我们，包括一切事物——各个领域无数的宇宙幻影，都不过是构成梦境的材料罢了。

那么“业”会变成什么呢？它仍然不会改变。作为能量的特殊形式的磁力，可以从磁铁传到钢片，又从钢片传到镍片，其间由于受所在物体状况的影响，磁力的力量可能增强也可能削弱。同样，也可以设想，借助一种导体，“业”也可以从一种现象共生体传到另一种现象共生体。不管怎样，当不再有本体——无论是“阿德门”还是“婆罗门”——的残余遗留时，换句话说，当一个人以梦想他不愿意梦想的东西来终结一切梦想时，乔答摩无疑就更有自信消除轮回。

人生之梦的这种结局即为涅槃。涅槃究竟是什么？学者们各执一词。但是，由于最初的权威告诉我们，进入涅槃的圣徒既无欲望也无作为，也没有肉体转世的任何可能性，对于佛教哲学的这种最高境界，最恰当的称谓应该是“寂静”。

如此一来，在修行境界这个问题上，乔答摩与前人并没有太大的实际分歧。但在达到境界的方式问题上，分歧尚在。由于正确地洞悉到人的本性，乔答摩宣称，极端的禁欲主义实践是无用的，而且也确实有害。只凭肉体的苦行还不能根除食欲和情欲，而是必须从根本上下功夫，通过持续地培养抵御它们的心理习性，广施仁爱，以德报怨，谦卑忍让，克制邪念。总而言之，只有通过完全放弃原为宇宙过程的本质的那种自行其是，方能战胜它们。

[1] 印度佛教神话中的人物，是个夺命恶魔。

不得不承认，佛教获得非凡的成功，应归功于这些伦理特点体系。所谓的佛教理论体系是这样的：不相信西方人的上帝；不相信人有灵魂；认为相信永生是错误、渴望不朽是罪过；认为祈祷无用、祭祀无用；教人通过自身的努力来自救；因其公认的纯洁，不知道何为发誓效忠；鄙视不宽容；从不寻求世俗力量的帮助。但是，它却以惊人的速度传遍了旧世界（the Old World）的相当一部分地方，即便被混进了粗俗的外来迷信，它依然是大部分人的主要信仰。

六

现在让我们把目光转到西方，去研究一下小亚细亚、希腊和意大利的另一种哲学的产生和发展。显然，这种哲学是独立的，并且同样充满进化思想。

米利都[1]的智者被视为进化论者，而且，无论以弗所[2]的赫拉克利特（可能是乔答摩的同时代人）的一些格言是多么隐晦，在运用精练的格言和深刻的隐喻来表达当代进化论的实质方面，实在是无人能出其右。想必在座的听众早已经发现，本次讲演中，在简要说明进化论方面，我借用了他的不少格言。

然而，就在希腊智力活动的中心转向雅典的时候，主流学者们却把注意力转向了伦理问题。由于放弃研究宏观宇宙转而研究微观宇宙，他们错失了打开这位伟大的以弗所智者思想的钥匙。我想，我们应该比苏格拉底或柏拉图更能理解这些思想。尤其是苏格拉底，他提倡一种倒退的不可知论，认为自然现象处于人的智力范围之外，妄想去解决这些问题，完全是徒劳的，唯一值得探究的，恐怕就是道德生活问题了。他成为犬儒学派[3]和新斯多葛派[4]追随的榜样。就连学识渊博而又富有洞察力的亚里士多德，也没能意识到，当他认为世界在其目前的

---

[1] 一座古希腊城邦，位于安纳托利亚西海岸线上。

[2] 吕底亚古城和小亚细亚西岸希腊的重要城邦，古典时代早期重要的城市之一。

[3] 这是一个对世界不信任，对万事怀抱消极态度的学派。

[4] “斯多葛”原指门廊或画廊。由于其创始人芝诺一般是在雅典集会广场的廊苑聚众讲学，故名。该学派是希腊化时代一个影响深远的思想派别。

变化范围内具有永恒性时，他正在向后倒退。赫拉克利特的科学遗产，并没有被柏拉图和亚里士多德所继承，只有德谟克利特继承了他的思想。但是，当时的社会还没有准备好如何迎接这位阿布特拉哲学家的伟大思想。直到斯多葛派出现，才回到了早期哲学家开辟的道路上。他们自称为赫拉克利特派，系统地发展进化思想。与此同时，他们不但失去了其导师学说的某些特色，还额外增加了一些纯粹的外来的东西。在这些外来的东西中，最有影响的莫过于当时风行的先验有神论。火的能量，按照自然法则运行，永不停息，万物由此而生，又回归其中，经历无限相继的“大年”[1]之循环；它创造世界，又毁灭世界，如同一个顽皮的孩子，在海边堆起一座沙丘，转身又将它推平；它被塑造为一个有形的世界灵魂，被赋予理想的神所具有的一切品质：在具有无穷的力量和超凡的智慧的同时，还拥有绝对的善。

这种看法的意义极为重大。因为，如果宇宙是无所不在、无所不能的、无限仁慈的原因所产生的结果，那么宇宙中真实的恶的存在显然就难以令人接受，更不用说那种必然的固有的恶了。然而，人类的普遍经验已经证实，那时和现在一样，无论我们去审视自己的内心还是我们身外的世界，恶都无孔不入，对我们虎视眈眈。如果说有什么事物是真实的，那就是痛苦、悲哀和邪恶。

若说一个先验论的哲学家被反常的经验事实所吓倒，那可算得上是历史上的一桩新鲜事。斯多葛主义绝不可能仅仅在事实面前就败下阵来。克吕西波[2]说：“给我一条原理，我就会为它找到论证。”所以，即使不是他们发明，也是他们完善了那种看似有理的无懈可击的辩护方式——神正论，他们的目的是要说明：首先，没有恶这种东西；其次，即便有，它也必定与善相关；再次，恶的发生，或源自我们自身的过错，或因为我们的利益造成。神正论正盛行于他们那个时代——而且我相信，后继者大有人在，只是有些相形见绌罢了。据我所知，这些

[1] 这是赫拉克利特提出的概念。他认为世界的本源为火，而且每隔一个大年（10800年），世界循环一周。

[2] 克吕西波是早期斯多葛学派的代表之一。在斯多葛学派中，他以逻辑学和辩证法的严谨灵活而著称。

后继者都是蒲柏[1]在《人论》那有名的六行诗句里所阐明的主题的变种，在诗句里，蒲柏概括了博林布鲁克[2]对斯多葛派和其他这类思辨的追忆——

一切自然皆是人为，但不被你知；
一切偶然皆是趋势，但不被你见；
一切冲突皆是和谐，但不被你悟；
一切微小的恶，皆是普遍的善；
而且傲慢之恶，在于错误的推理；
显见一条真理：凡存在即是合理。

然而，如果说前三行诗句还写出了一点较为重要的真理，那么，后三行诗歌则要遭到大肆批判。“善的灵魂藏身于恶的东西之中”，这句话是毋庸置疑的。但凡明哲之人，都不会否认痛苦及不幸的际遇对人的磨砺。但是，这些思考并不能为我们解释：为什么那么多无需对此负责的生灵，既无法从这种磨砺中受益，却应经受磨难和不幸；这些思考同样不能解释，为什么在通向万能的神的诸多道路（其中包含了幸运、无罪等）中，唯独被选中的是充斥着罪恶和不幸的现实呢？是的，如果把那种最温和、最缺乏理性的乐观主义者也无法作出回应的论点，当作理性上值得骄傲的论点，那充其量也只是一些廉价的辩论术罢了。至于结尾的警句，比较适合作为题铭，刻在“伊壁鸠鲁[3]猪圈”门口的泥墙上，因为如果将它合乎逻辑地运用到实践中，人们就会被引入这样一种境地：在那里，所有抱负和努力终成一场空。为何要试着去创造对的东西？既然这是一切世界中最完美的世界，为何还要改进呢？所以，我们吃吃喝喝就好，因为今天的一切都是对的，所以明天的一切也必然是对的。

但是，对于伴随着宇宙过程而必然产生的邪恶的现实，斯多葛派试图视而不

[1] 蒲柏是18世纪英国的著名诗人，其代表作有《伊利亚特》《奥德赛》《田园诗集》《批评论》等。

[2] 博林布鲁克是18世纪英国政治家、政治作家。他的文章以《博林布鲁克政治著作选》之名结集出版。

[3] 伊壁鸠鲁是古希腊的哲学家，他主张人们应达到不受干扰的宁静状态，并提倡享乐主义，认为快乐就是善。

见，这比印度哲学家对善的现实的排斥更难做到。不幸的是，无视美好比无视邪恶更容易。痛苦和不幸比快乐和幸福更猛烈地撞击着我们的门，它们深深的脚印还很难抹去。在严酷的现实面前，乐观主义的美好谎言遁形了。如果这就是我们可能拥有的最美好的世界，那它只能证明：对于完美的圣人而言，在此居住实为不便。

斯多葛派将人的所有责任都归为一点，即“依自然而活”。这似乎是在向人们暗示，宇宙过程是人类行为的典范。这样，伦理学就变成了应用自然史学。事实上，滥用这句格言后来引发了无法估量的后果。因为它为浅薄的哲学家和感伤主义者的道德说教提出了一种公理支持。而实际上，斯多葛派学者不仅品格高尚，而且心智健全。如果我们仔细斟酌这句被肆意使用的格言的真正含义，就会发现，它并未为其推论出的有害结论提供任何理据。

在斯多葛派的理论中，“自然”是个多义词。它既指宇宙的“本性”，也指人类的“本性”。而后者在意义上，还应当包括动物的“本性”；它虽然为人类和其他宇宙生物共用，但是终究与更高级的“本性”有所区别。即使高级的“本性”也存在等级之分。逻辑推理能力是一种工具，可以用来解释各种情况。“激情”和“情绪”与低级本性关系密切，因此而被人视为不正常的、病态的现象。人之“本性”在于人类所拥有的一种高级支配能力，用哲学语言来说，就是“纯理性”。这种本性，要求人树立至善的理想，且绝对服从它的命令——所有人彼此友爱，以德报怨，将彼此视为一个伟大国家的同胞。确实，由于朝着完美文明国家或社会组织迈进，需要建立在成员服从这些命令的基础上，所以斯多葛派有时便将“纯理性”称之为“政治的本性”。但不幸的是，“政治的”这个形容词的词义一直在不断地变化着，所以若用它来命令人们服务大众、牺牲自我，听着几乎有点荒唐。

七

然而，进化论在伦理学方面有什么作用呢？我个人认为，尽管斯多葛派主张过特殊创世论、秩序永恒论等其他理论，但其本质，就是一种直觉的、类似于现如今的道德主义者那样极端崇尚绝对命令的体系。他们仍然能够保持学说的本来面目。对斯多葛派而言，宇宙对良心并不重要，除非他们想将宇宙当作美德教师。哲学家思想中顽固的乐观主义，掩盖了事实的真相。斯多葛派学者无法认识到，宇宙的本质并非培养美德的学校，而是与道德本质对峙的堡垒。我们需要以事实的逻辑令斯多葛派信服：宇宙通过人类的低级本质发挥作用，并非为了正义，而是为了与正义对抗。且这种逻辑终究会迫使他们承认：理想的“智者”的存在与事物本性不可共融；即便只是靠近这种理想，人类也必须以放弃世界和保持禁欲为代价；且禁欲绝非仅仅是肉欲，而是所有情欲。完美的状态其实是“无情”。在这种状态下，欲望或许依然存在，但绝对无法动摇意志；并被削弱到只留下一种功能，即执行纯理性命令。然而，即便是这点残存的活力，也被视为一种暂时借贷。它是神圣的普世精神受制于肉体后的一种对不满的发泄，直到死亡，才能让他回到无所不在的本源“逻各斯”[1]。

我认为，在“无欲”和“涅槃”之间很难发现重大的差别，但也有例外。在假定存在某种类似于“婆罗门”和“阿德门”的永恒实体上，斯多葛派赞同佛教之前的哲学，不赞同乔答摩的教义。在实践方面，斯多葛派奉行苦行的犬儒主义者的生活，并将这种生活当作到达至善的劝诫，而非获得更好生活的必要条件。

八

如此一来，两极实现了碰撞。希腊思想和印度思想基于共同基础出发，不久后又各行其道。这两种在迥然不同的物质环境和道德环境下各自发展的思想，事

[1] 欧洲古代和中世纪常用的哲学概念，指代世界的可理解规律，即规定着的理性，是主宰、产生、统治一切自然形态的本源之实体及动力，斯多葛学派称其为“神”。

实上最终却殊途同归。

《吠陀经》[1]和《荷马史诗》在我们面前展示了一个丰富多彩、生机勃勃的世界，这个世界充满了欢乐而斗志满满的战士：

永远带着欢乐

去迎接雷霆与阳光……

当人们热血沸腾时，他们敢于直面众神。几个世纪过去了，在文明的影响下，这些人的后代“因思虑而面容惨白”[2]，变成了厌世者，或者充其量只是个伪装的乐观者。尚武家族的勇气像从前一般，经受严峻的或者更甚的考验，但敌人变成了自己。英雄变成了僧侣；好动者变成了安静的人，其最大的抱负是成为听令于神圣理性的工具。在台伯河流域[3]，和恒河流域一样，该伦理体系的信奉者承认宇宙对于自己而言过于强大。因此，伦理家就以禁欲来切断自己与宇宙之间的所有联系，通过彻底的放弃来寻求救赎。

九

现代思想在印度和希腊哲学的基础上，开始了新的征程。在人的心智与两千六百年前无甚差别的情况下，如果现代思想沿着老路发展，并趋向相同的结果，这是不足为奇的。

我们对现代悲观主义了如指掌——至少在思想上如此，因为我无法想象，今天的悲观主义者人群中，有谁会穿着苦行僧的烂衣裳，托着他们的钵盂；也无法想象还有谁会披着犬儒主义者披着的斗篷，搭上乞讨的钱袋，以显示自己的信

[1]“吠陀”为“知识”的意思。它是印度婆罗门教早期的文献材料和文体形式，主要文体为赞美诗、祈祷文和咒语。《吠陀经》用古梵文写成，是印度最早的宗教文献和文学作品的总称。

[2]出自莎士比亚的剧本《哈姆雷特》。

[3]台伯河又名特韦雷河，是意大利的第三长河。

仰。一个不懂哲学的警察，给一个固执的流浪汉所设置的路障，足以证明要贯彻哲学的一致性实在太难。我们也知道，对于当代思辨乐观主义所宣扬的那种完美物种、世界和平、狮子变绵羊的景象，人们已经不再像四十年前那么能接受了。的确，比起学者的集会，人们似乎更容易在身体健康、生活富足的人的集会上听到乐观主义。我认为，我们中的大多数人既非乐观主义者，也非悲观主义者。我们眼中的这个世界不好不坏，就像我们能想象的那样。而且正如我们中的大多数人有时所见，世界本来就是这个样子。无法体会生活乐趣的人，就像那些深陷于忧愁的人，视丰收的果实如同地上的尘土。但这些人也只是少数。

此外，我认为这样假定是不会错的：不论人们的哲学观点、宗教观点分歧多么大，多数人仍然会同意，生活中的善行与恶行的比例受人类行为的影响。我从未听过有人怀疑恶行会因此增加或减少；善行也如此，不会随意增减。最后，据我所知，没有人会怀疑这点：只要我们拥有改善事物的能力，我们的首要责任就是使用这种能力来训练我们的智力和体力，从而服务我们人类至高无上的事业。

因此，人们迫切关心的问题是：现代自然知识的进展，尤其是进化论研究的总体成果，对我们完成互助这项伟大的事业能够提供多大的帮助?

“伦理的进化”通常用来更好地描述其思考对象。“伦理的进化”的倡导者也或多或少列举了一些有趣的事实，引证了一些合理的论据，证明道德情感的起源与其他自然现象一样，都是进化过程的结果。在我看来，他们的思路是正确的。然而，不道德的情感同样也在进化之中，因此，自然对其的认可，与对道德情感的认可差不多。小偷、杀人犯与慈善家一样，都是遵循自然规律的。

宇宙进化可以告诉我们人类是如何趋善趋恶的，但它无法提供更好的证据，来证明善行比恶行更可取。我毫不怀疑，有朝一日我们必会认识到审美能力的进化。但是，世间所有知识都不会导致我们对美丑感知能力的变化。

在我看来，“伦理的进化”中还存在着一种错误：从整体上看，生存斗争产生的“最适者”——动物和植物——的构造已趋于完美；因此，社会中的人作为一种伦理存在，则必须以同样的方式推动自己趋于完美。我想，这一谬论是因为人们遗憾地误解了“最适者”才得出的。“最适者”包含了“最好”的意思，而

“最好”又暗含一定的道德意义。然而，宇宙本质的“最适者”，是取决于环境的。长久以来，我已经大胆指出，如果我们的半球继续变冷，那么，植物界能活下来的“最适者”，必然是那些体形娇小、层级低得不能再低的微生物；最后，恐怕就只剩苔藓、硅藻以及能把白雪染成红色的微生物了。反之，如果我们的半球继续变热，那么，在气候宜人的泰姆河和伊希斯河[1]河谷，除了热带森林中的生物，其他生物都无法活下来。作为最适者，它们最能适应变化后的环境，因此才能存活下来。

毫无疑问，同其他动物一样，社会中的人也是在宇宙过程的支配下，不断繁衍生息，陷入生存资源的严酷竞争中。生存斗争趋于淘汰那些无法适应生存环境的人。最强大的人，即最自行其是的人，他们往往倾向于蹂躏弱者。而且，社会文明程度越低，宇宙过程对社会进化的影响就越大。社会进步就意味着要处处制约宇宙过程，并以我们所说的伦理过程取而代之。最后的结果就是：存活下来的不是恰巧最适应整个环境的人，而是那些最符合伦理观念的人。

正如我所说，要践行我们所谓的善行、美德这种最符合伦理观念的东西，会有这样一个行为过程：从各方面抵制有助于取得宇宙生存斗争成功的东西。因为它要求自我约束，而不是冷酷地自行其是；它要求个体尊重并帮助其同伴，而非推开或蹂躏其竞争者；它的目的不是“最适者生存”，而是使尽可能多的人适于生存。它拒绝决斗式的生存理论，要求每个享受社会利益的人，牢记辛勤建设社会的人的恩惠，并对自己有所警戒，不去做有损于接纳每个人的社会的行为。法律和道德规定的目的在于制约宇宙过程，提醒个体履行社会的责任，督促个体保护和影响个体有所亏欠的社会。这种行为的目的即使并非生存本身，至少也是为了过一种优越于野蛮人的生活。

我们这个时代的狂热个人主义者，试图在社会中推行宇宙过程的自然本性；这是因为他们忽略了一些明显需要考虑的因素。人类又一次误用了斯多葛派遵循

[1] 泰姆河和伊希斯河是英国泰晤士河的两条支流。

自然的命令。正因为如此，我们也忘记了个人对于国家的责任，自行其是的倾向假借权利之名变得道貌岸然。人们极其严肃地讨论着：社会共同体的成员是否有理由联合起来，以集体之力强迫每一个成员贡献自己的一份力量，抑或举众人之力去制止个人对这个共同体肆无忌惮的破坏。生存斗争在宇宙本质中发挥了惊人的作用，它似乎也同样有利于伦理领域。然而，如果我所坚持的主张是正确的，如果宇宙过程与道德目标毫不相干，如果人类效仿宇宙过程与基本的伦理观念[1]相悖，那么，这种惊人的理论会有怎样的变化呢？

我们仔细思考一下，就会明白：社会道德的进步并不取决于效仿宇宙过程，更非避开宇宙过程，而在于与之进行斗争。让微观宇宙去对抗宏观宇宙，让人类征服自然以达到更高的目的，这个建议看似鲁莽，但我大胆猜想，在人类已经历的古代和正在经历的当代之间，知识方面巨大的差异就在于，我们希望这一事业能取得一定程度的成功，并为此奠定了坚实的基础。

文明史详细讲述了人类在宇宙中成功建造人工世界的过程。正如帕斯卡尔[2]所说，个人虽是一株脆弱的芦苇，但也是一株有思想的芦苇：他身上蕴藏着丰富的能量，如同充满于宇宙的能量一般，足以影响和改变宇宙过程。即使是侏儒，也能凭借聪明才智征服巨人。在每个家庭和社会组织中，人类自身的宇宙过程或被制约，或被法律和道德修改。周围的自然环境中，宇宙过程同样受到牧羊人、农民和工匠的人工所影响。随着文明的进步，人力干涉宇宙过程的程度也日益加深。时至今日，高度发达的自成体系的科学和艺术，已经赋予人类一种远远超过曾经赋予给魔法师的、强大的支配非人类的自然过程的权力。在这些变化中，让人印象最为深刻，或可以说最惊人的变化，发生于最近两个世纪。但是，在正确理解生命过程以及影响它的表现方式方面，我们还只是小有成就。我们还没有看清楚前进的方向，只有一些笼统的概念；我们被错误类比和粗糙预测搞糊涂了。

---

[1] 根据全文的意思来看，作者在这里指的是“良心”。

[2] 布莱兹·帕斯卡尔，法国数学家、物理学家和思想家。《人是一根能思想的苇草》是他所作的一篇哲理性文章。

不过，天文学、物理学、化学等在成为影响人类事务的重要因素之前，也曾经历同样的阶段。生理学、心理学、伦理学、政治学等也必然经历同样严峻的考验。然而，我认为自己完全有理由相信，在不久的将来，这些学科将会在自己的实践领域掀起一场伟大的革命。进化论并不鼓励对千万年后未来的预测。如果亿万年以来，我们的地球一直在经历一段上升之路，那么，到某个时刻它定会升至巅峰，从此开始走下坡路。即便我们进行最大胆的想象，也不敢妄言人类的力量与智慧能永远抑制“大年”的进程。

此外，我们与生俱来的宇宙本性，在很大程度上是生存的必要条件，是经历亿万年严苛训练的结果。因此，如果我们认为自己能在几个世纪内就以纯伦理目的征服宇宙本性，无异天方夜谭。只要世界存在，伦理本性就得认真准备对付顽固强大的敌人。但是，另一方面，在正确的科学研究原则的指导下，如果我们在智力和意志力方面共同努力，或许有望改善生存环境，使这个世界长久地存在下去，甚至比历史初始至今还要长久。在这方面，我看不出有何限制。当然，我们在改变人类本质方面，能做的还有许多。人类智慧既然已将狼的手足——狗——变为羊群的忠实守护者，那么，它应该在抑制文明人的野蛮本性方面有所效用。

但是，如果我们允许自己对消除这个世界的根本恶行怀抱希望，而且比20多个世纪之前知识匮乏、忙于生计的人怀抱更大的希望，那么，实现这个希望的一个根本条件便是：我们应摒弃将摆脱痛苦和不幸视为生活的正当目标的观点。

我们早已走出了人类史诗般的幼年时期；那时善与恶都受到了非正式欢迎。不论是印度人，还是希腊人，他们为摆脱恶所作的努力最终都以临阵脱逃收场。而我们要做到的，就是摒弃幼稚的自负与挫败的失意。我们已长大成人，必须展示出气度不凡的样子：

> 意志坚强，
> 去奋斗、追求和探索，永不屈服。

珍惜旅途中降临的善，下定决心，肩负起消灭自身和周围的恶的责任。自此，我们可以怀揣同一信念，为同一个希望而奋斗：

也许旋涡会将我们吞噬，
也许我们能抵达幸福的小岛，
……
但在抵达终点之前，
我们还需要为一些高尚的事业效力。[1]

[1] 出自19世纪英国桂冠诗人丁尼生的诗作。

第二章　科学与道德（1886年）

长久以来，我对心灵感应都心存疑虑。当然，这种疑虑并非毫无根据。但是现在，我开始觉得它有一定的道理。其依据来自上一期的《评论双周刊》，对此我无法漠视。《评论双周刊》指出，在人类迄今尚未发现的许多天赋中，或许存在着一种比生活在“中国最高峰”的秘传佛教圣徒所具有的神秘能力更加神奇的力量。这些拥有神秘能力的佛教圣徒，可以读懂伦敦某街区居民的内心世界。洞察先机的能力的确了不起，但比之更甚的是，有人不仅可以读出思考者有意识的想法，还能洞悉连思考者都没有意识到的想法。他能察觉出思考者是怎样无意识地得出其持反对态度的结论，无意识地支持其原本蔑视的学说。这种能力若起作用，便可能造成一种混乱，即影响某人对于人格和责任的看法，这当然是危险至极的，因为只有疯子才会这样。但真理即为真理。在我读了《评论双周刊》卷十一（1886年）刊出的一篇题为《唯物主义与道德》的文章之后，只能选择支持作者的观点，并勉为其难地相信这种子虚乌有的神奇洞察力。尽管我听闻作者的能力与诚实确如他本人在文中信誓旦旦所保证的那样，但以我自己的认知，这其实就是一篇由诸多错误堆砌而成的文章。

我钦佩利利先生的坦诚，也十分欣赏他正直的用心，所以，我不愿与他发生争执。此外，他对时下顶着文学作品之名大行其道的卑劣作品进行了辛辣的讽刺，对此我无比赞同。因此，只要他没有利用自己的理论对我的观点进行不当阐释，我是很愿意保持沉默的。只要我认为这种克制对我们两个人心存的理想都有益处，那么我非常愿意这么做。我的观点或许不讨人喜欢，但它仍然是我自己的观点。

正如试金石[1]看待自己所爱的女子一般，我对自己钟意的对象身上的诸多美德评价甚高，所以看着她被批评成一个丑陋不堪、一无是处的荡妇，我无法做到心平气和。我坚信，对于自己一直追随的某个目标，即便它即将走向穷途末路，我也会坚持到底。但是，为了一个末路将至而且曾被我一心一意想要埋葬的理想而受苦，如此非人的折磨我还没有体验过。利利先生将某种哲学理论冠名于我的身上，我曾多次否认与我有关。以我之见，这种理论毫无根据，必将破灭。因此，我否认他视我为这种理论的捍卫者并非毫无道理。

利利先生效仿中世纪辩论家，提出三个命题。在他看来，这三大命题包含已故的克利福德[2]教授、赫伯特·斯宾塞[3]先生以及我所宣扬的最主要的异端思想。他说，我们三人皆认为：（1）感官无法感知的事物，因为无法证实而应被搁置；（2）自然科学无法证明的事物，应被搁置；（3）无法通过实验和化学处理的事物，因为无法证实而应被搁置。

我朋友克利福德英年早逝。他天性和善，却是一个言辞犀利的辩论者。虽然他本人无法参加我们这场小辩论，但他的作品可以替他发声，拜读过其作品的人都能从中找到可以驳斥利利先生主张的观点。而赫伯特·斯宾塞先生则表示，他既不缺乏为自己辩护的能力，也不缺乏为自己辩护的意愿。如果我拿起棍棒替他战斗，便是多此一举，而且显得我鲁莽无礼。但是对我自己而言，如果我对自己的意识了解充分（我绝对不会自负地去了解自己“无意识”的想法），那么请允许我说：在我看来，第一个命题是不正确的；第二个命题亦如此；假如要给不正确分等级的话，那么第三个命题则错得离谱。即使它还没有在逻辑地狱近旁挣扎，也已经徘徊在极端荒谬的边缘了。因此，对这三个命题，我的合理回答是：我要说

[1] 试金石是莎士比亚剧本《皆大欢喜》中的一个人物形象。他痴情于乡村姑娘奥德蕾。他在剧本中有这样一句台词：“她是个贫穷的姑娘，长得又很难看；但是殿下，她是属于我一个人的；我有一个怪癖，殿下，别人不要的我偏要。”

[2] 克利福德，英国数学家。其代表作为《物质的空间理论》。

[3] 斯宾塞，英国哲学家、社会学家，被称为“社会达尔文主义之父”，也是该主义的创始人。在他提出的一套学说中，他把进化理论适者生存应用在社会学尤其是教育和阶级斗争中。

不。以下我将阐述自己否定三个命题的理由，但是我不会采用如我所愿的那种决绝态度，因为这不符合礼数。

我先来驳斥第一个命题："感官无法感知的事物，因为无法证实而应被搁置。"这是一个关于人类的命题，我怎么可能会如此严肃地提出类似这样的命题呢？然而，我并没有受人委托为全人类辩护。我只是为自己辩护而已。我坚信利利先生明显被一种观点严重地误导了。

虽然对于我所坚信的部分，我无法通过触摸、尝试，以及闻、听、看等官能来——"证实"，但我也绝对不会将之搁置一边。

此外，我想我还要冒昧地赞美一下利利先生的美妙文笔。然而，我所赞美的，并非是我利用各种官能在他文章里发现的东西。如若这样，猩猩也有和人类同样敏锐的官能，那么它也可能发现这些东西。事实并不如此！我的这种赞美源于审美能力和智能对文艺形式以及逻辑结构的鉴赏。这二者都不是官能能力；而且当官能充沛时，二者总会出人意料地消失。在官能方面，我那浅薄的亲戚（指猩猩）远胜于我；但谈到文艺风格和三段论时，它就只好甘拜下风了。

如果这个世界上还有让我坚信不疑的东西，那就是因果关系的普遍适用性，但这种普遍性并不能用经验的多寡来证明，更无法以感官证明。当我的意志改变导致思想倾向发生变化时，或者当一种观点引发另一种相关观点时，我毫不怀疑，在上述任一种情况下，引起第一种情况的过程，与第二种情况存在着因果关系。然而，如果我们企图通过感官来证实这种想法，纯属精神失常。现在，我确信利利先生不会怀疑我的精神状况，因此在我看来，眼下他只有一个选择，即承认他的第一个命题是错误的。

利利先生指控我的第二个命题是："自然科学无法证明的事物，应被搁置。"我再说一遍：并非如此！我想，没有人相信我想限制自然科学的范畴。但我还是得承认一个事实：很多我们很熟悉且极为重要的现象的确超出了自然科学的合理范畴。我不能相信，意识这类由自然过程而来的非自然现象，为何被划归到了自然科学的范畴。我用一个最简单的例子来说明。自然科学告诉我们，具有某种特征的以太振动刺激视网膜时，分子变化就会从眼球传送到大脑物质的特定部分，红色观感由此产生。我们假定，物理学分析方法非常有效，因此人们可以看到分子链上的最后一个环节，并像观察打台球一样观察分子运动，确定分子的重量及大小，并掌握一切通过物理分析能了解的信息。然而，即使在这种情形下，我们仍然无法将意识现象——红色观感——包含在自然科学的范畴内。意识现象会保持现状，它仍然不同于我们所说的物质现象和运动现象。如果有什么真理让我极力去完善和维护，那么就是我以上这条主张。且不管它是否为真理，我都坚信它没有为利利先生的主张留下任何辩护的机会。

但是，即使在此情况下，我仍要问：一个心智完全健全的人怎么会怀抱这样的想法？我并不认为自己有什么特别的天赋，因为我一直都在享用自然与艺术赐予我的对美的敏锐感受。也许是现在，也许有朝一日，自然科学发展了，我们的后代能详尽地解释对美的异常沉沦所引发的生理反应和生理状态。即便到了那一天，我们对美的迷恋也会像现在一样，超越了自然世界的范畴；甚至在精神世界，也会有一些东西被添加到纯粹的感觉中。我不愿意在卑微的堂兄——猩猩——面前太过得意。但是，在审美领域和在知性领域一样，恐怕它是没有容身之所的。我不怀疑，它能在一片我什么也看不见的繁枝茂叶中找到果实，但我也确信，它永远不会像我一样，带着一点宗教忧郁，敬畏供奉大地之神的神殿，敬畏它所栖身的热带雨林。然而，当我那卑微的长臂短腿的朋友坐在那里若有所思地咀嚼榴莲时，我也不怀疑，它忧郁的斯多葛面孔后绝对存在一些“超越自然科学范畴”的东西。自然科学也许知晓它在采摘、咀嚼、消化等方面的所有事情，以及上颚的快感是如何传输到其大脑灰质的某些微小细胞处的。但是，它忧郁的眼神瞬间闪现的甜蜜感和满足感，犹如人类吟游诗人的“如梦如醉”，是绝对超越自然科学范畴的。

就算置我于不顾，利利先生难道真的相信，这世界上真会有人喜爱音乐并从中获得了快乐，但就因为这种快乐超出自然科学范畴，至少超出了纯听觉范畴，他就不相信快乐的真实性？但是，也有这样一种可能：他将音乐、绘画、建筑等艺术全都归于自然科学名下。假若果真如此，我只能遗憾地说，对于他如此抬高我所喜爱之物的身价，我实在无法苟同。

利利先生的第三个命题指出，我认为“无法通过实验和化学处理的事物，因为无法证实而应被搁置”。我得再说一次：并非如此！事实上，这种诡异的主张并不新奇，我常常从某个地方听到这样的说法，那就是教堂——在这里，愚钝掌控一切。然而，令我吃惊的是，利利先生这样聪慧而真诚的作家，竟然愿意袒护这种无稽之谈。因此，若我严肃以对，就发现自己实在是很为难。或许，我得把字典里不存在的词意加诸“实验”和“化学”这两个词上；又或者，这个命题就是（我该怎样委婉而又贴切地说呢？）——嗯——非历史性的。

难道利利先生认为我会搁置数学、语言学和历史学的一切真理吗？假如我没有这么做，他是不是会好心地告诉我，如何在顶级的“实验室”里用“化学方法”处理二项定理？或者告诉我，哪里的天平和熔炉，可以检验巴斯克语[1]属性的各种学说？抑或，何种试剂可以从罗马既有历史中提炼出真理，并将历史错误如同金属灰一般处理掉呢？

我的确无法回答这些问题。除非利利先生有答案，否则，我觉得在他以后想要再将这些荒谬的观点强加给他的同道之前，一定要三思而后行。因为，正如一位博学的律师所言，他们毕竟是有脊梁的。

这整个事情让我十分困惑。我相信，一定有某种合理解释，能够使利利先生的判断力和公正性不会被人诟病。我试问，有很多粗心大意的人会把事情搞错，那么，有没有可能是利利先生也在无意中搞错了呢？显然，我们说自然科学的逻辑方法具有普遍的适用性是一码事，而研究判断其主体是否处于自然科学的范畴又是另一码事。如我经常说的，不管研究主体属于自然范畴还是意识范畴，获得知识的真理的方法只有一种。支持我将自然科学作为一种教育手段的一个常用论点是：在我看来，与其他学习方式相比，自然科学能更好地锻炼年轻人归纳证据的心智。我反复强调，自然科学或许可以运用理性，对真理不可分割的唯一模式给出最恰当且最容易理解的说明。但我一定要补充一点：我不曾认为其他学科的知识无法对心智进行同样的锻炼。还有就是，“自然科学范畴之外，没有什么东

[1] 巴斯克语是一种非印欧语系的语言，在巴斯克地区被广泛使用。

西真正存在”这一荒谬的观点是别人强加给我的，对于这个事实，我绝不妥协。毫无疑问，妄图诋毁他人者，根本不会在意诋毁之言的真假。因此，他们常常歪曲我的明确意见。但是，利利先生并非那种让人鄙夷不屑的家伙。对于他与这种人为伍，我感到十分伤心和困惑。

我对利利先生在《评论双周刊》上提出的三个命题的驳斥到此为止。我已经指明，他的第一个命题是不正确的，第二个命题也是不正确的，第三个命题还是不正确的。尽管我认为这并非有意而为，但这三个不正确的命题叠加在一起，确实构成一种极大的歪曲。假如利利先生和我都是雄辩家，在主编的监督下，我们以《评论双周刊》为竞技场进行角逐，进而娱乐大众，那么我现在的明智之举就是马上离开这个战场。我是否持某些看法是一个事实问题，鉴于此，至少在无意识的心灵感应获得更普遍的认同前，我给出的证据就可能被认为是结论性的。

然而，利利先生还对一些在某种程度上存在争议的问题作出过其他论断，其对错就不是那么容易澄清了。在我看来，他对这些问题的论断的错误程度，不亚于我们刚刚讨论的三个命题。由于这些问题太重要了，以至于我不得不被迫离开我所熟知的知识领域，大胆地说几句。

利利先生在发射这三枚鱼雷并可悲地炸掉自己所在的船只之前指出：不管我“用多么华丽的辞藻为自己的学说镀金”，它仍属“唯物主义”。我想说，这种华丽的辞藻并没有对我构成妨碍。而且，在我看来，给纯金镀金无可厚非，用华丽的辞藻给真理的美丽脸庞涂脂抹粉就十分讨厌了。如果我认为自己有资格拥有“唯物主义者”这一头衔的话，那么我就一定不会想方设法用镀金之类的手法将它包装起来。当然，我是把“唯物主义者”当作一个哲学术语而非骂人的词语在讨论。在过去的三十年里，我找不出什么理由去在意所谓的不好的名头。如今老了，我更不会对此变得敏感。在此，我只想重复一下我曾多次煞费苦心地以日常最简单的语言讲过的东西。我认为，在我认知里的唯物主义学说是一种错误的哲学思想，因此，我拒绝接受。同样，我也不接受利利先生提出的唯心主义学说。我拒绝接受二者的原因是一样的：不论唯物主义者和唯心主义者有何区别，二者在某些问题上都作出了过于绝对的断言。我肯定自己对这些问题一无所知，我相信他们实际上对这些问题也一无所知。不过，即使他们所断言的东西在我的知识能力范围之内，在我看来也常常是错误的。此外，我不愿意加入二者中的任何一方，因为他们都特别喜欢把一些结论强加于对方头上，然后横加指责。尽管这些结论都是由二者的基本观点逻辑推导得出的必然结果，但却并非对方所有。一个谨言慎行的人，竭力避开双方这些哲学上的对错之争，应该不至于遭到责难吧？

我对唯物主义主要原则的理解是：宇宙中只存在物质和原力，一切自然现象都可以解释为这两种初始物质的产物。布希纳[1]博士是唯物主义的伟大捍卫者，也是利利先生眼中自然科学的权威人物。他将上述观点写在其作品《原力和物质》的扉页上。该书将原力和物质标榜为最初与最终的“存在”。我将此理解为唯物主义信念的基本内容。但凡有人反对这种信念，那些更狂热的信徒就会将他们打入专门为愚人或伪善者准备的地狱之所。但是，对这一切，我从内心深处是不太相信的。尽管被人指责为有老生常谈之嫌，但我仍将简单陈述一下我坚持不相信唯物主义的原因。首先，正如我在前面暗示过的，宇宙中存在着第三种东西，即意识。在我看来，这极为明显。无论意识现象的呈现形式与物质现象和原力现象有多么密切的关系，我固执的头脑都无法将意识当作物质、原力或任何可以设想的物质或原力之变体。第二，笛卡尔和贝克莱的观点都表明，我们获得的知识不可能超越意识。大约在半个世纪前，我第一次接触这些观点。那时，我就相信这些观点无可辩驳，如今依然坚持这么认为。我所知晓的所有唯物主义者都想啃一啃它，却以牙崩嘴裂收场。反过来，如果这些观点正确，我们便可以肯定精神世界的存在；同时，我们还能肯定，原力和物质的存在将沦为一种假设，至多也就是个可能性很高的假设。

此外，当我还是个小男孩的时候，不像别的同龄人一样沉迷于玩耍，而是喜欢思考。我总是想：如果事物失去本身的性质，会变成什么？而我的心智则在思考这些难题的时候得到了极大的锻炼。性质并非客观存在，没有性质，事物便什么也不是。因此，实实在在的世界似乎被一点一点分解掉了，这让我惊骇万分。

---

[1] 布希纳是德国哲学家和生理学家。

长大后，我学会了使用“物质和原力”这两个术语。那个孩子气的问题换个名称重新出现了。一方面，有观点认为只存在物质而不存在原力，这似乎把世界变成了一组几何幽灵，毫无生气；另一方面，博斯科维奇[1]假设道，物质被分解为原力的中心，这种观点似乎颇为吸引人。但我们只要想一想，若原力被当作一种客观实在，那么，原力又到哪里去了呢？原力只是一个名字，用来指代运动的原因，对此，即使是最坚定的唯物主义哲学家也会与最彻底的唯心主义哲学家持有相同的看法。如果接受博斯科维奇的假设，将物质分解为原力的中心，那么物质就会完全消失，非物质实体将取而代之。如此，人们还不如坦率地接受唯心主义，就此罢了。

哪怕很丢脸，我也必须坦诚一点：我丝毫没有形成一点唯物主义者所说的“原力”概念。倒是他们，好似已经将“原力”的样品装在瓶子里很多年了。他们告诉我，物质由原子构成，而原子散布于虚无的真空之中；真空中的原子有引力和斥力，且相互影响。如果有人能清楚地构想出存在于真空之中的具有强大的引力和斥力的事物，我真心羡慕他拥有超越我甚至莱布尼兹及牛顿的理解力。在我看来，与这种“原力”相比，经院学者所说的“在虚空中嗡嗡嘶鸣、吞噬第二种思想的山羊凯米拉”[2]尚且算得上是一种熟悉的家畜。此外，根据上述假设，我们可以得出结论：原力并非物质。因此，世界上一切相互作用力产生的事物，都不是唯物主义者所说的物质。请不要误解我在怀疑“原子”和“原力”这两个术语的使用是否恰当。二者都是自然科学的初步假设。作为一种公式，二者在解释自然方面精准简便，所以有着不可估量的价值。但是，如果把原子看作一种客观存在的真实实体、一种占据空间且又不可切分的微粒，的确令人无法想象。至于原子的运动，依靠的是虚无中的“原力”，这也让我无法想象，我想其他人也

[1] 博斯科维奇是18世纪德国物理学家、天文学家、数学家、哲学家和诗人，近代原子论的代表人物。

[2] 人文主义作家拉伯雷的《巨人传》中的内容。“第二种思想”指的是神学上所说的思想。这里的“山羊”，在希腊神话中是一种拥有羊身、狮头和蛇尾的妖怪，在英语中则有“妄想”之意。此处作者是一语双关。

有同感。

在有人为我消除一切怀疑与困难之前，我认为自己有权对唯物主义敬而远之。当我想用现实中实实在在的硬币来兑换唯心主义的本票时，难度就更大了。因为假定的物质实体——精神——被认为属于意识现象，就如物质是物理性质一样。一旦这些现象被剥离，几何学的幽灵也将不复存在。而且，即使我们假定，存在这样一种没有任何特性的实体，即某种空洞，而另一同样不具备任何特性的实体构成了物质的基础。那么，对于心灵而言，谁又能知道二者有何不同呢？总之，与完全对立的唯物主义相比，唯心主义并没有什么优势。根据这种假设，如果我试图将人类大脑中的“精神”看作即便在思维中也与空间毫无关系且不可分割之物；与此同时，又假定它存在于空间之中，且拥有六种不同的能力，那么坦白说，我实在是不知所云了。

我曾说过，如果我不得不在唯物主义和唯心主义之间做选择，我应该会选择后者。但是，我的确与毫无活力的唯心主义神话没有一点关系。不过我觉得，如今没有人逼迫我在二者中间进行选择。先哲曾说，人类是宇宙的尺度。我对此总是抱有强烈的怀疑态度。我认为这种看法是错误的，且这种信念并未因为年龄和阅历的增长而弱化。谈及这些猜测，我想起了年轻时做船员的经历。进行训练的时候，只要你十分小心，且控制在一定范围之内，就能安全地将罗盘转动一圈。但如果你心不在焉，忘记了这些限制，就会遭到同伴的责骂。而这种情况并不算太糟糕。我一直站在甲板边缘，不时把救生圈丢给因走到甲板边缘而落水，在海里挣扎的同伴。然而，只要他们停止相互咒骂，就转头一起骂我——这就是他们对我这种善行的回报。

我很小的时候就发现，在大多数人看来，一个人若胆敢不给自己贴上标签，就犯下了不可饶恕的罪行。在世人眼里，这种人就像警察带着没有戴嘴套的警犬，缺乏有效控制。我发现没有适合自己的标签，而我又渴望获得别人的尊重，所以，我自己发明了一个标签。我一直确信一点，即我对大家公认且熟知的各种“主义”和“分子”的了解少得可怜。鉴于此，我给自己贴上了不可知论者的标签。确实，没什么标签比这更稳妥、更恰当了。然而，我不明白自己为什么时常被赶出避难所。有时候，我被称为唯物主义者，有时则是无神论者、实证主义者。嗟夫！有时我甚至还被称为懦弱反动的反启蒙主义者。

做了这么一番解释之后，我相信自己终于能洗脱罪名了，从此以后，我也可以安静度日了。不过利利先生的看法说明我有必要再解释一下。可以看出，利利先生这位出色的批评家对“实验室”和“化学”两个词的含义，有一些独创的见解。且在我看来，他对“唯物主义者”的定义尤其不同。他自己也有这种认知。尽管我已极力避免他对我产生误解，他仍然将我归于唯物主义者（这种推断没有任何基础，我已就此进行说明）的名下。他的理由是：首先，我曾经说过，意识是大脑的功能；第二，我坚持决定论。关于第一点，我觉得没有人会怀疑，从功能这个词的合理生理学意义上看，至少在某种程度上，“意识”的某些形式是大脑的功能。生理学中，我们把功能称为器官活动所引起的一种或一系列后果。因此，肌肉的功能产生动作。神经受到刺激，便会传导给肌肉，肌肉便随之产生动作。如果将手臂的某一神经束暴露在外面，并刺激其中的一些神经纤维，那么，这只手臂就会动起来。如果刺激其他的神经纤维，就会产生一种意识状态，即疼痛。如果我现在追踪神经纤维后面所提到的这些，就会发现它们最终与大脑的部分物质连接。这种连接就跟前一种神经纤维与肌肉物质产生的连接相同。如果将第一种情形中产生的动作称为肌肉物质的功能，那么，为何不能把第二种情形中产生的意识状态称为大脑物质的功能呢？以前，确实存在这样一种假定：肌肉中栖居着一种特定的“动物精神”，它是真正的能动者。既然我们已经不再使用这种多余的纯虚构的肌肉器官，为什么还要保留与它相对应的名称呢？

假若我对这个问题的答案是：不管一个生理学家多么偏好心灵，他都会去设想一点，即简单的感觉也需要产生它们的“精神”。为此，我必须指出：这就是说，我们一致认为，意识是物质的一种功能，且不能把这一特殊原则作为判断唯物主义的标志。进一步的讨论将取决于下述问题：即我们既要搞清楚意识是否是大脑的一种功能，还要搞清楚是否所有意识形式都是大脑功能。此外，即便唯心主义的假设有一定根据，我仍然认为，物质变化是精神现象产生之因（其结果就是器官中发生了这些变化，就会产生对应于器官功能的精神现象）这种说法是十分正确的。所有人都会毫不犹疑地说，事件A是事件Z产生的原因；即使这一因果链存在许多已知和未知的中间事项，就像字母A和Z之间还存在许多字母一样。一个人将子弹上膛，瞄准另一个人的头颅，扣动扳机，那么前者必定是导致后者死亡的原因。尽管严格地讲，那个人只是轻扣扳机，并没有“导致”任何事情发生。同样，我们说，通过刺激身体某个较远的部分，引起大脑物质的某个特定部分发生分子变化，随之产生某种心理感觉，也是合理的。然而就这一过程而言，生理作用和实际的心理产物之间，不论加入什么尚不知名的术语，将分子变化称作感觉产生的原因，都是合理的。因此，除非唯物主义独享正确使用语言的特权，否则，我看不出我使用的词语有任何唯物主义特征。

现在，利利先生授予我唯物主义者的头衔的理由，还剩最后一条了。他引用我说的一段话：科学进步意味着我们称之为物质和原力的范围发生扩展，同时，人类思维中一切被称之为精神和自发行为的范围则逐渐缩小。如果说我现在的立场有什么变化的话，只能说如今我的立场比20年前发表上述看法时更为坚定。因为，之后所发生的事证明了这种看法的正确性。但是，我并未发现这种看法与唯物主义有什么联系。在我看来，这种看法与最纯粹的唯心主义倒是颇为一致，且这种判断产生的依据显而易见。

科学发展不仅是自然科学的发展，还是一切科学的发展。这就意味着要用以前不曾有的概念对现象的秩序和自然的因果联系进行说明。近两百年的科学思想在人类知识的各个领域都取得了进步，但凡对此有所了解的人，都不会否认科学王国的领土得到了巨大的拓展。没有人会怀疑，未来两百年内，人们将目睹科学王国进行更大范围的扩张，尤其是在神经系统生理学领域。目前，我们已经对生理和心理现象之间的联系进行了研究。通过分析研究成果，我们有理由相信未来会取得更大的进步。我们迟早会揭示出，一切所谓的心灵的自发活动都是彼此相互联系的，且与生理现象相关联，并形成一个严格的自然因果系列。换言之：我们现在仅仅知晓因果链近处的部分，即所谓的物质现象经过因果变化产生的所谓的精神现象。接下来我们会知道因果链的较远的部分。

根据我的愚见，我已经习惯于认为，以上不过是我对事实的陈述。如果好心的贝克莱[1]大主教还活着，他定会认为，这些事实陈述能轻易地被用到他的体系当中。利利先生称这些显而易见的事实对其对手有利，因此极易落入对手的圈套之中。在我看来，他的这种做法可谓是他诸多莫名其妙、不可理喻的做法的一个典型例子。的确，利利先生应该不会觉得，不相信“自发行为”——如果非要赋予这个术语一定的内涵，它指的是非外因引起的行为——是桀骜难驯的“唯物主义”的标志吧？如果利利先生这么认为，那么，他就得准备对付唯物主义者，包括对付笛卡尔的众多信徒（如果无须同笛卡尔本人辩论），哲学家斯宾诺莎及莱布尼兹，神学家奥古斯丁，托马斯·阿奎那，加尔文以及其他同道。这当然为其分类法提供了充分的反证。

利利先生狂热地在所有他厌恶的东西上涂写“唯物主义”几个大字时，他忘记了一个极为重要的事实——每一个关注人类思想史的人都明白的事实，即困扰康德的三个理论难题——上帝的存在、自由意志和永生不死。这其中的任何一个难题在所谓的自然科学产生之前都存在已久，且即使现代自然科学消失，这些难题仍将继续存在。从某种程度上讲，自然科学所做的一切已使之前难以理解的难题看得见、摸得着了。这些难题不仅以唯物主义的假说存在，也以唯心主义的假设存在。

研究自然的人，如果其着手点是因果关系的普遍性，那么，他就不会否认某种永恒的存在；如果承认能量守恒，他就不会否认有可能存在的某种永恒的能量；如果承认非物质现象能够以意识形态出现，他至少就得认可某种现象的永恒连续；如果他的自然研究取得了最好的成果，他就会彻底明白斯宾诺的话：“我将上帝理解为绝对无限的存在，也具有无限种属性的实体。”而只有超级大傻瓜才会否认它的存在，不过他也只能在心底否认这样设想出来的上帝。自然科学既不是无神论，也不是唯物主义。

至于永生不死，自然科学在陈述这个难题时，似乎是这样表述的：“无数

[1] 贝克莱，基督教主教、哲学家、神学家，其一生致力于经验主义哲学的详细分化和主观唯心主义的理论创建。他提出了“存在就是被感知”。

彼此联系的不同物质分子都存在排列和运动。我们无意中把意识状态的连续与这种排列与运动联系在一起，已有七十年了。意识状态的连续与不具有物质和原力特性的某些实体也发生了类似的联系。那么，有什么方法能够让我们了解这种联系，并让其继续下去吗？”正如康德所言，如果有人在类似的情况下能回答出这个问题，那么我很想见一见他。如果他说，意识只有与某些有机分子发生因果联系时才能存在，那么我就要问问他，他是如何知道的。如果他得出相反的结论，我还是会问同样的问题。就像彼拉多[1]一样，我恐怕会想（我的时日已不多了），答案并不值得等待。

最后来说说自由意志这个古老的谜题。在我看来，只有在下述意义上，“自由”这个词才是可以理解的：所谓自由，就是在一定限度内，对一个人想做什么不加限制。和人类常识相比，自然科学确实无法提出更多的理由来加以质疑。自然科学不断提升我们对因果关系的普遍性认知，同时又认为偶然性很荒谬而将其排除，最终得出决定论的结论。其实，在自然科学产生之前，或它被思考之前，那些始终遵循逻辑的哲学思想家和神学思想家早得到了这一结论，因此，自然科学只不过是顺势而为。不管是谁，只要他将因果关系的普遍性视为一种哲学信条，他就会否认无因现象的存在。这种现象被不恰当地称为自由意志的学说，其实质即人的意志总是偶然地由自身而引起的；也就是说，人的意志根本不是被引起的；但要使自身产生，个体就必须先于自身而产生。老实说，这实在让人难以想象。

不管是谁，只要把无所不知的上帝的存在视为一种神学信条，那么他就得肯定事物的秩序只能从不朽走向不朽。因为对事件有所预感就意味着该事件确定会发生，这种确定性则意味着，它注定或命定将要发生。

不管是谁，只要坚信无所不知的神的存在，坚信神创造万物并养育万物。那么，如果不想自相矛盾的话，他就不能声称存在着神以外的其他原因。如果他声

[1] 本丢·彼拉多，罗马帝国犹太行省总督。新约圣经记载，他曾多次审问耶稣，并认为耶稣是无罪的。然而，迫于仇视耶稣的犹太宗教领袖的压力，他最终将耶稣钉死在十字架上。

称万物产生的原因会“允许”其中一物成为一个独立原因，那就纯属是狡猾的借口。

不管是谁，如果他声称神是一个无所不知、无所不能的存在，那么他就得默认命运的存在。因为如果他故意创造某个东西，并把其置于一定境遇之中，而他又完全知道这种境遇会对这个东西产生怎样的影响，那么实际上他已经事先定好了降临在这个东西身上的命运。

如此，整个讨论真正重要的部分到了。如果我们相信神的存在对道德而言必不可少，那么，自然科学并未对此造成障碍。如果我们相信永垂不朽对道德而言必不可少，那么，与最平凡的日常经验相比，自然科学反对这种学说的可能性更低，而且自然科学还成功地封住了某些人的嘴。这些人声称，仅凭从自然数据得出的反对意见，就可以驳倒这种说法。最后，如果我们相信意志的自因性对道德而言必不可少，那么研究自然科学的人只会像逻辑哲学家或神学家一样，反对这一谬论。我再说一遍，自然科学没有发明决定论，即便没有自然科学，决定论也会如同现在一般，基础牢靠。那些怀疑这一点的人，请读一读乔纳森·爱德华兹[1]的文章；他的论证都源于哲学和神学。

利利先生就像所罗门的鹰，四处宣告“灾难即将降临到这个邪恶的城市”，抨击自然科学是当代社会中邪恶的诱因，是唯物主义、宿命论及其他应受谴责的各种“主义”的根源。我想冒昧地请他去抨击那些应当被指责的人；抑或至少指控一下自然科学那罪孽深重的姐妹——哲学和神学。因为这二者更加年长，应该比自然科学这位可怜的“灰姑娘”统治各种学院和大学的时间更长。毫无疑问，当代社会已疾病缠身，因而与那些古老的文明社会没有什么区别。人类社会如同一团正在发酵的物体，就像德国人口中的“奥佰赫夫”和“安特赫夫”的啤酒一样。同理，历史上曾存在的每个社会，其上部都会起泡沫，底部都会沉淀渣滓。但我怀疑，是否所有“信仰时代”不仅极少产生泡沫或渣滓，或者，“啤酒桶”

[1] 乔纳森·爱德华兹至今仍被公认为是美国最出色的神学家，领导了18世纪的美国大觉醒运动，被誉为美国哲学思想的开拓者。

中产生的有益健康的东西格外多。我想，我们可以列举出很多令人信服的证据，证明世界史的任何时期，都比我们当今的英国社会更具有普遍责任感、正义感和互助意识。这一点一定会让利利先生及其他人迷惑不解。啊！不过，利利先生声称，这些全都是我们基督教传承的产物；如果基督教义不存在，美德也将消失，届时唯有从猿和虎两种祖先那里遗传的兽性恣意妄为。但也有很多人认为，显然基督教也继承了异教和犹太教的很多东西。如果斯多葛派和犹太人召回他们的遗产，那么，基督教可以变卖的道德财产就所剩无几了。如果道德在一次一次地被扒掉极不合身的衣服后仍然活着，那它为什么不能穿上自然科学提供的轻巧方便的衣服继续前行呢?

然而，这只是随意说说罢了。对于神学家相信上帝存在、未来状态及自身意志的种种信仰，如果社会的病因是因为弱化了它们，那么，就要像医生所说的那样，遏制神学和哲学。因为神学家和哲学家围绕自己一无所知的事情争吵不休，这从根本上导致了罪恶的怀疑主义的产生，并成为其赖以生存的不竭动力。而怀疑主义，则是误闯未知领域的报应。

自然科学这位“灰姑娘”谦卑地意识到，自己对这些高深问题一无所知。她点起炉灶，打扫房子，准备饭菜，然而却被别人诟病为只关心低级物质利益的下贱东西。然而，灰姑娘在自己的阁楼里能看到童话般的美丽世界，这是楼下吵架的一对泼妇姐妹——哲学和神学——完全无缘得见的。她发现，这个状似混乱的世界显露出秩序：进化这部宏大戏剧，既充满遗憾与惊恐，又充满善良与美丽，在她眼前一幕一幕铺展开来。她在心底牢牢记住了这一教训：道德的基础在于永不说谎；不佯装相信毫无证据的东西；不转述那些对未知事物提出的莫名其妙的观点。

“灰姑娘”知道，道德安全既不在于接受这种或那种哲学思想，也不在于接受这种或那种神学教义，而是在于坚信自然固有的秩序，这种秩序把破坏社会组织的行为视为罪恶，一如坚定地把身体疾病归因于身体受到了侵害。正是出于这种坚定真实的信仰，成为女祭司是她神圣的天职所在。

第三章　资本——劳动之母（1890年）

经济问题的哲学探讨

婴儿“呱呱”坠地之后，第一个动作就是深吸一口气。事实上，此后就再也不会有比这更“深”的呼吸了，因为空气一旦进入气管和肺部，二者就会扩张，便再也不会是空的了。随着呼吸道的张合，之后进进出出的空气，只能是肺容量的一部分。吸气的机械原理同向外拉动风箱的把手鼓风，使风箱充满空气是一样的。同样的道理，在我们的运动、工作或劳动中，也要伴随能量的消耗。因此，“人注定一生劳碌”并非只是一种比喻：呼吸这项工作始于出生吸入的第一口气，终于死亡呼出的最后一口气。你出身再高贵，但呼吸这个活儿，和每日清晨忙于马槽边的饲马者相比并不会轻松分毫。

对于呼吸这个任何人都无法逃避、注定要伴随我们一生的动作，新生儿是如何开始的呢？任何一个婴儿，这一特定问题上，都是依靠其母亲提供的物质建立起来的复杂机械装置。在建立过程中，婴儿被赋予一组发动机，即肌肉。每一块肌肉都拥有物质储备，能在某种条件下产生能量。比如，当肌肉神经末梢状态发生变化的时候。枪膛里的火药就是一种物质储备；当手指扣动扳机，开关这个位于弹夹与扳机之间的机械装置的状态便随之改变；结果火药产生了能量。当这种状态真的发生改变的时候，火药潜在的能量刹那间便转化为真正的能量，推动子弹飞出枪膛。因此，火药或可称为“做功要素”。因为从物理学意义上讲，它很容易引发“功”。而从经济学意义上说，制造“功”需要花费大量的工夫。在此过程中，必定要付出一系列辛苦的劳动：先是采集、运输、提炼天然硫黄和硝石；然后砍伐树木，烧成木炭；再按一定比例混合硫黄、硝石和木炭，将混合物制成大小适当的颗粒，等等。火药曾经是制造商的存货或资本的组成部分，它不仅包含了其成分中的自然物体，还包含上述所讲的一系列工序中的劳动。

大体上，我们可以把婴儿肌肉中的做功要素与枪膛里的火药进行类比。婴儿降生之时，周围环境对他而言是完全陌生的。陌生的环境通过神经系统发挥作用，驱动呼吸肌中的做功要素，这样呼吸肌潜在的能量瞬间转化为现实能量，进而呼吸器官运作，产生了呼吸行为。正如在火药瞬间爆发能量的驱动之下，枪膛里的子弹飞出枪膛；或者也可以说，是某些肌肉的“做功要素”瞬间爆发能量时，抬高了肋骨，压低了膈。而这些做功要素，是婴儿出生前从母体那里摄取并积累下来的物质储备，或者说是资本的组成部分；而母亲日常饮食所摄取的食物要素，则补充了胎儿的消耗。

这种情况下，相信大家不会怀疑：呼吸这种伴随毕生的体力劳动，一开始必然基于既有的物质储备；而这些物质储备必须被安排得易于肌体构造发挥作用。我进一步设想：如果将这种物质储备称作 “资本”，也并无不妥之处。因为婴儿肌肉中做功要素的基本成分，都源自于食物的转化，这一点很容易被验证。而所有人都知道，食物是一种婴儿从母体摄取并积累备用的资本。婴儿出生后的一举一动都要消耗其储备的做功要素，即生命资本。呼吸过程的主要目的之一，就是排出身体运动时产生的废气。之后，即使身体系统除了呼吸之外不再做其他工作，婴儿从出生时带到世间的生命资本也迟早会被耗尽。随后，呼吸运动结束。这就如同煤炭烧尽后，蒸汽机的活塞会停止工作一般。

然而，母乳这种物质储备，主要由母亲获取的食物要素的储备构成。当食物要素的储备呈良好的物理和化学状态的时候，婴儿的肌体构造便能轻易地将其转化为做功要素。这就是说，婴儿通过直接地朝母亲借取生命资本，即间接地朝母亲获取的自然物品储备那里借取生命资本，以补充自身流失的生命资本。然而，这种借取需要进一步的做功才能完成，即吮吸。吮吸是和呼吸几乎相同的机械过程。如此一来，婴儿通过劳动偿还借取的资本。但是，估算一下婴儿劳动消耗的做功要素的价值，便可知母乳中做功要素的价值高得多，因此可以说婴儿从中获取了丰厚的收益。超量的食物要素增加了婴儿的做功要素资本，从婴儿的成长变化可以看出，这为婴儿提供了扩大其身体“构造和装置”所需的物质。此外，资本的增加还提供了将婴儿成长所需要的物质集中起来并运送到所需之处的能量。因此，在其整个幼年时期甚至成年之后，如果一个人不自食其力，就势必依赖消耗他人提供的生命资本来生存。用一个不太恰当但通俗的词语来说，不管他做什么（如果只从运动的角度来看，他可能的确做了许多），都是非生产性的。

现在，我们假定孩子在原始状态下长大成人。他居无定所，像澳洲土著一般，靠采集和狩猎为生。那么，很显然，他生命资本的提供者是水果、种子、植物地下果实以及各种各样的动物。仅有这些东西所含的物质储备能转化为人体的工作要素。除了空气和水，这些东西含有其他一切补充生命资本消耗、维持身体运转的能量。但是，野蛮人却没有为生产这些东西付出任何努力。相反，无论他对果蔬、动物投入了多少劳动，都只是在破坏而已。他靠劳动获取的收益是偶然的：有时，他付出极少的劳动，却收获很多，如碰到了搁浅的鲸鱼；有时，他付出大量劳动，却一无所获，如碰到了旷日持久的旱灾。野蛮人像小孩一样，向自然借取所需资本，却故意不给予丝毫回报。显然，他所做的都不能称作“生产”，因为不管是刨树根、摘果子，还是捡鸟蛋、捉蛇虫，他都并非在“生产”或者帮助“生产”。更高级的部落，诸如以狩猎为生的爱斯基摩人也是如此。他们可能付出了更多劳动，使用了更多技巧，但都只是在破坏。

再看看过着简单游牧生活的南美草原的牧民，以及亚洲游牧部落。我们会发现一个十分重要的变化。我们假设羊群的主人依靠羊奶、奶酪、羊肉生活。那么，很明显，羊群与主人的经济关系恰如母亲与孩子的关系，因为羊群向主人提供了食物要素，且足以弥补主人时刻都在消耗的做功要素资本。我们再设想：如果羊群的主人有一个很大的牧场；该牧场没有野外肉食动物的侵扰，主人也没有别的竞争者；那么，他进行放牧劳动所消耗的体力是有限的，基本不会超过其保持身体健康所需要的活动量。即使我们将他最初驯化羊群的辛苦也算进去，他也不会消耗太多体力。除非在极为有限的意义上，如果主人说羊群是他劳动的产物，那无异于贪天之功。事实上，他微不足道的劳动是生产过程的附属品。在一定条件下，只要几年时间，一头公羊和几头母羊就能繁衍一大群羊。主人在羊群身上投入的体力劳动，可能还不如他在丛林采摘黑莓消耗的体力多。羊群数量的增加，很大程度上不是因为他的劳动。若绝对的政治道德信条规定，即任何人都无权享有非劳动所得的收益，那么牧羊人对其至少九成的新增羊群没有收益权。

然而，如果牧羊人无权称自己是“生产者”，那么谁有权呢？难道公羊和母羊才是真正的“生产者”？我们借用一个化学的旧术语：只将公羊和母羊看作生产的“近因原则”，也许更加合适。若继续深究，羊群本身也只是采集者和分配者，而非生产者。因为生命资本已经存在于它们食用的牧草之中了，它们仅仅是采集牧草，简单消化牧草，让不适合人类直接食用的牧草变成更适合人类吸收的羊肉而已。

因此，从经济角度看，羊更像是食品加工商，而不是生产商。比如饼干，它有用的部分已经在面粉之中了；但面粉不能直接供人类食用，而饼干可以。同样的，羊肉的有用部分主要是它所包含的一些重要化学成分，羊只是从草当中摄取这些成分。我们不能直接吃草，但可以吃羊肉生活。

现在看来，陆地上的一切自然物体中，草本植物和其他的绿色植物确实较为神奇。它们通过光合作用，吸收空气中的二氧化碳、水及一定的氮气、矿物盐，便能结合形成能被动物们吸收的物质，这些物质成为动物的做功要素。因此，草才是生命资本主要的、甚至唯一的生产者。而生命资本又是我们进行劳动行为的必要前提。每一株绿色植物都是一个实验室，只要有阳光，矿物质、空气、水、盐分就能被加工成动物赖以生存的食物要素。到目前为止，合成化学的发展还未曾达到如此高的水平，因此，绿色植物就成了唯一的“生产工人”。绿色植物的“劳动”直接生产生命资本，而生命资本又是人类劳动的必要前提，这种观点不包含永动机悖论，因为植物工作的能量来自于太阳——我们目前所知的最原始的“资本家”。阳光、空气、水及地表土壤竟同时存在，对此，我们再怎么惊奇都不为过，但如果没有植物，就不会有任何东西能将这些食物合成并生产出动物赖以生存的“蛋白质”。不仅植物如此重要，特定的动物还需要特定的植物。比如，若陆地上只有柏树、苔藓这种的植物，草原和田野上就不可能有动物。实际上，很难想象会有什么大型的动物存在，因为它们需要大量的食物储备，而从这些植物中提取的食物要素，完全不足以提供它们做功消耗的能量。

我们是尘埃和空气形成的化合物；最后归于尘埃和空气之中。植物直接或间接地以某些动物为媒介向我们出借资本，让我们得以存活。或许，我们可以称土地为“生产者”，就如谈论太阳的每日运动一般。然而，我曾说过：命题及其推论宁可墨守成规，也不能引起歧义。而将土地，更确切地说是可耕地，称为生产者或经济生产要素是不准确的。水培生物没有“种植”在土地上，据我们所知，它们仅依赖水中溶解的矿物质存活。我们可以换算一下，只要能生产足够的食物要素，植物种植在一英亩水田还是一英亩旱地上，根本没有什么区别。生活在北冰洋地区的爱斯基摩人，在其社会经济体系中，土地与“生产”没有任何关系；他们依赖海豹和其他水生动物生存。若他们想要过游牧生活，或许也可以像海神普罗特斯一样，放牧海神波塞冬手下的众多水生生物。但是，海豹与北极熊也依靠其他海洋生物生存。如此继续探究下去，我们就能追溯到漂在海面上的微小的绿色植物，它们才是真正的“生产者”，它们维持着庞大的海洋生物群。

所以，当我们提出经济生产的基本要素是土地、资本和劳动这个命题，将其视为一个“绝对”的真理，同时将它当作推导其他重要命题的公理的时候，我们应该牢记，这一结论只在特定条件下成立。毫无疑问，“生命资本”最为基本：只有存在“生命资本”，人类才能工作；如果没有“生命资本”，维持人体内部运转的所需便无法满足。但是，提及劳动（指人类劳动），我希望读者不会心存怀疑：即人类劳动对生产而言几乎无足轻重。此外，生命资本是一切财富的基础，我们无法估算出劳动消耗与生命资本的确定的比例关系。如若我们将野兽及竞争者引入天堂般的牧场之中，那么，羊群主人的劳动量可能会无限增加，作为一种生产条件，羊群主人的重要性也大大提升，然而，产量仍然维持不变。我们来对比一下：一开始定义的理想环境中，牧羊人的劳动无足轻重；如今，他的劳动不可或缺，他必须从深井里抽水饮羊，正如我们所言，同时还得保护羊群免受狼群侵扰和人类掠夺。至于土地，只能为人提供栖身之所、立足之地。土地虽然很重要，但其重要性只能屈居第二。经济生产最需要的东西仍是绿色植物，因为只有它才能从自然界的无机物中提取生命资本，才是唯一的生产者。没有劳动（此处指普通意义上的劳动）、土地，人类依旧可以生存；但若没有了植物，人类必遭灭顶之灾。

以上情形在纯畜牧业及纯种植业的生产环境中皆成立，种植者的生存直接依赖于所种植植物提供的生命资本。此处生命资本的存在再次成为人们一年工作的前提。假设一个人以种植为生，自给自足，那么从耕地、播种到最后的收割，都必须保证食物要素的供给。而这些食物要素必须从上次收割的庄稼的剩余储备中获取。结论仍然与前文保持一致：劳动的前提是生命资本预先存在。另外，种植业与畜牧业一样，投入的劳动只是附加条件，劳动量变化幅度很大。若土壤肥沃，气候适宜，且其他条件也很优越，劳动投入可能很少。然而，若种植条件不够优越，那么只有投入很多劳动，才能获得同样多的收成或食物要素。

因此，我认为以下命题无须争辩：不管是否有政治组织，任何个人或任意数量的人群的存在，都直接或间接地依赖植物产出，且随时能够获得食物要素（即生命资本）。接下来的问题是，某块土地一年能够维持的人口数量，取决于长在土地上的植物一年内产出的食物要素的量。若a是食物要素产量，b是个人所需的最低食物要素的量，a/b=n。那么，n就是该地区所能承载的最大人口数量。现在，产量(a)受土地面积影响，也受此处日照、温差、温度、风力、水文、土壤成分与物理特性等因素的影响；同时还受其他竞争性动物与植物的竞争和破坏所产生的影响。人的劳动不会创造生命资本，也无法创造生命资本。劳动只能改变生产条件，且这种改变对生产有利有弊。实际上，诸如日照、昼夜温差、风力这些最重要的生产条件，根本不在人的可控范围之内。水的供应、土壤的物理化学品质及竞争者与破坏者的影响，可以被人们的劳动和技巧所改变。因此，我们不妨将这种劳动的作用称为“生产”。但必须明白，这个意义上的“生产”与植物生产食物要素的“生产”是完全不同的。

我们目前所讨论过的假说都是依据日常生活经验，而非先验假说。我们假定牧羊人独自管理羊群，农夫独自照管土地，为了便于研究，他们对现实经验作了简化。假设我们从日常经验出发：由于现实要求，牧羊人和农夫需要一个或多个帮手。帮手付出一年劳动，从牧羊人处收获一定数量的羊、羊奶、奶酪，或从农夫处得到谷物。此处，我没有发现先验“劳动权利”的存在，人们也没有被赋予在不需要的时候仍被雇佣的权利。但我想，人们只有在下述情况下才愿意接受这份“薪水”，即这份“薪水”至少能够补足其一年劳动消耗的生命资本。任何一个理性的人，都不会心甘情愿地接受必然要挨饿的工资条件。因此，最低工资要足以弥补员工所必须消耗的生命资本。且毫无疑问，只有满足了羊群或土地所有者的需求，剩余的可支配资本才会用来支付员工工资，不论实际工资是等于还是高于最低工资。那么，这里又涉及另一个我们曾谈过的问题：不管生存资源是通过雇佣还是其他方式所得，羊群和土地所有者所拥有的生存资源都是有限的，能够养活的人数也是有限的。既然特定植物产量已经最大化，那么生长环境也必然处于最佳状态，因此无须通过劳动优化环境。即使再投入更多的劳动，也不会增加一盎司的食物要素产量。而此时，如果该植物需要养活的人数无限上升，那么有朝一日终会有人挨饿。马尔萨斯原理的本质内涵就在于此。在我看来，这一原理跟普通命题一样简单，只要数量继续上升，该数值终有一天会超过某一个固定数值。

前文论述明确指出了一个国家或有组织的社会（不管这个社会是单纯的游牧社会、农业社会，还是农牧社会）存在的基本条件。社会要存在，必须预先拥有一定量的生命资本储备。同时，还必须有补充社会成员因劳动而消耗的生命资本的措施。假定一个国家处于地表上一片完全孤立的土地上，那么，该国家人口数量不可能超过该土地所能承载的人数n=a/b，即这块土地绿色植物的食物要素最高年产量除以每人每年维持生命所需食物要素数量的商。但是，这个国家可能有第三种生存模式；它可能不是纯畜牧业、纯种植业国家，而是纯制造业国家。假设有三个完全与世隔绝的小岛，它们分别是加那利群岛中的格兰加纳利岛、坦纳利佛岛和兰隆鲁特岛，其中格兰加纳利岛的居民从事谷物种植，坦纳利佛岛的居民从事牧养牛群，而兰隆鲁特岛（我们可以假设该岛土地贫瘠）的居民全由木匠、羊毛织品生产商及鞋匠组成。根据日常经验，我们知道，若兰隆鲁特岛的居民不预先带着食物要素储备上岛，他们就无法生存。而一旦这些食物要素储备消耗殆尽，若格兰加纳利岛及坦纳利佛岛没有及时提供生存资本作补充，那么，兰隆鲁特岛的居民则无法继续存活。此外，兰隆鲁特岛的木匠若不能从另外两岛上获取木料，就无法劳动；同理，若羊毛织品生产商和鞋匠无法获得所需羊毛、皮革，也无法劳动。事实上，木料和皮毛是手工业生产的基本原料，没有这些原料，兰隆鲁特岛居民所在行业的工作就无法进行。所以，毫无疑问，兰隆鲁特岛手工业活动的必要前提就是，格兰加纳利岛和坦纳利佛岛为其提供生存资本及其他资本。且当木料、羊毛、皮革抵达兰隆鲁特岛时，这些原料已经包含了砍伐、剪毛、去皮、运输等大量的劳动。即便如此，也无法改变一个事实：格兰加纳利岛和坦纳利佛岛上的绿色植物是两岛居民生存的根本，它们才是唯一的"生产者"。绿色植物产出了用于手工业加工的原料，并运往兰隆鲁特岛。两岛居民需要兰隆鲁特岛居民的手工产品，并愿以一些生命资本作为交换。若非如此，交换的一方——格兰加纳利岛和坦纳利佛岛的居民——生产原料付出的劳动，以及另一方——兰隆鲁特岛的居民——手工生产所付出的劳动，并不能向任何一位兰隆鲁特岛的居民提供一顿饭。

在这种假设的情况下，若格兰加纳利岛和坦纳利佛岛消失，或两岛居民不再需要木器、毛衣或鞋子，那么，兰隆鲁特岛的居民就会挨饿。若两岛居民愿意购买这些产品，那么，兰隆鲁特的居民便是在"供养"购买者，也就是在间接地"供养"购买者的农产品。

因此，若问题是"兰隆鲁特岛的制造业劳动是否为'生产性'劳动"，答案只有一个：若有人愿意以生命资本或任何可以换来生命资本的东西，来换取兰隆鲁特岛的货物，那么，该制造业劳动就是"生产性的"；否则便相反。

手工业者的劳动对资本的依赖程度高于放牧者、农耕者。后两者的生产一旦开始，就可以持续地进行，无须考虑他人的存在。而手工业者的劳动依赖于预先存在的资本，这种依赖性贯穿劳动过程的始终。如果没有一个顾客愿意且有能力以食物要素交换手工业者投入劳动与技艺的产品，那么不管他投入了多少，从维持生计的目的看来，都等同于无所事事。

还有一点得搞清楚。假设兰隆鲁特岛的一个木匠专做五斗柜；而且他做一个五斗柜需要的木料为a，完工前所需谷物肉类为b，那么，他所有的花费都需要靠卖五斗柜的钱支付。因此，木匠开工所需的资本为a+b。没有这些资本，他就无法开工。日子一天天过去，如果他要想做出五斗柜各部分的形状，就必须破坏掉一些a的普适性；同时，为了补足每日工作造成的生命资本的消耗，他至少需要使用同样数量的b。若木匠及其手下需要十天时间锯好木头，将木料刨平成木板，并以某形状和尺寸做出五斗柜的各部分。假设购买五斗柜的人预付了a+b，那么木匠若将成堆的木板卖给购买者，以偿还木料钱及十天的生命资本，这位购买者肯定会说："不，我要的不是木板，而是五斗柜！在我看来，你现在什么东西都没做出来。你和开始一样，照样欠着我呢！"若木匠坚持表示，他"实际"已做好了2/3个五斗柜，只需五天时间，就能把木板组装成五斗柜；所以，这堆木板应抵2/3的债务。我想，债主会将木匠当作厚颜无耻的骗子。很明显，无论是格兰加纳利岛或坦纳利佛岛的购买者，预付了木材与木匠所需的食物要素；或者木匠自己拥有这两种储备，并用作制作五斗柜期间的消耗，之后，该五斗柜的交换物会补充消耗。两种情况其实没什么差别，第二种情况下，更加毫无疑问。若有人买五斗柜，木匠却只给购买者木板，那必然会被当面拒绝。然而，若木匠把五斗柜留为己用，那么，他耗费的生命资本也就无法收回。此外，一次性结清五斗柜的账目，与木匠工作15天，购买者按天支付15天的报酬，这两种方法没有差别。若每天完工后，木匠告诉自己："我一天的劳动，'实际'创造了五斗柜1/15的价值。因此，每日的工钱即每日劳动的产出。"只要这个可怜的木匠没有自欺欺人地认为，自己说的都是事实，那么，这个比方倒也无碍。比起用仁慈掩盖道德过失，"实际"这类说辞更容易混淆视听。正如前文所说，很明显，木匠每天的工作都消耗生命资本，木板成型或多或少是以生命资本为代价的。换取箱子要支付a+b的款项，不管该"款项"以何种形式支付——以"借款"的形式预付还是付日薪或周薪，或者最后支付五斗柜成品的"价格"——"款项"的总数至少要能补足生命资本的消耗。这是该交易的根本要素，也是唯一的根本要素。很明显，木板和箱子都不能吃；若非有人正好需要五斗柜，且愿意以制作五斗柜所消耗的生命资本数量、或可以换来生命资本的东西进行交换，那么，木匠每日的工作根本就没有产出日薪部分，他的劳动都浪费了。

今时今日，我们竟然还要讨论这些基本事实，可能的确让人觉得奇怪。但是，任何读过《进步与贫困》这部广为流传的著作的人，只要对该作品的第一册有所印象，就会觉得这种讨论很有必要。该作品几乎就是一个政治谬论的博物馆，而这座博物馆中的一些珍宝已经被我展示过了。该著作第一册第15页这样写道：

> “我要用尽全力证明的一个命题是：工资并非来自资本，它实际上来自劳动所创造的产品。”

第18页又写道：

> “在用劳动交换商品的所有情况中，生产都必然先于享用……换言之，工资是劳动所得或劳动所创造的，而非资本预付。”

作者尽力驳斥的命题是一个一直都被普遍接受的学说：最终产品完成之前，劳动靠已有资本维持，劳动费用来自已有资本。

该学说尊重资本与工资的关系，而《进步与贫困》一书却持反对意见。前文中我已经详细阐述过。我认为，若有人能看懂我尽力去阐释的命题，那么这个学说的真实性就很明确了。两种说法中，肯定有一种大错特错。即使要重复本文已讨论过的一些观点以及《自然与政治权利》一书中的一些论点，我也要指出，《进步与贫困》中的观点是错误的。就政治科学而言，我认为此书中“贫困”明显超过“进步”。

我们从头说起。《进步与贫困》的作者给财富下了一个定义：“任何无须劳动而从大自然获取的东西都不是财富。”财富指“经人类劳动改造并用以满足人类需求的自然物质或产品，其价值在于生产同类产品投入的一般劳动量”。财富的例子如下：

> 建筑物、牛、工具、机器、农矿产品、手工业制品、船只、马车、家具等。

我能接受《进步与贫困》的作者称自然金属、煤炭及制砖的黏土为“矿产品”；且我十分相信，称它们为“财富”很恰当。但是，当煤炭的矿脉裸露于地表时，人们就能捡到大量煤炭；抑或天然铜块出现时、制砖的黏土在地表时，人类无需劳动就能得到现成的东西，因为二者几乎是突然出现在人类面前。若按照上述定义，这些东西就不是“财富”。然而，按照他列举的财富的例子，这些东西又应该是“财富”。定义出现矛盾，此处为典型例证。《进步与贫困》的作者指出：裸露于地表的煤炭矿脉并非财富，只有人们付出劳动、凿一块带走时，煤炭才变为财富；那么，剩余的矿脉仍然“并非财富”吗？这种观点认为，物品的价值必然与一定量的劳动（平均劳动量或其他情况）存在联系；这种观点是十分荒谬的。我已经对该观点进行了充分驳斥，此处不再展开。黄金海岸的黑人认为，花费在长柄暖床器的平均劳动毫无价值；而爱斯基摩人也不会为最为精细的制冰器耗费一点鲸脂。

我们对《进步与贫穷》一书中对财富性质定义的讨论，到此为止。现在开始讨论书中“资本是财富、抑或部分财富”这一观点。书中沿用了亚当·斯密对资本的定义：“人们期望从中获取收益的储备部分即资本”。书中另一处又指出，资本是财富的一部分，“用以帮助生产”。然而，书中还指出，资本是：

> 财富蕴含于交换的过程之中，而交换不仅包括易手，还包括利用自然的再生或转化能力增加财富时的变化。

但是，若读者过于思虑定义的内容和范围会感到疲倦，那么，读者可以简单阅读以下的声明：

> 我所提出的资本的定义毫不重要。

作者告诉我们，他实际上“并不是在写一本教科书”。也就是说，作者认为：若某人的目的并非单纯的学术讨论，只是掀起政治革命，那么，他的观点就无需清晰准确。然而，他碌碌而为，从事的事情根本没有编写教科书那么重要：是的！作者“只想发现一个控制巨大的社会问题的定律”。这种表达的方式或许就能显示极为严重的思维混乱。本人只听说过能“控制其他定律”的“定律”，“控制问题”的“定律”还是第一次听说。“平庸的作家打着政治经济学的旗号，写出无数作品。这不仅给媒体增加了负担，还会混淆视听”（见第28页）。然而，批评家即便从这些平庸作家的文章中挑选样本，也绝不会有超越《进步与贫穷》的选择。该书真的如同《愚人记》中的主人公在灵光乍现时所说的话：“纯属一派胡言。”

毫无疑问，作者很有雅量，从他称“定义毫不重要”可窥见一斑。但不幸的是，作者的整个论证过程都建立在“这些定义不言而喻，因此非常重要”的基础上。所以，我绝不能对此一笔带过。第三个定义让我充满无力感。为什么 “交换过程”的东西才是资本，其他情况下就不是资本呢？我难以理解。他们说“农民的粮食中，出售、作种子及喂饱雇工的部分叫做资本；自己家食用的部分则不是资本”（见第31页）。我没有找到支持这种说法的任何理由或权威论述。相反，收获的季节，谷物堆成垛或储存在粮仓里，在用作前文用途之前，这些谷物可能要存放几个月甚至几年；所以，将这些谷物称为资本不仅符合常规也理所当然。毫无疑问，资本是“财富蕴含于交换的过程之中”。这句拗口的表述实际想说的是：资本是“可用于（与劳动等）交换的财富”。因此，它等同于第二个定义，即“资本是通过劳动而产出的部分财富”。显然，若人们愿意以劳动交换你拥有的东西，你便能交换到帮助生产的劳动。如此，它又等同了第一个借用自亚当·斯密的定义，即资本是“人们期望从中获取收益的储备部分”。不管从词源学出发，还是从词义上讲，“收益”一词都指的是“回报”。人付出劳动播种或养牛，因为想获得“回报”——“收益”，也即：谷物增加或牛的数量增多。就养牛而言，牛的劳动与粪肥可以“帮助生产”，促进产量提高，进而获取回报。收获时节，人的谷物和牛群立即转变为资本。下一个收获时节之前，他这一年的收益，即多于初始投入的谷物和牛群。这部分收益他可以随心所欲地使用，即使消耗完，他所拥有的财富也能与年初持平。因此，他可以扩大种植面积，将增产的谷物播种；抑或扩大牧场面积，放养新增的牛群；抑或用新增的收益换取其他商品，如交换土地使用权（田租），或交换劳动（工资），或养家糊口。这一切做法都不会改变收益的性质，也不会改变收益是可支配资本这个事实。

（即使不从词源学的角度出发）牛也是不容置疑的典型的资本范例（《进步与贫

穷》，见第25页）。若我们寻找牛作为“资本”的特质，那么，亚当·斯密比《进步与贫穷》的作者及其他任何人都说得好。牛之所以能成为“资本”，是因为它们是“能够带来收益的储备”。牛可以供给主人想要得到的东西。在这一特定意义上，“收益”不仅为人所需，还颇为重要，因为它能维持人类的生命。牛群可以产出牛奶、牛肉等食物要素；还能产出牛皮、牛粪、畜力。这一切以及牛本身都可以作为商品交换得来的“收益”。从任何一项抑或所有特性出发，牛都是资本。反言之，具有上述任何一项或全部特性的东西，都是资本。

因此，《进步与贫穷》第25页的这句话应被视为一个可喜的错误，虽是无心之失却表意清晰：

> 肥沃的土地、丰富的矿脉、势能充足的瀑布给其主人提供了类似资本一样的益处，但是，若将这些视为资本，土地与资本就无法区分了。

确实如此。然而，它们就是资本，这是铁一般的事实。土地和资本本来就没有根本差别。难道要否认肥沃的土地、丰富的矿脉、势能充足的瀑布可以成为人们的储备，并进而有产出收益的能力吗？难道就没有人愿意出让部分产出或支付金钱，交换耕种肥沃的土地的权利吗？难道就没有人愿意出钱，换取丰富矿脉的采矿权或是在瀑布上兴建电站的权利吗？那么，既然《进步与贫穷》第27页的建筑和工具属于“资本”，这些东西为什么不是呢？若这些东西能产出“等同于资本的好处”，而资本的“好处”在于能够产生收益，那么，书中否认这些东西是资本的说法，难道不是自相矛盾吗？

《进步和贫穷》作者对资本的论述令人困惑，然而已经算很清楚了。因为作者还写道：“工资并非来自于资本，它实际上来自于劳动所创造的产品。”这一观点贯穿该书第三章的始终。文中说：

> 比如，我付出劳动采集鸟蛋和野草莓，那么，鸟蛋和野草莓即我的工资。毫无疑问，所有人都同意，在这种情况下，工资来自于资本。因为，在这种情况下，根本就没有资本可言。

理解前文的人可能会怀疑“工资”一词是否恰当，但还是会毫不犹豫地反对该书作者的观点。他们不难理解这样一个事实：鸟蛋和野果属于食物要素储备，抑或生命资本；人付出劳动采集二者时，耗费了自身的生命资本；鸟蛋和野果可以补足人们在采集劳动中消耗的生命资本，因此，二者可以成为“工资”。所以，这整个过程确实获得了大量的“资本”。作者还指出：

> 一个人若一丝不挂地被扔到一座无人岛上，他或许会以采集鸟蛋和草莓为生。

这毫无疑问。一路理解到此处的读者很清楚一点，人的生命资本并不存在于衣服之中。因此，读者很可能跟我一样，认为作者的论点与讨论毫不相干。

作者又指出：

> 若我拿皮革做了一双鞋子，那么，鞋子即我的工资，也即劳动的酬劳。鞋子肯定不是来自于我的或其他人的资本。我劳动创造的鞋子成了我劳动的报酬。制作这双作为工资的鞋子时，资本在任何时刻都没有减少分毫。若非要引入资本的概念，那么，初始资本只能是皮革、线等。

区区小半段文字，作者谬论连出，真是让人喘不过气来。我们的这位经济改革家似乎未曾想过，皮革、线等“初始资本”来自何处。我大胆假设一下，“初始资本”中的皮革是牛皮。那么，小牛和公牛不可能被活剥，因此，皮革的产生意味着活牛这种资本大量减少。从长期看，鞋子跟所有东西都一样，源自最优资本，即牛。无疑，鞣革定然会造成一定资本消耗及其他消耗，比如，鞋匠的锥子、刀子这样的工具会有铁这种资本的消耗；鞋匠工作要消耗制鞋期间的生命资本，以及出生后赚钱维持生计时的生命资本。《进步与贫穷》继续写道：

> 随着劳动的继续，价值稳步增加，直到这双鞋子完工。此时，我所拥有的是我的资本以及鞋子原料与成品的差价。而在获得这部分额外差价——工资——过程中，我什么时候消耗了资本呢？

我们不禁想问，怎会有人提这样的问题？不论是刚开始做鞋子时，还是在制作过程中；不论将鞋子留为己用，或换取他人的部分资本：人无时不在消耗资本！事实上，假设鞋匠不想将鞋子留为己用，那么，必须满足两个条件，鞋匠的劳动才不会变成非生产性劳动。第一，另一个人拥有生命资本；第二，此人愿意出让一些生命资本，换取鞋子。否则，鞋匠做成鞋子的劳动与将皮革切割成小块毫无二致。

一些理论家鼓吹这样的观点：手工制造过程无需资本参与，只靠劳动就能产出工资。通过推敲他们的例子，我们发现这种观点简直荒谬至极。即使作者引用了亚当·斯密的格言来支撑自己的观点——

> 劳动的产出包括自然报酬及劳动工资。若初始状态下，劳动者占有土地和积累资本，那么劳动的全部产出只归劳动者所有，无须与地主或资本的主人分享。（《国富论》，第八章）

这一段话反映了亚当·斯密本人的观点受到法国重农主义思想的消极影响，因此才完全抛开经验，追求先验思辨。“初始状态”一词展示出他的自信，一度与《不平等论》的态度如出一辙。“占有土地”和“积累资本”的“初始状态”下，人类肯定还只是彻底的原始狩猎者。依据假定，既然无人占有土地，当然就没有地主；没有可转让的积累资本，当然就没有资本的主人，也即雇主。雇主和雇佣（即工资）的关系就如同是母亲和孩子一样紧密。提起“孩子”，就必定有“母亲”；说到“雇佣”或“工资”，必然有“雇主”或“工资发放者”。因此，“初始状态”下，人们只能靠采集野果和猎杀动物为生；二者也只是象征意义上的 “工资”。若是不信，你可以尝试以内涵更局限的“雇佣”替代“工资”。否则，我们只能假定原始人自己雇自己准备饭菜。如此，我们会得出一个颇为荒谬的结论。“初始状态”下，原始人自己是雇主、“主人”及劳力，且不同身份可以均分劳动的产出！若这还不足以说明问题，那么，狩猎生活中，人类甚至没有参与生命资本生产，自然界生产什么，他就消耗什么。

《进步与贫穷》一书的作者认为，由于谬论的误导，政治经济学家已经“陷入了自己编织的蜘蛛网之中”。他写道：

> “资本”有两种含义。最初的命题中，“资本”对于生产性劳动不可或缺，因此可理解为一切衣、食、住等。然而，最终命题中，“资本”一词在一般意义和法律意义上，指的是用于获得更多财富的财富，而非即刻满足欲

望的财富；是雇主拥有的财富，与工人的财富大相径庭。

该书作者对政治经济学家横加指责。我并非想为这些人辩护。只是，这段话让我惊奇，因为我发现竟然有人能如此自如地进行自我纠缠。雇主手中的财富是资本，工人手中的财富就不再是资本了，谁能想出来这种结论？假设一个工人工作了6天，周六晚领到30先令工资。这30先令来自于雇主的资本，因为是用来换取工人的劳动，因此被称作“工资”。工人回家时，口袋中的30先令也是他的部分资本；恰如半小时前，这30先令是属于雇主的资本一般。这个工人像罗斯柴尔德一样，也是资本家。假设这个工人单身，他租了公寓里的一个房间，做饭等家务是由屋主料理，那么他的30先令用来支付租金、支付家政的工资。因此，他也是一个雇主。若他省下1先令，那么，新的一周开始时，他的资本就增加了1先令。若他把每周攒下的1先令存进银行，那么，他与傲慢的银行家完全一样，只存在程度差别。

我们在《资本与贫困》第42页看到，“拿工资的工人”不会“甚至不会暂时”减少“雇主的资本”。在第44页，作者又承认：在某些情况下，拥有资本的人可以“以工资的方式付出资本”。我们无法想象，“付出”资本的同时，如何能避免资本“暂时”减少呢？可《进步与贫穷》一书以一个文字游戏，改变了一切。他如是写道：劳动的目标是获取“收益”，然而，资本所有者在劳动目标达成之前需要预付（比如，农业耕种几个月后才能收获，建造房屋、船舶、铁路、运河等也如此）。那么，很明显，资本所有者支付工资后，不能马上得到“收益”。因此，在一段时间内，有时甚至很多年内，他需要将其列为“待摊费用”或“应收款项”。因此，若你没有记住第一原则，就很容易匆忙得出结论，即工资是由资本提前预付的。

读完我前文的论述，读者可能很难理解一点：不管是仓促得出结论，还是以逻辑推导得出结论，为什么“牢记合理的第一原则”，结论就会是别的呢？然而，我们的作者“记住”的第一原则就模棱两可，以便他继续玩文字游戏。他的第一原则即：“价值的创造不依赖于产品的完成。” 在某些条件受限的情况下，这一命题毫无疑问是正确的。但是，“从购买者处拿到工资前，劳动过程一直是资本增加的过程”，这种说法是不正确的，即使劳动会且经常产出这样的效果。

以造船的例子来说明。（对造船者而言）把木头锯成一定的形状时，木头的价值无疑增加了；把成型的木头组装成船的框架时，价值又增加了；装上外观船板时，价值又增加了；完成除填堵缝隙这些细节项目外的所有工程时，船的价值就更大了。然而，此时该船对除了木柴商之外的人有什么价值可言呢？这条船尚未完工，下水不到半小时恐怕就会漏水沉没。那么，若一个人想买船，用其将货物从一个码头运往另一个码头，他会出价多少呢？假若造船者还未填堵缝隙，便没有资本了，且他也找不到其他造船者接手，那么，造船者消耗资本进行劳动、进而创造的价值中，有多少能抵得过预付资本呢？恐怕没人肯付工资的十分之一买船，且能得到的出价甚至抵不过购买原材料的初始成本。因此，“价值的创造不依赖于产品的完成”这一命题并非总是成立，也无需总是成立；只有在某种情况下，这个命题是成立的。若以此暗示或表明“手工制品的价值不依赖于产品的完成”，那就大错特错了。

未填堵缝隙的船、未铺好屋顶瓦片的房子、未装摆轮的钟表，与完工的船、房子和钟表分别相比较，难道其间不存在巨大的价值差异吗？

船、房子、钟表完工前几乎没有价值，即便价格低至四分之一便士，也无人会为了使用而买下半成品。除了原材料之外，这些半成品唯一的价值所在即有人愿意将它们完工，抑或有人愿意将其另作他用。比如，有人买下一座未完工的房子，是想用房子的砖；或买下一只未完工的钟表，是想用其零部件制作别的机械。

因此，生产某件产品的每个步骤中，对原材料投入的劳动都增加了产品的价值，但这种价值仅仅是制作者的估算。生产任一阶段所增加的价值和这一价值占成品价值的比重，很不稳定且极小。对别人而言，半成品可能一文不值，甚至价值为负。比如，在房屋木材商眼中，木材做成造船用的木料后价值受损，还不如没有加工过的木头。

《进步与贫穷》一书写道，开辟伟大的圣哥达隧道时并没有预付资本。假设瑞士和意大利两边的隧道只差半公里就能贯通，可是，这半公里恰好是难以钻透的岩石。那么，隧道既然未完工，有谁愿意付一毛钱呢？若没有人这么做，“价值的创造不依赖于产品的完成”又从何而来呢？

我想，可以这么来讲：这个奇怪的世界充斥着各种政治谬论。最愚蠢的观点即：劳动与资本相互排斥；资本由劳动创造；从自然归属权看，资本是劳动者的财产，而资本占有者则是剥削工人的强盗，因为他没有参与生产，却将生产所得据为己有。

真理恰巧相反：资本和劳动必然紧密联系；资本绝不是由劳动单独创造；资本不依赖于人类劳动而存在；资本是劳动的必要前提；资本为劳动提供了原材料；人类劳动无法创造不可或缺的生命资本，人们只能通过实际生产者推动生命资本的形成；在事物中投入的劳动与该事物的价值并没有内在联系；生产依靠资本才能进行，所以，劳动者拥有全部生产成果的说法是一种先验的不公平。

第四章　社会问题与糟糕措施（1891年）

序 言

这些信件已于1890年12月至1891年1月期间，由《泰晤士报》刊发。

我在第一封信的开头几句，就已交代了写信的背景。且在前两封信中，我批判布斯先生“最黑暗的英格兰”阴谋的所有材料，全摘自我本人的作品。但是我很明白一点：布斯先生的社会责任感占据上风，战胜了其对平静幸福生活的渴望。在他致信《泰晤士报》讨论公共利益问题之前，他和约翰尼·吉尔平[1]一定有着相同的感受：“开始时，他从未想过此举会变成一场闹剧。”的确如此，当我思绪凝重地提笔写下这十二封信，当我突然想到，邮局将这么多信件和宣传册送到我家门口，也必然能小赚一笔的时候，我就是这种感受。而思及那些在《泰晤士报》及其他报刊上大肆公开评论我的人品、动机和学说稿件之人的时候，我的感受更甚。

如果人生至高境界即有自知之明，那么我如今也算到达了此境。然而，若说我是清醒的，那么我的一些老师，却的的确确处于梦境之中。因为他们无法控制自己诗意幻想的圣火，这团圣火与神话创作才能无异。只要我那平庸乏味的观察和比较能力尚在起作用，那些显而易见的事实就是一个反证。但鉴于我也可能出错，所以为了稳妥起见，我在信件前附上一篇文章作为序言。该文章曾于1888

[1] 约翰尼·吉尔平是18世纪英国诗人威廉·科伯的《约翰尼·吉尔平的趣事》中的人物。

年1月发表于《十九世纪研究》，主要论述我眼中的“社会问题”的深层本源，重申并拓展了1871年米德兰学院演讲中的个人主义和军团社会主义观点。此外，《十九世纪研究》刊登的我的另外几篇论文的阐述更加详尽，我希望在不久的将来可以出版成册[1]。

在这些作品中，我详尽地记录了自己思考了二十多年的基本观点：从本质上讲，社会政治问题的普遍先验论观点及推理方法是错误的；在此基础上所作的论证将产生两种相互矛盾且十分错误的理论体系：一是个人无政府主义；二是专制社会主义或军团社会主义。不论正确与否，我始终会竭尽全力地反对这两种理论体系。在我眼中，布斯理论体系不过是披着理论外衣的专制社会主义，我早已对此进行过论述。一位社会主义者曾坦言，一旦褪去“华丽”的宗教外衣，布斯体系下的社会主义现实就会暴露本质。这是一位坦率的社会主义者曾表达过的信心，也可视为新工会独裁者未曾言明的信念。他总是无比狂热地支持布斯计划，倘若他不是别有用心的话（参照第八封信）。

我将《新约》中所描述的皈依之道与救世军狂热分子的皈依之道进行比较，发现不论是如今受布斯先生摆布的人，还是再洗礼派教徒及更早的皈依者等，其皈依过程都遵循着相似路线。评论者似乎将我的这一做法视为一个“辩论老手”惯用的伎俩。他们或偷偷嘲笑，或嗤之以鼻。

不论这些评论旨在恭维，抑或挖苦，我既谢绝赞美，也不理会嘲讽。我讨厌做事说话拐弯抹角、模棱两可。有一种心态会引导我们产生这样的认知：若我们对全心投身崇高理想的行为心存敬意，那么，必然不会认为所谓的崇高理想也存在毫无根据甚至错误的教义。我确实很难理解这种心态。

狭义基督教（布斯先生声称，这种基督教就属于典型案例）主张，如果拒绝接受其可悲教义的人，展现出了崇高的美德，那么用他们的话来说，这种美德便是“华美的罪行”；这不啻是其最不堪之处了。然而，还有更不堪的：基督徒宣称自己思想自由，却对上帝大善的灵魂视若不见；但是那些狂热追随此种道义的人

---

[1] 后来这些文章大部分出版成书。

却时常备受这种灵魂的鼓舞。如果有谁读过《加拉太书》和《哥林多书》[1]，却吝啬于对塔尔苏斯的保罗[2]表现出的满腔热忱给予赞美，那么，我为他感到遗憾；如果有人研究方济各·阿西西[3]或锡耶纳的凯瑟琳[4]的生平，却不屑于将两人视作实现理想的楷模，那么，我为他感到遗憾；如果有人对乔治·福克斯[5]隐晦神秘的话语中暗藏的赤诚之心和满腔英雄气概无动于衷，那么，我为他感到遗憾。问题的本源就在这些伟人身上；他们强烈渴望改善同胞的生存条件，并愿意为此目标牺牲一切。抛开他们纠缠于其中的一切教义的利弊不说，如果这些伟人都不能让我们肃然起敬，还有谁能呢？

布斯先生斩断同卫理公会[6]的联系，开始建立救世军组织。最近，他还雄心壮志地想通过救世军来执行其社会改造计划。在这一点上，布斯先生颇值得几分尊敬。就其个人的愿望和目标而言，我也从未说过他不值得尊敬。

但是，独裁统治必然连带无限责任。如果布斯先生因救世军体系所做的善事而居功，那么，他就必须准备承受因该体系的固有弊端而带来的责难。在我看来，他迟早会同所有专制统治者一样，被自己一手创立的体系所累。该体系旨在拯救灵魂，并在拯救灵魂的过程中获得财富与荣耀；但这些财富与荣耀最终并没有变成拯救灵魂的手段，而是成为它的目的。为了维持相当水平的财富与荣耀，该体系的“总司令”肯定会有一些作为，如果布斯先生年轻20岁，也会对这些作为嗤之以鼻。

有一些人跟我一样，尽管他们对布斯先生建立的组织评价不高，但仍然十分希望能够公平地对待他。这些人很清楚一点，布斯先生的一些支持者十分奸诈，他们根本不关心救世军的教义，对布斯先生的各种计划也毫无兴趣。我曾经提

[1] 这两部书是圣经新约中的。

[2] 指圣保罗，圣经新约《使徒行传》中的人物。

[3] 又称阿西西的方济各或圣方济各，天主教方济各会创始人。

[4] 凯瑟琳，意大利文艺复兴时期最著名的女圣徒。

[5] 乔治·福克斯，英国人，宗教运动领袖，公益会创始人。

[6] 卫理公会的前身为英国人约翰·卫斯理创立的基督新教卫斯理宗。教会主要是在群众中进行传教活动，主张圣洁生活和改善社会。美国独立后，它脱离圣公会而自成独立的教会。其后，在经过一段时间的分裂后，于1939年再次合并为现今的卫理公会。

到，一些社会主义者对布斯先生的成功寄予厚望。如果我并非大错特错，那么，某些派别的政客应该对布斯先生的成就尤为满意。救世军的军官遍布全国各个城镇，直接听令于伦敦政治“局”；大家可以想一想，他们会形成怎样强大的助选力量哪！大家还可以想一想，这些政客的地方代理人——我是指“保民官”——又会怎样骚扰其政敌呢？另外，再想一想，一个人可能只是因为性格惹人讨厌，就随时会被警惕的熟人以或真或假的罪名进行控告，那是怎样一种情形啊（参阅第二封信）！

现在，我要宣告，布斯先生并未参与到制定这个影响深远的阴谋的过程中，他是无罪的。但是，他所创立的力量体系组织，被驯化成为唯命是从的听令者。对于这将导致的后果，我在第一封信中就已经明确地警告过。我这么写绝不是无凭无据的。

人类社会的生存之争（1888年）

我们所谓的自然，正是浩渺无垠又变化无穷的万事万物的结合体，它包含着无穷的宏伟奇观与难解谜题，吸引探索者前赴后继。从知识分子的视角来看，自然仿若美丽而和谐的整体、完美逻辑的体现——过往之因，未来之果，一切皆是必然。但如果我们不把它崇高化，仅从普通人的角度去看待；或者，我们能用道德感情作出判断，对伟大的自然母亲也像对同类一样苛责批判，那至少目前为止，我们对感性自然的评价多半是不利的。

事实是，对已经研究过高等动物生命现象的人而言，乐观地认为这已是最佳世界，无外乎是对其他可能性的扼杀。这不过是以己度神的先验主义者大言不惭的又一例证。他们以为，全能之神的动机必定和他们的一样，假如另有他法，神定然不会使其造物受尽苦难，而不像那些伟大的哲学家，想方设法地折磨世人。

自然神论这一古老命题中，审慎乐观主义一派认为，感性的世界整体上受神意仁慈的管控。虽然他们最终未能经受住自然事实的考验，但感性自然提供的例子中，确实存在一些引导人趋乐避苦的巧妙安排，这些就是造物主“仁慈”的证据。不过如若真是如此，那么自然中亦有不少安排是引导人走向苦难的结果，这岂不是造物主的“恶意”？

如果说，鹿的身体组织结构中存在大量能使其顺利逃脱猛兽袭击的特征，也就是在人类手工艺中可被称为技能的东西，那么，在狼的身体机制中无疑也存在同样的技能，使它能够追踪鹿并最终将其捕获。若置于枯冷的科学之光下，鹿与狼的身体机制都是巧夺天工的；若二者都是毫无情感的机械装置，那我们就不应厚此薄彼，赞赏一方而贬低另一方。但事实是，当鹿陷于狼的追捕中时，却会唤起我们道义上的同情心。潜意识中，我们认为像鹿一样的人纯洁善良，像狼一样的人邪恶凶狠；我们会称赞保护鹿逃脱的人英勇慈悲，而批判助狼为害的人凶残卑劣。然而，若我们不是在评判人类，而是评判人类世界之外的自然界，那就必须秉持公正严明、不偏不倚的标准。如此一来，大自然用善良的右手去帮助鹿，又用邪恶的左手怂恿狼，左右互搏，善恶得以相抵。自然进程似乎既非道德亦非不道德，而是无关乎道德与否的。

感性世界中类似的例子不胜枚举，令我们无法否认。但这一结论不仅与普遍认知相左，还会引起人们对痛苦本能的反感。因此，人们想出了种种方法来逃避它。

神学告诉我们，自然所谓的不公与残酷皆是神的考验，而神迟早会从别处给予补偿。但芸芸众生，数目众多，不知神的补偿将如何兑现？在人类出现之前，食草动物就已经在地球上存活了数百万年，并深受被食肉动物捕食猎杀之苦，恐怕没有人会相信，世世代代食草动物的灵魂将受到补偿，幸福永生；而食肉动物则会栖身狗窝一样的地方，一无所有。而且从道德的角度来看，事物在后期总是逊于初期。如果确有证据能证实世界是造物主“制造”的，那么于食肉动物而言，无论其如何野蛮凶残，不过是遵从造物主最初的设定罢了。而且，无论食肉还是食草，动物都一样要经历生老病死和过度繁殖之苦，从这一方面来说，它们都有权获得神的“补偿”。

而进化论则安慰我们，生存之争虽然残酷，终必有益，先辈所受的磨砺将促成后代进化。中国有句古话叫“前人栽树，后人乘凉”，讲的就是这个道理。实在很难想象，当始祖马后代最终战胜了德比马[1]，其几百万年前历经苦难的始祖马祖先会从中获得何种补偿。值得注意的是，如果因此以为进化意味着持续稳定、渐趋优化，那么无疑是错误的。进化的确是生物持续改造自身，以适应新环境的过程，但改造方向是向上优化还是向下退化则要取决于环境的性质。退化与优化同样可行。如果物理学家所言属实，我们的地球正处于熔化状态，并且像太阳一样日渐冷却，那么终有一日，进化便意味着适应全球严寒，到时候只有两极冰雪里的硅藻和红雪里的球藻这类耐寒的低等生物能够存活，其他生命形态都将灭绝。如果地球是从早期太热只有低等生物存活，朝着太冷而不允许其他生命体存在的状态演化下去，那么地表的生命轨迹就如同射出的弹道，上行和下行同属进化的一般过程。

在道德家看来，动物世界的生存斗争与古罗马角斗场的情形一般无二。各种动物被悉心照料后送去角斗——强者、敏者、狡者存活，来日再斗。而观众不必不满，因为不用付费，只须赞赏其训练有素、技艺精湛。如果观众不愿认清“无论胜负，长久的苦难都是角斗士一生宿命”这一事实，那他最好闭目不睬。这样宏大的角斗每时每刻每地都在上演：我们的耳朵已经足够敏锐，自不必坠入地狱之门才能听到——

> 其叹、其哀，如泣如诉。
> 或高、或低，哀嚎与叫好竟混在一处！

如此说来，若世间是由神的仁慈所主宰，其仁慈与约翰·霍华德[2]的理解一定大相径庭。

然而，聪明的古巴比伦人却明智地选择将伟大的伊什塔尔[3]女神尊为大自然

---

[1] 德比马指的是英国德比郡的马赛。这种马赛创立于1870年，由德比12世伯爵爱德华·斯塔利发起。发展到后来，“德比”被引申为指其他体育比赛，特别指足球比赛。

[2] 约翰·霍华德，18世纪英国监狱改革的重要实践者与领导者，主张改善监狱环境，强调教育和改造。

[3] 伊什塔尔是巴比伦的自然与丰收女神。伊什塔尔意为“星辰”，在古代巴比伦和亚述宗教中象征金星，她还是专管爱情、生育和战争的女神。

的化身。伊什塔尔结合了阿芙洛狄忒[1]和阿瑞斯[2]的优点，但她那可怕的一面也是不可忽视的。若说莱布尼兹的乐观主义是使人盲目快乐的美梦，那么叔本华的悲观主义便如同梦魇一般，因为惊悚而更显愚蠢。毫无疑问，令人不快的错误才是最大的错误。

这个世界或许并非最优之选，但诋毁它为最恶也是无稽之谈。纵欲过度的酒色之徒会认为普天之下皆为奸邪，自负少年若求而不得也会伤春悲秋。但若理智尚存就必当承认，尽管人生苦难远远多于欢愉，人类仍能、仍愿并且在事实上也已经找到大多数人向往的生活。假如我们所有人每天都有一小时要经历苦痛抑郁，生活的重担就会陡然增加，而生命的进程却不受阻碍——无论你多么身强力壮、精力充沛，一小时这个假设也绝不夸张，许多经历过的人都能体会。和这种情形相比，再坏的境况也是值得坚持下去的。

同样一个显而易见的事实是，认为感性自然受恶意操纵也是完全站不住脚的。众乐之中那最纯粹美好的一些都是奢侈品；作为生存动因，一丝善意也是多余，它们仿佛只是被卷进了这场生命的交易。对经历过的人而言，没有什么快乐比自然之美、艺术尤其是音乐之乐更令人神往的了。但这些都只是进化的产物，而非其要素，而且它们在很大程度上很有可能只为部分人所知。

这个问题的最终结论似乎是，假若善神不能在这世上随心所欲，那么恶灵也不能为所欲为。无论是悲观主义还是乐观主义的观点都与感性存在的事实不符。如果我们试图以人类的思维去解读自然进程，并假定它的现状与初衷是一致的，那么它的指导原则就是理智的而非道德的；它是苦乐相随的具体逻辑过程，大多数时候都与所谓的道义毫无关系。就像落在正人君子与奸邪小人身上的雨都是一样的，西罗亚楼[3]倒塌时压死的人也并不比他们耶路撒冷的邻居更有罪（见《圣经》，路13:4）。在东方也有类似的说法。

[1] 阿芙洛狄忒是古希腊神话中的爱与美之女神，为奥林匹斯十二主神之一。
[2] 阿瑞斯是古希腊神话中的战神，奥林匹斯十二主神之一，被视作尚武精神的化身。
[3] 西罗亚楼，为耶路撒冷防御工事体系的一部分。

严格意义上讲，“自然”指的是现象世界的总和，它涵盖了过去、现在和将来，因此社会和艺术都是自然的一部分。由于把人类直接导致的这部分自然区分出来更加便利，因此，把社会、艺术与自然区分开来也有着实际意义。鉴于社会与自然不同，有着明确的道德客体，这种区分就显得更加适宜，甚至十分必要了。因此，社会成员或公民这些伦理人的做法，必定与原始人或动物界成员这些非伦理人的做法背道而驰。原始人会像动物一样，为了一丝生机至死不悟，而现代的伦理人却会倾尽所能去限制斗争。

像动物一样的原始人类，其生命所展现出来的周期，与狼和鹿的生命周期相比，并没有更高尚的道德目标。尽管史前人类的遗迹可能并不完整，但也足以证实，在远古文明诞生之前的千万年间，人类是十分低等野蛮的。他们与敌人搏斗，捕食更弱小笨拙的动物。他们出生、繁衍、死亡，历经千代，同猛犸象、野牛、狮子、鬣狗一样，在弱肉强食中度过一生。从道德的立场来看，他们同那些多毛的尚未直立行走的动物同胞们一样，既不应该受到赞美也不应该遭到诋毁。

原始人类与动物类似，瘦弱笨拙者被淘汰，强壮敏捷者存活下来，后者只是更能适应环境，但并不意味着它们在其他方面都是最好的。生命就是一场无休止的混战，除了有限且短暂的家庭关系之外，霍布斯式[1]的你争我夺才是生活的常态。人类同其他物种一样，在进化的洪流中努力挣扎，只为求得一丝喘息的机会，而顾不上思考这洪流是从何而来又奔向何方。

但人类的文明史，即社会史，却记录了人类为了摆脱现状所作的种种努力。当人们最初用和睦相处来取代彼此敌对，无论是出于何种目的，社会应运而生。但在维护和平的过程中，他们显然限制了生存之争。无论如何，社会成员之间绝不允许决一死战。在所有后续的社会形态之中，社会生活中个人之间的争斗都受到最严厉的限制，这才是近乎完美的社会。

---

[1] 托马斯·霍布斯提出了一种独特的“自然状态论”。即世界上的每个人对世界上的每样东西都有需要和拥有的权力，但这些东西显然是不足的。为此，关于争夺权力的“所有人对所有人的战争”便永远不会停息。这种自然状态无疑是孤独、贫穷、污浊和野蛮的。

原始的野蛮人像伊什塔尔女神一样，将喜欢的全部据为己有，忤逆之人，只要力所能及，一概不留。与之相反，道德人的理想状态是拥有有限的行为自由，而不妨碍他人行使自由的权力；追求自身利益也维护共同福祉，并且将共同福祉视为自身利益的重要部分。和平既是其最终目的，也是实现手段。他将生活建立在或多或少的彻底自制上，而反对无限制的求生斗争。他尽量从放任自流的非道德动物王国中挣脱出来，去建立一个受道德进化约束的人类王国，因为社会不仅有道德目标，而且在完美的社会中，社会生活就是道德之化身。

但是伦理人追求道德目标的努力并未消除，恐怕也难以改变自然人根深蒂固的、追随非道德之路的机体冲动。无限繁殖的本能倾向，就算不是主因，也应算作导致求生斗争的最根本原因，在这一点上人与所有生物是一样的。值得注意的是，“增长与繁衍”是一条比摩西十诫[1]更古老的戒律，它可能也是唯一大多数人都能出自本能地遵守的一条规律。但在文明社会，坚持繁衍传统的必然结果就是，生存斗争卷土重来——个体与团体之间再次展开激烈的你争我夺——而减少或废除这种斗争原本是社会的首要目标。

假设在传说中的亚特兰蒂斯[2]的某个历史时期，粮食产出恰好满足全部人口的需要，农民的生产余粮刚好能养活制作日用品的手工艺匠人。既然是假设，我们不妨再加上一点，假如所有男女老少都十分善良，将共同利益视作个人利益的最高目标，那么在这片幸福的土地上，自然人必将臣服于道德人。这里没有竞争，没有懒惰，没有自私，没有虚荣，没有贪婪，更没有敌对；求生斗争消弭无形，太平盛世最终来临。但很显然，除非人口永不变动，才能保持这种完美状态。假设新增十口人而其他一切的假定条件不变，那么必定有人会忍饥挨饿。亚

[1] 摩西十诫出自《圣经》。大约在公元前1300—前1200年，上帝耶和华通过以色列的先知和首领摩西，向以色列民族颁布了一部律法，称为摩西律法。十诫是这部律法中最重要的十条。摩西律法作为最初的法律条文，成为犹太人生活和信仰的准则，在基督教的地位颇高。

[2] 亚特兰蒂斯是传说中的一个拥有高度文明的古老城邦，位于欧洲到直布罗陀海峡附近的大西洋之岛。有关它的记载最早见于古希腊哲学家柏拉图的《对话录》一书，据传它在公元前一万年被史前洪流所冲毁。

特兰蒂斯或许曾是人间天堂，人人正直而不必忏悔，但有人必须挨饿的事实不会改变。象征非道德自然的伊什塔尔女神必将不计后果，撕裂整个伦理结构。我曾和一位杰出医生谈及自然治愈力，他说道："胡说！自然十之八九不想治愈人类，它想把他们送进棺材。"而造物主伊什塔尔女神所代表的自然对社会的终结也同样没有什么同情心："胡说！她只想给她钟爱的强者寻求一片公平的竞技场，以便任其驰骋，除此她什么都不想要。"

亚特兰蒂斯的故事可能是虚构的，但它所描述的冲突倾向却存在于已经或即将建立的任何社会之中，而且显然会在未来的社会生活中占据上风。史学家把一切归咎于统治者的贪婪和野心，被统治者的鲁莽暴乱，财富和奢靡的诱惑，以及旷日持久、劳民伤财的战争，认为是这些导致了国家的衰败和古老文明的没落，但这只是用道德的视角审视历史。不可否认，这种衰退确有许多不道德因素的影响，但却只是次要原因。隐藏在动荡表象之下的是根深蒂固的原罪：无限制的繁衍。腓尼基和古希腊曾派出大批海外殖民；拉丁人举行春祭；汹涌的高卢人和条顿人的人流冲破了欧洲古老文明的边界；最近几次蒙古部落来回迁徙……人口问题渐渐凸显出来。同样，古罗马长期以来的耕地问题和波利尼西亚岛的尚武社会[1]都是人口问题的集中体现。

在过去以至当今社会的大部分地区，杀婴是一种合法的惯例。饥荒、瘟疫和战争从古至今都是引发生存斗争的常见因素，它们以野蛮残忍的方式缓解了人口过度繁衍所带来的压力。

但在更高级的文明社会中，私德和公德的进步已经产生了稳健的抑制作用。我们将杀婴者以谋杀罪论处；我们立法规定，不许有人因饥荒而死，虽然这些法律可能尚不完善；我们将由于本可避免的原因所导致的死亡视作谋杀，并倾尽全力消除瘟疫；我们反对战争，抵制崇尚武力的思潮，孜孜不倦地宣扬和平和实业的可贵。随着文明的发展壮大，连政治家和商人也加入其中。这些优秀的灵魂追随的是理想的上帝之城：当每个人都达到绝对忘我的境界，一心追求道德完善，

[1] 武士从贵族中被挑选出来，并被严格要求禁欲。

和平将在全世界而不是仅仅几个国家之间盛行，所有人都将和平相处，而生存之争也会最终消亡。

无论如何，人性是否能达到这一理想状态，或者能否朝这一目标前进，这个问题根本无须讨论。人类确实距这个目标相去甚远，而我的任务就是着眼于当下。我想要指出，只要自然人继续不加控制地繁衍和增长，只要和平与勤勉尚未得到认可，没有成为必然需求，那么生存斗争就还会像在战争社会一样惨烈进行。如果是伊什塔尔女神统治一切，她也会马上索要人祭。

再审视一下国内的情形，过去的七十年间，和平和勤勉在此得以发扬光大，极少中断，我们的发展条件优于其他任何国家。克里萨斯王[1]所得的财富与我们所积累的相比，不过是九牛一毛，而我们的繁荣更是令世界为之疯狂。复仇女神涅墨西斯尚且没有忘记惩罚克里萨斯，难道竟忘记了我们？

我可不这么认为。我们岛上现居有3600万人，并以每年30万的速度递增。也就是说，大约每100秒就有一个新生命诞生，嗷嗷待哺，要从我们赖以维生的口粮中分一杯羹。当前，土地产出量尚不足以养活国内的半数人口，剩下的缺口都要从其他粮食生产国进口物资来补足。这意味着，我们必须以他国所需物品作为交换，才能得到我们所需的口粮。他们所需、我们又擅长提供的主要就是制造品——工业产品。

从这个角度出发，拿破仑一世的指责虽然言辞无礼，却有切实依据。我们国家是一个店铺之国，而且身陷饥荒危机的我们，必须成为一个店铺之国。但其他国家也同样有开门做买卖的需求，其中一些甚至连经营范围都和我们一样。顾客自然想追求物美价廉，以换取最大化的利益。假如我们的产品不如对手，精明的顾客当然没有理由放弃对手的产品。任由这种情况长期大面积持续下去的话，五六百万的国民将无饭可食。我们已经见识过棉花短缺的阵势，想必也可以想象顾客短缺的情形吧！

---

[1] 克里萨斯王是公元前6世纪小亚细亚的吕底亚帝国国王。因为他的国家极其富有，所以他也成为财富的代名词。

从道德的角度看，再没有什么比我们目睹自己所处的处境更加不满的了。尽管尚不彻底，但我们确实已经在一定程度上实现了社会的主要目标：和平。为了防止较真，假设我们所追求的目标是无害甚至是可赞的，即享受诚实劳动的果实。哦看着吧！尽管我们的邻国可能和我们一样和善，但内心深处，我们不由自主地盘算着如何进行一场你死我活的生存斗争。我们渴望和平，但不为和平去奔走。我们的道德本性不过是追求与整体利益保持一致，但非道德的本性却在宣扬和践行古老的苏格兰家训："在挨饿之前，先饿死别人。"[1]那就让我们实际一点吧。无限制的繁衍如果继续下去，没有任何一种社会组织能够在毁灭的道路上进行自救，无论他们自身组织的设计如何精巧或如何优化，也无论他们将财富进行多么精细的分配，都是没有用的。因为其内部无限繁衍所引起的激烈的生存斗争，超过社会承受的极限，而控制这种厮杀争斗恰恰是社会的目的。此外，人与人之间、国与国之间的无休止争斗只会对人类的道德观念造成极大的冲击。在社会的"负极"上，各种悲苦不幸越积越深，而与之相对，社会"正极"那面则是财富滚滚而来。但无论其道德冲击有多大，正负两极之间鸿沟有多深，这仍是多么令人厌恶又无可奈何的现象啊！只要自然女神伊什塔尔继续为所欲为下去，这一状态还将持续恶化。这才是真正的斯芬克斯之谜，但凡没有解开谜底的国家，迟早会被自己生出的怪物吞噬。

对我们来说，当前最迫在眉睫的问题就是要争取时间。正如日耳曼谚语所言，"时间会给你答案"；有些问题现在我们看来是一片僵局，但我们子孙后代中的佼佼者或许能想出破解之道。

我们与我们的邻居和对手皆受伊什塔尔女神的奴役，故而对他们以恶意相待不啻为愚昧的做法。如果有人注定要死于饥荒，而现代社会里又没有特尔斐神殿的神谕能让我们得知这个倒霉鬼是谁，那么不如敞开胸怀去试试运气，如果侥幸成功，就会有理由让人相信我们注定会摆脱厄运，毕竟"一切天注定"。

[1] 源自苏格兰的克兰斯顿家族。

这样说来，如果要全凭运气，还不如研究一下靠劳动获救的必要条件。必要条件主要有两点，一个是众所周知的，不必刻意解释；另一个则稍显晦涩，因为其无论在理论还是实践上都并不常见。第一个显而易见的条件是，我们的产品应当更胜一筹。想要我们的产品比对手的同类产品更受欢迎，诀窍只有一个——以价格取胜。这意味着我们必须更多地依赖知识、技术和工业化生产，避免成本的相应增加。鉴于劳动力价格是生产成本中的大头，工资比例必须控制在一定限额之内。廉价产品和廉价劳动力绝不是相同概念，但也不可否认，想要控制成本就必须控制工资支出。因此，适度的劳动力价格作为廉价本身以及廉价产品的重要成因，是我们在全球市场竞争中获胜的必要条件。

如果认真探究就会发现，第二条与第一条一样，都是不可或缺的，那就是社会稳定。这里指的是生活稳定，社会成员的合理需求都能够得到满足。通常，人类很少关心政治形式或理想形态，也没有什么能鼓动大众违反常态、铤而走险地发动叛乱；除非他们相信一直以来的生存状况继续下去将导致现世的不幸或来世的惩罚，又或者两者兼而有之。但是，一旦他们产生了这种想法，社会就变成了个炸药包，一点火星就会被引爆，使所有人再次陷入野蛮混沌之中。

显然，若劳动力价格降至低于某个特定值，工人必然陷入法国人强调的“迷灾”（la misère，指穷困悲惨）的状况中，我实在想不出与之完全对应的英文说法。在这种情况下，工人食不果腹、衣不蔽体，连维持身体基本机能的必需品都无法获得；男女老幼都蜗居在棚户之中，无暇顾及礼教，甚至无法保证基本的健康；这种情况下，能力所及之快感仅剩滥交和酗酒；祸不单行，苦不独存，饥荒、病痛、发育滞后与道德沦丧俯拾即是；即使再勤勤恳恳地老实劳作也无法战胜饥饿，最终也不过是一抔黄土罢了。

只要还有天生懒惰邪恶的人，有因疾病或意外事件而丧失劳动力的人，或有无依无靠的孤儿，那么在每个人类大集合体中总有一定比例的人身处在“绝望的泥沼”之中。只要这个比例在可控的范围之内，我们尚且可以对付；或者由于上述原因而引起比例上升，我们也不得不耐心忍受。但是，如果社会组织不去缓和这一趋势，反而放任不管甚至助长其强化，如果某种社会秩序明显在助纣为虐，那么人们自然就会思量，是时候改变一下了。动物人一旦发现伦理人竟然置自己于泥沼之中，就会重新恢复其古老统治，即无政府状态。这就使得社会秩序重陷混乱，再一次展开残酷的生存混战。

无论是本国的还是国外的，但凡熟悉所有大型工业中心人口状况的人都知道，随着人口基数的增加和人口的持续增长，穷困悲惨在这里蔓延。我并不自诩慈悲为怀，也极其厌恶各种煽情的辞藻；作为一个博物学者，我只是在力所能及的范围内努力研究事实及其丰富的佐证。在我看来，事实就是，纵观整个欧洲，没有一个工业化城市不是生活着大量的身处如上述惨状中的人群；甚至还有更多的人在社会暗沼的边缘挣扎，一旦他们所制造的产品的需求量下降，他们就会坠入绝望的暗沼之中。而且，随着每次人口的增长，陷入或滑向这一暗沼的人数就会持续增加。

无须赘言，一个正在如此迅速稳步地积聚腐烂的社会，是不可能在工业竞争中获胜的。

智力、知识和技术毫无疑问是成功的条件，但是，除非它们建立在诚实、活力和善意等人类必需的能力和道德之上，除非它们最终得到人们渴望已久的奖励和回报，不然还有什么用呢？如果任由一个人身处物资匮乏的暗沼之中，他的身体和灵魂都走向堕落，意志消磨，希望全无，那么还有什么理由指望他具备这些成功的条件呢？

因此，工业人口的生产力想要实现充分持久发展，必须具有与之匹配的社会组织，并以此为基础，该社会组织应当确保其成员获得相当的身心安宁，且惩恶扬善。自然科学和宗教信仰绝少能够志同道合，但在这一点上它们倒是不谋而合。再缺乏同情心的博物学者，也不得不敬佩像已故的沙夫茨伯里伯爵[1]这样的社会改革者的洞察力和献身精神。在沙夫茨伯里伯爵最近出版的《生平书信》一

[1] 沙夫茨伯里伯爵，英国政治家，辉格党领袖。在英国议会战争时期，先是作为保皇派支持英王查理一世，后转为支持议会党人，支持1660年查理二世的王政复辟，任财政大臣和大法官（兼上院议长）。1679年他支持了《人身保护法》（被称为《沙夫茨伯里法案》）的通过。

书中，他生动地重现了五十年前工人阶级的情况，也展示出已经深陷泥沼的我国工业仍无视事实真相、正在自毁根基的画面。

过去的半个世纪里，对于改善贫苦阶层的身心状况而进行的固定投入并无稳定的增长。和许多我有幸认识的改革派一样，卫生方面的改革者似乎急需来一支大剂量的兴奋剂，就像道德上的可卡因一样，刺激他们兢兢业业，恪尽职守。这些改革者们无疑犯了一些错误。在我看来，眼下最重要的，就是改善工业人口居住条件，修缮人口稠密区街道排水设施，建设澡堂、洗衣房和健身场所，鼓励培养节俭的习惯，公开图书馆等设施的教育和娱乐资源等。这些措施不仅是值得提倡的善举，也是保障工业稳步发展的必要条件。依我之见，只有凭借这些举措，我们才有望牵制住工业社会，防止其不断坠向悲惨的深渊，而只有文化和道德的不断进步才能引领人类消除引发堕落的根源。如果有人说施行上述善举会增加生产成本，从而使生产者在竞争中处于劣势，我斗胆率先站出来质疑这种说法；但如果事实确实如此，那么工业社会就不得不面临两难的抉择，选择其中任何一种，都有可能招致毁灭。

如果某国劳动报酬优厚，则可能国民身心健康，社会稳定，但另一方面，该国的产品亦可能因为价高而失去竞争优势。与之相反，如果某国劳动报酬过低，则可能损害国民身心健康与社会稳定；尽管该国产品价格低廉，可能占据短期优势，但长远来看，历经痛苦坠落之后，其结果必然是坠入毁灭的深渊。

好吧，如果我们只能有这两种选择，为了我们和我们的孩子，就让我们选第一种吧！就算饿死，至少也要死得有模有样。况且，我并不相信一个由身心健康、精力充沛、受过教育且能自律自制的人群组成的稳定社会，也会招致如此灭顶之灾。毕竟此时能与他们匹敌的竞争者不多，我们有理由相信他们能够找到万全之策。

保证工业可持续发展的必要条件包括身心健康和社会稳定，若二者兼备，接下来要考虑的就是获取知识和技术，没有后面这两点，即使保证了身心健康和社会稳定，也难以在竞争中胜出。想一想我们该做些什么吧！初等教育普及工作在我国已经开展了六十余年，除极少数特例外，大多数人都参与其中。我毫不怀疑，从整体而言，基础教育普及工作行之有效，其直接与间接作用都十分深远。但正如我们所料，这也暴露了我们整个教育体系的诸多缺陷——似乎是为了满足过去社会的需求，而不是当下的需求。现在有种普遍存在且在我看来较为合理的抱怨，说是我们的教育太过注重课本，忽略了实践。我个人也不愿意压缩早期教育，使小学沦为商铺生意的附庸。我之所以响应民众的意见，批判我国初等教育书本气和学究气太重，与其说是为了维护工业利益，不如说是为了文化普及。

即便没有为了工业发展这类的原因，一个教育体系如果不能培养学生的观察能力，既不锻炼眼睛的洞察力，也不锻炼动手的能力，还完全忽视普遍的自然真理，那么必然会被视作存在着不可思议的缺点。我们教育中所欠缺的指导和训练对大多数国民而言恰恰是最重要的，如此说来，这种残缺就等同于犯罪，尤其是在想要弥补这种残缺其实并没有什么实际阻碍的情况下。我实在想不出为什么绘画不是通识教育的科目，毕竟它既能训练观察力，又能训练动手能力。艺术家是天生的，而不是人为创造的，但每个人都可以学习怎么画立面图、平面图和截面图；出于训练的目的，坛子、罐子和贝尔维德尔的阿波罗[1]雕塑一样，都是极好的素材，说不定这些坛坛罐罐更适合作为描摹对象。因为它们都不贵。而且绘画这类题材还有一个好处，就是它几乎可以像算术一样简单精确地被衡量对错。如果画错了，还可以让学生看看问题究竟出在哪儿。从工业的观点出发，学习绘画有更深层次的价值，因为各行各业的买卖都离不开绘画的作用。其次，除了缺乏合格的教师之外，也找不出理由解释为何不把基础科学知识纳入通识教育之中。与绘画一样，讲解基础科学知识也不需要什么昂贵精巧的设备。一切常见的东西，比如蜡烛、孩子们玩的水枪，甚至是一支粉笔，一旦到了擅长教学的老师手里，也许就成了引导孩子走进科学王国的起点，一直通向他们的能力极限。在此过程中，孩子们的洞察力和逻辑思辨得到了有效锻炼。如果最终证实实物教学仍存在缺陷，这也不是实物教学本身的错，而是授课教师的问题：他没有意识到，

[1] 阿波罗是希腊神话中的太阳神。《贝尔维德尔的阿波罗》是希腊古典后期的雕塑家莱奥卡雷斯的传世之作，现收藏于罗马梵蒂冈博物馆。

要教给学生一杯水的知识，自己至少要拥有一缸水的学问；如果教师没能意识到这一点，也不是教师的错，而是广泛盛行的可恶的教师培训体系的问题。

正如前文所言，我建议在通识教育中增加这些科目，不仅仅是为了工业利益。在伊顿公学这样的高端学府，传播科学常识和绘画科目是很有必要的（我很高兴地看到，现在这两门课已经成为伊顿公学的常规课程），对底层的普通小学也一样。但这两门课程在技工教育中的重要性得以提高，不仅是因为其中学到的知识和技能——虽然可能少得可怜——对他们而言仍将十分实用；而更多的是因为，这两门课程构成了所谓技工“职业技术教育”这种专项培训的入门课程。

我认为，最后提到的这个方面的需求可以再分为三个方面：（1）传授特别适用于工业发展的相关科学艺术的基本原理，它可被称为基础科学教育；（2）传授与职业教育相关的应用型科学艺术；（3）培养上述课程的授课教师；（4）建立人才挖掘机制。

上述每一方面，我们都已经做了大量工作，但仍有很多事情有待完成。如果基础教育要按我所建议的方法改革，我估计学校董事会只要想做就会有做不完的工作。但是学校董事会成员选定之初，并不是为了进行科普教育或职业技术教育，因此，他们并不是绝对的最佳人选；而且也不必强迫他们去做不感兴趣的工作，毕竟还有其他机构，不仅更加适合这项工作，而且已经实实在在地在做了。

基础科学教育主要是在科学文化部[1]引领之下进行的，在过去的二十五年间，该部门在普及基础科学知识方面所做的工作之多、影响范围之广，远超本国及他国的同类机构。至少在科普方面，它是一所真正的人民的大学。文化部在我国那些历史悠久的名校中开设了培训班，只要贫困的孩子们愿意主动学习、愿意光顾就行了。在这二十五年间，科学文化部所开设的班级已经遍布全国，向所有人开放，并向穷人传授科学与艺术。英国大学推广运动[2]说明，那些历史悠久的

[1] 科学文化部是当时英国的政府机构之一，存在于1853—1899年。
[2] 大学推广运动是1873年由剑桥大学领头发起，盛行于19世纪后半叶的成人教育事业，主要通过校内外讲座等形式将教育推广到民众之中。

学术团体发现，使用相同做法是完全没有问题的。

严格来讲，职业技术教育的重要性体现在两个方面。传统的学徒体系已经崩塌，一部分原因是工业发展改变了人们的生活环境，另一部分原因是现在的贸易看重的已经不是“手艺”活儿，不再是仅靠师傅徒弟代代相传的绝活。发明正不断改变着我们的工业面貌，所谓的“行规”和“经验”变得越来越不重要了，而掌握能够成功应对新环境的知识原理却变得越来越有价值。在当今社会，一个师傅只带四五个徒弟的情形正逐步消失，取而代之的是一位雇主对应四十、四百甚至四千劳工。之前在学徒铺子里学到的零碎技术，现在的工厂没有提供，也不可能提供。也就是说，之前由师傅传授的经验指导，现在完全被技术学校的系统教学所丰富和取代。

规模和完备程度不同的这类机构在全国范围内，如雨后春笋般冒了出来，大到城市和工会机构建立的教学大厦，小到地方性的技术学校，更不用说那些艺术学会（后来被城市工会接管）开设的技术培训班。而且，一直以来支持这些机构增加和扩张的大学推广运动，其影响范围和力度都在持续增长。但是，在职业技术教育的最佳方式这个问题上，存在很多不同的看法，因此其通行方案亟待统一。对此，有两条路似乎可行：一是设置专门的职业技术教育学院，开设系统的、长期的课程，并招收全日制学生；另一个是开设短期的技术培训专题课程，尤其是夜校培训，吸引从事商贸的相关工作者业余学习。

毫无疑问，第一种方案，即设置职业技术学院的成本是十分高昂的；而且，这种技术教育时常会遭到技工们的反对，因为脱离了实际工作状态的学习容易使他们养成一些外行习性，最终对他们实际的职业生涯弊远大于利。但如果这类学校附属于某工厂，其雇主希望能培养一批有文化的储备员工，那么前面提到的反对原因自然就不成立了；同样，这类学校在培养未来雇主和职员深造方面的积极作用也毋庸置疑。但显然这类技术学院并不适合那些需要尽快挣钱糊口的大多数民众。所以我们应当转向采用第二方案开班教学，并将其作为技工职业技术教育的重要途径。它们的实用性已经是众所周知的了，关键是要找到方法促进其发展壮大。

和其他社会组织问题一样，我们现在也面临这两种截然不同的意见。一种认为，应该学习国外做法，敦促国家着手落实建立职业技术教育的完整体系。然而，有许多个人主义的经济学者持有另外一种意见。他们费尽唇舌去谴责和抵制中央政府的干预，并反对将地方税务所得中哪怕极少一部分拿出来支持职业技术教育。我也认为，无论如何，我国政府最好不要插手技术教育。尽管我个人更倾向于个人主义者们的说法，但我只是从实际出发而得出上述结论。事实上，我的利己主义是有点感性的，我有时候也会想，如果它不是被呼吁得那么强烈的话，我可能会更加坚定地拥护它。公民社会是一个为了道德目标即成员利益而成立的社会团体，所以它会为遵从大众的呼声、满足大众的利益而采取行动，我是无缘得见了。投票并不是检验社会善恶的科学有效的方法；但很不幸，它却是我们所能采用的唯一的方法，摒弃它就意味着实行无政府主义。史上最专制的国家和最民主的国家一样，都是基于大多数人的意愿（通常屈服于少数派的意愿）。法律是大众意愿的体现，它之所以是法律而不仅仅是一种意见，是因为大众拥有强大的力量去强制执行。

我与最典型的个人主义者一样，坚信每个人都有自主行使自由的权利，但前提是不会妨碍他人的自由。但是我难以将这个伟大的政治学理论和由它推导出来的实际推论联系起来，这个推论就是：国家这个人民的法人，其实无权插手除了执行判决和防御外敌之外的任何事情。依我之见，整合的社会会给其成员留有一定范围的自由，但这不是一个定值，也不是通过从所谓“自然权利”这种谎言中推演的；相反，它必定会取决于具体情况，并且随之变化。我相信，很显然，社会组织越高级、越复杂，其社会成员与整体之间的联系就越紧密。倘若一个人的行为方式不再仅仅是利己主义，也不再或多或少地干预他人行使自由的权利，那么他的自由度也会变大。

假如一个人独居在寮屋，周围方圆十英里内都没有其他人家，现在他为了消灭害虫选择烧了整间屋子（假设不涉及保险问题），那么法律没有必要干涉他的自由，因为他的此种行为并不损害除了他以外的其他任何人的利益。但如果住在大街上的居民做这种事，政府就会将其视为犯罪而给予相应处罚，因为他显然严重妨碍了他人自由。因此下面这种说法可能更容易让人接受：在地广人稀、自给自足的农业大国推行强制教育不仅毫无必要，甚至可以说是专政。但在人口稠密的制造业国家，竞争正愈演愈烈，这时候任何一个无知的人都会成为社会的负担，可能会侵犯他人的自由，成为他人成功的阻碍。在这种情况下，教育支出实际上就是为了防御目的而征收的竞争税。

有人说，国家行为或多或少会有些失误，过去如此，将来也是一样，这一点我是完全认同的。但我不认为这种说法只适用于国家这个范畴而不适合个人行为。世上最聪明冷静的人，哪怕他只是想要从一边走到另一边，也不可能走出一条完全笔直的道路，他总会犯点错误，然后不断地自我纠正。若某个个人主义者敢说他的人生进程没有什么偏差，那我要道声恭喜了。不论掌舵人怎么指挥，轮船的航行总会有偏航的时候。如果因为国家行为大方向下有些小偏差就要废止国家行为，那么它和彻底废除掌舵人没有什么差别。个人主义者质疑说："那为什么要拿我的钱让别人家的孩子读书？"这类问题经常出现，似乎它可以解决一切问题。也许确实如此吧，但我很难理解为什么应该这样。我住的教区会找我收铺路费和路灯费，但其实当地好多道路我都从未踏足过；那我也可以申辩说，这是拿我的钱在替别人修路、为别人照明，恐怕地方当局并不会认同我的申辩；说实话，我也看不出他们有什么理由要接受这种申辩。

我不敢夸口我的学识，但毋庸置疑，我出生时也不过是个浑身泛红的小家伙，嘴里也并没有含着一把金汤匙，总之，我身上根本没有什么"权利"的象征。如果没有人因为我哭哭啼啼、招人厌烦就一脚踩死我，那么要么是因为他们天生就喜爱我——我确实想不出自己有什么值得喜爱的地方；要么是因为害怕法律的制裁，即这个社会远在我出生之前就已费尽千辛万苦地建立起相关法律来避免这种人为的灾祸。我也不知道自己是修了多大的福分，才能够被抚养长大，得到关爱，受到教育，而不是成为一个流浪儿。假如我现在还有些财产，我突然意识到，尽管这一切都是我辛苦劳动所得，可以理直气壮地称作"我的财产"——但是如果没有这个社会组织，没有祖祖辈辈用血汗创造的这个社会，我现在恐怕是一无所有，只得伴着一柄燧石斧和一间破棚屋过活；而且即便是这些东西，也只有在周围没有比我更强壮的野人来抢夺的情况下才能属于我。

因此，如果这个曾慷慨帮助过我的社会也需要我的帮助才能保持运转——即使是需要我去贡献点儿钱帮别的孩子接受教育——不论我多么倾向于个人主义的观点，拒绝的话我都是羞于出口的。就算不感到羞耻，我也不能说自己认为社会将道义责任转变为法律义务是不公正的，因为最显而易见的不公恰恰就是把所有的重担都推给任劳任怨的马来承担。

在我看来，反对将国家税收用于教育投资是毫无道理的。但用于技工学校和培训班的话，我认为使用地方税收才是更为可行的办法。我国的工业人口主要聚集在某些城镇地区，而这些地方也是技术教育的直接获益者；而且只有在这些地方我们才能找到真正从事工业生产的人，在他们当中，有些人很可能成为称职的评判者，他们能够清楚社会究竟需要什么，以及满足这种需求的最佳方法是什么。

我相信，职业技术教育的种种方法现在都还处于试验阶段，想要取得成功，就必须适应地方的特色。也就是说，在二十年间，我们需要的不是“强力管控”，而是以开明、希冀的态度接纳各种跌跌撞撞的摸索尝试，在这期间，我们如果能不走弯路，就该谢天谢地了。

依我之见，上次议会中未能通过的提案，其主旨是很明智的，那些反对者，可能是因为误解。提案大意是希望允许地方自主征税用于职业技术教育，但前提是此类计划皆须报送科学文化部，由其判定该计划是否符合法案规定。

有人大声疾呼说这个提案等于将职业技术教育通通扔给科学与艺术管理部。但实际上，科学与艺术管理部既无权启动计划，也无权过问细节，它们唯一能做的就是判定上交的计划是否属于“职业技术教育”范畴。在某些地方设置这种关卡显然是非常必要的。没有任何立法机构，包括我们议会，会授出不加限制的自主征税权。同时，立法限定职业技术教育的范畴显然不切实际；将这个问题留给审计总长，在法庭上公开辩论也不太恰当，唯一可选的就是把这个决定权交给某个适当的政府部门。有人会问：如果说当地居民就是最好的决策者，那还有什么必要设卡控制呢？答案很简单，地区之间各有差异，像曼彻斯特、利物浦、伯明翰和格拉斯哥这些地方，如果放权让当地民众决策，也许还行得通；但在一些小城镇，无法保证那些具有不同的思维模式的有识之士能完全参与其中，因此民众很容易落入陷阱，成为异想天开者的牺牲品。

假设已经建立了中级科学教育、职业技术学院和培训班，那么还有第三个条件必须满足，即优秀教师。不仅要引进优秀教师，还要留住他们。

值得反复强调的是，合格的科学教师或者技术教师不是通过时下流行的传统师范院校培养的。仅仅只有满脑子的书本知识可不是科学类学科教师所需的——事实上，我们也不能说它就是有害的，但它无疑是无用的。科学教师当然应该知识渊博，但他的这些知识应该是通过实验实践获得，而不是从图书馆里学来的纯理论那一套。令人欣慰的是，在伦敦和其他各地都展开了类似的培训，现下的当务之急就是要让这种培训贴近教育从业者，然后让它变得必不可少。但当这些训练有素的学员准备入职时，我们必须想到，教师这个行业既没有丰厚的油水，也没有其他诱惑，要想把优秀人才留住，就应当提供其他的优厚条件。不过，有关这些细节问题此处就不必深入探讨了。

最后的问题是要建立一种人才机制，使那些天生就特别胜任工业生产的高级部门的人，能够获得相应职位，将自己所能用来服务于社会。假使我们的教育经费，哪怕只是能够每年从伐木取水人里挑出一个科学发明的天才，使他有机会运用其天赋，那这笔投资也是值得的。假定在我们每年数十万的新增人口中有一位这样的天才儿童，为了能把他从悲惨的泥潭或者财富的温床中拉出来，教会他如何投身于服务人民的事业之中，花再多的钱也是值得的。为此，我们已经采取了设立奖学金等措施，现在只需要沿着这条已经开辟的道路坚持大步向前。

前文简述的工业发展方案，并不是康德所说的蜘蛛结网式的“白日梦”，相反，它已经或多或少地在国内许多地方初具雏形。在制造业集聚区（如基思利）一些面积不大、并不富裕的小城镇上，由于有一批热心公益的人竭尽全力地努力去推行这一计划，该方案几乎已经全部得到实施，并且实施了一段时间。这就说明，该方案是可行的，我也竭力证明它的必要性。而且我们如果想在工业竞争中站稳脚跟，就必须抓紧落实它。我相信，等到所有人，无论是实际工业从业者还是旁观者都能显而易见地认清其重要性的时候，这一方案就会成为现实。

或许有必要补充一下，职业技术教育不是解决社会问题的灵丹妙药，而是协助应对即将到来的危机的辅助药物。

比如，眼外科的医生会建议那些白内障即将致盲的病人做手术，但不会承诺这个手术也能治好他的痛风症。再延伸一下，那位医生也可能告诉病人，一份猪排配上勃艮地红酒可能令他丧命，尽管他完全可以提醒病人，改变生活可以摆脱体质紊乱。但他并没有这样做，也是无可厚非的。

布斯先生问我，那你怎么不提出个自己的方案？实际上，他的话不足以撼动我的论点，因为他自己提出的治疗方案只会使病人的病情更加恶化。

致《泰晤士报》的信

——关于“最黑暗的英格兰”计划

第一封信

发表于1890年12月1日的《泰晤士报》

编辑先生：

不久之前，一位乐善好施的朋友写信给我，说如果我觉得救世军这个计划可行的话，就委托我代为捐赠一大笔钱给他们，用于支持“总司令”提出的宏伟计划。我觉得如果向这位好心人提建议的话，责任太过重大，但贸然拒绝又显得十分无礼，所以我仔细研究了布斯先生的书，以便掌握其计划的主次，并以此获得判断依据，但遗憾的是最终得出的结论是不利的。不过，在正式向这位朋友提出建议之前，我也想听听大家的说法，此事事关重大，因此，尽管这封信篇幅稍长，相信您也会帮我发表的。

对于书中那么一两个观点，我估计理性思考的人都会赞同。正如布斯先生开篇谈到的那样，我们人生中的很多痛苦确实是可以治愈的。除了贫困、疾病和退化等是人力不可控因素导致的之外，还有很多的痛苦是源于个人自身的愚昧无知、行为失当，或社会安排的不合理。进一步来讲，我认为，除非那些可治愈的痛苦已妥善处理，否则，大量的邪恶与贫困将彻底摧毁现代文明，正如历史上另一种未开化的部落曾摧毁了强大的社会组织一样。而且，我想大家也都认可，没有哪种改革或改良能够触及到罪恶根源，除非能直接从个人动机上入手。如果人民能够诚实、勤勉、自制，衰败的社会也能走向繁荣昌盛；如果人民品行不正、懒散、莽撞，那么，再美好的社会也不可避免地要走向毁灭。

关于布斯先生独创的主要观点，我总结了如下几项：

（1）想要改造个人，唯一适当的方式就是采取疯狂的基督教形式，狂热的传教士就是救世军。这里暗含了一种意味，即狂热的宗教情感（主要通过他们所描述的“唤起式”和“欢乐型”的步骤实现）是彻底改变人类行为的合理可靠的方法。

我表示反对。历史为证，甚至就连我们中许多人对个人阅历的冷静观察所得出的结论，也都与之相反。

（2）传递和维持这种神圣激情的有效方法就是救世军——他们把信徒组织起来，像武装军队一样操练、管理，并分为不同的官阶级别。所有成员都要誓死服从“总司令”命令，不得置疑、不得犹豫。这位“总司令”还坦率地告诉我们，加入其中的首要条件就是“绝对无条件的服从”，“我一封电报就能把他们派往地球上的任何地方”，每一名成员“入会之前都会明确被告知要绝对服从总部命令，不得置疑、不得抗辩”（出自《最黑暗的英格兰》，第243页）。

在我看来，这是无可辩驳的——历史可以见证。比如方济各·阿西西和依纳爵·罗耀拉[1]也都依据这一准则取得了巨大成功。毫无疑问，有一群宗教信徒（甚至可以称为狂热分子）誓死盲从长官之命令，他们是实现人类心智所能策划出的任何阴谋的最有效的工具之一。而布斯先生能让他的手下通过誓言，做到毫不

[1] 依纳爵·罗耀拉是天主教耶稣会创始人。耶稣会主要从事传教、教育，组成传教团，积极宣传反宗教改革，但强调绝对服从教皇。

质疑毫不犹豫，单凭这一点，我就不得不佩服布斯先生对人性的洞察，毕竟，十个靠誓言约束的下属也比不上一个出自于自愿的奴隶。

（3）救世军现役9416名军官“全身心投入工作”，账户余额与年收入均为约75万英镑，在英国国内有1375个成员分队，在外国和海外殖民地有1499个分队（出自附录，第3—4页），如此成功正是神意相助的证明。

对于这一点恕我无法与新任“总司令”的乐观看法苟同。他可能太过专注于自己的“建军事业”而不够了解之前类似组织的命运。

与前人如方济各、罗耀拉、福克斯，或者同时代的摩门教[1]徒相比，从方方面面而言，布斯先生的那点成就都是远远不及的。我把这些伟大运动的教义基础拿出来仔细研究，才发现他们的理论基础各不相同，很难相信他们全都得到了神的眷顾。而成就尚不如他们的布斯先生，要如何证明神更偏心于他呢?

方济各会[2]的尝试结果如何呢？如果有某一条原则是创始人方济各再三强调的，那它一定是：修士们必须托钵，坚决远离世俗的纷纷扰扰。但是早在1226年方济各去世之前，他所任命的副手伊莱亚·科托纳就开始贪图世俗之物了。此后三十年间，方济各会成为了基督教界最有权势、最富裕、最世俗的教会之一。只要有油水可捞，他们就会在政治和社会领域浑水摸鱼；他们的主要兴趣就是打击对手道明会[3]，以及迫害那些仍然坚持托钵修行的自家兄弟。我们也明白罗耀拉的尝试变成了什么样子。两百年间，耶稣会曾是反抗教皇专权的希望之光，但当它发展壮大之后就开始滥用其教会和财产所带来的政治和社会影响力，从而造成了一场灾难。

这样的例子俯拾即是，那些由高尚的人们为了高尚的目标而创立的组织，

---

[1] 摩门教的全称为“耶稣基督后期圣徒教会”。该教会是后期圣徒运动之中发展规模最大、最知名的一个宗派，它的创办人是美国人约瑟·斯密。

[2] 方济各会由方济各于1209年创立。该会提倡过清寒的生活，麻屣鹑衣，托钵行乞。会士身穿灰色会服，有“灰衣修士”之称。他们互称“小兄弟”，效忠教皇，反对异端。

[3] 道明会，又译作“多明我会”。1215年，西班牙贵族出身的多明我在法国图卢兹创立了道明会。道明会以布道为宗旨，主要劝化异教徒和排斥异端。会士身披黑色斗篷，被称为“黑衣修士”，以区别于方济各会的“灰衣修士”。

最终落到了心怀不轨、独断专行的接班人手上。因此，在将这一大笔钱转赠给“总司令”这位新式托钵僧之前，稍微谨慎的人都会追问一句，三十年后，“总司令”已经大权在握，指挥着十万绝对服从的将士，他们遍布穷苦阶层的各个角落，每个人的手指都扣着一条“地雷”的引信，里面装满了对社会的不满和对宗教的狂热；有八九千万可自由支配的资金和等额的收入；兵营、房产和安置点遍布国内大小城镇甚至是海外殖民地——那他还能否保证公正、明智地行使其巨大的权力呢？尽管布斯先生确实胸怀慈善之心和宗教理想，这一点我毫不怀疑，但我担心的是，到时候这个权力无边统治万千信众的人，是否会将权力严格用于他博爱、虔诚的目的而毫不逾矩呢？谁又能保证，1920年的救世军不会重蹈1260年方济各会的覆辙呢？

组织创始人的个人品德与崇高目的不足以成为评判其未来走向的依据。就算私德确实可以算作是一点依据。无意冒犯地说一句，布斯先生也是无法与方济各相提并论的。就连方济各这样的圣人都难免识人不清，误用图谋不轨的伊莱亚做副手，何况是布斯先生，我们更无法乐观地相信他能慧眼识人。

除了上述担忧之外，连卢埃林·戴维斯先生也断然揭穿了救世军所夸口的那些成就和使命。要知道，戴维斯先生一直热衷于慈善事业，他的资格、分量和公正性都不容置疑，连我也十分信赖。因此我得出了结论，就当前的情况而言，我恐怕是无法帮朋友捐赠巨款了。

布斯先生曾形象地指出，有的慈善事业虽有六便士的利却有一先令的害。很遗憾地说，在我看来，布斯先生自己的计划正是如此。社会之恶习，莫大于无知和无约束的宗教的狂热；良知与心智的堕落，莫大于盲从、轻信不受限制的权威。毫无疑问，出卖肉体、酗酒以麻痹自我确为恶行，腹中饥饿也的确难以忍受，甚至耳不忍闻；但相比起来，出卖灵魂、麻痹良知、愚弄人格无疑更是十恶不赦。而任由国民的心智被有组织的宗教狂热愚弄，听凭政治和工业依赖某个致力于宗教狂热的独裁者的垂怜，坐视本来应该对他自己和他的国家的命运负责的人堕落成为虎作伥的残暴工具，这更是恶中之最。

依我之见，这是所有此类组织的最终结局，也是那些不计后果大笔捐钱的善心人的结局。除非有足够的证据证明我是错的，否则，朋友的一千英镑，我是一分钱也不会捐出去的。

T.H.赫胥黎
敬上

附：

同时代的史学大家马修·帕里斯在描述1235年，即方济各去世仅仅9年之后英格兰的小兄弟会（方济各会）的修士时写道：

“彼时的小兄弟会成员也和道明会的那些人一样，全然不把自己的誓言和教规教义放在心上。他们贸然闯入当地神圣的修道院，假意说要讲道，次日就要离开，然后又以生病或其他借口留下来不走。他们亲手在神圣的石台上另起木台，暗中向民众布道，甚至越过当地神父，直接接受教区民众的忏悔……若他们偶有任何不满，张口就是谩骂威胁，斥责其他教派都是异端，注定要受地狱之灾，而他们在把这些反对者的财富，无论多少，消耗殆尽之前是绝不会抬脚离开的。鉴于他们是权贵的顾问与信使，甚至是教皇的属下，因此也深得民心，所以当地的修士们多方忍让屈服，避免引起民愤或者得罪权贵。但这群人中有些也意识到自己站在了罗马教廷的对立面，由于明显的原因身受限制，于是乘乱逃脱。连罗马教皇都皱紧眉头训斥说：‘这是怎么回事我的弟兄？你们还想干什么？你们不是发誓自甘清贫，只要有需要就能赤脚灰袍，踏遍乡镇城堡甚至天涯海角，以一颗谦卑的心去传播圣言吗？难道你们现在还想巧取豪夺地把这些庄园都据为己有？你们已经丢弃了自己的信仰，背离了自己的教义。’”

1243年的某天，马修写道：“在三四百年甚至更长的时间里，没有哪个教会像这两个兄弟会（指方济各会和道明会，即小兄弟会和布道兄弟会）一般急速堕落。仅仅二十四年，他们就率先在英国建起了皇宫般的奢华居所，每日忙于展示他们的无价之宝，扩建他们的华丽宫殿，筑起坚固的围墙……正如德国神学家希尔德加德的预言：‘他们肆意违背当初安贫乐道的誓言，公然违反教义。当手握大笔财富的权贵富人将死之时，他们贪得无厌、殷勤无比地敦促其忏悔剖白，只顾鼓吹自己的教义，恬不知耻地把自己摆在一切教会教义之前而不惜贬损其他牧师。所以现在人们都坚信，要想得到救赎，除非听从小兄弟会和布道兄弟会的引导。’”（引自马修·帕里斯所著《英国史》，约翰·艾伦·贾尔斯译，1889年版，第一卷）

第二封信

发表于1890年12月9日的《泰晤士报》

编辑先生:

我在上封信中分析了布斯先生的计划，其目的是唤醒救世军的资助者们，让他们对自己的行为能有清醒的认识。我想他们很有必要认清他们正在建立和捐赠的派宗，几乎等同于过往惹人厌恶的“喧骚派”和“教会复兴派”。但救世军与上述派别的显著不同在于，其巨大的物质、道德和经济实力都掌握在不可靠的领导者手上。按照他自己所言，有将近万人的下属对他绝对服从。如果还想要资助救世军的话，我希望你们能扪心自问，你会资助一个很可能出现各种突发状况、极易堕落为比中世纪的小兄弟会更具危害性的组织吗？这是一位明智守法的良好公民会做出的选择吗？如果还有人说这只是个学术问题，我实在想不出还有什么算得上实际问题。您可能已经发觉，在上一封信中，我故意省略了救世军计划的细节以及鼓吹性的理论，因为我希望大众能够慧眼辨善恶，无论其外在包装多么华美，其邪恶本质是一切专制的社会或者宗教团体所固有的，不应因为外在的表象而被忽略。

但现在是时候详细评论一下《最黑暗的英格兰》了。开始这项工作之初我就震惊地发现，布斯先生在提出自己计划之前，对前人及同期进行的类似探索一无所知，这实在是令人难以置信。连普通的读者都能看出，《最黑暗的英格兰》的作者摆出一副架势，就好像他就是该领域的哥伦布，至少是科尔特斯[1]一类的人物，总之，仿佛自己就是这个领域的开创者。他说“去了穆迪流通图书馆一看”以后，就会惊讶于有关社会问题的书寥寥无几。这种说法可能是对的，也可能不对。如果他多走几步去离此不远的一个阅览室，我相信布鲁姆斯伯里国家图书馆那些学识广博又热心助人的图书管理员肯定会向他推荐不少有关这个问题的书籍，而且全欧洲各种语言版本的都有，要真读起来三个月也看不完。有人问，

[1] 科尔特斯，西班牙的军事家、征服者。为了抢夺财富，他曾率领探险队入侵墨西哥，探索南加州。

没有论述社会主义的相关文献吗？当然，社会主义问题难道不是社会问题的一种具体体现吗？而且我相信，就算是在穆迪，布斯先生也能找到《沙夫茨伯里勋爵的一生》和托马斯·卡莱尔[1]的那些关于革命的著作。布斯先生似乎连卡莱尔的《过去与现在》或《现代短论》都没有听说过就意图执掌世界。尽管后来倒是有明智的朋友善意提醒他此事，但为时已晚。对我和我同时代的人们来说，卡莱尔这方面的著作在四十年前就引起了非同一般的影响。他能够认识到，几百年间，无数有志之士，抛开宗教与世俗的局限，全身心地致力于改善穷苦民众的生活状况。而布斯先生“去了穆迪流通图书馆一看”的论调无疑暴露了他前期调研工作的深度与水平的不足。我不得不承认，这个领域的先贤们艰难探索社会问题的方法，与布斯先生的截然不同，因此布斯先生这一计划的原创性丝毫不会受到影响。先贤们的计划，从不大张旗鼓，也不吹号呐喊，更不会插科打诨讲些民众喜欢的漂亮话。遗憾的是，他们降生在那个自吹自擂的大时代刚刚结束之时，他们在劝人弃恶扬善的方式上似乎并不比一千八百年前的圣约翰和十二使徒更加高明。而今，新模式已经摆在眼前，随时可以模仿远古的灵魂拯救者。那些古希腊古叙利亚的神秘异教派们也是这样咆哮喧闹的，他们也有自己的队伍、旗帜、乐队甚至圣歌，还有熟悉募捐技巧的各种领导人……他们像现在的模仿者一样，向捐资人许诺天堂般的未来。这些救世军的前辈们获得了巨大的成功。西门·马古[2]声名狼藉，但他说不定也有众多的追随者，就像布斯先生一样；但十二使徒们不会把这种成功视为神意所授，他们不会抛弃自己坚持的那种引领他们走向更高尚生活的方法。

我认为布斯先生的统计数据没有必要去核实。无论身处悲惨境地的人有一百万、两百万还是三百万，这与提出的任何计划的效用无关，因为无论如何，所有计划的目的都是为了把数目减少，这是极其令人期待的。现阶段我们唯一

[1] 托马斯·卡莱尔，苏格兰哲学家、评论家和历史学家。他的作品在维多利亚时代极具影响力。其代表作有《法国革命》《论英雄》《过去与现在》等。
[2] 西门·马古，撒玛利亚人，被称为一切异端之父，基督教将其视为恶魔。

需要考虑的问题就是权衡利弊，尤其是要高度关注这一计划在改造精神方面的影响。

布斯先生非常坦率地称："对我来说最重要的是，拯救肉体的根本目的是要拯救其灵魂。"也就是说，在他看来，传播救世军的信仰教条是第一要务，而身心健康和道德关怀都要退居其次。在这种环境下，必须让人们变得勤劳自制，更主要的是，要像驱赶经过冲洗、修剪和驯服的绵羊一样，把人们赶进神学狭窄的羊圈里。如果有人出于道德的约束而拒绝加入，那他们就会成为代罪的羔羊，只不过比其他人略好一点罢了。

我始终认为（而且相信有识之士会赞同我的看法），自尊和节俭就像是一级级阶梯，引领人走出绝境；我还认为，它们堪称是最优秀的行为美德的典范。但布斯先生却不这么认为。在他看来，这不过是粉饰过的罪恶——不过是"二次受洗的傲慢"。正如达尔文主义者一样，布斯先生承认生存斗争的存在，但对生存斗争的必然结果闭眼不看。布斯先生还劝慰为求生而行恶的信众说，嫉妒是我们竞争机制的基石。布斯先生将自尊和节俭斥为罪过，把饥饿者的痛苦归结为资本家的错，在他看来，福音能够拯救灵魂，但拯救不了整个社会。

在评估救世军可能发挥的社会和政治影响时，我们必须考虑到，这些誓死绝对效忠的军官绝不局限于扮演传教士和践行者的角色（看看希帕提娅之死[1]就知道，在像西里尔这样的"总司令"的统领下，古埃及的亚历山大城亲身体会到了这样的军官究竟能产生什么影响）；他们还妄图成为"人民的守护神"，充当无偿的法律顾问，当法律无法实现目标，他们甚至会自诩为法官，以军队的威慑力去维护他们所谓的正义。布斯先生认为，社会需要"母亲般的照顾"，他还颇为自得地列举了一系列"案例"，让我们猜想，通过他这双母亲般的手究竟能给予我们什么样的"照顾"。也许只要研究一下眼前的这些资料，人民自然就会得出这个结论：

[1] 希帕提娅是一位希腊化古埃及学者，女性哲学家和数学家。她居住在希腊化时代古埃及的亚历山大城，为人们传授知识。但不幸的是，在一次去往讲堂的路上，她被一群基督教徒流氓杀害。

虽然尚未落入法律之手，这位“母亲”已经证实自己是一位肆无忌惮的好管闲事的人。

来看看这个“案例”。A女士找到我们，主诉自己两次遭到诱奸，“我们帮她找到了那个人，跟踪他回到村子，要求他必须向受害人一次性支付60英镑，每周另付1英镑作为补偿，并购买一份保额450镑的人身险，受益人是A女士，否则就将他的丑事公布于众”。

杰伯格认为这是完全正当的。“我们”将自己任命为公诉人、法官、陪审团、警察……所有角色一己承担。“我们”熟练地实施恐吓，仿佛我们是另外一支同盟军。“我们”以曝光相威胁，索要一大笔“封口费”。

好吧，或许是我的贫乏的道德感实在难以辨别这位新晋“保护神”的所作所为与我们所说的敲诈勒索有何不同。试想一下，任何人，若有一点嫉妒、私人恩怨或党派之争，就可能被“追踪”“抓捕”“威胁”，受到经济上的压榨直至一无所有，这一切都仅凭个人决断而毫无法律程序可言，连通晓审判的专业人士也不敢不从。那么确实有理由怀疑，救世军在“保护人民”的举措上与西西里黑手党[1]有何区别？我不是在为施暴者辩护，但是，公平来讲，他同样也是这一连串事件的受害者。面对这个特殊的案例，可能睿智如所罗门王也一样难以判决双方的是是非非。尽管如此，那个男人无论从道义还是法律角度来说，都有抚养子女的义务。与此同时，所有人都有理由相信，本应该有人替这位女性追讨其合法权益，让施暴者承担法律后果（包括曝光其行为）。

而救世军“总司令”的做法是，强行收取一大笔罚金，然后对此事保持沉默，无论这种行为的出发点多么冠冕堂皇，在我看来，它都是不道德的，我希望它也是非法的。

得了吧救世军，别再鼓吹那套无法自圆其说的伦理和莫名其妙的计算法则了；也别再充当那种以法律援助为幌子来大行敲诈索赔之事的“法律顾问”了；

---

[1] 黑手党原指起源于意大利西西里岛及法国科西嘉岛的当地秘密结社犯罪组织，现今已成为有组织犯罪的代名词。

更别再假意充当母仪天下的圣母了，无论你们如何向布斯先生的信众吹嘘，我都实在不敢苟同。

T.H.赫胥黎
敬上

第三封信

发表于1890年12月11日的《泰晤士报》

编辑先生：

当我首次致信给您谈及救世军的计划行动时，我对该组织所了解的一切均来自对布斯先生的书、公共舆论和他的那些嘈杂的小分队的言行举止（前些年在伦敦散步时曾经偶遇过，所以并不陌生）的偶然关注。我对救世军力量现阶段的管理知之甚少，因此我只能按照美国幽默大师的妙语箴言来行事，“切莫预言，除非已知”。劳驾您发表了上次的信后，成堆信件和小册子纷至沓来。一些人赏给我一通谩骂；另一些热心的回信者先是强烈赞同我，进而表示他们自己制定的一些计划是多么值得我朋友去支持；还有人给予难能可贵的鼓励，我对此表示由衷感谢，并请他们原谅我不再逐一致谢。但是我刚发现最合我心意的，是在收到的一些文档中向我揭露的一项我完全不知道的事实——那些在救世军中忠诚、狂热地服役，表示对圣教军最初信念和行为矢志不渝，以及与“总司令”建立密切关系的人，已然公开宣布该组织正退化为一个纯粹的狂热分子和个人野心的发动机。我曾断言这种退化不可避免，不料它已经生根发芽并迅速发展。

编辑先生，我不可能占据《泰晤士报》专栏来详细阐述和批评这些我所预见的“零碎正义”。我说要进行审视，是为公平起见，对那些脱离任何社会团体的人的声明都应保持小心谨慎，特别是对待怀有敌意的证人时，更需如此。但无论如何，一个明显的事实就是，我的首封信中的部分内容，表明任何此类组织均会导致此类恶果，可以作为对该类证据的部分内容（在证人的社会责任感的鞭策下，早已将它们出版发行了）的概括。

我恳请贵报读者们先去阅读J.J.R.雷德斯通所著的《一位救世军前上尉的经历》。书前，牧师坎宁安·盖基博士所著的前言（写于1888年4月5日），可以确保书中内容的真实性。雷德斯通先生的故事，单从故事本身而言，也颇值得一读。作者以约翰·班扬那样的笔法，简洁明了地讲述了作者的故事，展现了主人公单纯的真挚。文中的主人公放弃了一切，成为救世军的一名军官，但却因不具备布斯先生强调的斩钉截铁、盲目服从的品格，而被身无分文地扫地出门——哦，我弄错了，他尚有最后一周的薪水（2先令4便士）——他只好带着同样忠诚于组织的妻子另谋生路，或许这也是最好的选择吧！我希望我能说服计划向布斯先生的军队捐钱的人，读一读雷德斯通先生的故事。我敬请读者将雷德斯通平铺直叙中的朴实无华和巴灵顿·布斯先生信件中充斥的虚伪的虔诚和语无伦次的虚情假意做个对比。布斯先生的信件中将雷德斯通先生（一位明显比他年长的已婚男人）称为“亲爱的孩子”，可是这个“亲爱的孩子”正忍受着辱骂和饥饿。

我承认我对救世军首领的看法在我熟读这本小册子后产生了明显变化，并且我也乐得不必再去叙说它了。我只需从坎宁安·盖基博士的前言中引用几句话。他对救世军早期的廉洁奉公给予高度赞扬，因此不可能从宗教立场不同来指责他对救世军抱有偏见。

救世军是如假包换的家族世袭。父亲布斯先生官居“总司令”，一个儿子任参谋长，剩下的儿女们均占据着其他要职。这是布斯家族的天下，就好比眼中有太阳，无论你转向任何方向，眼中都看不到其他东西。正如盖基博士的犀利妙语：“成为一名德布四方的教派的领袖，好处随之而来——绝不仅限于精神上的。”“任何人成为了一名救世军军官后即刻为奴，无助地遭受他上司的喜怒无常。”“雷德斯通先生入伍前和离开时都保持着他优秀的品格。尽管已婚，但他为了加入救世军，放弃了已维持五年的婚姻。他为布斯先生效力两年，在最艰苦的岗位上任劳任怨。劳利上校告诉我们，雷德斯通有个缺点，就是‘太直’了——也就是他太实在，太真诚，太具有男子气概了——或者说太像真正的基督徒了。然而未经审讯，未按流程指控，仅凭明显未经证实的秘密控告，他就被扫地出门了，同时仅获得最后一周的薪水——2先令4便士，还不如大多数人打发叫花子。如果此事有误，我愿闻其详。”

在书中，雷德斯通先生声称他遭到了总部密探的监视和举报。根据其他军官提供的密信，盖基博士确认雷德斯通所言属实。

布斯先生拒绝保证给他的军官们支付定额的薪水。但是他本人和一家子高官却过着即便不算奢侈但也舒适的生活。宣誓效忠的奴隶们（救世军获得的任何功业都建立在他们的奉献之上）却经常“食不果腹”。一位热心的奴隶向我坦言，当他难以糊口时，只能去乞讨。

为了警告救世军，我曾将布斯先生和方济各一类人草草放在一起谈论，对此事我深表歉意。

中世纪各种伟大的修道制度的创立者的计划无论是否睿智，他们都与信徒们同甘共苦，并且凡是他们要求徒众所作出的牺牲，自己也从不逃避。

我早已表明如下观点：无论救世军正在讨论的计划的表面目的是什么，其后果之一便是建立并资助一个喧骚派社会主义宗派。现在，我或许要加上另外一种影响——他们甚至会用对宗派的物质、精神和财政资源的无条件控制来建立、资助布斯王朝。布斯先生已成为一名印刷商和出版商，这清楚地揭示了他将救世军军官作为代理商，利用他们来宣传和销售他的出版物的本质。一些军官还笃信，大力推进布斯先生的业务是一条讨好他的通途。因此当民众坚决拒绝购买他的作品时，军官们就自掏腰包买下，并将收入上缴总部。布斯先生也是个大型零售商，而威尔斯教会长在此时也恰恰对他尝试实施的著名银行计划饶有兴趣。教会长普伦特对该项金融运作的原理作出了清晰的阐述。任何能领悟他阐述的人都毫不怀疑，无论能否用于实现布斯先生第一条和第二条表面的目标，这些原理都必然会助长一个认为身外之物毫无价值的王国的扩张。实际上，我们正经历一场金融浩劫，就像一个世纪前我们遭受的“法律”浩劫一样。只不过，在这场浩劫中受罪的是穷人。

我已经占据了贵报太多的版面空间，但这仅仅是我私下掌握的救世军内部运行的资料之一。比起这些，其他资料对救世军的指控要严重得多。

T.H.赫胥黎
敬上

附：

我刚阅读了今天《泰晤士报》发表的布坎南先生的信件。我认为布坎南先生是位富有想象力的作家。我虽对他的作品不是很熟悉，但其虚构程度却无法超过他对我的作品的观念和主旨的解释。

第四封信

发表于1890年12月20日的《泰晤士报》

编辑先生：

截至目前，我在探讨布斯先生的计划时，特意将救世主义与布斯主义的差别放在了后面。凡是想公正评价救世军影响（无论好坏）的那些人，都必须充分看到这一差别。由宗教复兴运动的那一套创立的“拯救灵魂”的救世主义是一码事，利用劳动者来助长布斯先生的特别计划的布斯主义又是另一码事。布斯先生用尖利的马嚼子和管用的马眼罩，俘获并驾驭了众多的宗教复兴运动派系中的极端福音派教徒。他正是靠这些巧妙得甚至有些残忍的方式，驱动着载有一车“总司令”计划的队伍，走到了现在这一步。

那么来看一看救世军成员的真正处境吧。自“上尉”以下（依我之见，布斯先生家族统治集团与这些人的关系就像海老人与辛巴达[1]那样）均被视为一个独立整体。我想说，眼下无论是对“总司令”及其计划有利还是不利的证据，对这些成员而言都是绝对有利的。这些证据呈现出他们大都是贫苦的、未受教育的、时常盲目迷信的狂热分子。他们生活清贫，信念真挚，心甘情愿忍受贫困和粗鲁的对待，却为他们认为正义的事业而效忠，着实让人由衷敬佩。对我来说，尽管我认为这种拯救灵魂的疯狂方式充满危险，尽管我认为这些好心人的神学思考对我而言完全无法接受。但我仍旧相信，伴随这类错误所产生的邪恶，就像其他错误一

[1]《一千零一夜》之《辛巴达航海记》中的故事人物。辛巴达在航海途中，偶遇海老人。辛巴达出于好心将海老人背在背上一起赶路，结果海老人一直赖着不肯下来，使辛巴达吃尽苦头。

样，远逊于他们对皈依救世主义的人们所进行的道德和社会改造所产生的邪恶。我不再提出抗议（只要他们不再骚扰邻居），我也不会再苛责一个卖力打扫猪圈的人，同时不再对他扫帚的形状和他在扫地时发出的声音挑刺儿。我总是深信这样一则箴言为真谛："牛在场上踹谷的时候，不可笼住他的嘴。"[1]正如一名伟大统治者[2]所言，如果一个王国值得一次弥撒，那么可以肯定的是，一个严谨、勤勉和节俭的统一国度，完全抵得上无数的鼓吹手和光怪陆离的教义假说。我迄今所说的一切，以及接下来打算说的，都是针对布斯先生聪明绝顶、胆大妄为和迄今颇有成效的计划：不惜利用一切，包括用从具备诚实奉献和自我牺牲意识的人们那里赢得的信誉，来建立和维系他的社会主义独裁统治。

现在我要拿出更多的证据，来说明当布斯先生的制度面临一场公平审判时，事情的真相究竟是怎样的。这些证据主要来自于一本有趣的小册子，标题是《新教皇统治：救世军的内幕》，作者是一名救世军前参谋。紧接着引用"别将我父的圣殿变成做买卖的场所"（《约翰福音》，第二章，第16节）；出版时间：1889年；出版地点：多伦多；出版商：A.布里特内尔。封面上引用的是："这是一本遭救世军焚毁的书。"我再次提醒读者，我将引用的所有陈述都只能被视作"一家之言"。我仅能保证，基于有关布斯统治集团行事方式的内部证据以及与其并存的证言证词，引用这些内容应该是合理的。

作者描述了一幅救世军早期入侵加拿大领土后的场景：

"当时的场景历历在目。它声称要做现有教会的恭顺的奴婢；它声称其目标就是向大众传播福音；它否认有成立一个独立宗教团体的想法，同时还谴责搜刮敛财的行为。那些非救世主义信徒的男女都聚拢过来，全心全意投入救世军的事业，因为救世军提出了一个朴素的理由：他们将为努力传播福音的人开创一片广阔天地。它邀请并欢迎各地牧师加入宣讲。少校和上校数量稀少，总司令的至高权利和地位更是无从谈起……诸如改变他人信仰等事宜向来被小心对待；它的信徒们从来都不是被强迫拉入

[1] 出自圣经旧约《申命记》。
[2] 伟大的统治者指的是法国国王亨利四世。

教中的……总而言之，这个组织行使的职能就是多种宗教团体的助理和招募机构……救世军的集会人头攒动，大量民众宣布皈依救世军，并且为各自社区的救世军的持续工作慷慨解囊；因此每个兵团都完全自给自足，军官们获得虽不奢华但十分妥善的关照。地方财政支出充裕，并且在本地人担任的秘书和主管军官的共同监管下，资金花费在募捐地，互相信任，彼此满意。”（第4—5页）

以上是救世军状如绿树繁茂时的样子。接下来是它干枯的场景：

“那些熟知救世军日常组织运营的人，都对它整个体制的急剧变化心知肚明。起初他们是一群甘愿奉献、廉洁无私的工人，以热情和慈善为羁绊团结在一起，为同事们谋福利。现在，为了建立一种制度和派系，它已发展成为一个庞大而气势凌人的组织，充斥着对宗教自由彻头彻尾的颠覆，反对所有基督教活动的规章，以及完全服从最高领袖和统治者的意愿的规章……随着救世军工作在全国范围内展开以及活动范围的扩大，每个领导岗位都相继被外国人占据。这些人对加拿大人民的情绪和个人喜好一无所知，仅仅在布斯家族把控和教育下的一所学校接受过培训。他们抛弃了所有的想法，只知道对总司令无条件地服从，以及毫无异议、绝不迟疑地完成总司令下达的任何命令。”（第6页）

“这一切的后果是什么呢？首先，尽管取得了丰盛的物质，精神却已被摧毁，并且作为一个传播福音的机构，救世军已然名存实亡……四分之三的部队军官缺衣少食，主要是由于他们被征收重税，以维持一个庞大的司令部和一大群尸位素餐的军官的开销。救世军的整体财政安排是通过通货膨胀、无节制的浪费和对未来开销毫无预见的体制来运作的。最初的工人和成员几乎全部流失……对其他全部宗教团体而言，救世军已彻头彻尾与它们敌视。未得军官允许，士兵们被依律禁止参加别处的礼拜……凭良心离开救世军的军官或士兵被视为堕落者，并且常常被公开谴责……甚至使出最卑鄙无耻的手段让他们挨饿，迫使他们回来为救世军效劳……救世军在内部运作上与耶稣会教义并无二致……即使没有公开教唆‘为求目的不择手段’，但就像著名的耶稣会教义一样，对此予以默认。”

很多人在读到以上段落，特别是最后一段时，一定会认为这是篇尖酸刻薄而又大肆夸张的匿名诽谤。那么我就列举另一个绝对不是匿名的证据。这一证据源自一本名为《总司令布斯和他的家族以及救世军——起源、发展以及道德与精神的衰败》的书，作者为S.H.霍金斯，法学士，曾任救世军少校，总司令布斯的前任秘书。我奉劝有意向投资布斯先生计划的人去研究一下这本小册子。至少我已从中获益良多。在书中记载的众多奇闻趣事中有这样一条：“布斯先生发现在救世军的运作中，第三步或第三类赐福是必要的。有一天他跟我说：‘霍金斯，你的枪只有两个枪管，而我的枪有三个’”（第31页）。如果霍金斯先生对“第三支枪管”描述无误的话，便是指“放弃你的良心”，以及“为了上帝和救世军，忍辱负重地去做那些连真正的俗人都不会去做的事”（第32页）。可以肯定地说，他要用三根枪管打倒很多东西，其中就包括道德的第一原则。

霍金斯先生列举了一些救世军用“总司令”的“新式来复枪”所做的一些显著事例。但我必须指出，这本富有教益的书颇有刻意猎奇之嫌。下面我将采取一种严肃的态度，并且还会借用证据来强化我的态度，即便有些证据是匿名的，但也不可能一笑而过。请诸位相信，驱使我重提一件丑闻（即便它已经不再适用“诉讼时效”的规定）的，是我感受到了布斯主义的传播对社会产生的巨大危害。

编辑先生，您于1883年7月7日撰写的一篇关于臭名昭著的“鹰”案的头条文章，大快人心。我从中摘录了一段内容：

> “法官凯先生拒绝了申请，但他采取的是令布斯先生名誉扫地的方式，不过正如法官斯蒂芬先生秉公而论的那样，这并非是他的本意。布斯先生提出了一份书面陈述，似乎完全误导了法官凯先生。因为任何一个人，当他将这份陈述视为出自一位所谓宗教导师之手的坦诚声明时，都将被误导。”

在给您写第一封信时，我没听说过关于“鹰”案的那些丑闻。但是令我欣慰的是，我对所有宗教独裁统治都会走向邪恶这一无法避免的趋势有着足够清楚的认知，因此脑海中旋即想到要对布斯先生的计划进行谴责。假如当时我另寻他途，那么当我不得不坦承那些款项已经在一个人的绝对控制之下，而证明他管理水平的那些该死的证据又同时出现了，我该怎样去面对我的朋友呢？

我对布斯先生无话可说，因为我对他知之甚少。在此问题上，如同其他问题一样，我承认自己是个不可知论者。但是，如果他是（因为他有可能是）一位心怀纯粹动机的圣人，那么他也不是第一位按您所说的展现出“具有贯彻执行一个善意目标的热情，从而能够俯瞰日常道德规范的普通准则”的圣人。假如我是一名救世军士兵，我就会与奥赛罗一起呼喊：“卡西奥，我爱你，但你绝不再是我的军官。”[1]

T.H.赫胥黎
敬上

第五封信

发表于1890年12月24日的《泰晤士报》

编辑先生：

如果我有什么强项的话，那么财务绝对不会是其中之一。但是《新教皇》一书的陈述和举例表明，救世军总司令的财务（更确切地说是财政）运作极其简单，简直出自天才之手，甚至连我都能理解——或者谦虚地说，无论这种财务运作的轮廓多么模糊，阴影多么厚重，我都能通过已公布的证据来证实它们，让其原形毕露。

假设某殖民地有一处繁荣的、不断扩大的殖民地小镇，散居着工匠和劳动者。其中有少数循道公会教徒或者其他这类极端福音派信众，他们正悄无声息地全力“拯救灵魂”。那么毋庸置疑，这是一处让人很想夺取的前哨。因此，“我们”着手去掀起一波常规的救世军“热潮”。当地的热情被唤起了。几十名士兵应征入伍，加入救世军。“我们”选出承诺为我们的目标鞠躬尽瘁的人，任命他为“上尉”，让他负责一支军队。他对此感到极为高兴和感激，不过他也理应如此。他需要做到的是放弃自己的职业，保证每天至少为救世军工作9小时（别再对我说8小时工作制的废话），担任收账员、售书员、总代理以及其他我们交代的工作。另一方面，“我们”不向他承诺任何事情，因为这么做可能会动摇他的信

[1] 莎士比亚戏剧《奥赛罗》里的一句台词。

念，让我们之间的纽带世俗化。如果他以正直的精神面貌尽职尽责，他的劳动无疑会得到上帝的犒劳。明白了这一点，“我们”就可以心安理得地告诉他，在结清每周的所有花销并满足了“我们”的所有需求后，如果还有25先令的结余，他就可以得到这些钱。如果没有结余，他就毫无收入，仅能靠信徒的捐赠糊口。不仅如此，“我们”还近乎残酷地开玩笑说，“我们”有附加规定：信徒捐赠的价值将被折算成同等的薪水。因此，只要“我们”的“上尉”获得成功，这些善款就会如流水般悄无声息地流入“我们”的“国库”。当善款开始枯竭时，“我们”就说：“上帝保佑你，亲爱的孩子”，然后将其辞退（可能给也可能不给2先令4便士），再让其他温顺听话的人去做牛做马。

我相信，“总司令”的目的之一就是废除“血汗剥削”。但是，他为什么不能从家里[1]树立一个良好的典范呢？

然而，我那少得可怜的寥寥几笔素描，看上去就像拙劣的漫画，于是我终究还是找来了加拿大权威人士的几张作品加以临摹。他说，一名“上尉”必须将所有募捐款项和物品的10%上缴给师部基金会，以养活师部军官。总部在总司令认为适当的时候，也有着举行特殊聚会的特权，并将所得款项尽数拿走，用于师部运行开销。同样，总部也有权在合适的时候，在各个军团举行这样的宗教集会，大力宣传这种集会的盛况，并将收入全部拿走，用在总部要办的事情上……他必须向总部或个体房主支付房屋租金；他必须将每月第一个周日下午的集会的所得募捐款项上交给位于总部的“拓展基金”；他还必须支付礼堂的取暖费、照明费、清洁费以及可能产生的维修费；如果他那里来了实习生，他还必须向其提供衣、食、住。他还必须向总部每周送来的救世军报纸付费，无论它们是否能卖出去；做完这些以后，他可以得到6元（女性5元），或者根据盈余下的钱按比例分成。这些钱得用来买衣服，养活自己，支付房租和营房的采暖费和照明费。如果他手下有中尉，他还得每周向中尉支付6元，或者将自己的收入按比例支付，房租则由两人共同承担。现在就不难理解在加拿大的军营中，为什么至少有60%的军

[1] 赫胥黎在此处用的是“home”这个词，有一语双关之意。

官经常分文不剩，最后不得不通过向信徒们乞讨来支付房租和饭钱。士兵们发现在加拿大绝大部分地区，军官们都不缺食物。但需要记住的是，募捐而来的食物的价值必须在总部报账，并且要折算成现金登记在册，再从军官通过每周募捐来的款项中扣除。因此，不管部队募捐到了多少钱，军官每周所得都不会超过6元。军官攒不了多少薪水，因为他每周必须支付个人开销；如果在结清所有账目开销后仍有现金盈余，那么这些钱就必须上交给总部的“战争基金”（《新教皇》，第35—36页）。

编辑先生，很明显，“总部”谨记了一条训谕：“将你的面包扔在水面上。”[1]总部将一名特使一两天的工作作为面包屑撒了出去，却收获了大把的现金。一旦“上尉们”的血汗被榨干，新的牺牲品将取而代之。对此，我只能高呼：“哦！神圣的纯洁！”[2]除此之外，我还能对忠诚献身的可怜虫说什么呢？

但是，如果认为上面列举的常规运作概括了布斯先生财政机构圈钱的全部能耐的话，那可就是大错特错了。如果看看多伦多一家“收容所”富有教育意义的发家历史，定会得到一些启发：

“这是一座位于市中心的精美建筑，土地价值7000美元，建筑价值在7000美元以上，还有一笔为该建筑总价的一半的抵押收入。现在地皮很可能比原来翻了一倍，并且每年都在升值……在收容所开办的头5个月里，该机构收到公众捐款1812.70元，其中600元被用于支付总部房租，590.52元被用于支付建筑的各类开销，剩余的622.18元用来支付员工的薪水以及被收容者的伙食。”

我之前不是说过吗？布斯先生是位理财天才！除他之外，还有谁能让公众给他买一块“街角地皮”，建一所房子，支付所有的日常开销？还有谁会让公众送一座精美的建筑给自己当礼物，甚至要求公众缴纳一大笔大楼的使用费？还有谁像他那样，并不满足于白白收取一大笔房租，竟把房子抵押了一半的价格而公众却一声不吭？相信没有人会否定，即便布斯先生第二天就把整个建筑卖掉，并将

[1] 出自圣经旧约《传道书》，意为“真心付出，不求回报”。
[2] 为捷克哲学家、改革家扬·胡斯说过的话。

所得交给“总司令”支配，也没有人敢发出抗议。

再听听《新教皇》作者是怎么说的吧。他断言：“加拿大捐给救世军用来传播福音活动的资金中，六分之一被用来拓展‘上帝之国’，剩下的六分之五被用来投资价值不菲的房地产。正如我们已经说过的那样，所有的地产都交给了布斯先生以及他的继承人和代理人。”（第26页）

这让我想到了我最后想谈的一点。交给布斯先生的巨额动产和不动产，究竟是如何处置的呢？对这一问题的所有答案都是“被托管”。布斯先生的拥护者们对此坚信不疑。但我并不这么看。无论怎样，这种“信托”越是做得令人完全满意，那位让公众完全相信他的正直和学识的人，就越应该让公众深入了解信托条款。这种信托是为了支持救世军行动吗？但是救世军的法律身份又是什么呢？士兵们有什么权利吗？定然是没有的。军官对“信托”享有任何法定利益吗？也定然是没有的。“总司令”坚持主张，要获得军官头衔的前提条件之一，就是放弃所有的权利。因此，军队作为一个法人，就显而易见地同布斯先生合二为一了。既然如此，任何表面上代表军队利益的“信托”，实际上却是——我该怎样形容才能准确而又不失礼呢？

最后，我问几个比较简单的问题：布斯先生是否愿意征求一下法律顾问的意见？在他现有的法律安排中，是否有规定阻止他随心所欲地处置他积累起来的财富？如果他和他的继承人用完全违背捐赠者本意的方式花光了每一分钱，谁会出面依照民法或刑法来对他们进行控诉？

我在这里补充一句，在深入研究了《布斯支持基督教布道团的信托宣言》之后，我发现，就上述问题而言，即使能力远在我之上的人也无法给出满意的回答。

T.H.赫胥黎
敬上

12月24日，《泰晤士报》发表了一篇署名为J.S.卓德尔的信件，其中有以下几段：

“很遗憾，我得给那些跟随赫胥黎教授谴责布斯总司令及其工作的人浇点冷水了。我可以谈一谈在加拿大出版的那本‘书’的细节吗？我曾有幸采访过一位加拿大的作者。这本书在多伦多出版，但只印刷了两本；其中一本被人从印刷商那里偷走了，赫胥黎教授在贵报上的引言是后来添加到此书里的，因此是伪造的。这本书出版前未经作者同意，是违背作者意愿的。

“所以，这些引文不仅如赫胥黎教授自己所说的那样，是‘辛辣刻薄的、夸大其辞的匿名诽谤’，而且还是伪造的。关于霍金斯先生，依我看，将他视为权威人士无疑是在糊弄各位读者。他被赶出救世军，之后救世军出于好心，又一次次地接纳他，然后再次将他开除。如果这些发生在您的一位雇员身上，您会相信他对贵报的看法完全是公正的吗？”

然而，卓德尔先生在12月29日的《泰晤士报》上，又这样写道：

“在《泰晤士报》周三发表的信件中，我所说的霍金斯先生被总司令布斯开除是一个错误。对于给霍金斯先生带来的不便，我深表歉意。”

紧接着，在12月30日的《泰晤士报》上，霍金斯先生发表了一篇信件，他在信中说：

“卓德尔先生的言论完全颠倒事实。我从未被救世军赶走过。就我对布斯先生思想的了解，我再次被召回救世军也不是出于好心。为了重返救世军，我辞去了年薪250英镑的磨粉厂经理的职位，付出了房租和三分之一的磨粉厂利润。而布斯先生每周仅支付我2英镑的薪水和房租费。”

第六封信

发表于1890年12月26日的《泰晤士报》

编辑先生：

今天早上，有幸在贵报拜读了卓德尔先生的信。感谢他在信中提供了我期待已久的证据，如下所示：

一、《新教皇》的作者想必是位负责、可靠的人，否则卓德尔先生不会提及“有幸拜访”过他。

二、这位负责的作者先生辛辛苦苦写了这本密密麻麻的64页的小册子之后，由于受到各方的压力而放弃出版它。卓德尔先生消息灵通，想必能告诉我们这些压力究竟来自于哪里。

三、卓德尔先生如何得知我所引用的段落是后面加上去的？是否如他所说，只印了“两本”的原版，其中一本就在他手上？

四、如若确实如此，他就一定能说清楚我所引用的段落中有哪几处是原有的，哪几处是后面加上去的；以及原来版本与我所引用的版本有何重大区别。

卓德尔先生就这几点的回复想必会十分精彩。但最重要的是，他以自己作保，证实了《新教皇》的这位匿名作者，不仅不是一位不靠谱的诽谤者，还是一位连狂热的救世军教友在谈及时也不得不充满敬畏的人。

T.H.赫胥黎
敬上

我得补充一下，可怜的卓德尔先生又帮了我一个大忙，他引出了霍金斯先生的来信——这充分证明了霍金斯先生的可信度，使我完全相信他所说的关于“第三支枪”的证词。（1891年1月）

第七封信

发表于1890年12月27日的《泰晤士报》

编辑先生：

现下我只有一份证据来证实布斯先生专制统治的实际情况，我也十分明白这是不太能站得住脚的。正如我第一封信所言，“没有什么行为比盲从轻信不受限制的权威更容易丧失良知与心智的了”，而布斯先生也坦承他的每位官员都承诺“服从总部命令，毫不置疑、毫无异议”。这类命令对名誉和诚实的影响，有许许多多的佐证：比如我在前文已经引述过的，法院对布斯先生在“鹰”案中书面陈述的判决；朗威尔·布斯先生在法庭坦言其证词“并不十分准确”，理由竟是他“已向上级承诺不会泄密”（详情参见1885年11月4日的《泰晤士报》）；再比如，下文中霍金斯先生退出救世军的原因的陈述也可以作为说明：

> “统领总司令和参谋长没有也无法否认其所做的这些事；剩下的唯一问题是，要这种小把戏是正当的吗？离开之前我也和统领就这些分歧展开了讨论，尤其是利明顿事件，这是最终使我决心离开的导火索。一开始我就得出过结论，他们的行为正如他们所想的那样，一心只为了上帝的意旨。我也劝自己说，就像两军对阵，用缴获的敌方枪炮来转而攻击他们十分正常，在对抗魔鬼时，以彼之道还施彼身也未尝不可。就此我还与总司令通了信。”（第63页）

现在，我也不必出言讽刺，但我确实要问任何一个理智尚存的人这些问题：在这种情况下，我还能相信任何由总部或总司令授意发出的未经核实的声明吗？对霍金斯先生所供述的布斯式体制的腐化影响，我又有什么理由质疑其真实性呢？面对这么多人的林林总总的证词，如同霍金斯供述他自己以前的状况那样，在接受了救世军从魔鬼处借来的武器，并以此武装训练以后，士兵的道德感会大大地丧失。对此，难道我不是更应该小心谨慎吗？

因此，在第三封信中，我先是采用了雷德斯通先生提供的证词，再辅以非救世军成员的坎宁安·盖基博士的证词，加以补充，以此论证布斯式主义的运作方式。这些证据尚无人质疑，那么在有新证据反驳之前，我暂且假设其不可能被驳倒。所以在第四封信中，我引用霍金斯先生的确凿供述，来证明救世军总部采用的是耶稣会绝对服从那一套教义准则。而有人竟以霍金斯已被踢出救世军作为反驳证据，这算什么回答？只有小孩子才会相信这样一些偷梁换柱的概念能在审判中混淆视听。而且，我早料到他们会玩这种老掉牙的把戏，所以增加了一目了然的证据来证实我方证人的可信度，我这里指的是“鹰”案中所呈证据。编辑先生，直到第四封信中——论述到“军官们”所受利用及总部耶稣会式的绝对服从那一套时——我才敢请出《新教皇》。就这本书而言，它只是一本匿名之作；而且由于种种理由，我也没有超出其内容进行发挥。对于一个熟知进化现象的人来说，《新教皇》中所体现的布斯主义，只不过是雷德斯通案和“鹰”案中反映出的布斯主义所自然演化的必然结果。因此，我得以有充分的理由去引用这本书中的内容，并警醒读者必须保持应有的谨慎。

卓德尔先生在他那封宝贵的信件中承认，《新教皇》这本书的作者是他“有幸拜访”过的，且出版发行（按他的说法是篡改后的版本）是违背原作者意愿的。因此，我有理由相信，有些论述是有事实基础的，我手上也一直有一些资料，只可惜未经卓德尔先生核实，所以我才忍住不用。但现在我终于可以理出一些头绪，希望了解情况的卓德尔先生能够不吝雅正。我相信，卓德尔先生的唯一目的，和我一样，就是阐明真相；我也相信他会尽力帮助我。

一、《新教皇》的作者名为萨姆纳，具有很高的社会地位，在多伦多广受爱戴，而且在救世军中品阶不低。在他走后，一位卫理公会的教长还主持了一个大型的公共集会，对他表示同情。

这是真的还是假的？

二、“上周日，大约中午的时候，《新教皇》的作者萨姆纳先生和救世军印刷商费雷德·佩，在一位律师的陪同下，来到艾美瑞格兰汉印刷公司收回全部手稿，以及印刷铅板和印好的书。萨姆纳先生向他们说明书稿已经售与救世军，在开了支票结清费用后，印刷厂交出了上述材料。”

上述内容是否确实刊登于1889年4月24日的《多伦多电讯》？其中所言是否属实？

三、“尽管出版商和斯莫克律师昨天已经定下了辩护顺序，从昨天起就不再变动，民众对《新教皇》（或者叫作《救世军的内幕》）这本神秘著作的命运或未来走向却一直保持高度的关注。毫无疑问，这本书总会以某种形式出版。据传还有一份完整的版本流落在外，但其下落是个谜。可以肯定地说，就算救世军的特派员一直猜到明年的今天，也不可能找到五千本书中流落的那一本。他和他的助理弗雷德·佩里都以为他们把禁书全都送进火炉付之一炬了，所以当上周二他们发现竟然还有一本《新教皇》留存的时候，立刻怀疑它藏身在位于央街的出版商布里特耐尔处，后者的书店很快就遭到了救世军密探的侦查。”（引自1889年4月28日的《多伦多新闻》）

上述内容可是污蔑？它究竟是真是假？

只有卓德尔先生直接回应这些质疑之后，我们才能继续探讨萨姆纳先生的书是否遭到篡改的问题。

T.H.赫胥黎
敬上

12月26日，牛津大学学会前会员坎宁安的一封来信促使我作出下面的解释。

第八封信

发表于1890年12月29日的《泰晤士报》

编辑先生：

如果坎宁安先生对关于生存斗争对社会状况的影响有丝毫怀疑，那他应该去找布斯先生理论，而不是找我。

> “我从未幻想依靠我的救世之方开创一个太平盛世。在生存斗争中弱者越发边缘化，而这世上弱者众多，只有适者才能生存。我们所能做的，不过是安抚不适者，让他们所受的苦难能够缓解一二。”（引自《最黑暗的英格兰》第44页）

如果坎宁安先生仔细读过布斯先生的书，就会在其书中发现上述句子。如果他也读过我的第二封信，他就该发现他在转述我的“论证”的时候增加了“故意”这个词，其原文本来是“正如达尔文主义者一样，布斯先生承认生存斗争的存在，但对生存斗争的必然结果闭眼不看。布斯先生还劝慰为求生而行恶的信众说，嫉妒是我们竞争机制的基石”。如果学过生理学，坎宁安先生就该知道“闭眼”并不一定总是故意的。我打算通过坎宁安先生提供的重要证据说明，从心灵“闭眼不看”到接受生存斗争的明显后果，这一过程或许也不是故意的。至少我希望是如此。

一、坎宁安先生说：“人口问题迟早会再成为绊脚石。”这又如何理解呢？难道意思不是说，一定时期内人口过度增长超过资源供给，就会引起残酷的资源竞争吗？在我看来，他的理论无异于马尔萨斯的人口论[1]，以及被坎宁安先生所嘲讽过的可怜的无知者的观点。

二、为了解决所有疑问，坎宁安先生还告诉我们：“生存斗争当然会持续进行；我们得感谢达尔文先生让我们认识到这一点。”达尔文的追随者中不乏对其研究结果有所质疑者，因此看到有人对达尔文表示感激，自然感到十分欣慰。但是，坎宁安先生这样自作主张地表达这种感情是十分轻率的。因为他显然并未“认识”到达尔文理论的重要性——确实，我也没有在坎宁安先生的信中发现任何他已经“认识”到他该做什么的迹象。假若正如坎宁安先生所言，“生存斗争会持续进行”，那么工业竞争也理当是生存斗争的一个阶段。这样一来，对于那些告诉无知信众“嫉妒”是竞争性体制基石的人，我实在看不出还有什么好争论的。

坎宁安模仿那位知书达理的本·迪利特，指责我对布斯先生进行人身攻击。当然，在我下笔的时候就知道，这很可能被布斯先生的一些追随者用来作为攻击我的武器。而正是基于以下考虑我才会最终采取行动：假如我身为最大人寿保险公司的一员，而该公司眼下刚好缺一位董事，且候选人不少。再假设其中一位A先

[1] 1798年，英国经济学家马尔萨斯创立人口论。其主要观点为：生活资料按算术级数在增加，人口却是按几何级数在增长，因此生活资料的增加自然赶不上人口的增长，这是永恒的规律。只有通过饥饿、繁重的劳动、限制结婚，以及战争等手段来消灭社会的底层，才能在一定程度上削弱这一规律的作用。

生（抱歉我要大胆假设了）在管理能力和身份上所获得的评价，与法官处审判官对布斯先生的评判差不多，那么我能选A先生吗？又或者，我与投保人会面时发现，他们当中大多数人竟不知道这回事儿。除此之外，还有其他证据令我判断，A先生并不适宜担任主管，那么，我是否应该任那些不知情者蒙在鼓里呢？这个问题及其延伸就留给独具慧眼且兼具正直之心的人来回答吧。

提到坎宁安先生的盟友，让我想起自己忘了就迪利特先生给我写信这件事对他表示感谢，在此定要补上。这封信令我受益不少，请相信，我绝对是无心才会漏掉它。这封信写于12月20日，而次日刊登于《雷诺兹报》的下述评论可谓是意义重大（不过只是无意而为）：

> "我一直相信，救世军是我国最强大的社会主义力量之一。而今，赫胥黎教授进一步确认了我的这种想法。它怎么会是其他的东西呢？在时代的进程中，救世军教义中狂热的宗教性逐渐消失，留下的又是什么呢？那将是大量的男人和女人被组织到一起，接受训练，被引导去追求一种比眼前状况更好的生活。他们不再害怕受到奚落，变得敢于进行公开演讲。在那里，社会主义军队显现出其雏形。"

显然，就本·迪利特先生在拉丁文方面的学识而言，要了解"城门失火，殃及池鱼"的含义轻而易举。

在我看来，公众不会上当受骗，不会被漫天舆论牵着鼻子走。一个人的确可能对他的同胞充满情怀，认同他所中意的基督教的种种。他不光可以认为达尔文主义即将土崩瓦解，而且只要他乐意，还可以明智地相信，达尔文主义压根就不存在。但是，他应该也会深感自己有责任义无反顾地去反对任何形式的专制主义，特别是那种打着布斯主义幌子的专制社会主义。

您忠实的仆人
T.H.赫胥黎

第九封信

发表于1890年12月30日的《泰晤士报》

编辑先生：

十分感激朗杰、波顿和马修斯先生及时回答了我的疑问。我认为，他们的回答适用于所有通过救世军募捐到的款项，尽管这些钱不仅仅是为了完成“基督徒布道”这一使命（在1878年以前，救世军被称为“基督徒布道团”）；同时适用于捐赠的房屋土地抵押得款；也适用于为支持布斯先生各种计划所筹得的资金，尽管这些计划与其组织所谓的“基督徒布道”并没有任何明显关联。此外，用一句经典的话来说就是：“这些对我们的帮助不大。”但这些问题必须交由精通法律的人来处理。

另外，还要衷心感谢您，编辑先生，感谢您不吝让我占据这些宝贵的版面，但现在我打算远离这些是非了。当初我之所以会插手如此令人不快之事，主要是想阻止这位精明的“总司令”策划的这场全面扫荡式的运动。我发现，洛赫先生和威尔士主教等勇士已经牢牢捍卫了关卡；在您的大力支持下，我们又赢得了增援时间；尽管国人的行动会稍有滞后，但大家的意识定能跟上，我们最终定会获得大量援军。

我的任务已经完成，接下来我得回到我自己热爱的行业中去了。

T.H.赫胥黎
敬上

1891年1月2日的《泰晤士报》上登了一封信，内容如下：

亲爱的迪利特先生：

我实在没有耐心看完赫胥黎教授的那些信。食不果腹、衣不蔽体、“饥饿致死”甚至大范围的饥荒这些悲惨境遇都是实实在在存在的，而相关部门还未解决这些问题。怎么竟有人会反对甚至阻碍给予食物及其他帮助呢？为什么那些地方要叫“劳动济贫所”？因为它是为那些不能工作的人提供的？不是！是因为它是能够提供工作岗位和食物的地方。它的名字就是力证。我敢肯定，如果我们的主与其圣徒也在伦敦的话，他们也会这么做。我们应当对这些力行慈善的人心怀感激，哪怕他们只是有此心意。

您忠实的
亨利·E.卡特·曼宁主教

第十封信

发表于1891年1月3日的《泰晤士报》

编辑先生：

《天方夜谭》是我曾经最爱看的一本书，里面的故事妙趣横生，但推动所有故事情节的，是一位不听劝谏却钟爱听故事的苏丹王。我想我是不是也可以试试用这种讲故事的方法，同曼宁主教理论呢？大约四十年前，我要去贝尔法斯特出席英国科学促进会，还答应了与著名学者辛克斯共进早餐。结果前一天睡得太晚导致我误了时辰，我赶紧在外面叫了一辆马车，边跳上去边对马夫说："跑快点，我赶时间。"于是他快马加鞭地一路小跑起来，还差点把我甩了下去。我冲他大喊："好家伙，你知道我要去哪儿吗？""我不知道啊先生，"马夫说，"但是没关系，我的马快啊。"我从未忘记这一次的经历，它告诉我们盲目的热情有多么危险。现在，我们都收到了救世军的上车邀请，布斯先生也确实在御马飞奔。但有些人坚信，布斯先生的方向与我们的目的地相去甚远，不仅如此，而且不久之后车夫和整辆车都将出事。那么，即使是某个自认为有权以"我主及其圣徒"的名义作为担保来支持布斯主义的名士发出邀请，我们就会欣然上车吗？

T.H.赫胥黎
敬上

第十一封信

发表于1891年1月13日的《泰晤士报》

编辑先生:

昨日贵刊登载了布斯·科里伯恩先生写于1月3日的一封信，信中提到了我之前写的七封信的内容。科里伯恩先生这封信用心良苦，用小字印刷占足了二个版面——这么大的空间足够他好好回应我之前七封信中的问题了，如果他愿意的话。科里伯恩先生的署名头衔是“救世军法兰西及瑞士区理事”，但同时他又声称，他是在“上级主管”毫不知情的情况下来回应我的“质疑”的。鉴于这是篇含有自杀味道的来信，他或许根本就没必要作此声明。

布斯·科里伯恩“理事”所说的我的“质疑”，我估计是指1890年12月27日刊登在《泰晤士报》上的那封信中所提到的，追溯《新教皇》这本书的来源与去向的内容。科里伯恩“理事”在回信的第四段提及了这个问题，我深感满意，因为他对我的几位证人所作的陈述均未敢反驳。这等于默认了《新教皇》的作者“在多伦多广受爱戴”，而且“在救世军中品阶不低”。此外，为了销毁已付印的小册子并有效查禁此书，信中提及的那位加拿大“理事”认为，付点印刷费也是值得的。由此，案件的基本事实已经查明，无可争辩。

那么 布斯·科里伯恩先生是如何努力把它们解释成过去的呢?

> “萨姆纳先生写这本书是出于一时气愤，很快又后悔了（就像任何人在口出妄语之后又冷静下来，并恍然大悟，对当初的言行感到后悔一样）。于是正好在发行之前，他找到救世军说，只要他们愿意付这笔印刷费，他就同意销毁这本书，因为这笔钱他自己是付不起的。”

《新教皇》这本书用小字排版，密密麻麻占了60余页12开本的纸张。作者措辞谨慎，其中大部分极其温和；而且书中包含许多详细内容和精准数据，考证这些想必是费了些时间和精力的。但是，也许确如科里伯恩“理事”所说，写这本小书只是出于“一时气愤”吧。

为了科里伯恩“理事”的声誉着想，我真心希望他所了解的真相不如我深入。可惜我缚手缚脚，手头上的很多证据都不能随意使用，只能引述《新教皇》

前言中的一段话聊以自慰了：

> “我是思虑再三，并且在反复催促之下才决定将此书出版的。即使我们躲开了这项不喜欢的工作，庆幸自己避免了名利皆空还落得不讨好的下场，但为了善良的民众，为了我们的信仰，为了一众投身大业却目标受挫、成果被毁的善男信女，为了救世军的未来，只要对其净化和精减管理架构、重归原始定位、安于教会的本职稍有助益的话，那么说明真相就是我们义不容辞的责任。正是出于这个目的，或者说为了达到上述目标，我们才把书中的内容公布出来。”

这篇前言作于1880年4月。根据载于《多伦多电讯报》上的声明，也就是科里伯恩“理事”不敢辩驳的那篇，他的加拿大教友，也是一位“理事”，大约是在4月第3周的周末买下并销毁了所有版次的《新教皇》。显然，上述作者就算当初是“一时气愤”，在落笔写这篇前言时也已经心潮平复了，虽然他并没有在3周之内就陷入忏悔。但“理事”科里伯恩先生暗讽萨姆纳先生是被几个银钱收买“封口”，自己主动找到救世军说，只要他们付这笔印刷费，就同意销毁这本书，因为这笔钱他自己是付不起的。这就是人们常说救世军官员阴险狡诈的真实例证啊！

科里伯恩“理事”说：“伦敦总部听说之后并不赞成那位理事毁书的做法。”这说明总部对此事并非一无所知；但伦敦总部的反应并不会影响萨姆纳先生证词的可信度，这才是我所关心的。也有可能总部也同样不赞成这位法兰西科里伯恩“理事”目前的做法，但又能怎样呢？结果无非是，科里伯恩“理事”和愚蠢的卓德尔先生一样，犯了个严重的大错。这一对“巴兰”[1]原本想诅咒，却不得不祝福。他们二人合力证实了萨姆纳先生所言非虚，也确实值得我信任；而且他们都无力质疑萨姆纳先生这位可敬的绅士每一句证词的准确性。我希望终有一天萨姆纳先生的事迹能够公之于众，到时候，我们就能清楚他这么做的真实

[1] 巴兰，预言家，旧约圣经《民数记》中的人物。他并非以色列人，而是外族人。因为他有诅咒和祝福的本领，他为谁祝福，谁就可以得到幸福；他诅咒谁，谁就受诅咒；因此被摩押国王巴勒请来诅咒以色列人，但巴兰却依照神谕，给以色列人以祝福。

原因了。

科里伯恩“理事”信件的第二段中涉及许多内容，但与霍金斯先生相关的并不多。《泰晤士报》最近的专栏显示，霍金斯先生竟能迫使卓德尔先生道歉，那就把科里伯恩“理事”也交给他吧。

至于信件第三段中谈到的“鹰”案，一位熟谙法律的先生恰巧旁听了二审，他向我证实说那次辩论只是单纯技术层面的，并未涉及太多事实；而且据他所知，二审结果并未对一审判决提出异议。此外，1884年2月14日的《泰晤士报》上完全收录了二审掌卷法官的判决书，其中就包括下列内容：

> “本案一审由资深法官聆讯裁量，除非其裁量有误，否则本庭不予干涉。该法官确实对被告态度强硬，但也承诺如果被告能够明确保障和赔偿的程度，还是可以对他减轻处罚的。若本庭与其裁量不同，批准在免予罚金的情况下从轻处罚，这也是行使本庭的自由裁量权。由此，本庭已给出相关建议，此案须综合全局考量……法官（掌卷大法官）本人认为，根据被告一贯的作风，他极有可能早就打算不将这一房产用作经营酒楼；被告是在签订了将这一房产用作经营酒楼的协议之后才获得其所有权的，现在却意图违约改变用房性质，这是不正确的。但这也不足以完全剥夺他获得救济的权利……等待被告的，很有可能是严厉的法律条款。”

但是，编辑先生，科里伯恩“理事”作为救世军的高级官员，竟然公然宣称：如果我做了调查就该了解，“二审法院推翻了原判，八份房产有七份都已经改判，而且法官还判定布斯总司令始终坦诚无私、满怀善意”。

但是，前文中引用的信件绝妙地体现了科里伯恩“理事”坦诚无私和满怀善意的实质；我也毫不怀疑，他对这些美德的理解完全符合贵“军”的规章条例。正如前文所言，奴隶总是服从其主人的。

不过，我必须坦承，科里伯恩“理事”的辩护冗长繁琐且不得要领，读起来十分费劲，以至于我确实感受到了如他所言的“一时气愤”，但我敢肯定，气愤之后绝没有所谓的悔恨。我本来已经打算远离这些是非，但这次确实是在心平气和的情况下，在圣经所言“生气却不犯罪”的少有状态下违背自己的承诺，冒昧来信。反复思考之后我坚信，大众不应该被这种虚假宣传所误导，哪怕只有几天也不行。

我因称救世军高层手段狡诈而备受辱骂。但我相信，下列事实至今尚未遭到否认，也无从否认：

一、布斯先生在“鹰”案中的所作所为连受两位法官谴责。

二、布朗威尔·布斯先生向洛佩斯法官坦白，自己的证词并不属实，因为答应了斯德特先生要保密。

并且上文已经证实，科里伯恩“理事”在贵报上转述的法官判决书与实际判决书截然相反。

综上，我只称其手段为“狡诈”，而不是什么更难听的词汇已经是非常客气了，但显然他们并不领情。

T.H.赫胥黎
敬上

第十二封信

发表于1891年1月22日的《泰晤士报》

编辑先生：

贵报读者们估计会对信后附上的意见书很感兴趣，这是在咨询了著名皇家法律顾问之后写成的，且与我前文观点一致。这份意见书比我的任何语言都更有说服力，它指明了布斯先生手中资金唯一可靠的运作方法。

T.H.赫胥黎
敬上

布斯先生的信托契约声明（1878年）

“就《公益信托法》中是否可能存在漏洞以促成资产挪用，以及不动产和租赁资产的转让和租赁是否如《没收法》中的欺诈项一样全面禁止这个问题，我的观点是，布斯先生对信托契约所载资产的处置和使用权都不受干扰。

“至于布斯先生名下的资产，在我看来，绝对属于他自己的权力，可以自由处置与使用。关于这笔资产的使用，不存在为某特定目的而进行的信托，亦没有人可以自作主张地从中得益，更不可能因某人诉求而通过法律程序进行处理。

“至于布斯先生委任的受托人名下的资产（若有），我认为，有权委托的只有布斯先生一人，他对信托及其资产享有按自己意愿处置的绝对权力，且与前情一致，信托的实施不得违背其个人意愿。

“为实现组织总体目标而获得的捐助或抵押募集的资金，我认为，布斯先生有权自主分配而不受法律约束，也不必公开其资产负债情况。

“就《公益信托法》中是否可能存在适用于实施侵占不动产和基金挪用之计划这个问题，如果需深入探究，那我还得作出进一步的思考。但目前，详细研究该法案，特别是在研究了第137章和第124章之后，我看不出该内容适用于本声明中的信托。

“至于《没收法》，其本质显然是慈善性的，在向布斯先生或布斯先生指定的受托人（指的是有的情况下）转让和租赁不动产时，必须遵守该法案，且依据该法案订立契约，否则即为无效。但也有可能，每次转让和租赁都没有公开为公益信托，以避免从表面看就是无效的。需要注意的是，此契约为单边契约，当事人只有布斯先生一人，而同样有权实施合同的另一缔约方是不存在的。

“信托人是否存在我不敢断言。如果正如其宣称的一样，存在名为‘基督使徒布道团’的成员组织，则其成员即为信托人，但据我所知，布斯先生对成员构成有绝对的控制权和决策权。该信托是为了确保救世军的利益，关于这一点，我并不了解‘救世军’这一组织的体制章程，但契约中并未提及任何相关内容。据我了解，所谓‘军队’实为传教士组织，而非信徒团体。

“如果不存在基督徒布道团的成员，则信托方也不存在。该信托是纯宗教性质的，而商业买卖完全超出了其目的。布斯先生能够‘卖出’产权，仅仅是因为无人有权阻止他这样做。”

厄内斯特·哈顿

可能由于在下法律知识欠缺，恕我实在无法估测朗杰、波顿和马修三位先生分别于1891年1月28日和29日在《泰晤士报》上就哈顿先生观点所作更正的价值。

本书涉及一段通讯内容，但我们确定出版时通讯尚未完结，所以信件内容不全，只有通过摘录斯德特先生1月20日刊登在《泰晤士报》上的信件及我于1月24日在《泰晤士报》上的回复可以充分表明此次交流的本质。关于我第十一封信结尾注有一、二两个数字的段落，斯德特先生回应说：

读完这个（指第十一封信）之后我就立即给赫胥黎教授写信，既然他提到了我的名字，我就应该出来解释一下。第一条“鹰”案纠葛，与我完全无关；对于他的第二条指控，他被1886年11月4日日报上的错误报道所误导了。我于今日收到了赫胥黎教授的回信，他告诉我最好直接与编辑先生您联系。鉴于我已经被卷入这场纷争，那么，敢问您，仅仅因为布朗威尔·布斯先生在我受审时作了证，我就无权对他所谓的谎言证词提出异议、予以否认吗？法庭上从未听到任何这样的供认。很显然，此事对证人的影响较大，但控方律师和主审法官都没有提及此事。而且陪审团并未追究布朗威尔·布斯先生的罪责，这就说明他们相信布斯先生证词属实。而更幸运的是，只需参考证词的官方速记报告就可以完全核实这一点。

在听取控方陈述时，法官打断了检察长博尔纳，问：“我想问你，在那次对话中，布斯先生是否有暗示过那个孩子已经卖掉了？”

博尔纳回答说：“那次没有，法官大人。”

布朗威尔·布斯先生接受了问讯、交互问讯和反复问讯，均未有迹象表明他有过当下被控的所谓不实证词。之后他向法官申请并获准作出如下解释，官方报告摘录如下：

“法官大人，就您几天前问到的那个关乎我行为的问题，您能准许我作出一点解释吗？我记得您问的是博尔纳检察长，问我是否在谈话中提及孩子已经被她父母卖了，而博尔纳先生的回答是没有。我确实没有对他说过，现在我要说的是，斯德特先生要求并且我也向他承诺，任何情况下都不会向任何人泄露此次买卖的具体情况，这会给所有参与调查此事的人带来麻烦。”（引自《中央刑事法庭报告》，第CIL卷，第612分册，第1035—1036页。）

但次日的报纸在报道时却作了如下的错误引述：

“法官大人，我想要说明一下，您指责我在博尔纳检察长问讯我孩子是否被其父母卖掉时回答没有，我会作出这种不实回应的原因是，我向斯德特先生承诺了不会向任何人透露此次买卖的情况，因为这很可能给所有参与此事的人带来麻烦。”

因此赫胥黎教授也不小心被绕了进去。

还得补充一点，关于五年未受质疑的声明，其实早在11月14日的《战斗狂嗥》中就已经指出其为“惊天谎言”，在这份11月18日的救世军官方喉舌的刊物上还特别援引这一错误报道，称其为某些媒体用“最卑劣手段”扭曲审判的一大力证。既然如此，请问，赫胥黎教授的论点的两大主要支柱之一，会是怎样的下场呢？

我在回信中指出，1月10日那天斯德特先生给我写信说：“我在今早的《泰晤士报》上看到您打算再发表公开信重新探讨布斯先生的书。”

1月12日，我在信中回复道：

亲爱的斯德特先生：

我并未对布朗威尔·布斯先生作出任何指控。我只是援引了《泰晤士报》的报道，至于其准确性，至少据我所知，布斯先生从未提出反驳。我特别强调了报道引自《泰晤士报》而不是霍金斯先生的话（这是我一时手误，霍金斯先生与我此处的引文并没有什么关系），因为核实霍先生的话实在太难了。

我本以为布朗威尔·布斯先生会亲自站出来反驳说，重点不在于你听到了什么，而在于他说了什么。但是，我是最不想散播谣言的。此外，如果您不反对的话（因为您的信标有“私人信件”），我将会审慎地公开您信件的部分相关内容，当然，公开范围仅限于您准许的部分。

T.H.赫胥黎

敬呈

对此，斯德特先生于1891年1月13日回应道：

亲爱的赫胥黎教授：

感谢您12号及时回信，我相信您不愿就此事做出任何不公之举。我能否请您参考审判报告中的详细内容而不是公布我的信件？在审判期间，该报告将每日打印出来，到时候法官与双方律师在庭审中都可使用。我本想今天就附上一份，结果发现时间来不及了，明天早上一定第一时间送上。读完之后您就会发现一切真相大白，究竟有没有所谓的坦承不实供述的事。再次感谢您的好意。

斯德特
敬呈

由此可知，斯德特先生在1月13日写给我的信中并未包含任何他今天在《泰晤士报》上写信给我的内容。而且，斯德特先生第一次与我信件交流时所指的我的“上一封信”并不是他所说的1月13日那封，而是去年，也就是1890年12月27日写给您的那封。也就是说，斯德特先生说看到之后“立即”给我回信所言不实，相反，他1891年1月10日给我回信时已是在那两周之后的事了。此外，斯德特先生还隐瞒了一个事实：自1月13日他收到我的回复之后就知道我提议公开他那个版本的陈述；但他误导读者使其以为我的回复仅仅只是“直接与编辑先生您联系”。斯德特先生自始至终完全知晓，我之所以忍住没有公开他1月10日来信的内容，无他，不过是我考虑到他标有“私人信件”的内容公开恐有不便罢了；而且他也十分清楚，直到写了昨天刊登的那封信之后他也没有允许我引用他1月10日信件的相关内容。

此外我要补充一点：

是关于斯德特先生来信的主旨。他似乎力图说明布朗威尔·布斯先生并没有作虚假陈述，而是有所隐瞒——在司法人员进行最严格的刑事侦查时，就他明明知晓的重大案情有所隐瞒。布朗威尔·布斯先生之所以这样做，是因为他向斯德特先生承诺要对此事保密。简言之，布朗威尔·布斯先生没有说错，只是做错。

此项更正，我极为重视。通过这件事，相信大多数人会觉得我的“两大主要论据”之一（既然斯德特先生喜欢这么称呼）又变得更加可信了。

关于布斯“总司令”条令的法律意见书

在探讨布斯及布朗威尔·布斯先生根据刑法和民法应当承担的法律责任时，我保持着应有的审慎，任何哪怕是因世俗常识而提出的异议，我都会质疑；对所有肯定性的说法，我定要确保引文来自法官大人们对布斯先生条令的公开声明、法庭报告，以及法律专家的成熟意见。现在，我将就这些议题进行进一步评述。

一、布斯“总司令”的律师们所引述的专家意见令我印象深刻，我在本书中作了评述，也有所保留。在我看到一位“不负责普通法相关业务的专门律师”的来信，以及克拉克与卡尔金先生和乔治·凯贝尔先生的信件之前（它们分别登载于2月3日和4日的《泰晤士报》），上述评论就已经写成付印了。

这些信件完全证实了我之前的结论，但如果我说布斯先生律师团所引用的意见就像是碎了的名器“精心陈列只为作秀”；又如克拉克和卡尔金先生所言，他们“完全没有触及哈顿先生所言核心”，那我难免有点自以为是了。我不认为哪个仔细研读过这位“不负责普通法相关业务的专门律师”的来信的人还能得出点其他结论；或者说谁不像凯贝尔先生一样，自然而然地得出清晰明了的答案来回答下述疑问：

1. 信托契约施行的过程中，人们是否有权依法令布斯先生解释资金去向?

2. 若资金去向无法解释清楚，人们是否有权提出民事或刑事诉讼?（如果有，是谁?）此拒绝或疏于解释的负责人，即为诉讼对象。（如果有，是谁?）

3. 如果此民事或刑事诉讼无法成功追回滥用的资金，是否有某个或某些责任人应对由此造成的损失作出补偿?

早在我1890年12月24日发表于《泰晤士报》的信中（即第五封信，详见前文）就提出了类似的问题，并且恳请布斯先生可否就大家闻多于见的信托问题征询律师意见，当然该意见不是基于1878或1888年的境况，而须是基于现状。距今六周过去了，我却尚未收到任何回复。

诚然，格林伍德博士获准公布布斯先生所谓的《“信托”概要草案》（见第120页“布斯总司令及其批评者”部分），但遗憾的是，它又特别告知我们，“该文件并不准确”。这种情况下，尽管“引号内文字为逐字原文引述”，恐怕无论是不是法律专业人士，估计都不会注意到其声明“清楚展现了草案的全局构思”。

这些斜体突出的内容：（1）明确了该计划的目的是“依据《最黑暗的英格兰》所明指、暗示或建议的方式，重塑社会道德和改善贫困、堕落与犯罪者境况”，由此理解，如果所筹得的全部资金被所谓的“人民的保护神”用于实现其所谓的“母亲般的照顾”，那也算得上是完美实现了信托目标；（2）其名称应该是“最黑暗的英格兰阴谋”；（3）救世军总司令实为“阴谋的主导者”。这消息多么宝贵！但肯定其价值时，公众一定不要误以为它与我们任何人百思不得其解的那些问题无关。那些问题包括：救世军在过去十二年间通过各种方式筹得的巨额资金究竟去了哪里？可能做过修订的1888年信托书又下落何处？而且我还要再问一次：为避免他及其继任者听凭个人意愿处置所谓的“军队宝库”资产，布斯先生是否愿意接受充分、公平的法律监管？

二、至于“鹰”案，我听闻格林伍德博士是被误导才在他所作的附录中言不属实，而他的声誉我是毫不怀疑的。当然，我有幸查阅了官方记录，至少从我这个非法律专业人士的角度看，它是与格林伍德博士的声明完全不相吻合的。更进一步而言，布斯先生的代表律师辩护称，对于律师团呈递过来的宣誓文件，他并没有细读就直接签上了大名，为此我必须得说，这种借口就算是我也不会用的。确实可能，也时常有人无法完全理解这些法律术语就得签字，但其律师会告诉他这些术语的大意及影响。在本案这种特殊情况下，一切都取决于布斯先生的个人意愿，最基本的一点就是，在签字之前更应该认真问清楚，宣誓书所采用的这些法律措辞是否恰到好处地表达了他的意愿。

三、布朗威尔·布斯先生一案详情请见意见书第311页。

四、布斯·科里伯恩先生的不实陈述请见意见书第298—299页。

以上就是本书自一版一印以来提出的各种法律问题。

格林伍德博士的《布斯“总司令”及其批评者》

于我而言，这本书不过是收录了一些批驳布斯“总司令”的支持者的报刊文章。不愿正视其真正价值的人连翻也不会翻阅这本书，而真正了解其所言价值的人，根本不需要我的帮助。

但是，为了还他人一个公道，我恐怕要使格林伍德博士的言辞成为众矢之的了。他说，我的论点“不过基于三四个救世军逃兵站不住脚的说法”（见第114页）就敢以偏概全地指控布斯“总司令”。这种匿名写手惯用的狡辩手段我已经司空见惯。但我不相信像格林伍德博士这样一位备受尊敬的有识之士，在看了下面这些轻易即可验证的陈述之后，还会铁石心肠地坚持这一结论。

所谓“三四个救世军逃兵”其实是指以下几位：

（一）雷德斯通先生，其品行已有坎宁安·盖基博士作保，却遭格林伍德博士诋毁。

（二）萨姆纳先生，其人如格林伍德博士一般值得尊重，对他的指证，救世军拥趸之中尚无一人敢出来反驳。

（三）霍金斯先生，同样遭卓德尔先生无理诽谤，但很快卓德尔先生就不得不承认自己的失误。

（四）尽管卓德尔先生所言经不起推敲，格林伍德先生还是引用了他的陈述，直指我援引萨姆纳先生著作中的段落为“伪造”。但很遗憾，格林伍德博士忘了一点，早在1890年12月27日（见上文第七封信）我就曾公开要求卓德尔先生拿出证据来证明自己的主张，但他至今尚未举证。

若我以彼之道还施彼身，用格林伍德先生指责我时所用的那些辞令来回击他，那么他就不要觉得太过尖酸刻薄吧！而此案的真实情形究竟如何呢？简言之，深入研究《最黑暗的英格兰》之后，我得出了结论：布斯“总司令”的宏伟计划（不包括救世军的地方性行动）的本质即恶，也必将结出恶果。在警告民众警惕此恶果的同时，我意外发现手头上有大量证据表明，预计中的恶果已经大规模地出现了。在我只出示小部分证据的时候，我还提醒民众要谨慎地看待这些证据。格林伍德博士竟斥责我“枉顾九千多名仍满怀信心之辈的意见”，这显然是过于轻率的。如果他知道我从救世军活跃分子和忠实信徒那里所获得的支持、鼓励、各类信息之多，定会为之惊叹——但是我不能使用这些证据，因为写信给我的救世军成员都告诉我，救世军制定了残酷的纪律，建立了严密的侦查系统。直到某一天，没有人会因为我公开这些证据而受到伤害，好奇的目光将借助这些证据投向这个组织的内幕，即制造出这是一个幸福的大家庭的假象。

救世军作战条例（凡加入者必须签署该条例）

我既已全心接受耶和华慈悲，予我救赎，如今，我即坦承我主即为吾父吾王，耶稣基督即为救世之主，圣灵即为毕生向导、心灵慰藉兼力量源泉。在荣耀我主的指引下，我誓将敬爱他、侍奉他、崇敬他、顺从他，生生世世，矢志不渝。

我既深信救世军以主之名而起，并由他运营指挥，如今，我即表明我心，在我主指引下，我将做一名真正的救世军人，至死方休。

我将奉救世军教义为真理。

我坚信，向我主忏悔，信主耶稣基督，听从圣灵的召唤，方可获得救赎，而且人人皆可获救。

我坚信我们因信奉我主的恩慈而获救，凡相信的，心中自有见证，而我已然得见，感谢我主！

我坚信《圣经》是主的启示，它不仅教导我们坚定信仰、顺从基督，亦警醒我们，已经归正的还可能背弃信仰，永远迷失。

我坚信上帝的子民皆能“成圣”，“灵、魂、身”均可“保持纯洁直至基督降临”。换言之，归正之后心中仍有恶源苦根，若非主的恩慈助其克服，它们便终将为恶。但这恶源可由圣灵根除，使整颗心得以洁净而不致违背神意，或完全成圣，只结圣灵之果。且我坚信，成圣者亦蒙我主庇佑，得以保持纯洁无垢。

我坚信灵魂不死，肉体复活；我坚信末日将有审判，正直者常享欢愉，作恶者永坠地狱。

因此，我就此永远断绝一切有罪的享乐、交谊、财物，并大声坦言自己为耶稣基督战士，不论何时何地，亦不计苦乐得失。

我即宣布戒绝一切酒精、鸦片、鸦片酊、吗啡及其他成瘾毒品，除非须遵医嘱治病而用。

我即宣布永远戒绝一切低俗亵渎之言，妄称上帝之名；杜绝一切污秽，远离不检言谈与淫秽书刊。

我即宣布，绝不妄言、欺瞒、歪曲或诓骗；在工作、家庭及任何人际交往中也绝不欺诈，定会真诚、公平、正当、和善地一视同仁。

我即宣布，对待人生喜乐需仰仗我的妇女、儿童或他人，我定不压迫、残暴，亦不懦弱；我必尽己所能保护其免于邪恶与危险，并致力于探求其现世幸福及永生救赎。

我即宣布，我将不计时间、精力、金钱及影响，尽己所能地支持和践行救世之战；并引领我的家人、朋友、邻居及其他我能影响之人参与其中。我亦相信，这世间挽救一切邪恶的办法就是引导诸众信服耶稣基督。

我即宣布我将永远遵守长官的合法命令，严格遵守《救世军规章条例》，笃信教义，力争做忠诚典范和践行先锋，竭尽所能地阻止一切有损我军利益、妨碍我军成功的事情发生。

我即恳请在座各位为证，我自愿投身此项事业并签订此条例。基督以死救吾生，有感于此，我亦献身于他拯救世界。因此，我申请加入救世军。

文化伟人代表作图释书系全系列

第一辑

《自然史》〔法〕乔治・布封 / 著

《草原帝国》〔法〕勒内・格鲁塞 / 著

《几何原本》〔古希腊〕欧几里得 / 著

《物种起源》〔英〕查尔斯・达尔文 / 著

《相对论》〔美〕阿尔伯特・爱因斯坦 / 著

《资本论》〔德〕卡尔・马克思 / 著

第二辑

《源氏物语》〔日〕紫式部 / 著

《国富论》〔英〕亚当・斯密 / 著

《自然哲学的数学原理》〔英〕艾萨克・牛顿 / 著

《九章算术》〔汉〕张 苍 等 / 辑撰

《美学》〔德〕弗里德里希・黑格尔 / 著

《西方哲学史》〔英〕伯特兰・罗素 / 著

第三辑

《金枝》〔英〕J. G. 弗雷泽 / 著

《名人传》〔法〕罗曼・罗兰 / 著

《天演论》〔英〕托马斯・赫胥黎 / 著

《艺术哲学》〔法〕丹 纳 / 著

《性心理学》〔英〕哈夫洛克・霭理士 / 著

《战争论》〔德〕卡尔・冯・克劳塞维茨 / 著

第四辑

《天体运行论》〔波兰〕尼古拉・哥白尼 / 著

《远大前程》〔英〕查尔斯・狄更斯 / 著

《形而上学》〔古希腊〕亚里士多德 / 著

《工具论》〔古希腊〕亚里士多德 / 著

《柏拉图对话录》〔古希腊〕柏拉图 / 著

《算术研究》〔德〕卡尔・弗里德里希・高斯 / 著

第五辑

《菊与刀》〔美〕鲁思・本尼迪克特 / 著

《沙乡年鉴》〔美〕奥尔多・利奥波德 / 著

《东方的文明》〔法〕勒内・格鲁塞 / 著

《悲剧的诞生》〔德〕弗里德里希・尼采 / 著

《政府论》〔英〕约翰・洛克 / 著

《货币论》〔英〕凯恩斯 / 著

第六辑

《数书九章》〔宋〕秦九韶 / 著

《利维坦》〔英〕霍布斯 / 著

《动物志》〔古希腊〕亚里士多德 / 著

《柳如是别传》 陈寅恪 / 著

《基因论》〔美〕托马斯・亨特・摩尔根 / 著

《笛卡尔几何》〔法〕勒内・笛卡尔 / 著

第七辑

《蜜蜂的寓言》〔荷〕伯纳德・曼德维尔 / 著

《宇宙体系》〔英〕艾萨克・牛顿 / 著

《周髀算经》〔汉〕佚 名 / 著 赵 爽 / 注

《化学基础论》〔法〕安托万–洛朗・拉瓦锡 / 著

《控制论》〔美〕诺伯特・维纳 / 著

《月亮与六便士》〔英〕威廉・毛姆 / 著

第八辑

《人的行为》〔奥〕路德维希・冯・米塞斯 / 著

《纯数学教程》〔英〕戈弗雷・哈罗德・哈代 / 著

《福利经济学》〔英〕阿瑟・赛西尔・庇古 / 著

《量子力学》〔美〕恩利克・费米 / 著

《量子力学的数学基础》〔美〕约翰・冯・诺依曼 / 著

《数沙者》〔古希腊〕阿基米德 / 著

中国古代物质文化丛书

《长物志》
〔明〕文震亨 / 撰

《园冶》
〔明〕计 成 / 撰

《香典》
〔明〕周嘉胄 / 撰
〔宋〕洪 刍 陈 敬 / 撰

《雪宧绣谱》
〔清〕沈 寿 / 口述
〔清〕张 謇 / 整理

《营造法式》
〔宋〕李 诫 / 撰

《海错图》
〔清〕聂 璜 / 著

《天工开物》
〔明〕宋应星 / 著

《髹饰录》
〔明〕黄 成 / 著 扬 明 / 注

《工程做法则例》
〔清〕工 部 / 颁布

《清式营造则例》
梁思成 / 著

《中国建筑史》
梁思成 / 著

《文房》
〔宋〕苏易简 〔清〕唐秉钧 / 撰

《斫琴法》
〔北宋〕石汝砺 崔遵度 〔明〕蒋克谦 / 撰

《山家清供》
〔宋〕林 洪 / 著

《鲁班经》
〔明〕午 荣 / 编

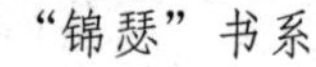

"锦瑟"书系

《浮生六记》
〔清〕沈 复 / 著 刘太亨 / 译注

《老残游记》
〔清〕刘 鹗 / 著 李海洲 / 注

《影梅庵忆语》
〔清〕冒 襄 / 著 龚静染 / 译注

《生命是什么？》
〔奥〕薛定谔 / 著 何 滟 / 译

《对称》
〔德〕赫尔曼・外尔 / 著 曾 怡 / 译

《智慧树》
〔瑞士〕荣 格 / 著 乌 蒙 / 译

《蒙田随笔》
〔法〕蒙 田 / 著 霍文智 / 译

《叔本华随笔》
〔德〕叔本华 / 著 衣巫虞 / 译

《尼采随笔》
〔德〕尼 采 / 著 梵 君 / 译

《乌合之众》
〔法〕古斯塔夫・勒庞 / 著 范 雅 / 译

《自卑与超越》
〔奥〕阿尔弗雷德・阿德勒 / 著 刘思慧 / 译